拉西瓦灌溉工程
▼

▼ 贵德县丹霞地貌

贵德县农家院梨花

贵德县东河灌区

贵德县河谷湿地与阶地

拉西瓦灌溉工程
建设与管理

主　编：李占彪

副主编：方　炯　杨启福　李延文

主要编写人员：力巷措　马　鸿　孔令晨　许　茵

任丽英　马红奎　张　军　李云霞

马　刚　杨存保　李　涛　汪春成

张金忠　莫乃军　刘生峰　南旭东

王　宁　郭郁先　李和平

河海大學出版社
HOHAI UNIVERSITY PRESS
·南京·

图书在版编目(CIP)数据

拉西瓦灌溉工程建设与管理 / 李占彪主编. -- 南京：
河海大学出版社，2022.12

ISBN 978-7-5630-7837-0

Ⅰ. ①拉… Ⅱ. ①李… Ⅲ. ①农业灌溉－工程技术
Ⅳ. ①S275

中国版本图书馆 CIP 数据核字(2022)第 232761 号

书　　名	拉西瓦灌溉工程建设与管理
书　　号	ISBN 978-7-5630-7837-0
责任编辑	吴　淼
特约校对	丁　甲
封面设计	张育智　吴晨迪
出版发行	河海大学出版社
地　　址	南京市西康路 1 号(邮编:210098)
电　　话	(025)83737852(总编室)
	(025)83722833(营销部)
经　　销	江苏省新华发行集团有限公司
排　　版	南京布克文化发展有限公司
印　　刷	广东虎彩云印刷有限公司
开　　本	787 毫米×1092 毫米　1/16
印　　张	22.75
插　　页	5
字　　数	500 千字
版　　次	2022 年 12 月第 1 版
印　　次	2022 年 12 月第 1 次印刷
定　　价	98.00 元

内容提要

　　拉西瓦灌溉工程属于中型Ⅲ等水利工程,工程建设任务是实现项目区水资源的统一配置和管理、扩大和改善灌溉面积、改善项目区生态环境和农业生产条件、促进项目区经济社会的可持续发展。工程区位于青藏高原东部,地质条件复杂,施工环境恶劣,建设与管理难度大。因此,拉西瓦灌溉工程任务的顺利实现离不开科学的建设管理手段。

　　在系统分析拉西瓦灌溉工程特点,并基于实地调研的基础上,本书对工程建设与管理体系予以凝练,共分为六篇:第一篇是拉西瓦灌溉工程研究综述,针对拉西瓦灌溉工程的工程区概况、工程任务及规模以及工程主要创新成果和荣誉奖项进行介绍;第二篇是拉西瓦灌溉工程规划与设计,对拉西瓦灌溉工程的各项分部分项工程的规划设计进行总结;第三篇是拉西瓦灌溉工程招投标与合同管理,展示了该工程主要标段的招投标与合同履约情况;第四篇是拉西瓦灌溉工程施工,对重难点施工工艺进行分析,提炼了"明暗渠、渡槽、隧洞、倒虹吸"等重点、难点施工技术,充分体现了该灌溉工程项目的难点与亮点;第五篇是拉西瓦灌溉工程管理,对该工程在进度、质量、安全和资金等维度的管理经验进行总结;第六篇是拉西瓦灌溉工程综合效益,归纳了该工程在经济、社会、生态等方面的综合效益。

　　本书以拉西瓦灌溉工程建设管理和施工技术为基础,运用理论和实践相结合的方法,展示了该工程施工过程中的管理创新和技术创新。研究成果对高原严寒地区开展灌溉工程项目的建设与管理具有借鉴意义。

前言

党的十八大以来，习近平总书记多次就治水发表重要论述，形成了新时期我国治水兴水的重要战略思想。习近平总书记强调指出，保障水安全，必须坚定不移贯彻生态文明建设和生态文明制度建设的新理念、新思路、新举措，坚持"节水优先、空间均衡、系统治理、两手发力"的思路，实现治水思路的转变。抓好重大水利工程建设，着力完善水利基础设施体系。按照确有需要、生态安全、可以持续的原则，集中力量有序推进一批全局性、战略性节水供水重大水利工程，为经济社会持续健康发展提供坚实后盾。推进重大农业节水工程，突出抓好重点灌区节水改造，大力实施东北节水增粮、华北节水压采、西北节水增效、南方节水减排等规模化高效节水灌溉工程。2017年，党的十九大报告把坚持人与自然和谐共生纳入新时代坚持和发展中国特色社会主义的基本方略，把水利摆在九大基础设施网络建设之首，深化了水利工作内涵，指明了水利发展方向。

贵德县作为青海省粮食作物的主产区之一，地处黄土高原与青藏高原的过渡带，水土流失问题严重，水资源利用效率不高，现有农田灌溉设施标准偏低、配套不全，现状农田灌溉水利用系数仅为 0.4，节水灌溉面积为 9.1 万亩[①]，仅占总灌溉面积的 44%。因此，加强水利薄弱环节建设，发展节水农业是贵德县农业和经济社会可持续性发展的重要保证。为打破缺水"瓶颈"，一个促进经济社会发展的生态和民生工程——拉西瓦灌溉工程应运而生。拉西瓦灌溉工程是实现区域水资源统一配置和管理的战略举措，是实施拉西瓦片区土地开发与整理的重要水利保障，是助推黄河流域实现生态保护和高质量发展的重要力量。

拉西瓦灌溉工程位于贵德县境内黄河上游拉西瓦电站大坝和李家峡电站水库库尾之间的黄河南岸，东依尖扎县，西邻共和县，北连湟中县、湟源县，南通贵南县、同仁县，海拔 2 190～2 560 m，多年平均气温为 7.2℃，是典型的高原严寒地区。灌区中心位置（贵德县县城河阴镇）距省会西宁 114 km，距海南藏族自治州州府恰卜恰镇 158 km。工程水源为拉西瓦电站水库，总库容 10.79 亿 m³，调节库容 1.5 亿 m³。工程干渠总长度 52.76 km，其中明渠段共 36 段，总长度 13.19 km；输水隧洞共 14 座，总长度 30.75 km；倒虹吸共 3 座，总长度 1.39 km；渡槽共 27 座，总长度 7.43 km；车桥共 18 座，排洪涵共 33 座，分水闸共 20 座，退水闸共 6 座，排洪桥共 18 座，便桥共 3 座，提灌站共 8 座。灌区涉及贵德县河阴、河西、河东、常牧、新街 5 乡镇 87 个行政村约 8.04 万人。灌区总体布置

---

① 1 亩≈666.67 平方米(m²)。

是在调查灌区自然社会经济条件和水土资源利用现状的基础上，根据农业生产对灌溉的要求和旱、涝、洪、渍、碱综合治理，山、水、林、路、村统一规划以及水土资源合理利用的原则进行合理布置，干渠由西向东，途经贵德县河西镇、新街乡、河阴镇和河东乡，通过明（暗）渠、隧洞、渡槽、倒虹吸等各类建筑物将水输送至干渠末端河东乡业浪尖巴，总长52.295 km，从业浪尖巴向东由20#支渠延伸3.85 km至河东乡沙巫滩。整个灌区内，由南向北沿等高线或山脊布置19条支渠，由西向东布置1条支渠，共布置20条自流支渠；由北向南共布置提灌站8座，提灌支渠8条；共控制灌溉面积20.02万亩。

拉西瓦灌溉工程的建设主要具有以下几点重要意义：(1)缓解项目区供水压力，合理配置管理水资源。拉西瓦灌溉工程的建立有效缓解南岸灌溉压力，有力解决了项目区内的水资源供需矛盾，缓解了东、西河的供水压力，为观光农业提供了可靠的灌溉水源保证，大力推动了小流域综合治理和生态环境的改善。通过兴建引水干渠，衔接渠首水源工程，配套灌溉渠系，将高水头、高保证率的水源科学、合理地输送至灌区，扩大和改善灌溉面积，沿黄提灌改为自流灌溉，实现水资源配置和管理的统一。(2)促进灌区经济发展。灌溉工程的建立为贵德南岸的经济可持续发展保证了可靠的水源，扩大和改善灌溉面积，增加了当地群众的生产、生活的基础资料，为地区农业可持续发展创造了良好的条件。其中3.81万亩提灌灌区可以全部成为自流灌区，每年可节约农业用电1 486.55万kW·h，节约电费367.87万元（每度电按0.232元计算），每亩仅电费一项可减支95元左右，有效减轻了农民负担。灌溉面积扩大为8.35万亩，改善灌溉面积增加至12万亩，项目区通过开发、整理，扩大、改善灌溉面积，使项目区群众人均占有耕地提高到2.5亩左右，有效增加了当地群众的农业生产、生活资料，优化渠系布置，科学灌溉，调整种植业结构，大力推广农业规模化、集约化的生产，延伸产业链条，加快地区新农村建设的步伐，是项目区群众脱贫致富的有力举措。(3)促进各民族团结。贵德县是多民族聚居区，其中藏族人口占34%，是少数民族人口的主要构成。项目区内群众人均占有耕地少，农村人均收入低，加上东、西河供水能力有限，水事纠纷频繁。拉西瓦灌溉工程的实施提高项目区供水能力，减少水事纠纷，促进当地民族团结。

本书共分为六篇：第一篇、拉西瓦灌溉工程研究综述；第二篇、拉西瓦灌溉工程规划与设计；第三篇、拉西瓦灌溉工程招投标与合同管理；第四篇、拉西瓦灌溉工程施工；第五篇、拉西瓦灌溉工程管理；第六篇、拉西瓦灌溉工程综合效益。研究以工程建设管理和施工技术为基础，运用理论和实践相结合的方法，展示了工程施工过程中的管理创新和技术创新，以期为后续工程建设提供有效经验。

在研究过程中，课题组得到了拉西瓦灌溉工程建设管理局与设计、施工、监理及江苏卫视等单位的大力协助，他们为本研究提供了大量的资料，给研究工作带来了很大的帮助，特在此表示衷心感谢。

本书是拉西瓦灌溉工程建设管理、施工技术研究等方面的总结，可供从事灌溉工程设计、施工以及项目管理研究的科技人员与管理人员参考。因时间仓促，课题组水平有限，书中难免有不妥之处，敬请指正。

目录

第一篇　拉西瓦灌溉工程项目研究综述

第二篇　拉西瓦灌溉工程规划与设计

第五篇 拉西瓦灌溉工程管理

第六篇 拉西瓦灌溉工程综合效益

第一篇

拉西瓦灌溉工程项目
研究综述

第一章　拉西瓦灌溉工程概况

本章首先梳理了拉西瓦灌溉工程区的情况,说明了工程建设前贵德县面临的缺水窘境,进而强调了工程建设的必要性。其次重点介绍了工程建设领导班子,包括机构设置与各个办公室的职能分工,并从项目建议书与可行性研究报告的管理两个方面对工程前期的立项工作进行了简要说明。最后对拉西瓦灌溉工程的建设管理模式进行了分析,论证了 DBB 管理模式的合理和可行性。本章完整地阐述了拉西瓦灌溉工程的研究背景与建设管理体系,是了解该工程特色的基础之一。

1.1　工程简介

1.1.1　工程区概况

（1）地理位置

如图 1-1 所示,拉西瓦灌溉工程区位于贵德县境内黄河上游拉西瓦电站大坝和李家

图 1-1　拉西瓦灌溉工程区地理位置图

峡电站水库库尾之间的黄河南岸,为黄土高原与青藏高原的过渡地带,东依尖扎县,西邻共和县,北连湟中县、湟源县,南通贵南县、同仁县,海拔 2 190~2 560 m。灌区中心位置(贵德县县城河阴镇)距省会西宁 114 km,距海南藏族自治州州府恰卜恰镇 158 km。

（2）地形地貌

区域地貌按地貌的成因类型和形态特征,可划分为构造侵蚀中高山、构造侵蚀低山丘陵、山前冲洪积倾斜平原及河谷冲洪积带状平原等多种类型。工程区位于青藏高原东部,属黄土高原与青藏高原的过渡地带,主要为黄河水系切割改造下的断陷盆地地貌景观。盆地内沟壑纵横,山川相间,地势南北高,中间低,形成四山环抱的河谷盆地即贵德盆地。该盆地群山环绕,集中了丹霞、峡谷、冲积扇、高山草甸等多种地貌特征,自然景观独特,如图 1-2、图 1-3、图 1-4 和图 1-5 所示,具有较大的区位优势。

图 1-2　贵德县农家院梨花

图 1-3　贵德县东河灌区

图 1-4　贵德县丹霞地貌

图 1-5　贵德县河谷湿地与阶地

（3）河流水系

工程区内河流主要包括黄河干流,黄河右岸一级支流西河和东河,以及 13 条季节性河流。其中,黄河是我国第二大河,在青海省境内干流河道长 1 694 km,落差 2 768 m,平均比降约 1.6‰;西河又名莫渠河,属黄河右岸一级支流,发源于黄南州泽库县的甘千哈磨其,西河全长 94.5 km,河道平均比降 19.8‰,流域面积 865 km²;东河又名高红崖河,发源于贵德县西南杂尔给,东河全长 69.1 km,河道平均比降 25.4‰,流域面积 1 093 km²;13 条季节性河流分别为阿隆沟、拉果沟、深沟(索盖沟)、温泉沟和 1♯～9♯无名沟道。

综上所述,随着经济社会的快速发展和人民生活水平的不断提高,用水需求持续增加,工程建设前贵德县主要面临如下窘境:

（1）水资源配置格局不合理

黄河过境水量虽较丰富,但干流供水量仅占全县总供水量的 19%,总供水量的 66%主要由两条支流东河、西河来供给。作为该县农业发展主产区、旅游发展核心区、城镇建设中心区的"三河"地区,由于灌溉高峰期来水不足、缺乏调蓄工程等原因,大部分灌区未能得到充分灌溉,加上水资源配置和工程管理缺乏统一性,导致水事纠纷频繁发生。

（2）黄河提灌工程效率不高

贵德农渠基本上为土渠,衬砌率仅为39.14%,灌溉效率不高,"三河"地区黄河南岸共架设一至四级提灌站44座,提高了用水成本,且大部分修建于20世纪80年代,运行、维修成本高。受这些因素影响,群众耕地撂荒现象日益突出。

（3）农业灌溉用水无法保证

由于受到特殊的地理环境和多变的气候影响,该地区草场退化,水源涵养功能弱化。虽然实施了一系列生态保护工程,草原水源涵养与草原灌溉用水需求矛盾仍然十分突出,径流受降雨影响明显,时空分布不均,水位变化大,导致"三河"地区部分农田在需水期无水可浇。

1.1.2　工程建设必要性

拉西瓦灌溉工程的建设实施,可以有效帮助贵德县优化水资源配置,提高灌溉效率,促进地区经济发展,改善居民生活水平,维护社会和谐稳定,十分具有必要性。

（1）工程建设后可充分发挥地区区位优势,促进地区经济发展

拉西瓦灌溉工程的建设,有利于实现水资源的统一配置和管理。拉西瓦水库水可以补充南岸灌溉,解决项目区内的水资源供需矛盾,缓解东、西河的供水压力,为观光农业提供可靠的灌溉水源保证,推动小流域综合治理和生态环境的改善,促进经济社会的可持续发展,使其区位优势更加突出。

（2）工程建设后可充分利用地区优越的自然条件,为农业发展创造条件

贵德县地处青藏高原东部,水、土、光、热自然条件优越,是青海省农业生产条件较为优越的地区,是黄河谷地的精华地带。拉西瓦灌溉工程的实施可解决规划灌区内的缺水问题,为贵德南岸的经济可持续发展提供可靠的水源保证。该工程通过扩大和改善灌溉面积,增加当地群众生产、生活的基础资料,为地区农业可持续发展创造良好条件。

（3）工程建设是拉西瓦水电站供水效益的充分发挥

拉西瓦灌溉工程的实施,通过兴建引水干渠,配套灌溉渠系,衔接渠首水源工程,将高水头、高保证率的拉西瓦水库水科学、合理地输送至灌区,将沿黄提灌改为自流灌溉,以此实现水资源配置和管理的统一。该工程可有效缓解东、西河供水压力,促进小流域生态环境改善,为地区经济社会可持续发展注入鲜活的血液,充分发挥电站的供水效益。

（4）工程建设是项目区群众脱贫致富的有力举措

拉西瓦灌溉工程的实施,沿黄3.81万亩提灌灌区可以全部成为自流灌区,每年可节约农业用电1 486.55万kW·h,节约电费367.87万元(每度电按0.232元计算),每亩仅电费一项可减支95元左右,有效减轻了农民负担。工程的实施,扩大灌溉面积8.35万亩,改善灌溉面积12万亩,可以有效增加当地群众的农业生产、生活资料,优化渠系布置,实现科学灌溉。总的来说,该工程有助于大力推广农业规模化、集约化的生产,延伸产业链条,加快地区新农村建设的步伐,是项目区群众脱贫致富的有力举措。

（5）工程建设是维护地区经济社会稳定的有力保障

贵德县是多民族聚居区,其中藏族人口占 34%,是少数民族人口的主要构成。项目区内群众人均占有耕地少,农村人均收入低,加上东、西河供水能力有限,水事纠纷频繁,影响了地区的民族团结。拉西瓦灌溉工程的实施,通过灌溉渠系的优化配置,结合青海省东部黄河谷地百万亩土地开发整理项目,进行项目区土地开发、整理、扩大、改善灌溉面积,可使项目区群众人均占有耕地提高到 2.5 亩左右,增加群众的农业生产、生活资料,沿黄提灌改自流,减轻农民负担,提高农民收入,加快新农村建设步伐,有利于项目区群众的团结、稳定,社会效益显著。

1.1.3 工程任务和规模

（1）工程任务

拉西瓦灌溉工程建设的任务是农业灌溉,为藏区脱贫致富创造条件。具体而言,是指实现项目区水资源的统一配置和管理,扩大和改善灌溉面积,改善项目区生态环境和农业生产条件,促进项目区经济社会的可持续发展。

（2）工程规模

拉西瓦灌溉工程是青海省黄河谷地四大灌区之一,自拉西瓦电站水库取水,渠首接在拉西瓦水源工程预留的农灌口上。整个灌区内,根据地形共布置 1 条干渠、28 条支渠和 8 座提水泵站,共设有隧洞 16 座、渡槽 25 座、倒虹吸 4 座以及明暗渠 41 段,由北向南共布置提灌站 8 座,提灌支渠 8 条。

拉西瓦灌溉工程总控制灌溉面积为 20.35 万亩,其中改善灌溉面积 12 万亩,扩大灌溉面积 8.35 万亩,具体灌溉面积见表 1-1。干渠设计流量 9.5 m^3/s,加大流量 11.6 m^3/s。依据《水利水电工程等级划分及洪水标准》(SL 252—2017),拉西瓦灌溉工程属于Ⅲ等中型工程。

表 1-1　拉西瓦灌溉工程灌溉面积

灌溉面积分类			规划灌溉面积/万亩		
			渠线以上	渠线以下	合计
改善灌溉面积/万亩	耕地	自流	—	3.42	3.42
		提灌改自流	—	2.78	2.78
		小计	—	6.20	6.20
	林地	果林	—	0.76	0.76
		—	—	1.03	1.03
		生态林	—	—	4.01
		小计	—	—	5.80
	合计		—	—	—

续表

灌溉面积分类			规划灌溉面积/万亩		
			渠线以上	渠线以下	合计
扩大灌溉面积/万亩	旱地变水地		0.17	0.37	0.54
	新增耕地		0.66	3.81	4.47
	新增林地	果林	0.47	1.80	2.27
		生态林	0.33	0.74	1.07
		小计	0.80	2.54	3.34
	合计		1.63	6.72	8.35
总计			1.63	14.71	20.35

1.2 建设管理机构

1.2.1 机构设置

工程得到了国家发展和改革委员会、水利部、青海省委和省政府的高度关注和大力支持,为了对工程建设进行科学、系统的管理,海南州及时成立了拉西瓦灌溉工程建设协调领导小组,专门设立了拉西瓦灌溉工程建设管理局,机构设置如图 1-6 所示,建立健全了上下联动、协作配合、齐抓共管的工作机制。

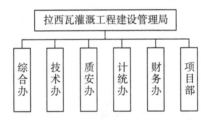

图 1-6　拉西瓦建设管理局机构设置

自 2012 年 6 月 6 日青海省海南州政府印发了《关于调整贵德县拉西瓦灌溉工程建设协调领导小组成员的通知》(南政办秘〔2012〕60 号)以来,在李占彪局长为代表的领导班子的带领下,建设局顶着压力一直投身于拉西瓦灌溉工程的攻坚之战,建设管理行为与省政府的精神文件保持高度一致,全局职工及各参建单位上下一心、团结进取、攻坚克难,顺利完成了拉西瓦灌溉工程每年的计划投资任务。在面对各项技术难关和施工问题时,建设管理局的领导班子及各办公室总是迎难而上,直面问题、追根溯源、认真研究、深刻剖析、通条整改、真抓实干、攻坚克难,出色地完成了各项工作。

在全局干部和职工的共同努力下,拉西瓦灌溉工程建设有条不紊地进行着。与此同时,建设管理局一方面多次组织专业技术人员及各参建单位的技术骨干进行管理技能提升培训,使工程技术人员在业务水平和管理能力方面得到提升,另一方面建设管理局也重视文艺节目演出、职工运动会等各项能丰富干部职工业余生活的活动,锤炼了干部职工服务群众、增强实践才干的能力。不仅建设管理水平一直在提高,工程质量和进度也卓有成效,拉西瓦灌溉工程管理局先后获得"2015年度水利系统先进单位"(青海省水利厅)、"2016年度全省水利建设质量工作先进单位"(青海省水利厅)、"2017—2018年度水利建设质量安全管理工作先进集体"(青海省水利厅)等荣誉称号,在高度保证工程质量的前提下,拉西瓦建设管理局严控进度计划,狠抓施工进度,将拉西瓦灌溉工程建设工作推到了新的高度,在2019年5月22日,拉西瓦灌溉工程干渠正式竣工通水,比预期通水时间提前了6个月,极大地节省了工程建设成本。得到了水利部、省水利厅、州委、州政府、县委、县政府的充分肯定。

1.2.2 职能分工

(1)综合办

①规范车辆管理制度

严格实施车辆管理制度,对公务车辆实行统一调配,协调管理。对车辆的维修、燃油费用等严格约束,缩减费用的支出。

②规范采购制度和标准

严格按照政府采购的相关制度和标准,添置电脑、多功能电视显示屏、会议桌等办公用品,提升现代化办公能力。

③安排值班工作

负责安排工程建设高峰期、节假日及汛期的值班工作。

④组织管理技能培训

组织专业技术人员及各参建单位的技术骨干进行管理技能提升培训,使工程技术人员在业务水平和管理能力方面得到提升。

⑤规范管理行为

严格按照工程建设管理制度,对施工单位进场的农民工进行了建档立卡工作,详细登记所有农民工的信息。及时解决劳务纠纷,协调清欠农民工工资,保证工程施工进度的同时也保障农民工的合法权益。

⑥后勤服务

综合办在提升业务能力的同时,也积极推动精神文明建设。负责组织文艺节目演出、职工运动会等各项活动,以此来丰富干部业余生活,锤炼干部职工服务群众增强实践才干的能力。

(2)技术办

①工程招标准备

配合计统办积极完成拉西瓦灌溉工程的招标准备,为工程的顺利推进奠定基础。

②技术交底、图纸审查

对于拉西瓦灌溉工程建设过程中出现的难题以及问题,及时组织相关人员召开技术交底、图纸审查会议,有效推进工程全面开工建设。

③工程遗留问题检查

在拉西瓦灌溉工程建设过程中对遗留的工程问题进行检查并提出处理意见。

④工程变更签证审核

凡是发生在拉西瓦灌溉工程建设过程中的工程变更和签证，都需经过技术办的确认和审核。

⑤通水运行检查

负责干渠通水前在渠首闸阀室策划安装管道（或电磁）流量计等计量装置、办理取水证以及相关准备工作，以保证干渠全线通水及后续工程运行管理工作。

⑥设计报告整改

督促设计单位完成设计变更报告修改和报批工作。

⑦课题研究

积极对接高校等研究机构，开展关于拉西瓦灌溉工程建设管理领域的若干课题研究。

⑧工程奖项申报

在拉西瓦灌溉工程建设管理过程中攻克的技术难题、采用的新技术以及取得的显著成绩，由技术办负责申报相关工程类奖项。

（3）质安办

①落实安全生产责任

质安办负责制定《年度安全生产工作规划》，明确责任，细化目标任务，要求与各参建单位签订《安全生产目标责任书》，将目标落实到岗位和人员，形成了"纵向到底，横向到边"的安全责任体系。

②安全隐患排查

在拉西瓦灌溉工程建设过程中，负责狠抓安全隐患排查，消除重点领域和关键环节安全隐患，确保安全生产形势稳定。

组织开展强制性条文执行专项检查、水利工程巡查、水利水电电气火灾综合治理、汛前安全大检查等专项检查。组织召开专家评审会，全面落实安全技术方案和措施。在汛期、节假日及重大活动期间开展突击检查。督促企业落实安全生产主体责任，健全安全管理规章制度。预防高处坠落、触电、机械伤害等事故，加大对高边坡、高排架渡槽、基坑、施工机械、模板、脚手架、临时设施的安全检查，落实隐患整改。

③安全教育培训，提高安全防范意识

负责组织开展"生命至上，安全发展"为主题的宣传活动，组织工人参与安全生产知识网络竞赛，张挂横幅，设置警示教育展板、张贴画报及安全标语，发放安全生产宣传材料，开展各类应急演练，将"安全生产无小事""一切事故皆能避免"的观念植入人心，提高参建人员的安全防范意识。

④落实监管责任

对现场质量技术方案落实、人员在岗、计量检测仪器和使用情况，质量记录的真实性和完整性的监督检查。督促企业落实主体责任，加强现场监理跟踪监测和平行检测，及时分析检测情况，掌握工程质量动态；规范隐蔽工程检查验收，加强关键部位、关键工序质量控制；开展质量观摩评比，营造人人抓质量、人人关心质量的良好氛围。

⑤强化监督检查,加大验收力度

组织成立质量检查小组,开展质量专项检查和巡查,遏制质量事故的发生。在阶段性通水前组织人员对隧洞、渡槽、渠道等建筑物进行复查,对存在的蜂窝麻面、错台、微裂缝等质量缺陷,督促处理。

（4）计统办

①跟进投资完成情况

核算主体各标段计划完成投资金额与实际完成金额,并计算完成率,总结年度投资完成情况,以此来指导下一年度的投资计划编排和重点工作。

②编排年度重点工作以及投资计划

结合拉西瓦灌溉工程实际进度和资金投资完成率,起草并下达各年重点工作目标及投资完成计划。

③参与工程招标工作

联合技术办等处室参与工程招标工作。

④进度款结算

负责按月进行工程进度款结算,组织工程完工结算审核。

⑤变更及索赔审核

对于拉西瓦灌溉过程中发生的各类变更以及索赔,计统办及时审核。

（5）财务办

①筹措资金

计算工程建设资金总概算,核算实际到位资金（包括地方政府债券、重大水利工程计划资金、省本级政府基金、省级专项资金以及中央基建投资）,保证工程建设资金按计划正常运行。

②资金使用

保持政策的连续性和稳定性,按照州财政局部署及时调整工资并补发津贴,严格按照规定执行及时办理,保障后勤供给。核算年度投资金额（包括建安工程投资、待摊投资、设备投资以及其他投资）。严格按照设计概算控制一切资金的使用,确保投资效果以及资金使用的合理性。严格按照基本建设程序和合同约定把控资金拨付支出,按照工程进度,由工程项目部、计划统计、质量安全、监理等部门人员共同签字的工程价款支付凭证、分管副局长、主管局长签字同意后,财务部门才进行资金结算（特殊情况灵活处理）,把好资金"出口"关,确保结算支付的正确性和资金使用的安全性。

③财务监督

积极配合省审计厅和各上级主管部门对拉西瓦灌溉工程建设管理局的灌溉工程财务方面的稽查工作,并对检查中发现的问题及时进行整改。依法监督缴纳各项税费、及时上报财务报表,强化内部控制管理,为工程建设顺利进展奠定良好的经济基础。

（6）项目部

①质量控制

根据工程进度计划,严格执行国家有关工程建设质量的法律、法规和建管局的质量管理管理制度,监督落实各项质量管理措施,对工程全过程进行了现场管理、监督及协调,在混凝土浇筑期间抽查施工工序及质量,对部分标段实行旁站制度,紧盯每一步环节,对现场发现的问题责令立即整改,屡犯的通知监理下发整改通知单限期整改确保工程质量;参与完成了各单位工程分部、单元转工序前的验收,及开挖喷护、混凝土浇筑验收工作;对基础面验收工作四方同去现场指出问题、书写资料,确保已验收工程质量管理资料齐全。保证全年无质量事故。

②安全控制

贯彻执行国家有关安全生产的法律、法规和建管局制定的安全生产管理办法,督促落实施工单位的各项安全生产措施及有关劳保措施的落实,监督施工单位实施安全生产培训、开展安全生产活动和进行安全生产专项整治活动,督促一线施工人员严格按安全操作规程施工,对违反操作规程的行为给予及时制止并通知监理下发整改通知单;协调处理工程施工水电路及劳务纠纷,协调好各建设方的关系,确保工程和谐建设。保证全年无安全事故。

③进度控制

项目部人员以合同、规范、国家标准为基础,本着认真负责的态度审核报告单,月结算时与监理、计统办人员去现场共同核实工程量,并及时办理结算程序。

1.3 工程立项

2008 年,拉西瓦灌溉工程建设管理局抓住国家支持青海省等藏区经济社会发展和水利部对口支援贵德县的双重历史机遇,在各级党委、政府的大力支持下,着手开展了拉西瓦灌溉工程前期的一系列调研论证实施工作。

1.3.1 项目建议书管理

(1)项目建议书编制

拉西瓦灌溉工程项目建议书的编制单位应具备水利专业的甲级工程咨询资质,而青海省水利水电勘测设计研究院始建于 1957 年,是青海省内唯一一个集水利水电勘测、规划、设计、科研为一体的综合性勘测设计研究单位,也是青海省内设备先进、专业齐全的最大甲级设计单位,全院现有工程勘察(岩土工程、水文地质勘察)、工程设计(水利)、工程咨询(水利工程、水电)、工程测绘、水资源论证、规划水资源论证、水文水资源调查评价、水利工程施工监理等 10 个甲级资质,完全符合资质要求。因此,拉西瓦灌溉工程建设管理局于 2008 年 6 月委托青海省水利水电勘测设计研究院负责《青海省贵德县拉西瓦灌溉工程项目建议书》的编制工作。编制期间,该院组织各专业设计人员进行了多次现场踏勘及调研工作。经水利厅多次审查修改,2010 年 4 月,《青海省贵德县拉西瓦灌溉工程项目建议书》编制完成。

(2)项目建议书审查

拉西瓦灌溉工程项目建议书编制完成后,严格按照现行的管理体制,分级审批,具体审查流程如表 1-2 所示。

（3）项目建议书批复

2013 年 7 月 25 日，国家发展和改革委员会以发改农经〔2013〕1433 号文对《青海省贵德县拉西瓦灌溉工程项目建议书》作出了批复，批复文件封面见附件。

国家发改委原则同意所报拉西瓦灌溉工程项目建议书，明确该工程主要任务为农业灌溉。该工程由灌区骨干工程及田间配套工程组成，初拟工程总工期为 60 个月。其中干渠 1 条总长 53.20 km，支渠 28 条总长 92.38 km。工程设计灌溉面积 20.35 万亩，其中新增灌溉面积 8.35 万亩，改善灌溉面积 12 万亩。价格水平年调整为 2012 年第 3 季度，工程静态总投资 127 118 万元，其中骨干工程投资 109 998 万元，田间工程投资 17 120 万元。要求在可行性研究阶段落实工程建设各项资金来源。

批复文件中还提到了下阶段要重点做好的几项工作，包括合理确定工程供水量，进一步优化工程总体布置和设计方案，建设节水减排型灌区，提出科学合理的项目法人组建方案，合理确定征地补偿标准，做好规划选址、环境影响评价、建设用地预审等工作，提出招标方案以及编制工程可行性研究报告等。

表 1-2　项目建议书审查流程

时间	审查程序
2010 年 11 月	青海省发改委、水利厅将《青海省贵德县拉西瓦灌溉工程项目建议书》上报水利部
2011 年 1 月	水利部水利水电规划设计总院对该工程项目建议书进行了技术审查并提出了初审意见
2011 年 7 月	水利部水利水电规划设计总院对修改后的《青海省贵德县拉西瓦灌溉工程项目建议书》进行了复审，并签署了审核意见
2011 年 11 月	水利部将《关于报送青海省贵德县拉西瓦灌溉工程项目建议书审查意见的函》呈送国家发改委
2013 年 1 月	中国国际工程咨询公司对《青海省贵德县拉西瓦灌溉工程项目建议书》进行评估并通过评估
2013 年 3 月	中咨公司将《中国国际工程咨询公司关于青海省贵德县拉西瓦灌溉工程项目建议书的咨询评估报告》报送国家发改委

1.3.2　项目可行性研究报告管理

（1）项目可行性研究报告编制

根据国家发改委对《青海省贵德县拉西瓦灌溉工程项目建议书》的批复文件，需要编制拉西瓦灌溉工程可行性研究报告。拉西瓦灌溉工程可行性研究报告的编制单位同样应具备水利专业的甲级工程咨询资质。青海省水利水电勘测设计研究院不仅符合资质要求，而且顺利完成了拉西瓦灌溉工程项目建议书的编制工作，工程设计能力出众。因此，拉西瓦灌溉工程建设管理局委托青海省水利水电勘测设计研究院继续负责《青海省贵德县拉西瓦灌溉工程可行性研究报告》的编制工作。2013 年 8 月，《青海省贵德县拉西瓦灌溉工程可行性研究报告》编制完成。

（2）项目可行性研究报告审查

拉西瓦灌溉工程可行性研究报告编制完成后，严格按照现行的管理体制，分级审批，具体审查流程如表 1-3 所示。

表 1-3 可行性研究报告审查流程

时间	审查程序
2013 年 8 月	青海省发改委、水利厅将《青海省贵德县拉西瓦灌溉工程可行性研究报告》上报水利部
2013 年 9 月	水利部水利水电规划设计总院对该工程可行性研究报告进行了技术审查,并提出了初审意见
2013 年 12 月	水利部水利水电规划设计总院对修改后的《青海省贵德县拉西瓦灌溉工程可行性研究报告》进行了复审,并签署了审核意见
2014 年 5 月	水利部将《关于报送青海省贵德县拉西瓦灌溉工程可行性研究报告审查意见的函》呈送国家发改委
2014 年 9 月	中国国际工程咨询公司对《青海省贵德县拉西瓦灌溉工程可行性研究报告》进行了评估
2014 年 11 月	中咨公司将《中国国际工程咨询公司关于青海省贵德县拉西瓦灌溉工程可行性研究报告的咨询评估报告》报送国家发改委

（3）项目可行性研究报告批复

2015 年 1 月 30 日,国家发展和改革委员会以发改农经〔2015〕249 号文对《青海省贵德县拉西瓦灌溉工程可行性研究报告》作出了批复,批复文件封面见附件。

国家发改委同意所报拉西瓦灌溉工程可行性研究报告。工程设计灌溉面积 20.02 万亩,设计水平年 2020 年灌区灌溉需水总量 1.12 亿 m^3,灌区渠首设计流量 9.43 m^3/s。该工程建设内容主要包括新建干渠、支渠、提灌泵站等。干渠 1 条总长 52.71 km,其中明(暗)渠长 13.28 km,隧洞长 30.48 km,渡槽长 7.62 km,倒虹吸长 1.33 km。按 2014 年一季度价格水平估算,该工程总投资 131 936 万元,其中骨干工程总投资 106 253 万元,田间工程总投资 25 683 万元。总投资中,中央预算内投资(藏区专项)安排 74 400 万元,其余投资由青海省负责安排解决。明确该工程为地方水利建设项目,同意由拉西瓦灌溉工程建设管理局作为工程项目法人,负责项目前期工作、工程建设和运营管理。

此外,在初步设计阶段,要重点做好几项工作,包括优化水资源配置方案,复核工程规模,深化地勘工作,优化工程总体布局,细化工程设计,落实安置规划,推荐灌区田间工程建设等。

1.4 建设管理模式

建设管理模式对法人、承包商以及分包商产生的施工、经验管理产生较大的影响,拉西瓦灌溉工程建设管理领导班子结合工程背景与实际情况选择了合适的管理模式,一定程度上激发了劳动组织效率和管理水平。

1.4.1 管理模式分类

（1）DBB(设计—招标—建造模式)

设计—招标—建造(Design-Bid-Build)模式中业主首先委托咨询、设计单位完成项目前期工作,包括施工图纸、招标文件等。在设计单位的协助下通过竞争招标把工程授予各项条件综合评价最优的承包商,施工阶段业主再委托监理机构对承包商的施工进行管理,也就是说业主要分别与设计机构、承包商和监理机构签订合同,监理机构与承包商并没有合同关系,而是受业主委托对承包商的工作进行监督。这种模式最突出的特点就是按设计、招标、建造的顺序进行,只有上一个阶段结束后下一个阶段才能开始。优点为管理方法成熟,业主可自由选择咨询设计人员与监理单位;可控制设计要求,通过招标来争取有利价格,可采用标准合同文本。可能存在的问题是设计的可施工性差,监理工程师控制项目目标能力不强,工期太长,不利于工程事故的责任划分,较容易就图纸问题产生争端。

（2）EPC(工程总承包模式)

工程总承包模式是将设计与施工委托给一家公司来完成的项目实施方式,这种方式在招标与订立合同时以总价合同为基础。设计—建造总承包商对整个项目的总成本负责,它可以自行设计或选择一家设计公司进行技术设计,然后采取招标方式选择分包商,当然它也可以充分利用自己的设计和施工力量完成大部分设计和施工工作。业主委托一位拥有专业知识和管理能力的专家为代表,与总承包商充分沟通并担任监督工作。该模式的特点是:风险主要由承包商承担;有利于降低全过程建设费用;容易把纠纷、矛盾降到最小;可保证工程质量。缺点是业主对工程控制能力较低。

（3）CM(建筑管理模式)

建筑管理模式中 CM 经理作为业主的咨询人员和现场代理,为业主提供某一阶段或全过程的服务,CM 经理的工作是负责协调设计和施工者之间及不同承包商之间的关系。该模式的特点是:业主可自行选定工程咨询人员,招标前可确定完整的工作范围和项目原则,会得到完善的管理与技术支持,从而缩短工期,节省投资。CM 经理不对进度和成本负责,可能后期发生索赔与变更的费用较大,这一点业主方风险较大。

（4）DM(设计—管理模式)

设计—管理模式是指同一家公司向业主提供设计和施工管理服务的工程管理方式,在这种模式中业主只签订一份既包括设计也包括施工管理服务的合同,业主在设计—管理公司完成设计后即进行工程招标,选择总承包商,在项目施工过程中设计—管理公司又作为监理机构对总承包商以及各分承包商的工作进行监督,实施对投资、进度和质量的控制。

（5）PMC(项目管理模式)

项目管理承包模式是目前国际上较新的一种管理模式,选用这种管理承包模式,项目业主会在项目进行初期,选择技术力量和工程管理经验丰富的专业工程公司作为项目的管理承包商,与之签订管理承包合同。管理承包是指管理承包企业按照合同约定,除完成管理服务的全部工作内容外,有时还可以负责完成合同约定的工程初步设计等工作,工程的实际施工由各独立专业承包商承担。这种模式中,管理承包商一方面与业主签订合同,另一方面与施工承包商签订合同,一般情况下,管理承包单位不参与具体工程施工,而是将施工任务分包给施工承包商。业主方的风险在于能否选择一个高水平的项目管理公司。

（6）BOT（建造—运营—移交）

这种方式是指一国财团或投资人为项目的发起人，从一个国家的政府获得某基础设施项目的建设特许权，然后由其独立联合他方组建项目公司，负责项目地的融资、设计、建造和经营。在整个特许期内，项目公司通过项目经营获得利润，并由此偿还债务。在特许期满之时，整个项目由项目公司无偿或以极少的名义价格移交给政府。这是一种不改变项目所有权性质的投资方式及融资方式，其实质是一种债务和股权相混合的产权。该模式的特点是：政府承担的风险较小，项目公司承担的风险大，建设效率高。承包商如何合理回避风险，业主如何保证承包商的运营收入，是问题的关键。

1.4.2　管理模式选取

拉西瓦灌溉工程采用的管理模式是"DBB"即设计—招标—建造（Design-Bid-Build）模式。在工程建设前期，为了全面了解工程地质条件，建设管理局委托青海省水利水电勘测设计院对拟施工地段进行了勘察，并形成了《青海省贵德县拉西瓦灌溉工程初设阶段工程地质勘察报告》。在此基础上，拉西瓦建设管理局委托具有资质的青海省水利水电勘测设计院进行了工程设计，形成了《青海省贵德县拉西瓦灌溉工程初步设计报告》。通过工程设计合理地将渡槽、倒虹吸、隧洞的技术难关前置，并在设计报告提出了攻克难关的技术方案，极大地提高了工程组织管理效率，降低了工程建设的风险并减少了后期突破技术难关带来的施工成本。

在《青海省贵德县拉西瓦灌溉工程初设阶段工程地质勘察报告》《青海省贵德县拉西瓦灌溉工程初步设计报告》完成的基础上，建设管理局在设计单位的协助下开启各个标段的承包商的招标工作，贵德县拉西瓦灌溉工程各标段的招标评标委员会按照《中华人民共和国招标投标法》以及本项目招标文件公开载明的评标标准，对投标人的投标文件按照公平、公正、科学、择优的原则进行了综合评审，保证了施工单位的正规性，从而从源头上把握了工程质量，并通过竞争招标的形式，一定程度上节省了工程建设费用。

综上，在拉西瓦建设管理领导班子的领导下，采用的DBB建设管理模式不仅提高了工程组织效率，降低了工程建设中的风险，而且极大地减少了工程建设费用，为提高经济效益奠定了良好的基础。

第二章　拉西瓦灌溉工程主要成果

本章对拉西瓦灌溉工程的建设成果从工程技术创新、工程效益以及工程获奖三个方面展开论述。首先,基于明(暗)渠工程、渡槽工程、隧洞工程以及倒虹吸工程这四项主体工程依次介绍拉西瓦灌溉工程的四项技术创新。其次,归纳总结了拉西瓦灌溉工程建成后带来的经济效益、社会效益和生态效益。最后,汇总了拉西瓦灌溉工程建设以来获得的一系列荣誉奖项。以上三方面充分表明,拉西瓦灌溉工程建设成果显著。

2.1　工程技术创新

拉西瓦灌溉工程的创新性技术主要包括明(暗)渠工程的渠道防渗设计技术、边坡稳定设计技术和黄土湿陷设计技术;渡槽工程实现了大吨位大跨度空腹桁架拱式渡槽的整体预制吊装和渡槽伸缩缝技术;隧洞工程基于高地温、高地应力的隧洞洞身开挖技术、混凝土施工技术、灌浆技术和施工技术;倒虹吸工程的单式轴向型波纹伸缩节技术。

2.1.1　明(暗)渠工程技术创新

面对渠道渗流、黄土湿陷、洞室稳定及边坡稳定等复杂的地质问题,工程建设综合运用渠道防渗设计技术、边坡稳定设计技术和黄土湿陷设计技术对明(暗)渠地基稳固,保证工程顺利进行。

(1) 渠道防渗设计技术

为了防渗、节水以及防止渠道运行后产生冻胀、湿陷等变形,设计中对不同地基渠段分别采用不同技术措施。

①在岩石地基段,渠道均采用钢筋混凝土衬砌防渗,基础采用 10 cm 的 C15 混凝土垫层作为找平层;

②在碎石土、粉质黏土地基段,渠道采用钢筋混凝土衬砌防渗,基础采用 50 cm 砂砾石垫层换基提高承载力,其上采用 10 cm 的 C15 混凝土垫层作为找平层;

③在湿陷性黄土地基段,采用三七灰土换基主要是增加防渗的强度,增加地基的承载力,换基与土工膜的结合,使"柔性防渗、刚性防护",减缓失陷性对渠基的影响。

(2) 边坡稳定设计技术

渠道纵坡在已选定的渠首、渠尾高程的前提下,结合干渠地形条件复杂多变,开挖方工程量大等特点,对渠道设计纵坡进行了比较计算。由于本工程干渠明渠段从村庄内附近通过,易使当地人、牲畜跌入渠中,存在极大的安全隐患。为了消除安全隐患,保证当地群众生命财产的安全,在明渠顶部加设了15 cm厚的盖板。

(3)黄土湿陷设计技术

在湿陷性黄土地基段,采用三七灰土换基增加防渗的强度,增加地基的承载力;采用土工膜主要考虑它的强度高、抗渗性能好、抗变形能力强、摩擦特性和耐久性等优点,换基与土工膜的结合,使"柔性防渗、刚性防护",可以减缓失陷性对渠基的影响,并且这种方案施工方便、工期短、成本低、防渗效果好。同时借鉴宁夏扬黄灌区、湟水北干一期工程等对湿陷性黄土的处理方式,渠道除了采用钢筋混凝土衬砌防渗和对基础进行50 cm三七灰土换基外,另外加设一道土工防渗膜(一布一膜200 g/0.5 m²),黄土渠基段采用外包土工膜及三七灰土换基联合防渗,从而使渠道的基底应力不超过地基的容许承载力,同时也起到了防渗作用,避免了渠底基础发生不均匀沉陷。

2.1.2 渡槽工程技术创新

(1)严寒环境条件下大吨位大跨度空腹桁架拱式渡槽施工技术

拉西瓦灌溉工程克服了复杂地质条件、高寒环境条件等对渡槽施工产生的巨大影响,实现了大吨位大跨度空腹桁架拱式渡槽的整体预制吊装,施工技术已达国内先进水平,促使我国在青藏高寒地区大吨位、大跨度空腹桁架拱式渡槽施工技术领域迈出坚实一步,为后续相关工程的建设提供了理论基础和技术支撑。

青海省贵德县拉西瓦灌溉工程建设管理局、青海省水利水电勘测设计院、青海大学以拉西瓦灌溉工程6♯空腹桁架拱式渡槽为依托,联合开展了"青藏地区严寒环境条件下大跨度空腹桁架拱式渡槽结构整体稳定性研究",取得以下成果:

①明确了青藏高寒地区大跨度空腹桁架拱式渡槽结构在大温差温度荷载作用下各构件的内力、应力分布及变形特性,得出大温差是渡槽结构桁架拱拱脚产生较大水平位移及应力的主要原因;

②通过对作用在桁架拱下弦杆不同应力荷载值的模拟,根据下弦杆跨中应力值的变化,找到预应力平衡点,确定出桁架拱合理的预应力荷载值;

③在下弦杆预应力荷载值及其他荷载一定的情况下,高寒地区桁架拱上弦杆的截面尺寸增大,拱脚的应力由压应力转化为拉应力,达到平衡点后,拉应力不断增大;

④不同跨度、不同部位的竖杆应力分布不同,应力值较小,以此对拉西瓦灌溉工程空腹桁架拱式渡槽的竖杆间距进行了优化;

⑤通过渡槽整体结构进行反应谱分析及时程分析,表明在横向地震作用下渡槽整体结构的位移量最大,拱脚处的拉应力最大。

(2)渡槽接缝止水技术

渡槽工程关键设计技术——渡槽空腹桁架拱结构型式的创新,渡槽采用整体预制吊装、渡槽压板式螺栓固定可卸双重止水引进,22♯渡槽改为4♯倒虹吸,15♯~25♯渡槽由U型预制槽身变为矩型现浇槽身等。

（3）渡槽伸缩缝技术

渡槽伸缩缝采用弹性防护砂浆填缝，弹性防护砂浆能够解决干缩、内外温差过大引起的开裂问题，同时提高受防护混凝土耐久性，提高建筑物防渗和保温隔热效果。与现有普通砂浆相比，具有低弹性模量、大极限拉伸值、高抗裂、高耐久性且具有防渗和隔热保温性能。

2.1.3　隧洞工程技术创新

隧洞所经地层岩性复杂，既有三叠系坚硬岩，又有新近系软岩，还有第四系松散砂砾石地层和部分黄土类地层，并且变质岩区地下水丰富，隧洞工程地质条件较为复杂，因受到地应力和高地温作用极易失稳和变形。建设施工方在爆破开挖时超前支护，开挖后立即进行钢拱架支护，侧墙及顶拱钢拱架背部采用钢筋网片焊接封堵，并及时喷射混凝土支护，有效消除了成洞变形危害，降低了变形及高温对混凝土衬砌结构危害，保证工程质量的同时降低了施工成本。

由青海省贵德县拉西瓦灌溉工程建设管理局、青海省水利水电勘测设计研究院、青海大学协作完成的《高地温、高地应力等不利条件下黄河谷地软岩洞室稳定性分析及相应措施研究》，提出以下创新点：

（1）高地温会使衬砌结构受到的拉应力大幅度增加，衬砌结构受到较大压应力的主要原因是高地应力，高地温是使衬砌结构产生破坏的主要原因，因此可以从温控方面减少衬砌结构破坏的可能性；

（2）衬砌结构在沿洞轴线方向受到的应力与最大拉应力的分布趋势及应力值基本相同，即衬砌结构在运行过程中会产生横缝，因此可以从配筋方面减少衬砌结构破坏的可能性；

（3）随着衬砌分段长度的增加，其自身受到的拉应力数值增幅较小，但相对较大的拉应力分布范围增大，3 m、6 m、9 m 三种衬砌段在中间位置受到的拉应力数值较大，即在中间位置处可能产生裂缝，12 m 衬砌段在距两端 1/3 处受到的拉应力数值较大，容易在两端 1/3 处产生裂缝。

2.1.4　倒虹吸工程技术创新

面对倒虹吸管径较大的施工重点难点问题，拉西瓦灌溉工程采用了压力钢管现场卷制及吊装新技术。其中，最具代表性的 2# 倒虹吸管径较大，钢板为 Q345C 高强钢板，屈服强度较高，钢板端头若不进行预顶弯，卷制成型后压头较为困难，会出现端头弧度不够，较为平直现象，压力钢管现场卷制及吊装新技术有效解决了卷制成型后压头困难的问题，提高了施工效率。该技术操作步骤如下。

（1）钢管防腐处理

钢管外壁防腐做法：环氧富锌底漆，涂层厚度 60 μm；环氧云铁防锈漆（中间层），涂层厚度 80 μm；氟碳面漆，涂层厚度 60 μm。钢管内壁防腐做法：超厚浆型环氧沥青防锈底漆，涂层厚度 400 μm；超厚浆型环氧沥青防锈面漆，涂层厚度 400 μm。防腐处理必须按《水工金属结构防腐蚀规范》(SL105—2007)及《公路桥梁钢结构防腐涂装技术条件》(JT/T 722—2008)严格执行,喷涂操作前必须进行钢管除锈处理。

（2）伸缩节安装

2#倒虹吸伸缩器采用 1.6 MPa 单向轴向型波纹伸缩器。该伸缩器与管道采用焊接连接,伸缩器连接端、外护筒、导流筒材质与管道母材相一致,均采用 Q345C 型钢,伸缩体采用 304 不锈钢制作波纹管,波内设铠装环,以防止压缩过度造成波纹损坏。

（3）整体管节卷制

整体管节卷制技术的应用最大限度的实现大直径压力管道的自动化焊接,提高了焊接效率,压缩了单节管节制造的直线工期,使大批量钢管制造自动化操作程度得到提高,节约了设备资源,提高了安全系数,降低了工人劳动强度,真正实现了压力钢管制造从钢板组对、卷制、焊接等流水线工序的全自动化施工,提高了工效,有效降低了施工成本。

（4）钢板端头预顶弯

由于 2#倒虹吸管径较大,钢板为 Q345C 高强钢板,屈服强度较高,钢板端头若不进行预顶弯,卷制成型后压头较为困难,会出现端头弧度不够,较为平直的现象。因此,本工程钢板端头顶弯采用加衬垫方式在卷管机上进行,衬垫为事先按设计弧度卷成的钢制专用胎模,顶弯后钢板端头弧度用样板检查达到设计要求为止,该做法有效解决了卷制成型后压头困难的问题。

（5）钢管焊接

焊接质控系统责任人对焊接质控系统的建立、实施、保持和改进负责,在焊接质控系统中具有独立行使权力的职责。焊接工艺由工艺组负责,技术部及生产车间配合,工艺组对该系统的各有关环节的工作负责。

2.2　工程效益

拉西瓦灌溉工程是青海省国土资源厅 2011 年初步计划开展的土地开发整理工作,是拉西瓦片区国土项目的主要配套水利骨干工程,也是实施拉西瓦片区土地开发、整理的重要水利支撑和保障。项目建成后能发挥青海省东部黄河谷地百万亩土地开发整理重大项目的效益,主要包含经济效益、社会效益和生态效益三方面。

2.2.1　经济效益

灌溉工程作为国家的基础设施工程,在国民经济发展和社会繁荣中发挥着重要作用,其效益的发挥与区域经济发展、人民生活质量提升等有着密切联系。灌溉工程的经济效益可以通过有工程和无工程所增加或减少的财富进行对比来反映,如为农田、工厂提供用水增加农业、工业产量带来增产效益,如利用灌溉工程节约用水带来节水效益,如运营灌溉工程节约农业生产力带来的省工效益等。拉西瓦灌溉工程建成后能为拉西瓦片区带来显著的经济效益,主要包括增产效益、节水效益和旅游效益。

（1）增产效益

项目增产效益有农业增产效益和林业经济效益两方面。拉西瓦灌区农作物包括粮食作物、经济作物，项目建成后农田水利设施配置基本完善，农作物产量能明显提高，林业种植面积亦能显著增加。从农业增产效益角度看，现有农田蔬菜增产每年可增加经济效益3 135万元，新增农田增产每年带来经济效益2 625万元，合计每年总增产效益为5 760万元。从林业经济效益角度看，灌区经济林业效益包括生态林经济林和果树林带来的效益，生态林经济林主要效益为水土保持和环境效益，果树林中梨树、核桃树达产后每年带来林业经济效益3 429万元。

（2）节水效益

项目节水效益主要通过提升灌溉水利用系数使灌溉定额降低的方式实现，可以分为直接效益和间接效益。从直接效益来看，项目运营后理论上在2011—2020年可节约用水5 976.69万 m^3，节水效益达14 941.73万元。从间接效益来看，项目所节约的用水可直接支援城市生活和工业用水，缓解用水紧张态势。

（3）旅游效益

项目旅游效益主要来自项目建设充分发挥地区区位优势带来的地区经济发展。由于发展旅游业带动经济发展的效益无法直接计算，根据旅行费用法估算，拉西瓦灌溉工程每年可有60万元间接旅游效益。

2.2.2　社会效益

项目的社会效益是指在建设和经营灌溉工程给社会带来的得益，主要包括社会再生产对人民福利水平的提升和对社会文明的提高。由于社会效益不便进行定量分析，因此本项目主要从定性角度分析包括节能效益和防洪效益两个方面的社会效益。

（1）节能效益

节能效益主要体现在拉西瓦灌溉工程建设后对水电能源的应用，由于水电是我国现阶段大规模开发的可再生资源，项目建设对水电资源的利用能极大地减少其他非可再生能源的使用。本项目的节能效益主要包括工程布置节能效益、工程设计节能效益、工程建设节能效益和工程运行节能效益。经分析可得，项目在各建设阶段都实现了节水效益，降低了工程量，节约了能耗。

（2）防洪效益

项目防洪效益是指在发生同等规模、同等流量洪水的情况下，无防洪工程时防洪地区所产生的洪水损失与有防洪工程时仍可能造成的洪水损失之间的差值。拉西瓦灌溉工程设计时尽量不缩小河道的主泄洪通道，并预留通道，发挥了灌溉工程的防洪效益。

2.2.3　生态效益

拉西瓦灌溉工程建设不仅推动了区域经济的发展，还产生了良好的生态效益。拉西瓦灌溉工程生态效益主要表现在水生生态、陆生生态及农业生态效益三个方面。

（1）水生生态效益

①水体自净能力增强、水域环境得到改善

引水工程运行后，由于从东、西河引水量大幅减少，尤其是鱼类繁殖期间引水量大幅减少，使得鱼类繁殖期内河道内流量明显增加，水体的自净能力较项目建设前加强，水域环境得到显著改善。

②水文节律恢复、有利于水生生物繁殖

拉西瓦灌溉工程建成后，东西河内流量过程更接近自然流量过程，其水文节律也基本恢复为自然水文节律，十分有利于水生生物的生存和繁殖。具体表现在：流速增加有利于花斑裸鲤等适宜在一定流速的水体中栖息和繁殖的裂腹鱼类生存和繁衍；水域宽度增加也会增大河道内浅滩的面积，有利于饵料生物的生长，进而有利于鳅科鱼类寻找到更多适宜产卵繁殖的场所；水文节律的恢复有利于土著鱼类生活史的完成，同时抑制外来鱼类的繁殖。

（2）陆生生态效益

①减少水土流失面积、增加绿色植被覆盖率

工程实施后地区将大力发展林果业，林果业比例从施工前的 42% 提高到 45%，不仅可增加坡地植被覆盖度，减少水土流失面积，还增加了绿色植被覆盖率，改善地区生态环境。

②逐步形成集农田防护与产出效益相结合的经济林网体系

根据规划，拉西瓦灌溉工程建成后，灌区种植结构有所调整，将在灌区内合适地区大力植树造林，增加区内的森林覆盖面积，对荒滩地水、土、林进行综合治理，以增加荒地土层厚度和植被覆盖度，减少黄河谷地上游地区的入黄泥沙量，逐步形成一个集农田防护与产出效益相结合的经济林网体系。

（3）农业生态效益

①耕地总面积、高产田面积增加

拉西瓦灌溉工程改善 12 万亩耕地的灌溉条件，并新增 8.35 万亩耕地面积。贵德县南岸耕地面积增加 7.79 万亩，达到 21.49 万亩，其中水浇地增加 4.45 万亩，果树林地增加 3.34 万亩。行政区内耕地大部分成为有灌溉保障的高产田。因此灌区建设运行增加了耕地总面积，同时大幅增加了高产田面积，区域内耕地资源质量得到了较大幅度的提高。

②粮食产量显著提升

灌区建成后，能实现粮食总产量增产 3 424.4 万 kg，其中小麦、油菜、马铃薯分别增产 1 587.2 万 kg、248.2 万 kg、1 589 万 kg。

2.3 工程获奖

拉西瓦灌溉工程建设以来，先后获得一系列荣誉奖项，汇总后见表 2-1，成果证书及所获奖项图片见附件 2。

表 2-1　拉西瓦灌溉工程获奖情况

成果分类	时间	所获证书/奖项	认证/颁奖单位
成果证书	2016.2	青海省科学技术成果证书——青藏地区严寒环境条件下大跨度空腹桁架拱式渡槽结构整体稳定性研究	青海科学技术厅
	2016.2	青海省科学技术成果证书——高地温、高地应力等不利条件下黄河谷地软岩洞室稳定性分析及相应措施研究	青海科学技术厅
	2017.11	水利工程优秀质量管理小组Ⅰ类成果——高地温、软岩条件下减少隧洞混凝土裂缝	中国水利工程协会
	2018.8	水利工程优秀质量管理小组Ⅰ类成果——上承式预应力空腹桁架吊装方案的优化及实施	中国水利工程协会
所获奖项	2015.5	全国水利安全监督工作先进集体	水利部
	2016.1	青海省水利系统先进单位	青海省水利厅
	2017.2	2015—2016 年度文明单位	海南州精神文明建设指导委员会
	2017.2	海南州安全生产监督管理先进单位	海南州安全生产委员会
	2017.4	2016 年度青海省水利建设质量工作先进单位	青海省水利厅
	2018.1	2017 年度州直水利系统民族团结进步创建先进单位	海南州水利局
	2018.6	甘肃省水利科学技术进步一等奖——大吨位、大跨度预应力双桁架渡槽整体预制吊装施工工艺试验研究	甘肃省水利科技进步奖评审委员会
	2018.6	甘肃省水利科学技术进步一等奖——高地温软岩条件下隧洞施工工艺试验研究	甘肃省水利科技进步奖评审委员会
	2021.11	2019—2020 年度全州文明单位	海南州精神文明建设指导委员会

第二篇

拉西瓦灌溉工程
规划与设计

第三章　拉西瓦灌溉工程灌区规划

拉西瓦灌溉工程灌区的合理规划是项目能够落地执行的重要前提,本章分别从灌区整体、征地移民、水土保持以及环境保护四个方面对拉西瓦灌溉工程灌区规划进行阐述,有利于从设计角度对拉西瓦灌区建设期的工程规划和建成后的工程布局形成整体的认识。

3.1　灌区整体规划

3.1.1　灌区灌溉工程规划

（1）灌区灌溉工程原状

拉西瓦灌溉工程所在地原各提灌灌区,引水口较多,但部分泵站存在年久老化、失修等问题,供水能力仅为设计供水能力的80%左右。提灌灌区配套简陋,除年久失修、接头等漏水严重的提灌干管以外,只有少量斗渠有部分衬砌,总长度33.39 km。衬砌长度为13.07 km,衬砌率为39.14%,农渠均为土渠。由于提灌灌区运行费用高,群众负担重,撂荒地较多,实际灌溉面积小于提灌灌区的设计灌溉面积。

南岸灌区自流灌溉工程主要分布在东、西河灌区内,但东河及西河天然径流时空分布不均,农业灌溉在2、3月份"卡脖子"旱现象严重,难以保证设计灌溉面积。东、西河灌区灌溉工程引水枢纽在"十五"期间修建,引水口建筑基本完好,能发挥其引水作用,因此可以继续利用。

原灌区除干渠和部分支渠为衬砌渠道,支渠以下渠系均为土渠,但由于运行、管理、维护等原因,渠道损坏部分约20%,淤积问题严重、分水口繁杂;提灌灌区由于大部分泵站建成较早,老化、失修,带病运行,运行费用较高;田面平整度约75%,原灌溉水利用系数为0.35左右。为解决拉西瓦灌区积累的设备陈旧、灌溉面积不足等问题,拉西瓦灌溉工程应运而生。

（2）灌区灌溉工程规划

①灌区总体布置原则

拉西瓦灌溉工程的任务是农业灌溉,从黄河干流拉西瓦水电站水库统一取水,建设引水骨干及配套工程,为项目区各族群众脱贫致富创造有利条件,促进经济社会的可持续发展。

灌区总体布置是在调查自然社会经济条件和水土资源利用现状的基础上，根据农业生产对灌溉的要求和水土资源合理利用等原则进行的。干渠沿南岸山坡由西向东展布，途经温泉沟、西沟和东沟至下游边度滩、查达滩和末端沙吾滩；选线尽量避开了区域性断裂带、滑坡、崩塌体，减少和避免深劈方段及在强湿陷性黄土层上通过傍山明渠，缩短渠线长度。并结合施工条件、工期等因素，采用倒虹吸—隧洞—渡槽—明（暗）渠相衔接、隧洞为主体的线路布置方案。总体来看灌区新增地面积分布在河西、河阴镇和河东乡，高程范围为 2 050～2 750 m 左右。由于拉西瓦灌溉工程引水枢纽末端预留农灌口高程为 2 440 m，为了尽可能地发展自流灌溉面积，干渠布置尽量节约水头。

②灌区具体布置

干渠渠首为阿垄沟拉西瓦水源工程预留农灌口处，高程为 2 440 m，通过倒虹吸、明（暗）渠、渡槽、隧洞等建筑物输水至灌区末端。最先途径温泉沟，干渠位于西久公路跨温泉沟第一座交通桥上游 200 m 左右处，高程为 2 428 m 左右；然后途径西沟干渠节点位置在木干村，高程为 2 420 m 左右，跨河建筑物为渡槽；途径东沟干渠节点位置在周屯村与王屯村交界处，高程为 2 405 m 左右，跨河建筑物也为渡槽；后经一定比降，途径麻巴、边度、查达等滩地将水输送至渠末沙吾滩，渠末设计高程为 2 390 m 左右，该高程节点位于沙吾滩黄河岸边起 2/3 左右位置。

干渠总长 52.72 km，流量分段为八段，设计纵坡具体为：明（暗）渠和隧洞为 $i=1/1 500$，渡槽为 $i=1/1 000$。其中明（暗）渠段长 13.19 km，占干渠总长度的 25%；隧洞 16 座，总长 30.76 km，占干渠总长度的 58.30%；渡槽 25 座，总长 7.43 km，占干渠总长度的 14.08%，倒虹吸 4 座，总长 1.34 km，占干渠总长度的 2.54%，干渠其他建筑物 108 座。

支渠布置遵循合理范围内控制面积最大、建筑物最少的原则，结合地块形状、地形坡度等因素，与干渠正交或斜交布置，共布置自流支渠 20 条，总长 81.78 km，控制灌溉面积 18.72 万亩，其中 9 条支渠采用混凝土衬砌明渠形式，总长 49.79 km；其余 11 条支渠采用压力管形式输水，总长 31.99 km；提灌支渠 8 条，总长 10.6 km，控制灌溉面积 1.63 万亩。拉西瓦灌溉工程干支渠主要建筑物统计如表 3-1 所示。

表 3-1　拉西瓦灌溉工程干支渠建筑物表

名称	单位	干渠	支渠	合计
数值	km	52.72	92.38	145.10

③灌区其他规划

拉西瓦灌溉工程在建设过程中涉及征地移民、水土保持和环境保护等工程，均为建设期内除拉西瓦灌溉工程施工外较为重大的工程，对拉西瓦灌溉工程最终的工程质量与效益产生重要影响，因此本章 3.2—3.4 分别就征地移民规划、水土保持规划和环境保护规划进行详细介绍。

3.1.2　灌区灌溉面积规划

（1）灌区规划灌溉面积

拉西瓦灌区规划总灌溉面积20.35万亩，其中改善现状灌溉面积12万亩，扩大灌溉面积8.35万亩。干渠渠线以下自流灌溉面积18.72万亩，其中改善灌溉面积12万亩（耕地6.20万亩，经济林1.79万亩，生态林4.01万亩），扩大灌溉面积6.72万亩（耕地4.18万亩，经济林1.80万亩，生态林0.74万亩）。渠线以上新增提灌灌溉面积1.63万亩（100 m扬程范围内），其中耕地0.83万亩，经济林0.47万亩，生态林0.33万亩，如表3-2、图3-1所示。

表3-2　拉西瓦灌溉工程规划灌溉面积成果表　　　　　单位：万亩

灌溉面积分类				规划灌溉面积		
				渠线以上	渠线以下	合计
改善灌溉面积	耕地		自流	—	3.42	3.42
			提灌改自流	—	2.78	2.78
			小计	—	6.20	6.20
	林地	经济林	自流	—	0.76	0.76
			提灌改自流	—	1.03	1.03
		生态林		—	4.01	4.01
		小计		—	5.8	5.8
	合计			—	12	12
扩大灌溉面积	旱地变水地			0.17	0.37	0.54
	新增耕地			0.66	3.81	4.47
	新增林地	经济林		0.47	1.80	2.27
		生态林		0.33	0.74	1.07
		小计		0.80	2.54	3.34
	合计			1.63	6.72	8.35
总计				1.63	18.72	20.35

渠线以上提灌灌溉面积

渠线以下提灌灌溉面积

图3-1　拉西瓦灌区规划灌溉面积构成图

灌区规划灌溉面积按行政分,河西镇 7.15 万亩,河阴镇 3.6 万亩,河东乡 9.6 万亩。规划拉西瓦灌区各面积具体构成如表3-3所示。

表 3-3　拉西瓦灌区规划灌溉面积乡镇统计表　　　　　单位:万亩

乡镇名称	原状灌溉面积	扩大灌溉面积	规划灌溉面积
河西镇	4.57	2.58	7.15
河阴镇	3.26	0.34	3.60
河东乡	4.17	5.43	9.60
合计	12	8.35	20.35

(2)灌区扩大面积来源

拉西瓦灌溉工程项目未建设之前(以 2007 年为基准年),贵德县区域面积为 3 504 km²(525.6 万亩),原土地利用包括耕地、林地、草地、建设用地等,与灌溉密切相关的耕地和林地总面积为 50.12 万亩。南岸灌区按照现状水源可分为西河灌区、东河灌区及提黄灌区,灌溉面积分别为 5.95 万亩、6.9 万亩和 2.51 万亩;依据拟建拉西瓦灌区干渠渠线高程,分为拉西瓦灌区和干渠渠线以上灌区,其中拉西瓦灌区包含 2 镇(河西镇、河阴镇)1 乡(河东乡),灌溉面积 12 万亩,渠线以上灌区灌溉面积 3.36 万亩。

拉西瓦灌溉工程扩大灌溉面积 8.35 万亩,按灌溉方式分,自流灌溉面积 6.72 万亩,提灌灌溉面积 1.63 万亩;按地类分,撂荒地复垦 1.8 万亩,新开垦地 6.01 万亩,新增地主要分布在河东乡的边都滩、查达滩和沙巫滩,旱变水 0.54 万亩(旱地变自流水浇地 0.37 万亩,旱地变提灌水浇地 0.17 万亩);按行政分河西镇 2.58 万亩,河阴镇 0.34 万亩,河东乡 5.43 万亩,扩大灌溉面积具体分布统计如表3-4所示。

表 3-4　拉西瓦灌溉工程扩大灌溉面积统计表　　　　　单位:万亩

扩大灌溉面积分类	位置		类型	面积
按灌溉方式分	干渠线以下		自流灌溉面积	6.72
	干渠线以上		提灌灌溉面积	1.63
	拉西瓦灌区		—	8.35
按行政分	河西镇	水车滩	撂荒地复垦	0.37
			新增地	0.67
		山坪堂	撂荒地复垦	0.22
			新增地	0.27
		山坪台	撂荒地复垦	0.10
			新增地	0.09
		热水沟	撂荒地复垦	0.04
			新增地	0.35
		西沟	撂荒地复垦	0.20
			新增地	0.09
			旱地变水地	0.18
		小计	—	2.58

续表

扩大灌溉面积分类	位置		类型	面积
按行政分	河阴镇		撂荒地复垦	0.20
			新增地	0.14
	小计		—	0.34
	河东乡	东沟	新增地	0.21
		哇历	撂荒地复垦	0.04
			旱地变水地	0.10
		吉伟	旱地变水地	0.17
		麻巴滩	撂荒地复垦	0.41
			新增地	1.19
			旱地变水地	0.09
		边都滩	撂荒地复垦	0.07
			新增地	1.17
		查达滩	撂荒地复垦	0.15
			新增地	1.17
		沙巫滩	新增地	0.66
	小计		—	5.43
	拉西瓦灌区		—	8.35

3.1.3　灌区灌溉制度规划

本着水资源统一配置的要求,灌区规划将贵德南岸区划分为东、西河沟道上游灌区(拉西瓦灌溉工程干渠以上)和拉西瓦灌区,拉西瓦灌区实现统一水源,统一管理。规划水平年 2020 年,贵德县黄河南岸区总需水量 14 747.88 万 m³,其中农业灌溉为 13 671.44 万 m³(拉西瓦灌区 11 687 万 m³,东、西河上游沟道灌区 1 984.44 万 m³),居民生活需水量为 250.42 万 m³,城镇生产为 710.78 万 m³,城镇生态为 3.17 万 m³,牲畜为 112.07 万 m³,拉西瓦灌区灌溉需水量大,因此在规划阶段坚持节水思路,灌溉渠系工程采用干、支、斗、农四级渠道全部衬砌和部分管灌,以提高灌溉水利用系数。

根据现场实地调查和青海省《用水定额》(DB 63/T 1429—2021),确定拉西瓦灌区规划水平年的灌溉制度,详见表 3-5 所示。

表 3-5　规划水平年 2020 年灌溉制度表

作物名称	种植比例	灌溉定额/(m³/亩)	灌水次数	灌水定额/(m³/亩)	灌水日期			净灌水率/[(m³·s⁻¹)/万亩]
					起	止	天数	
粮食作物 冬小麦	15%	340	1	70	9 月 16 日	9 月 25 日	10	0.130 7
			2	60	11 月 11 日	11 月 23 日	13	0.086 2
			3	60	3 月 11 日	3 月 17 日	7	0.160 0

作物名称		种植比例	灌溉定额/（m³/亩）	灌水次数	灌水定额/（m³/亩）	灌水日期			净灌水率/［(m³·s⁻¹)/万亩]
						起	止	天数	
粮食作物	冬小麦	15%	340	4	60	4月16日	4月26日	11	0.101 8
				5	45	5月11日	5月18日	8	0.105 0
				6	45	6月3日	6月14日	12	0.070 0
	春小麦	5%	300	1	70	3月11日	3月17日	7	0.062 2
				2	60	4月5日	4月15日	11	0.033 9
				3	60	5月11日	5月18日	8	0.046 7
				4	60	5月27日	6月2日	7	0.053 3
				5	50	6月15日	6月25日	11	0.028 3
	马铃薯	5%	250	1	60	3月28日	4月4日	8	0.046 7
				2	55	4月27日	5月3日	7	0.048 9
				3	55	5月19日	5月26日	8	0.042 8
				4	40	6月3日	6月14日	12	0.020 7
				5	40	7月10日	7月16日	7	0.035 6
复种	萝卜等	20%	140	1	50	7月17日	7月27日	11	0.113 1
				2	50	8月16日	8月24日	9	0.138 3
				3	40	9月16日	9月25日	10	0.099 6
经济作物	玉米	7%	250	1	70	3月18日	3月27日	10	0.061 0
				2	60	4月27日	5月3日	7	0.074 7
				3	60	5月19日	5月26日	8	0.065 3
				4	60	6月3日	6月14日	12	0.043 6
	油菜	8%	290	1	70	3月18日	3月27日	10	0.069 7
				2	60	5月4日	5月10日	7	0.085 3
				3	60	5月27日	6月2日	7	0.085 3
				4	50	6月15日	6月25日	11	0.045 3
				5	50	7月10日	7月16日	7	0.071 1
	蔬菜	15%	460	1	60	2月15日	2月26日	12	0.093 3
				2	55	3月18日	3月27日	10	0.102 7
				3	55	4月5日	4月15日	11	0.093 3
				4	55	4月27日	5月3日	7	0.146 7
				5	55	5月11日	5月18日	8	0.128 3
				6	50	5月27日	6月2日	7	0.133 3
				7	50	6月15日	6月25日	11	0.084 9
				8	40	7月10日	7月16日	7	0.106 7
				9	40	8月16日	8月24日	9	0.083 0

作物名称		种植比例	灌溉定额/（m³/亩）	灌水次数	灌水定额/（m³/亩）	灌水日期			净灌水率/[（m³·s⁻¹）/万亩]
						起	止	天数	
林业	经济林	20%	330	1	60	2月15日	2月26日	12	0.124 5
				2	60	4月5日	4月15日	11	0.135 8
				3	55	5月4日	5月10日	7	0.195 6
				4	55	5月19日	5月26日	8	0.171 1
				5	50	6月15日	6月25日	11	0.113 1
				6	50	7月17日	7月26日	10	0.092 6
	生态林	25%	220	1	55	3月28日	4月4日	8	0.213 9
				2	55	4月16日	4月26日	11	0.155 6
				3	55	6月3日	6月14日	12	0.142 6
				4	55	11月11日	11月23日	13	0.131 6

3.2　征地移民规划

3.2.1　概述

拉西瓦灌溉工程建设永久占地 263.472 亩，临时占地 1 968 亩，搬迁民宅 11 户 48 人，生产安置人口 151 人。工程移民数量少，地方政府重视，安置难度相对较低。拉西瓦灌溉工程干渠渠线经过之处大多为草地，少部分经过耕地和荒地，隧洞进出口有零星小树林，同时还影响和穿越了分散居住的一部分庄户人家，总体上渠线经过地段基本无大的成片林及村庄。多数施工道路基本上可在原有的乡间简易道路的基础上拓宽或修整。施工弃渣场场地，待工程结束后尽可能恢复为耕地或林草地，以减少水土流失。

（1）移民安置规划原则

根据《大中型水电工程建设征地补偿和移民安置条例》的有关规定，并结合拉西瓦灌溉工程后备资源情况和农业生产特点，农村移民生产安置遵循以下规划原则：

①实行就地就近安置，并结合农民习惯，尽可能本组、本村内安置，本组、本村安置有困难亦可邻近组、村安置，利于生产生活；

②通过多层次、多渠道、多形式妥善安置移民，使移民安置区的经济稳步发展，生活环境不断改善，使移民能够搬得走、安得稳、能致富；

③因地制宜地贯彻开发性移民方针，把移民安置和开发资源结合利用，促进库区社会经济发展紧密结合起来。

（2）移民安置规划目标

将 2012 年实物复核年作为工程移民安置基准年，2017 年为征地区移民安置水平年。拉西瓦灌溉工程移民安置的规划目标是搬迁人口完成搬迁后生活水平达到或者超过原有水平，根据环境容量分析及移民生产、生活现状调查，在分析反映移民生产生活水平的社会经济指标时，注意到影响农村移民生产生活水平权重较大的是人均年纯收入、人均耕地、人均粮食、人均居住建设用地面积、人均生活用水量、人均生活用电量等指标。对于人均粮食指标,随着国家保护粮食生产一系列政策的出台,粮食播种面积和产量都会不断提高,在农业人口人均耕地面积得以保证的前提下,人均粮食占有量可以达到标准,因此,人均粮食指标不作为控制性指标。而人均居住建设用地面积、人均生活用水量、人均生活用电量等指标主要与移民的生活有关,不会对生产产生较大影响,所以也不作为控制性指标。

根据《青海省国民经济和社会发展第十一个五年规划纲要》,结合贵德县的实际情况,经综合分析推算,到规划水平年工程涉及的贵德县的移民安置规划标准为人均耕地1.44亩,人均年纯收入4 169元。

(3)生产安置标准

干渠及渠系工程建设征地区农村移民对耕地的依赖性不高,但耕地是其从事二、三产业的有力保证,结合建设征地各村组人均耕地面积较大的差别情况,拟定干渠及渠系骨干工程占地区本村组后靠人均耕地面积不少于规划水平年征地前人均耕地面积的90%,各乡镇详细标准如表3-6所示。

表3-6　生产安置后规划人均耕地标准表

县	乡(镇)	村	基准年基本情况			永久征收耕地/亩	规划水平年			占征地前比例/%
			农业人口	实有耕园地/亩	人均		农业人口	剩余耕地/亩	规划人均耕地/亩	
贵德县	河西镇	格尔加村	1 251	2 605	2.08	0.00	1 295	2 605.00	2.01	97
		山坪村	752	846	1.13	0.00	779	846.00	1.09	97
		木干村	1 100	1 735	1.58	21.90	1 139	1 713.10	1.50	95
		本科村	1 100	1 802	1.64	9.48	1 139	1 792.52	1.57	96
		加洛苏合村	790	1 622	2.05	0.68	818	1 621.32	1.98	97
		才塘村	447	930	2.08	1.21	463	928.79	2.01	96
		西山湾村	485	1 210	2.49	1.77	502	1 208.23	2.41	96
		上刘屯村	1 556	2 296	1.48	0.86	1 611	2 295.14	1.42	97
		下刘屯村	784	938	1.20	0.00	812	938.00	1.16	97
		温泉村	344	441	1.28	0.00	356	441.00	1.24	97
		红岩村	1 005	1 224	1.22	0.00	1 041	1 224.00	1.18	97
		贡拜村	801	1 127	1.41	0.00	829	1 127.00	1.36	97
		江仓麻村	1 073	1 630	1.52	0.00	1 111	1 630.00	1.47	97
		加莫河滩村	910	1 229	1.35	0.00	942	1 229.00	1.30	97
		加莫台村	963	1 396	1.45	0.00	997	1 396.00	1.40	97
		下排村	692	1 761	2.54	0.00	716	1 761.00	2.46	97

续表

县	乡(镇)	村	基准年基本情况			永久征收耕地/亩	规划水平年			占征地前比例/%
			农业人口	实有耕园地/亩	人均		农业人口	剩余耕地/亩	规划人均耕地/亩	
贵德县	河阴镇	城关村	596	652	1.09	0.00	617	652.00	1.06	97
		大史家村	1 284	960	0.75	0.00	1330	960.00	0.72	97
		张家沟村	964	960	1.00	0.33	998	959.67	0.96	97
		城西村	641	963	1.50	0.33	664	962.67	1.45	97
		邓家村	1 149	1 474	1.28	2.36	1 190	1 471.64	1.24	96
		郭拉村	1 025	973	0.95	0.00	1 061	973.00	0.92	97
		童家村	854	1 123	1.31	0.00	884	1 123.00	1.27	97
	常牧镇	下三角村	501	1 282	2.56	6.29	519	1 275.71	2.46	96
	河东乡	王屯村	2 314	3 311	1.43	33.16	2 396	3 277.84	1.37	96
		贡巴村	1 633	2 380	1.46	16.36	1 091	2 363.64	2.17	149
		边度村	436	471	1.08	0.00	452	471.00	1.04	96
		哇历村	435	459	1.06	21.55	450	437.45	0.97	92
		西北村	707	972	1.37	13.84	732	958.16	1.31	95
		麻巴村	1 329	2 141	1.61	18.42	1 376	2 122.58	1.54	96
		保宁村	1 075	1 355	1.26	2.17	1 113	1 352.83	1.22	96
		下罗家村	966	1 566	1.62	8.44	1 000	1 557.56	1.56	96
		马家西村	274	461	1.68	3.26	283	457.74	1.62	96
		沙柳弯村	398	218	0.55	5.94	412	212.06	0.51	94
		周家村	1 080	1 219	1.13	8.29	1 118	1 210.71	1.08	96
		杨家村	1 062	1 548	1.46	5.73	1 100	1 542.27	1.40	96
		查达村	663	687	1.04	4.35	687	682.65	0.99	96
贵南县	沙沟乡	日安村	466	922	1.98	0.00	482	922	1.91	97

　　其中,河西镇温泉村、河东乡哇历村、查达村、沙柳湾村人均占有耕地少于青海省人均占地平均水平,在生产安置时选择在邻村调剂耕地解决,调剂耕地时下刘屯村可安置温泉村 24 人,杨家村可安置哇历村 21 人,麻巴村可安置查达村 4 人,西北村可安置沙柳湾村 12 人,其余村组可在本村组调剂耕地解决生产安置人口,总体环境容量宽松。

　　(4)搬迁安置标准

　　①建设用地及宅基地用地标准:根据实物指标调查成果,建设征地区农村居民住宅用地共计 6.05 亩,调查搬迁人口 48 人,人均建设用地面积 84 m²。本工程干渠占地涉及的搬迁安置人口全部采用分散安置,宅基地根据移民搬迁前原庄阔面积给予等量补偿。

　　②供水标准:根据 2009 年 4 月青海省人民政府办公厅颁发的《青海省人民政府办公厅转发省水利厅关于青海省用水定额的通知》(青政办〔2009〕62 号)规定,马、牛、驴每头用水 50 L/d,羊每只用水 10 L/d,猪每头用水 40 L/d,鸡、鸭、鹅每只用水 0.5 L/d,生活

用水每人 70 L/d。

③供电标准：根据贵德县用电负荷预测，考虑拉西瓦灌溉工程移民具有农牧兼有的生活习惯，确定生活用电负荷 0.4 kW/人。

④对外及村级道路标准：根据《公路工程技术标准》(JT GB 01—2020)的规定，结合新农村建设有关要求和移民安置区实际情况，对外村级道路采用四级沥青路面公路标准：路基宽度 6.5 m，路面宽度 5.5 m，通村公路通达率 100%；村内主街道红线宽度 10.0 m(中心街道 5.0 m、两边排水沟各 0.5 m、两边绿化带各 2.0 m)，背街巷道宽度 3.0 m。村内街道列入基础设施，中心街道均采用硬化路面。

⑤其他标准：调查搬迁人口 48 人，拆迁房屋面积 2 510 m²，人均房屋面积 52.3 m²，以砖混房自建为主。根据新时期农村建设要求，生活区自来水、供电、通讯、广播电视等基础设施普及率达到 100%，文教卫条件不低于搬迁前水平。

3.2.2　建设征地范围

干渠全长 52.76 km，建设征用土地范围涉及 2 县(贵德县和贵南县)4 镇 1 乡，17 个行政村。支渠全长 85.95 km，建设征用土地范围涉及 1 县(贵德县)3 镇 1 乡，32 个行政村。

(1) 干渠工程

干渠工程建设征地范围根据主体工程设计提供工程占地范围确定，包括永久占地和临时用地两部分。

①永久占地

永久占地范围依据主体工程提供的渠道总布置图，按渠道各流量段断面开挖宽度和长度综合确定。包括明渠、渡槽、倒虹管、隧洞进出口等建筑物占地、建筑物外边两侧的管理用地以及新建对外连接的永久公路。其中，管理用地范围根据《青海省水利工程土地划界规定》，并结合湟水北干渠扶贫灌溉一期工程实际情况，征地用地范围确定为：

明渠：填方渠道以两堤背水坡外延 2.0 m，高边坡渠道靠山侧以坡顶开挖线外延 2.0 m 为界；

渡槽：以渡槽槽身投影宽度作为永久征地；

隧洞：进出口以施工边坡坡顶线外延 2.0 m 为界；

倒虹吸：以进出口闸室边墩或坡脚以外 3.0 m 为界，管身段以基础最大镇墩左右边缘外延 3.0 m 为界。

②临时用地

临时用地范围包括主体工程临时占地、施工临时道路、料场、弃渣场、生产生活区等临时占用的土地。确定原则为：施工临时道路根据施工时运输强度确定道路宽度，根据工作部位确定公路长度；料场根据料场规划确定；堆渣场根据主体工程土石方开挖、填筑、临时堆料场和相应的地形地质条件确定；生产生活区根据施工分区布置。主体工程临时占地建筑物主要包括暗渠及渡槽，临时占地范围确定为：

暗渠：以基础结构开挖线边缘以外 2.0 m 为界；

渡槽:以排架基础边缘左右边缘外延 3.0 m 为界作为临时征地。

(2)骨干渠系工程

骨干渠系工程建设征地范围根据主体工程设计提供的占地范围确定,包括二十条支渠及提灌站的永久占地和临时用地两部分。

①永久占地

永久占地范围依据主体工程提供的渠道总布置图,结合实地调查,按渠道各流量段断面开挖宽度、长度以及渠道管理区规划综合确定,包括明渠、渡槽、隧洞进出口等建筑物占地、建筑物外边两侧的管理用地、管理房屋和管理设施建设区用地。管理用地范围根据《青海省水利工程土地划界规定》有关规定,并结合湟水扶贫北干一期工程实施情况,征用地范围确定为:

明渠:填方渠道,支渠以两堤背水坡脚外延 2.0 m 为界;高边坡渠道,靠山侧以坡顶开挖线外延 1.0 m 为界;

渡槽:以渡槽基础最大基墩左右边缘外延 1.0 m 为界;

隧洞:隧洞进出口以施工边坡顶线外延 1.0 m 为界。

③临时用地

临时用地范围包括主体工程临时占地、施工临时公路、料场、弃渣场、生产生活区等临时用地。主体工程临时占地建筑物主要包括暗渠及渡槽,临时占地范围确定为:

管道:以基础结构开挖线边缘以外 1.0 m 为界;

渡槽:以排架基础边缘左右边缘外延 2.0 m 为界作为临时征地。

拉西瓦灌溉工程主要实物占地指标汇总如表 3-7 所示。

表 3-7 拉西瓦灌溉工程主要实物占地汇总表

序号	项目	计量单位	干渠	骨干渠系工程	合计
一			涉及行政村		
1	乡(镇)	个	3	3	3
2	行政村	个	36	36	36
二			农村部分		
(一)	征收永久土地面积	亩	754.81	820.87	1 575.67
1	旱耕地	亩	13.41	75.37	88.78
2	水浇地	亩	51.61	29.48	81.09
3	果园	亩	2.98	13.57	16.54
4	有林地	亩	26.96	108.26	135.22
5	草地	亩	641.09	532.91	1 174.00
6	河滩地	亩	9.84	17.13	26.97
7	荒地	亩	8.92	44.15	53.07
(二)	征收临时土地面积	亩	1 661.01	307.28	1 968.28
1	旱耕地	亩	425.05	1.03	426.08

序号	项目	计量单位	干渠	骨干渠系工程	合计
2	水浇地	亩	31.37	0	31.37
3	有林地	亩	10.63	0	10.63
4	草地	亩	558.18	277.82	836.00
5	荒地	亩	229.69	27.18	256.87
6	河滩地	亩	406.09	1.25	407.33
(三)	新征农村宅基地	亩	6.05	0	6.05
(四)	建设管理局用地	亩	9.72	0	9.72
(五)	搬迁				
1	搬迁人口	人	48	0	48
2	搬迁户数	户	11	0	11
(六)	拆迁房屋	m²	2 510	0	2 510
1	砖混凝土房	m²	320	0	320
2	砖木房	m²	1 890	0	1 890
3	土木房	m²	300	0	300
(七)	零星树木	株	5 036	0	5 036
(八)	搬迁坟墓	座	41	0	41

3.2.3　移民安置规划

（1）安置区选择和环境容量分析

①安置区选择

根据拉西瓦灌溉工程建设征地涉及乡村的土地资源状况、剩余土地资源情况分析计算移民安置的土地容量，以及工程受益区现有的土地容量，并结合乡村所处的地理环境、社会经济情况选择安置区。

由于拉西瓦灌溉工程征收土地呈带状分布，占用耕地数量占各乡镇耕地面积比例较小，对当地影响较小。干渠搬迁48人，分布2个乡镇3个村组，每个村搬迁人口较少，采用分散后靠安置；骨干渠系工程无搬迁人口，因此不需设安置区。

②环境容量分析

渠系工程占地属于带状占地，对建设征地涉及村组的影响较小，可以通过本村组内调剂生产用地对本村组规划生产安置人口进行安置。

根据相关规范，按拟定的生产安置标准，以组为基本单位对干渠及渠系工程永久占地区环境容量进行分析计算。渠道建设征地涉及区域，现有农业人口33 905人，现有耕园地48 889亩，人均耕园地1.44亩；按确定的人口自然增长率推算，规划水平年（2017年）安置农业人口34 505人，干渠及渠系工程建设共计征收耕园地186.72亩，有土安置环境容量1 921人，是规划生产安置人口12倍，环境容量宽松。

干渠及骨干渠系工程占地区农村移民安置环境容量计算如表3-8所示。

表 3-8 农村移民安置区环境容量计算表

县	乡(镇)	村	基准年基本情况			永久征收耕地	规划水平年			规划生产安置人口	有土安置容量
			农业人口	实有耕园地	人均		农业人口	剩余耕地	规划人均耕地		
贵德县	河西镇	格尔加村	1 251	2 605	2.08	0.00	1 295	2 605.00	2.01	0	0
		山坪村	752	846	1.13	0.00	779	846.00	1.09	0	0
		木干村	1 100	1 735	1.58	21.90	1 139	1 713.10	1.50	15	114
		本科村	1 100	1 802	1.64	9.48	1 139	1 792.50	1.57	6	114
		加洛苏合村	790	1 622	2.05	0.68	818	1 621.30	1.98	1	82
		才塘村	447	930	2.08	1.21	463	928.79	2.01	1	46
		西山湾村	485	1 210	2.49	1.77	502	1 208.20	2.41	1	50
		上刘屯村	1 556	2 296	1.48	0.86	1 611	2 295.10	1.42	1	161
		下刘屯村	784	938	1.20	0.00	812	938.00	1.16	0	0
		温泉村	344	441	1.28	0.00	356	441.00	1.24	0	0
		红岩村	1 005	1 224	1.22	0.00	1 041	1 224.00	1.18	0	0
		贡拜村	801	1 127	1.41	0.00	829	1 127.00	1.36	0	0
		江仓麻村	1 073	1 630	1.52	0.00	1 111	1 630.00	1.47	0	0
		加莫河滩村	910	1 229	1.35	0.00	942	1 229.00	1.30	0	0
		加莫台村	963	1 396	1.45	0.00	997	1 396.00	1.40	0	0
		下排村	692	1 761	2.54	0.00	716	1 761.00	2.46	0	0
	河阴镇	城关村	596	652	1.09	0.00	617	652.00	1.06	0	0
		大史家村	1 284	960	0.75	0.00	1 330	960.00	0.72	0	0
		张家沟村	964	960	1.00	0.33	998	959.67	0.96	1	99
		城西村	641	963	1.50	0.33	664	962.67	1.45	1	66
		邓家村	1 149	1 474	1.28	2.36	1 190	1 471.64	1.24	2	119
		郭拉村	1 025	973	0.95	0.00	1 061	973.00	0.92	0	0
		童家村	854	1 123	1.31	0.00	884	1 123.00	1.27	0	0
	常牧镇	下三角村	501	1 282	2.56	6.29	519	1 275.71	2.46	3	52
	河东乡	王屯村	2 314	3 311	1.43	33.16	2 396	3 277.84	1.37	24	239
		贡巴村	1 633	2 380	1.46	16.36	1 091	2 363.64	2.17	12	109
		边度村	436	471	1.08	0.00	452	471.00	1.04	0	0
		哇历村	435	459	1.06	21.55	450	437.45	1.06	21	0
		西北村	707	972	1.37	13.84	732	958.16	1.31	11	73
		麻巴村	1 329	2141	1.61	18.42	1376	2 122.58	1.54	12	137
		保宁村	1 075	1 355	1.26	2.17	1 113	1 352.83	1.22	2	111
		下罗家村	966	1 566	1.62	8.44	1 000	1 557.56	1.56	5	100
		马家西村	274	461	1.68	3.26	283	457.74	1.62	2	28
		沙柳弯村	398	218	0.55	5.94	412	212.06	0.55	12	0

续表

县	乡(镇)	村	基准年基本情况			永久征收耕地	规划水平年			规划生产安置人口	有土安置容量
			农业人口	实有耕园地	人均		农业人口	剩余耕地	规划人均耕地		
贵德县	河东乡	周家村	1 080	1 219	1.13	8.29	1 118	1 210.71	1.08	8	111
		杨家村	1 062	1 548	1.46	5.73	1 100	1 542.27	1.40	5	110
		查达村	663	687	1.04	4.35	687	682.65	0.99	5	0
贵南县	沙沟乡	日安村	466	922	1.98	0.00	482	922.00	1.91	0	0
合计			33 905	48 889	55.67	186.72	34 505	48 702.17	54.46	151	1 921

(2) 移民生产安置规划

①移民生产安置任务

拉西瓦灌溉工程的移民生产安置任务是将灌区建设征地范围内的村民安置到建设征地范围外,其中生产安置人口以其主要收入来源受征占地程度为基础研究确定。以耕地为主要生活来源者,按照被征用的耕地数量除以征地前被征地单位平均每人占有耕地的数量分村计算。

$$生产安置人口(人)=征地影响总耕地(亩)/征地前本村人均耕地(亩/人)$$
$$人均耕地(亩/人)=土地详查耕地面积(亩)/农业人口(人)$$

②规划水平年安置人口

规划水平年生产生活安置人口的计算,以规划基准年相应指标为基数,根据确定的人口自然增长率 $P=P_0(1+k)^n$ 分村进行计算,经计算,规划基准年(2011年)安置人口 140 人,到规划水平年(2015年)拉西瓦灌溉工程生产安置人口总数为 151 人,拉西瓦灌溉工程生产安置人口如表 3-8 所示。

③生产安置规划

干渠及骨干渠系工程建设永久征收耕园地 186.72 亩,占总耕园地面积 48 889 亩的0.38%,对沿线涉及的村组农业生产影响极小,生产安置人口规划在本村组调剂土地安置。

(3) 移民搬迁安置规划

干渠因建设征地范围内需要直接搬迁人口 48 人,无扩迁人口。搬迁 48 人均为工程永久占地区的搬迁,施工临时占地区不需搬迁;骨干渠系无搬迁。

①计算原则

搬迁安置人口包括居住在居民迁移线内的人口以及居民迁移线外因建设征地影响需要搬迁的扩迁人口。

扩迁人口指居住在居民迁移线外,丧失生产资料,因生产安置等原因需要改变居住地的人口。

②搬迁安置人口

搬迁安置人口按照公式 $Q = \sum Q_i (1+k)^{(n_1-n_2)}$，$Q_i = A_i + B_i$ 计算，经计算，干渠及骨干渠系工程基准年(2011年)搬迁48人，规划水平年(2015年)51人。拉西瓦灌溉工程搬迁安置人口汇总如表3-9所示。

表3-9 拉西瓦灌溉工程搬迁安置人口汇总表

乡(镇)	村	基准年(2011年)	规划水平年(2015年)
		直接搬迁人口	规划搬迁安置人口
河西镇	木干村	5	6
	本科村	15	16
河东乡	王屯村	28	29
	合计	48	51

③搬迁安置规划

干渠及渠系工程占地搬迁安置涉及2个县4个行政村，规划搬迁人口48人，规划在其生产用地附近选择安置地分散后靠建房安置。

（4）临时用地复垦规划

工程的临时用地主要包括主体工程暗渠和渡槽占地、施工道路用地、生产生活设施用地、施工导流、弃渣场用地和料场用地等，临时用地面积共计1 968.28亩，其中耕地457.45亩。

①复垦规划

根据本工程临时用地的使用期限和被占土地的可复垦的面积和相应的恢复措施，提出土地复垦规划。

主体工程区、临时施工道路复垦：主体工程因暗渠、渡槽建筑物在施工时对原有耕地的破坏，主要破坏形式为挖损，占地类型为耕地，属临时施工占地，暗渠及渡槽在修建时破坏了原有的植被，等施工结束后可恢复处理，破坏土地面积为46.10亩。主体工程占用土地类型为耕地，复垦方向为耕地。

生产生活管理区复垦：生产生活区包括施工营地、综合加工厂、管理设施及生活用地等区域，土地破坏形式为占压和管理区内建筑物的基础挖损为主，占地类型均为耕地，属临时施工场占地。由于施工作业、人员和机械频繁扰动和碾压，固体数量庞大，种类繁多，从而对占压的土地造成严重的破坏，破坏面积195.11亩。生产生活管理区占用土地类型为旱耕地，复垦方向为旱耕地。

临时施工便道复垦：场内交通道路为砂砾石路面，路宽5.0 m，修建时破坏了原有植被，占地类型为耕地，属临时占用土地，等施工结束后，需拆除处理的土地破坏面积216.24亩。临时施工便道占用土地类型为耕地，复垦方向为耕地。

各类临时用地复垦方案如表3-10所示。

表 3-10　贵德县拉西瓦灌溉工程临时用地复垦措施表

项目	临时用地面积/亩	复垦方案
主体工程用地（暗渠、渡槽）	46.10	工程完成后拆除导流建筑物，并清除所有的建筑垃圾、杂物及废弃物，保证地面清洁，然后利用 40 kW 拖拉机耕深 30～40 cm，耙磨细土，追施有机肥，完善其水利设施配套工程及田间道路的复建
生产生活管理区	195.11	待工程施工完成后将生活区、办公、仓库、附属工厂的一些临时房屋和围墙、厕所、水池等设施全部拆除，并清除所有的建筑垃圾、杂物及废弃物，保证地面清洁，然后利用 40 kW 拖拉机耕深 30～40 cm，耙磨细土，追施有机肥，完善其水利设施配套工程及田间道路的复建
场内外施工道路	216.24	待工程完工后，清除施工道路上的杂物及废弃物，保证地面清洁，然后利用 40 kW 拖拉机耕深 30～40 cm，耙磨细土，追施有机肥，完善其水利设施配套工程及田间道路的复建
合计	457.45	

②复垦投资

根据复垦措施提出复垦工程量，复垦投资根据财政部、国土资源部《土地开发整理项目预算定额标准》《水利水电工程设计概（估）算费用构成及计算标准》等规范，计算得复垦总投资 237.10 万元，每亩投资 5 183.00 元。

（5）专业项目复建规划

①公路复建规划

干渠工程影响农村道路 56 处（长 1 676 m）、水泥硬化路 3 处（长 105 m）、砂石路 6 处（长 180 m）、交通桥 1 座。为了不影响原有道路的正常运行，拟根据实际情况，通过暗渠、顺渠公路等多种措施处理恢复交通条件，建设征地纳入本次征地范围，路面恢复投资计入移民投资，相应渠道建筑物设计投资列入工程投资中。

②输电线路复建规划

因建设征地影响的电力设施主要有 220 V 动力线路 720 m、农村电网 1 100 m、照明线 800 m、水泥电杆 8 根、木电杆 10 根、变压器 1 台、管型塔 4 座。征地区破坏的输电线路原则上采取沿老线路走向后靠复建，恢复原功能。

③电信设施复建规划

因工程建设征地影响的电信设施主要电缆 150 m。复建时采取沿老线走向后靠的方案，按原规模、原标准、恢复原功能的原则，以原有的技术水平和标准为基础，对固定通信网络传输系统采取用原有传输方式组网；对通信光缆芯数及敷设方式采用原有的标准；对移动通信网络的总体结构保持不变；线路敷设采用原有的敷设方式。复建设计满足相应的行业设计标准。

④古墓地施工期保护

工程项目影响区范围内存在拉布查古墓、哇刺沟古墓、大沟山古墓地，位于河东乡王屯村，项目在施工时从上述三处文物遗存边缘附近通过，其中拉不查古墓为县级文物保护单位，其余两处为一般文物保护级别。施工时对以上古墓涉及文物的区域进行考古勘察和发掘，待施工线路上的文物保护工作完成之后方可施工。古墓地施工期保护费用由青海省文物考古研究所进行评估。

3.3 水土保持规划

3.3.1 概述

水土保持是生态保护的主要内容之一,在施工中要严格执行《中华人民共和国水土保持法》《中华人民共和国水土保持法实施条例》及地方法规、要求,贯彻执行"预防为主,全面规划,综合防治,因地制宜,加强管理,注重效益"的水土保持方针,做好该项工作。

拉西瓦灌溉工程严格按照国家有关法规和合同要求,做好施工过程中的生态保护和水土保持工作,加强对施工过程中生态保护与水土保持工作的动态监控,接受水土保持监理的监督和管理。避免对植被的破坏,施工范围内做好集水、排水工作,避免积水或冲蚀,防止施工造成的水土流失。

(1)灌区水土保持原则

①贯彻执行《中华人民共和国水土保持法》《开发建设项目水土保持方案管理办法》等国家和地方的法律、法规;

②始终坚持"谁开发,谁保护,谁制造水土流失、谁治理"的原则;

③坚持"三同步"原则,即坚持水土保持工程与主体工程同步设计、同步施工、同步投产的原则,在建设过程中主动接受当地管理部门的监督检查,避免"边施工边返工"现象的发生;

④坚持加强重点原则。科学预测水土流失情况,从而划分重点防治区,对于重点区域加强预防和治理措施;

⑤坚持生态环境优先原则。将生态环境的治理与恢复作为水土保持的一项治本措施,把控制水土流失与合理利用水土资源、保护和恢复土地生产力有机地结合起来。

(3)灌区水土保持现状

拉西瓦灌溉工程项目位于黄土高原丘陵沟壑区,主要以轻度水力侵蚀为主,局部伴随有重力侵蚀。根据第二次全国遥感水利普查,贵德县水土流失总面积 3 526.47 km²,微度侵蚀面积 785.75 km²,占总侵蚀面积的 22.28%,轻度侵蚀面积 1 380.18 km²,占总侵蚀面积的 39.14%,中度侵蚀面积 250.08 km²,占总侵蚀面积的 7.09%,极强烈侵蚀面积 498.63 km²,占总侵蚀面积的 14.14%,剧烈侵蚀面积 64.53 km²,占总侵蚀面积的 1.83%,根据《土壤侵蚀分类分级标准》(SL 190—2007)确定容许土壤流失量为 1 000 t/km²·a,原生土壤侵蚀模数在 1 000～2 500 t/km²·a 之间。拉西瓦灌溉工程项目区水土流失情况如图 3-2 所示。

根据《青海省东部黄土高原区水土保持生态建设规划》的分区,贵德县属东部黄土丘陵沟壑区第四副区。据资料统计,截至 2011 年,贵德县水土流失治理面积 12 410 hm²,占水土流失面积的 5.42%。其中水平梯田 4 070 hm²,水保林 4 100 hm²,种草 800 hm²,治河造田 1 300 hm²。

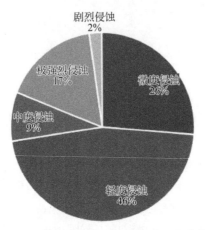

图 3-2　拉西瓦灌溉工程项目区水土流失情况

3.3.2　水土流失预测及防治

（1）水土流失防治区划分及防治标准

根据《生产建设项目水土保持技术标准》(GB 50433—2018)和《水利水电工程水土保持技术规范》(SL 575—2012)中的规定，工程根据地形地貌分为侵蚀低山丘陵地貌区和河谷冲洪积带状平原地貌区两个一级分区。根据工程组成及施工总布局可分为干渠工程防治区、支渠工程防治区、施工道路防治区、弃渣场防治区、料场防治区、施工生产生活防治区、施工导流防治区、工程管理区防治区、移民安置防治区9个二级分区。

项目区土壤侵蚀以轻度水力侵蚀为主，根据《关于划分国家级水土流失重点防治区的公告》(水利部公告 2006 年第 2 号)、《青海省人民政府关于划分水土流失重点防治区的通告》，工程所在区属于国家和省级水土流失重点治理区。依据《生产建设项目水土流失防治标准》(GB/T 50434—2018)规定，本工程执行建设类项目水土流失防治一级标准。

（2）水土流失预测内容、方法与成果

根据《水利水电工程水土保持技术规范》(SL 575—2012)规定及本工程的特点，确定水土流失预测内容及方法见表 3-11。

表 3-11　水土流失预测内容和方法表

序号	预测内容	主要预测工作内容	预测方法
1	扰动原地貌、占压土地和破坏植被情况	工程永久和临时占地开挖扰动原地貌、占压土地和破坏植被类型和面积	查阅设计图纸、技术资料、土地区划并结合实地查勘测量分析
2	损坏水土保持设施情况	工程建设破坏具有水土保持功能的植物措施和工程措施等水土保持设施的面积	依据项目所属地区的有关规定、结合现场调查测量和地形图分析统计确定
3	弃土(渣)量	土方开挖回填量、弃土(渣)量;所占用的土地类型、面积和对原地形的重塑	查阅设计资料,现场查勘测量,土石方平衡统计分析

序号	预测内容	主要预测工作内容	预测方法
4	可能造成水土流失量及新增水土流失量	各单元各时段的水土流失量	结合同类工程类比分析和经验公式法进行预测
5	可能造成的水土流失影响及危害	水土流失对工程、土地资源、周边生态环境等方面的影响	依据原状调查及对水土流失量的预测结果进行综合定性分析

根据水土流失预测内容和方法，工程水土流失预测结果如表 3-12 所示。

表 3-12　水土流失预测结果表

序号	预测项目	预测结果
1	扰动原地貌、土壤及植被面积	236.91 hm^2
2	弃土、弃渣量	175.45 万 m^3
3	损坏水土保持设施面积和数量	207.97 hm^2
4	水土流失量	由于本工程的建设可能产生的水土流失总量为 86 149 t，包括背景流失量为 30 457 t，新增水土流失量为 55 692 t。其中施工准备期可能产生新增水土流失量为 1 682 t；施工期可能产生新增水土流失量为 50 373 t；自然恢复期可能产生新增水土流失量为 3 983 t
5	水土流失危害	工程兴建，由于扰动原地貌、破坏植被和土壤结构，不可避免将造成水土流失，但工程建设除永久占地的土地利用性质发生改变外，临时占地工程结束后进行植被恢复，不会对土地利用原状和景观格局造成永久改变；工程建设过程中开挖土方不合理处理，可能影响河流行洪、防洪；工程施工可能对当地农业生产和交通会带来一定不良影响

（3）水土保持管理机构及人员

水土保持方案报经水行政主管部门批复后，为保证各项水土保持设施与主体工程同步实施，同期完成，同时竣工验收，建设单位成立了水土保持设施建设管理机构（办公室），机构的负责人由建设单位的主要领导兼职，成员由建设单位的有关技术人员组成，负责水土保持方案的招投标、水土保持措施的落实、水土保持监测和监理工作，配合当地水行政主管部门的监督和检查。

（4）建设期和运行期管理要求

建设单位主动接受水行政主管部门的监督检查；水土流失预防监督部门定期对建设项目水土保持方案的实施进度、质量、资金落实情况等进行实地监督。在监督方法上，采用开发建设单位定期汇报与监督部门实地监测相结合，必要时采取行政、经济、司法等多种手段促使水土保持方案的完全落实。

工程建设过程中发生的水土流失防治费用，从基本建设投资中列支；生产过程中发生的水土流失防治费用，从生产费用中列支。将水土保持投资纳入工程年度预算，费用参照水土保持方案实施计划，逐年安排，专款专用，专项管理，保证投入，并接受当地水保监督部门的监督，确保水土保持工程保质保量按期完成。

（5）干、支渠工程防治区水土保持设计

①干渠明渠段防治区水土保持措施设计

拉西瓦灌溉工程的明渠段根据渠道所处的工程地质条件和开挖边坡的不同,明渠段可以分为:挖方渠段(岩石类渠段、松散土类渠段、黄土状土类渠段)和填方渠段。由于主体工程设计中,已经考虑了边坡工程防护(包括边坡修整、崩塌段大开挖、截排水措施等)的设计内容,经水土保持评价,符合水土保持要求,本次水土保持设计只考虑临时措施和绿化设计。

临时措施设计:本区临时措施主要为剥离表土临时堆放的临时防护措施。干渠施工前剥离表土为 40 233 m³,在渠道两边管理范围内设置临时堆放场,施工结束后作为该区绿化覆土。为了防止剥离表土在人为活动干扰下和自然水力侵蚀下发生流失,设计在土堆周边外坡脚采用草袋土垒砌挡土墙作临时挡护。设计临时堆土场堆放高度 3.0 m,占地 1.80 hm²,每个临时堆放点平均占地 0.17 hm²,草袋土挡土墙高 1.0 m,顶宽 0.5 m,内边坡直立,外边坡坡比 1:1。本区临时表土剥离工程技术指标具体见表 3-13。

表 3-13 表土剥离工程统计表

地貌分区	剥离面积/hm²	剥离厚度/m	剥离量/m³	堆放点个数/个	平均每个堆放区面积/hm²	堆放高度/m	草袋围堰	
							长度/m	方量/m³
侵蚀低山丘陵区	3.66		10 973	8	0.06	3	242	242
河谷冲洪积带状平原区	9.75	0.30	29 260	12	0.11	3	395	395
合计	13.41	0.30	40 233	20.00	0.17	6	637	637

植物措施计划:结合主体工程设计,以草灌乔混交为主,沿渠道管理道路靠外边坡栽植单行乔木,侵蚀低山丘陵区填挖方土质边坡以纯草皮护坡为主,土质挖方边坡采用挖坑、客土栽植灌木,河谷冲洪积带状平原区填挖方边坡以小型灌木配置混合草种植物护坡防护,土质挖方边坡采用挖坑、客土栽植灌木,灌木间距 1.5 m×1.5 m,乔木间距 3 m×3 m。侵蚀低山丘陵区树种乔木选择小叶杨,草种选择针茅和芨芨草的混合草种,灌木选择柠条;河谷冲洪积带状平原区乔木树种选择青杨,灌木选择沙棘,草种以紫花苜蓿和披碱草混交。明渠段苗木草种工程量统计如表 3-14 所示。

表 3-14 明渠段苗木草种工程量统计

地貌分区	防护面积/hm²	植物种类	单位	数量
侵蚀低山丘陵地貌	3.66	小叶杨	株	2 397
		柠条	kg	54.86
		芨芨草	kg	82.29
		针茅	kg	82.29
河谷冲洪积带状平原地貌	9.75	青杨	株	6 394
		沙棘	株	12 788
		紫花苜蓿	kg	219.45
		披碱草	kg	219.45

根据项目区地形、植被、自然条件,侵蚀低山丘陵区和河谷冲洪积带状平原区分别设

计,植物措施面积为 13.41 hm^2。

②干渠隧洞进出口防治区水土保持措施设计

本区新增水土保持措施主要包括临时拦挡和植物措施两部分。

临时措施:本区临时措施主要为剥离表土的临时防护措施,为了防止堆放期间的水土流失,采用临时拦挡墙防护,在土堆周边外坡脚采用草袋土垒砌挡土墙作临时挡护,隧洞施工完后,对施工平台覆土撒播草籽进行植被恢复措施。设计临时堆土场平均堆放高度不超过 3.0 m,临时堆放点占地 0.14 hm^2,均位于工程永久征地范围内,不另外占地,草袋土挡土墙高 1 m,顶宽 0.5 m,内边坡坡比 1:1,共规划隧洞进出口剥离表土临时堆放点 23 处。

植物措施:隧洞进出口永久占地施工扰动区采用撒播草种的方式恢复植被,根据主体工程工程管理和工程占地,防护面积为 1.44 hm^2。侵蚀低山丘陵区选择柠条、针茅和芨芨草,河谷冲洪积带状平原区选择紫花苜蓿和披碱草。根据项目区地形、植被、自然条件,侵蚀低山丘陵区和河谷冲洪积带状平原区分别设计,植物措施面积为 1.44 hm^2。

③干渠渡槽及倒虹吸防治区水土保持防治措施设计

临时、工程措施设计:为了保证该区施工扰动地表的植被恢复,在施工前对表层土进行适量剥离,剥离后的表土根据工程征地情况临时堆放在工程永久征地范围内,本阶段共设临时堆土点 30 个,占地面积为 0.64 hm^2,平均堆高不超过 3 m,随工程进度及时平整扰动地表,覆盖在施工扰动地表,覆土厚度 30 cm。

植物措施设计:本防治区永久占地内施工扰动区采用撒播草种的方式恢复植被,根据主体工程工程管理和工程占地分析,可防护面积为 6.42 hm^2。侵蚀低山丘陵区选择柠条、针茅和芨芨草,河谷冲洪积带状平原区选择紫花苜蓿和披碱草。

④支渠工程防治区水土保持设计

支渠工程防治区可参考干渠工程明渠段防治区水土保持措施设计,本次水土保持设计只考虑临时措施和绿化设计,本方案不做具体设计。

(6)弃渣场防治区水土保持设计

根据工程土石方平衡计算及弃渣场规划,工程共规划弃渣场 21 处,弃渣场水土保持防护措施采用工程措施、临时措施和植物措施相互结合的防护体系。

工程措施包括拦渣措施和截排水措施,根据弃渣场所占地形、地质情况,选择M7.5 号浆砌石拦渣墙、小型拦渣坝等形式,为了防治周边来水对弃渣场内的弃渣产生冲刷,在周边设置截排水沟,根据地形排至自然沟道,截排水沟尾部修建护坦,排水沟采用M7.5 浆砌石衬砌,护坦材料为 M7.5 浆砌石。临时措施主要为弃渣场弃渣前剥离表层土,以备弃渣完成后覆土之用,措施类型为装土草袋挡土墙。植物措施采用灌草结合。弃渣场水土保持措施统计如表 3-15 所示。

表 3-15　弃渣场水土保持措施统计表

防治分区	弃渣场编号	立地条件	渣场所在地地形	拦渣方式	渣场恢复措施	拦渣坝/墙		排水措施
						最大高/m	长度/m	
侵蚀低山丘陵区	1	其他草地	沟道型	拦渣坝	草灌混交	5.00	66.20	排水沟
	2	其他草地	坡面型	浆砌石拦渣墙	草灌混交	1.80	293.40	排水沟
	3	其他草地	坡面型	浆砌石拦渣墙	草灌混交	1.80	300.00	排水沟
	4	其他草地	沟道型	拦渣坝	草灌混交	12.80	37.20	排水沟
	5	其他草地	沟道型	拦渣坝	草灌混交	9.00	55.23	排水沟
	6	其他草地	沟道型	拦渣坝	草灌混交	15.00	55.16	排水沟
	7	其他草地	沟道型	拦渣坝	草灌混交	15.00	102.00	排水沟
	8	其他草地	坡面型	浆砌石拦渣墙	草灌混交	2.00	209.00	排水沟
	9	其他草地	坡面型	浆砌石拦渣墙	种草	2.00	327.00	排水沟
	10	其他草地	沟道型	拦渣坝	草灌混交	10.00	32.00	排水沟
	11	其他草地	沟道型	拦渣坝	草灌混交	10.00	31.00	排水沟
	12	其他草地	平地型	浆砌石拦渣墙	草灌混交	2.00	370.00	排水沟
	13	其他草地	平地型	浆砌石拦渣墙	草灌混交	2.00	312.00	排水沟
	14	其他草地	沟道型	拦渣坝	草灌混交	15.00	83.62	排水沟
	15	其他草地	沟道型	拦渣坝	草灌混交	10.00	34.40	排水沟
	16	其他草地	沟道型	浆砌石	草灌混交	2.00	66.62	排水沟
河谷冲洪积带状平原区	17	其他草地	沟道型	拦渣坝	草灌混交	10.00	58.60	排水沟
	18	其他草地	平地型	浆砌石拦渣墙	草灌混交	2.00	115.00	排水沟
	19	其他草地	沟道型	拦渣坝	草灌混交	10.00	46.60	排水沟
	20	其他草地	沟道型	拦渣坝	草灌混交	10.00	42.87	排水沟
	21	其他草地	坡面型	浆砌石拦渣墙	草灌混交	2.00	509.00	排水沟

（7）料场防治区水土保持设计

工程所用建筑材料仅涉及混凝土骨料场，主体工程选取混凝土骨料场 3 处，分别为园艺混凝土骨料场、西沟混凝土骨料场和却加混凝土骨料场。根据对料场占地情况分析，这三处料场占地类型为荒地和河滩地，本方案设计对料场占用荒地进行植被恢复，对占用河滩地进行平整压实措施。

①工程措施设计

为了防止料场开采后的裸露开采面造成水土流失，待料场开采完成后对占用河滩地的开采面进行平整压实，对占用荒地的开采面先土地平整，后覆土进行植被恢复措施。

②植物措施

主要为待料场开采完毕后对开采面覆土撒播草籽，植物措施面积为 4.36 hm²，草籽撒播方式参见干渠工程防治区。

③临时措施

主要为表土剥离及剥离表土的临时拦挡措施，临时拦挡采用草袋装挡墙，剥离表土堆放方式及挡墙尺寸与干渠工程相同。种植规格及整地方式、工程量如表 3-16 所示。

表 3-16　种植规格及整地方式、工程量

地貌分区	布设地段	布设面积/hm²	植物品种	造林规格		整地、种植方式	草籽量/kg	
				方式	株行距		苾苾草	针茅
侵蚀低山丘陵区	园艺混凝土骨料场	1.32	苾苾草	撒播	1:1混播，45 kg/hm²	全面整地	29.70	29.70
			针茅					
	西沟混凝土骨料场	1.99	苾苾草	撒播	1:1混播，45 kg/hm²	全面整地	44.70	44.70
			针茅					
	却加混凝土骨料场	1.05	苾苾草	撒播	1:1混播，45 kg/hm²	全面整地	23.70	23.70
			针茅					

（8）施工道路防治区水土保持设计

本工程新建施工道路四条分别进场道路、干渠道路、弃渣场道路和料场道路，其中新建进场道路 24.28 km，新建干渠道路 21.08 km，新建弃渣场道路 4.38 km，新建料场道路 5.42 km，路面宽为 5 m，均为砂砾石路面。进场道路全部为永久占地，其余道路全部为临时占地，永久占地 8.83 hm²，临时占地 27.37 hm²。

永久道路的水土保持措施主要包括道路挖方边坡坡脚处排水沟，路基挖、填边坡绿化工程及道路两旁行道树。其余临时施工道路的水土保持措施主要为施工完成后进行植被恢复措施。

①工程措施

进场道路排水沟设计：为了防止雨水汇流对干渠道路的冲刷，在干渠道路有汇水区域设置排水沟，根据《水土保持综合治理 技术规范 小型蓄排引水工程》（GB/T 16453.4—2008），截水沟按 5 级标准进行设计，根据《防洪标准》（GB 50201—2014）坡面洪水频率按 20 年一遇 1 小时降雨量设计。洪水按照公式来计算，计算结果如表 3-17 所示。

表 3-17　洪峰流量计算结果

C_V	C_S/C_V	K_P	20年一遇1小时降雨强度 I/(mm/h)	径流系数 K	集水面积 F/km²	洪峰流量 Q/(m³/s)
0.52	3.5	1.69	50.8	0.65	0.08	0.23

注：表中 C_V、C_S/C_V、K_P 数据来自青海省水文手册。

排水沟断面计算：根据《水土保持综合治理 技术规范 小型蓄排引水工程》（GB/T 16453.4—2008），截水沟断面根据设计频率、暴雨坡面最大径流量，按明渠均匀流公式计算，截水沟水力计算结果如表 3-18 所示。

表 3-18　截水沟水力计算结果

设计指标	底宽/m	设计水深/m	边坡比/m	过水断面 A/m²	湿周 χ/m	水力半径 R/m	流量 Q/(m³/s)
计算结果	0.50	0.40	0	0.20	1.3	0.15	0.32

根据试算结果,确定排水沟断面为矩形,断面尺寸为底宽 0.50 m,设计水深 0.40 m,安全超高 0.10 m,排水沟采用 M7.5 浆砌石衬砌,厚 0.30 m,经计算,排水沟长度 8 050 m,开挖 10 948 m³,M7.5 浆砌石 5 072 m³,回填 3 864 m³,沥青砂浆 633.94 m²。

②植物措施

种植规划:施工道路分挖方段、填方段、半挖半填段进行种植规划,挖方段在道路路基两侧种植单行乔木植物,半挖半填段在填方一侧栽植道路防护林并在道路边坡种植草籽,填方段在道路两侧栽植道路防护林。

③种植技术

青杨或小叶杨在道路路基以外 1 m,以株距 3.0 m 单行种植,整地规格 60 cm×60 cm×60 cm 穴状整地,雨季植苗,穴植时要求穴大根舒,深栽实埋,具体为随起苗、随造林,当日栽完,造林所需土料选用道路开挖土。草籽混播按 1:1 的比例撒播。种植技术和规格具体、工程量如表 3-19 所示。

(9)工程管理防治区水土保持设计

工程管理区是职工集中活动的场所,以美化为主,乔、灌、花、草错落配置。树种选择以长青、观赏性强为原则。建筑物阳面栽植针叶或落叶大乔木,以减少夏季阳光的照射,阴面栽植常绿耐阴树种,防止冬春季节寒风的袭击。管理区内建筑物周围栽植草坪,选用美观耐修剪的芨芨草和针茅,其间用灌木花卉略加衬托,两侧花坛以低矮的侧柏为主体,以高大的云杉为衬托,中心花坛除选用常绿乔木外,以灌木为主,与两侧花坛形成反差,突出花坛,树种以孤植、行植方式组成树团或图案。区内的道路绿化具有防尘降噪、净化空气、降低辐射热、缓和日温差的作用,同时具有组织交通、联系分隔生产系统的功能。进入管理区主干道和区内主要环形道路两侧行道树选用主干通直、高大的乔木,如云杉,次要道路和车间引道两侧种植灌木绿篱。道路转弯处考虑行车视距需要,距路口两侧各 20.0 m 范围内不种植乔木,灌木高度不超过 1.0 m。

表 3-19 施工道路防治区水土保持措施布局

地貌分区	布设地段	植物品种	种植方式、造林规格		整地方式
			方式	株行距	
侵蚀低山丘陵区	道路两旁	小叶杨	栽植	4 m×4 m	穴状(60 cm×60 cm)
	路基边坡	芨芨草	撒播	1:1 混播,45 kg/hm²	松土 30 cm
		针茅			全面整地
	临时道路路面	芨芨草	撒播	1:1 混播,45 kg/hm²	全面整地
		针茅			
河谷冲洪积带状平原区	道路两旁	青杨	栽植	4 cm×4 m	穴状(60 cm×60 cm)
	路基边坡	芨芨草	撒播	1:1 混播,45 kg/hm²	松土 30 cm
		披碱草			全面整地
	临时道路路面	芨芨草	撒播	1:1 混播,45 kg/hm²	全面整地
		披碱草			

工程管理区占地共计 0.65 hm^2，按 30% 绿化率，绿化面积约为 0.19 hm^2，植物措施与建筑物、管道的栽植要求具体如表 3-20 所示。

表 3-20　植物与建构筑物、地下管线间距要求表

序号	建构筑物和地下管线	最小间距/m	
		至乔木中心	至灌木中心
1	建筑物外墙,有窗	4.0～5.0	1.5
2	建筑物外墙,无窗	3.0	1.5
3	高 2 m 及 2 m 以上的围墙	2.0	1.0
4	道路路面边缘	1.0	0.5
5	排水明沟边缘	1.0	0.5
6	人行道边缘	0.5	0.5
7	排给水管	1.0～1.5	不限
8	电缆	2.0	0.5

（10）施工生产生活防治区水土保持设计

①工程措施

该区工程措施主要包括施工结束后对场地进行拆除、平整，土地平整面积约 6.83 hm^2，覆土 20 490 m^3。

②植物措施

施工结束后，施工生产区建筑物及道路全部拆除，要对其就地采取植被恢复措施。本阶段采取的植物措施为撒播草籽的植被恢复方式，植物措施种草工程量如表 3-21 所示。

表 3-21　植物措施种草工程量

地貌分区	防护面积/hm^2	植物种类	单位	数量
侵蚀低山丘陵区	4.39	芨芨草	kg	98.78
		针茅	kg	98.78
河谷冲洪积带状平原区	2.44	紫花苜蓿	kg	54.90
		披碱草	kg	54.90

③临时措施

表土剥离及防护是为了保存表层土，在施工生产生活区投入使用之前，剥离表层土，剥离量 3 360 m^3。在土堆周边外坡脚采用草袋土垒砌挡土墙作临时挡护，设计临时堆土场容量 3 360 m^3，堆放高度 3.0 m。临时堆放点占地 0.68 hm^2，不另外占地，均位于区内的征地范围内，草袋土挡土墙高 1.0 m，顶宽 0.5 m，内外边坡坡比 1∶1，长度 331 m，砌方 331 m^3。

3.3.3　水土保持监测与管理

（1）水土保持监测方案

①监测内容

依据《水土保持生态环境监测网络管理办法》（水利部令第 12 号）及《水土保持监测

技术规程》(SL 277—2002)的规定,结合本工程的实际情况确定为以下监测内容:水土流失影响因子监测、水土保持生态环境变化监测、项目区水土流失动态状况监测、项目区水土流失防治措施效果监测、重大水土流失事件监测和围绕水土流失防治目标进行监测。

②监测时段

根据主体工程建设进度和水土保持措施实施进度安排,为保证监测的实时、快速、准确性,水土保持监测与主题工程建设同步进行,从而能及时了解和掌握工程建设中的水土流失状况。根据《生产建设项目水土保持技术标准》(GB 50433—2018)和《水土保持监测技术规程》(SL 227—2002),建设类项目监测时段为施工准备期开始至设计水平年结束,共计6年。

施工准备期前在收集项目区的地形地貌、土壤、植被、水文、气象、土地利用原状和水土流失状况等资料的基础上,分析项目建设前项目区的水土流失背景状况,进行本底值监测。

③监测点布置

本工程设计水土保持固定监测点12处,其中侵蚀低山丘陵地貌区干渠工程防治1处,支渠工程防治区1处,施工道路防治区1处,弃渣场防治区1处,料场防治区1处,施工生产生活防治区1处,工程管理区1处、河谷冲洪积带状平原地貌区干渠工程防治区1处,支渠工程防治区1处、施工道路防治区1处、弃渣场防治区1处,施工生产生活防治区1处。动态监测点6处,其中侵蚀低山丘陵地貌区干渠工程防治区、支渠工程防治区、弃渣场防治区各设1处,河谷冲洪积带状平原地貌区干渠工程防治区、支渠工程防治区、弃渣场防治区各设1处。

④监测方法

本方案水土保持监测采用调查监测与定点观测相结合的方法。在监测点根据监测内容要求,布设监测小区,定时观测和采样分析,获取监测数据。

调查监测:包括样方调查法、普查法、动态巡视法和访问法。对项目区地形、地貌、植被的变化情况、工程占用土地面积、扰动地表面积情况、工程挖填方数量、弃渣数量及堆放面积等项目的监测采用普查法,并结合设计资料分析的方法进行;对项目区及周边地区可能造成的水土流失危害的评价采用普查法结合访问法进行;对防治措施的数量和质量、林草成活率、保存率、生长情况及覆盖度、防护工程的稳定性、完好程度和运行情况及各项防治措施的拦渣保土效果等项目监测采用样方调查结合巡视量测、计算的方法进行。

定点监测:定点监测有侵蚀沟槽法、简易坡面量测法、径流小区法三种方法。对重点监测区边坡水蚀采用侵蚀沟槽法量测坡面流失量,量测坡面形成初期的坡度、坡长、地面组成物质、容量等,每次降雨或多次降雨后侵蚀沟的体积。具体是在监测重点地段对一定面积内(实测样方面积根据具体情况确定,一般为100 m²)的侵蚀沟数量、宽度、深度、长度进行量算,同时测量坡面的面蚀,通过对边沟蚀结合,确定边坡的土壤水蚀量。简易坡面量测法也称作侵蚀钢钎监测法:在汛期前将直径0.6 cm、长20~50 cm的类似钉子形状的钢钎,根据面积,按一定距离分上中下、左中右纵横各3排、共9根布设。钢钎沿铅垂方向打入地面,钉面与地面齐平,并在钉帽上涂上红漆。每次大暴雨之后和汛期终了,观测钉帽距地面高度,计算土壤侵蚀厚度和总的土壤侵蚀量。

⑤监测频次

施工准备期开始时,选择暴雨或有代表性的天气条件,进行一次水土流失背景调查;在施工期每年的6—9月(雨季)每月监测1次,在大雨或暴雨后加测1次(雨量>50 mm/d);工程措施和植物防护效果巡查每年观测2次,分别在修建初期和水土保持工程完工投入使用后第一个雨季结束后进行。

⑥监测设备及人员

监测设备包括水土流失观测设备,植被及水土保持设施调查设备等,监测人员共设8人。水土流失监测设备统计如表3-22所示。

表3-22　水土流失监测设备统计表

项目	监测设备及设施	单位	数量
土建	径流小区	个	2
水土流失观测设备	坡度仪	台	4
	50 m卷尺	个	4
	5 m卷尺	个	4
	土壤筛(粒径0.01 mm)	个	2
	土壤水分快速测定仪	台	2
	GPS定位仪	台	2
	风速风向仪	台	2
	标志牌	个	40
	钢钎	个	300
	铁锹	个	4
	铁锤	个	4
	洋镐	把	4
	警戒线	卷	14
	木工板	张	16
	集流桶	个	2
	广告布	张	40
	线手套	双	20
	油漆	桶	12
	毛刷	把	20
植被及水土保持设施样方调查设备	游标卡尺	把	2
	罗盘	架	2
	探针	只	50
	皮尺	个	2
其他	录像及照相设备	台	2
监测人员		人	8

(2)水土保持投资估算及效益分析

根据估算结果,本工程水土保持总投资为3 067.98万元,其中新增投资为

2 959.66 万元。新增投资中工程措施 1 303.28 万元,植物措施 136.74 万元,临时措施投资 233.37 万元,独立费用 1 006.80 万元(其中水土保持监测费 360.20 万元、监理费用 352.00 万元、科研勘测设计费 192.15 万元、水土保持竣工验收费 68.98 万元、建设管理费 33.47 万元),水土保持补偿费 118.66 万元,基本预备费 160.80 万元。

通过水土保持措施的实施可达到以下防治指标:扰动土地整治率达到 96.70%,水土流失总治理度达到 95.60%,土壤流失控制比达到 1∶1,拦渣率达到 91.00%,林草植被恢复率达到 92.00%,林草覆盖达到 61.30%。

3.4 环境保护规划

3.4.1 概述

拉西瓦灌溉工程的环境保护工作主要针对施工期、运行期的水环境、废弃物、大气环境等的监测与保护工作。环境管理是工程管理的一部分,是工程环境保护工作有效实施的重要环节。拉西瓦灌溉工程项目环境管理的目的在于保证工程各项环境保护措施的顺利实施,使工程兴建对环境的不利影响得以减免,保证工程区环保工作的顺利进行,促进工程地区社会经济与生态环境相互协调的良性发展。

(1)环境管理目标

①确保本工程符合环境保护法规的要求;

②以适当的环境保护投资充分发挥本工程潜在的效益;

③环境影响报告书中所确认的不利影响应得到有效缓解或消除;

④实现工程建设的环境效益、社会效益与经济效益的统一。

(2)拉西瓦灌区环境概况

贵德县黄河南岸灌区从 20 世纪 50 年代发展至今,主要存在资源性、工程性缺水问题,区内植被稀疏,水土流失严重,环境问题突出表现为以下几点:

①东河及西河天然径流时空分布不均,2、3 月份"卡脖子"现象严重,河道的天然调节功能差,东、西河灌区均存在资源性、工程性缺水问题,设计灌溉的面积无法保证,作物灌水次数和灌溉水量不能满足生长需求,产出不高。

②种植结构不合理,经济作物(蔬菜、果林、花椒等)种植比例较低,品种单一,林果业产品科技含量低,品质达不到市场要求,科技、生态、节水型农业思想在灌区内深入不够,没有充分利用当地自然资源条件,效益不突出。

③缺乏农产品的深加工基地和生产链,农产品的附加值低,阻碍了地区经济的迅速发展。

④由于区内工程措施不到位,运行成本高,土地开发利用程度低,无规模化农业生产,撂荒、弃耕严重,土地资源开发潜力未发掘。

(3)拉西瓦灌溉工程环境影响

工程施工期间产生的污染源包括施工生产废水、施工人员生活废水、固体废弃物、水土流失、爆破施工、施工扬尘、道路扬尘、施工机械尾气、施工机械噪声、施工扰动地面、人员群居等,对工程所在区域的水环境、大气环境、声环境、生态环境和人群健康存在不利影响。

工程运行期间的环境影响因子包括工程运行、水资源利用结构变化、农业面源污染排放、新开发土地、工程永久占地、渠线阻隔、农业生产活动、移民安置等,会对工程所在区域的水环境、生态环境、土壤环境、社会环境等产生影响。

3.4.2　环境管理

（1）环境管理管理机构及职能

根据国家环境保护管理的规定,拉西瓦灌溉工程项目设置工程环境保护管理机构。环境保护管理机构是工程管理机构的重要组成部分,在业务上接受当地环境保护部门的指导。为保证各项措施的有效实施,环境保护管理机构作为一个单独的职能部门由建设单位在工程筹建期开始组建。

环境管理机构职能为,通过开展调查研究,组织拟定适合本工程特点的环境保护方针和经济技术政策;贯彻工程环境保护的有关法律、法令、条例,组织拟定工程环境保护的规定、办法、细则等,并处理环境法规执行中的有关事宜;组织编制工程环境保护总体规划和年度计划,组织规划和计划的全面实施,搞好环境保护年度预决算,配合财务部门对环境保护资金进行计划管理;组织有关部门制定工程环境保护的各项专题规划和实施计划与措施,保证将各种环保措施纳入各项目的最终设计中,并得到落实;依法对工程环境进行执法监督、检查,检查工程环境保护设施的运行;把环境保护措施的执行情况作为检查、验收工程质量的一项重要内容;受领导小组的委托,具体协调组织指导各有关部门的环境管理工作;组织编写工程环境保护月、季及年度报告,实施进度评估报告,并向领导小组和有关主管部门进行工作汇报;定期组织编写环境保护简报,及时公布环境保护动态和环境监测结果;组织环境管理技术培训、鉴定和推广环境保护的先进技术和经验,开展技术交流和研讨;组织开展工程环境保护专业培训,提高人员素质水平;搞好环境保护宣传工作,组织必要的普及教育,提高有关人员的环境保护意识;完善内部规章制度,搞好环境管理的日常工作;做好档案、资料收集、整理等工作,完成领导小组交办的各项任务。

（2）施工期环境管理工作

①建设单位在招标设计阶段,积极开展各项环境保护措施的招标设计。建设期间,建设单位将负责从施工开始至竣工验收期间的环境保护管理工作,主要内容如下:制定建设期间环境保护实施规划和管理办法;负责将环境保护措施的招标设计成果纳入招标文件和承包合同;制定环境保护年度工作计划;对年度环境保护工作经费的审核和安排;监督承包商的环保措施执行情况;组织实施业主负责的环保措施和监测工作;监督移民实施过程中的环保措施执行情况;同环保和其他有关部门进行协调;编写年度环境保护工作报告及月、季、年报表;组织开展环境保护宣传、教育和培训。

②由承包商负责本单位所从事的建设活动的环境保护工作,包括以下内容:制订环境保护年度工作计划;检查环保设施的建设进度、质量及运行、检测情况,处理实施过程中的有关问题;核算年度环保经费的使用情况;报告承包合同中环保条款执行情况。

（3）运行期环境管理工作

运行期环境管理主要包括如下内容：贯彻执行国家及地方环境保护法律、法规和方针政策；执行国家、地方和行业环保部门的环境保护要求；落实工程运行期间环境保护措施；制定灌区渠系水质保护的环境管理办法和制度；负责落实运行期的环境监测，并对结果进行统计分析；组织实施工程运行期水质监测工作；监控运行期环保措施，处理灌区运行期间出现的环境问题；开展环境宣传教育，提高有关人员及工程区周边群众的环保意识。

3.4.3 环境监测与保护

（1）环境监测目的

结合工程建设和运行特点，环境监测拟实现以下目的：掌握灌区施工期及运行区环境的动态变化过程，为环境管理提供科学依据；在工程施工期间，对施工区水质、环境空气、噪声和人群健康以及生态影响进行监测，及时掌握各施工段的环境污染程度和范围，消除环境污染隐患；及时了解施工人员的人群健康状况，以便及时进行疫病预防和治疗，确保施工顺利进行；及时掌握环保措施的实施效果，预防突发事故对环境的危害；验证环境影响预测评价结果。

（2）施工期环境监测

①监测点位布设水质监测点位主要针对生产、生活废水排放点、废水排放受纳水体以及施工人员的饮用水源进行布置。

废水监测点位：按照施工组织设计，本工程共布设施工营地5个，施工营地同时具有生产区和生活区。因此拟定在5个施工营地布设生产废水、生活废水排放监测点。共布设生活废水及生产废水监测点位各5个。

河流水质监测点位：本工程总干渠东、西河穿越点上游500 m以及东、西河河口分别设置监测断面，共设置4个监测点。

施工人员饮用水水源水质监测点位：施工营地的饮用水取自当地农户压水井，因此施工人员饮用水水源水质监测与分散到农村安置的移民安置点水源监测合并进行，对5个施工营地的取水井进行饮用水质监测。

②监测项目和频次

水质监测项目生产废水监测包括对混凝土生产系统、机械冲洗污染源进行监测，监测项目为pH、悬浮物、石油类等。生活废水监测项目有pH、悬浮物、DO、BOD_5、CODCr、氨氮、总磷、粪大肠菌群8个项目。河流水质监测项目为pH、水温、悬浮物、DO、BOD_5、高锰酸钾指数、CODCr、氨氮、总磷、总氮、重金属等。饮用水源水质监测包括总硬度、铁、锰、氯化物、硫酸盐、细菌总数、溶解性固体、硝酸盐、四氯化碳、大肠菌群、游离性余氯等。

生产、生活废水工期内每年监测一次，总次数均为5次；生活饮用水水源水质监测每年2次，分别在4、8月，共计10次；河流水质监测点每年监测一次，共计5次。如表3-23所示。

表 3-23　施工区水质监测布点及频次

项目	监测点	测点数	工期/年	频次	位置
生活废水监测	生活营地	5	5	5×1×5	生活污水排放口
生产废水监测	生产营地	5	5	5×1×5	生产废水排放口
饮用水水源监测	饮用水源	5	5	5×2×5	农户取水井
河流		4	5	4×1×5	总干渠东、西河穿越点上游500m以及东、西河河口
合计		19	5	120	—

③噪声监测

噪声环境敏感点如表 3-24 所示。隧洞出入口及支渠施工点分别布置一个监测点，总计布设 2 个监测点。昼间和夜间等效 A 声级监测时间：每两年一次，在施工高峰期进行，监测工作量共计 6 点次。

表 3-24　施工区噪声、大气监测布点及频次

监测点	工期	噪声监测点次	大气监测点次	位置
隧洞出入口	5 年	6	6	上才堂村
支渠施工点	5 年	6	6	江仓麻村
合计	5 年	12	12	—

④环境空气监测

环境空气测点布设同大气环境监测点布置。项目：根据施工期产生主要污染物和空气质量的控制指标，施工期的主要项目为：TSP、SO_2、NO_2，同时实测主要气象要素气温、风速和风向。

考虑到施工区主要为农村地区，环境空气质量较好，而且在施工期间许多分项工程周围基本无居民，因此施工期的废气监测采用非连续性监测，监测时间为每两年的施工高峰期进行一次、监测工作量共计 6 点次。

⑤人群健康监测

委托有关县卫生防疫部门对施工区与移民安置区疫情进行监控，主要针对施工人员和移民，重点监测病毒性肝炎、痢疾、伤寒、肺结核等疾病。

⑥生态监测

施工期业主委托专业人员，对施工范围内野生动物、水生生物进行动态观测，监测点同原状监测点位，在施工期的第 2 年、第 4 年和第 5 年每年的 4 月末及 9 月中旬进行两期调查，重点调查野生动物、水生生物的种群数量、组成以及主要栖息区域受施工活动的影响的变化情况。

⑦水土保持监测

监测点位：依据主体工程特点和水土流失预测结果，按照上述确定的监测范围，本着监测点位布设既要反映水土流失状况和防治效果，又要具有代表性的原则，确定水土保持重点监测地段和监测点位。具体布设情况如下：布设风蚀监测点 1 处，水蚀监测点

1处,共计2处;于灌排工程区,在渠道外侧管理范围内布设风蚀监测点2处,渠道外侧边坡布设水蚀监测点2处,共计2处;于料场区,在料场边坡布设水蚀监测点2处,开挖扰动区布设风蚀监测点2处,共计4处;本工程共布设监测点位9处,其中5处简易水蚀小区,5处风蚀小区。监测点位布置如表3-25所示。

监测项目:根据拉西瓦灌溉项目项目区具体情况,拟对以下各项水土流失因子进行监测。水土流失背景值监测主要包括对地形地貌、地表组成物质、水土流失状况以及植被分布、生长状况等基本情况的调查;水土流失因子监测包括对降雨量、降雨强度、降雨历时、风速及风向等气象因子进行监测,主要以收集当地的气象资料为主;水土保持生态环境变化监测包括影响土壤侵蚀的地形、地貌、土壤、植被等自然因子的变化情况;建设项目占地和扰动地表面积,水土流失防治责任范围变化情况;挖填方数量及占地面积,临时堆土量及堆放占地面积等;项目区林草植被覆盖率等;水土流失动态状况变化监测包括工程建设过程中和运行期水土流失面积、分布、流失量和水土流失强度变化情况,以及对项目区周边环境可能造成的危害与趋势;水土保持措施效果监测包括水土保持防治措施的数量和质量;林草措施的成活率、保存率、生长情况及覆盖度等;工程措施(包括临时防护措施)的稳定性、完好性和运行情况;各项水土流失防治措施的拦渣保土效果。

表3-25　施工期水土流失监测点位

监测点序号	监测代表地段	监测点位位置	监测内容
1	明渠段开挖边坡	干渠桩号26+715处	水蚀量
2	明渠段填方边坡	干渠桩号20+399处	水蚀量
3	隧洞进出口开挖面	3号隧洞进口	开挖量、水蚀量
4	弃渣场	2号弃渣场(冲沟)	堆渣量、水蚀量
5	料场	骨料场	堆渣量、开采量、水蚀量
6	施工道路开挖坡面	临时施工道路	水蚀量
7	施工生产生活区	3号施工区	水蚀量
8	动态监测点	干渠	工程扰动面积、工程进度,水土保持工程实施进度及数量,六项指标
9	动态监测点	支渠及田间工程	工程扰动面积、工程进度,水土保持工程实施进度及数量,六项指标

监测方法:根据拉西瓦工程项目特点和重点监测地段情况,确定监测方法为调查监测法和地面定位观测法,调查法包括全面调查、抽样调查、巡查等。背景值监测采取现场调查和收集资料法相结合的方法,根据主体工程施工进度,对工程扰动区域采用GPS定位仪和全面调查相结合的方法进行监测,调查各区的扰动原地貌类型、面积等,确定项目区水土流失面积、防治责任范围及其变化情况;主体工程土石挖、填数量和临时堆土量及堆放占地面积等采用实地测量和结合设计资料、监理资料分析的方法;水土保持林草措施的成活率、保存率、生长情况及覆盖率采用抽样调查和全面调查相结合的方法进行监测;对施工场地区、料场区、弃渣场区等采用样地调查法,每个分区选择样点要具有代表

性,样方地的面积为投影面积,根据本工程实际情况确定样方大小,每一样方重复 3 次;水土保持工程防护措施、临时防护措施状况及效果监测;通过采用全面调查法,确定工程措施和临时措施的防护效果及其稳定性情况;水土流失量监测主要采取桩钉法、侵蚀沟样方法相结合进行监测。

监测时段、频次:依据《水土保持监测技术规程》(SL 277—2002)和《生产建设项目水土保持技术标准》(GB 50433—2018),本工程为建设类项目,监测时段从施工准备期开始,至设计水平年结束,监测频次根据主体工程施工进度具体安排确定。施工准备期监测从施工准备期开始时,选择暴雨或有代表性的天气条件,进行一次水土流失背景调查,在施工期每年的 6—9 月(雨季)每月监测 1 次,在大雨或暴雨后加测 1 次(雨量>50 mm/d)。工程措施和植物防护效果巡查每年观测 2 次,分别在修建初期和水土保持工程完工投入使用后第一个雨季结束后进行。

(3) 运行期环境监测

①水环境监测

对灌区供水水质进行监测,监测断面为:拉西瓦库区灌溉引水口位置。主要监测项目为水温、pH 值、高锰酸盐指数、化学需氧量、五日生化需氧量、氨氮、总磷、总氮、粪大肠菌群。1 个点位,每年年中进行丰、平、枯水期 3 期监测,连续 4 年监测。

地表水水质监测为了及时了解工程引、退水对黄河干流水质影响,需对黄河干流水质进行动态监测。布设 2 个监测点,分别为贵德水文站和黄河出贵德县境断面。主要监测项目为水温、pH 值、溶解氧、高锰酸盐指数、化学需氧量、五日生化需氧量、氨氮、总磷、总氮、氟化物、硒、砷、铬(六价)、挥发酚、石油类、粪大肠菌群、氯化物、铁、锰。每年年中进行丰、平、枯水期 3 期监测,连续 3 年监测。

地下水水质监测为了及时了解灌溉及灌溉水入渗对灌区地下水水质影响,需对灌区范围内地下水水质进行长期动态监测。贵德自来水厂、河西镇红岩村、河东乡麻巴村 3 个位置。pH、总硬度、溶解性总固体、硫酸盐、氯化物、铁、锰、铜、锌、挥发酚、CODMn、硝酸盐、亚硝酸盐、氨氮、氟化物、总大肠菌群、细菌总数;每年丰、平、枯三水期各一次,持续 10 年。

②生态监测

结合原状调查点位,按照典型性、代表性的原则,选择东河河口、上角兰西、毛依海北,共计 3 个点位,对植被类型进行样方调查;同时对周边爬行类、两栖类动物以及鸟类进行观测记录。记录草本样方内的种类组成、盖度,灌木样方内的种类组成、冠幅,乔木样方内的种类组成、胸径、枝下高;动物及鸟类种类和数量:草本样方 1 m×1 m;灌木样方 5 m×5 m;乔木样方 25 m×25 m。动物及鸟类采取样线法并结合走访调查的方式灌区运行第 1、第 3 年的 8 月份各调查一次。

选择东、西河入黄河口断面、黄河贵德站共 3 个断面。监测浮游动、植物、底栖生物种类、密度、生物量、鱼类物种组成;监测方法参照《水库渔业资源调查规范》(SL 167—2014)和《内陆水域渔业自然资源调查试行规范》;工程运行后每年调查 2 次,连续 3 年,每次调查时间为 5 月和 9 月。

按照原状调查点位,选择山坪村、南阿什贡和沙巫滩各设一个监测点,3个监测点位;监测 pH、阴离子交换量、砷、汞、镉、铬、铅、全盐量、氮、磷、钾。监测频率:每年1次,农作物收获后监测,连续3年监测。监测方法按照《土壤环境监测技术规范》(HJT 166—2004)中指定的监测方法进行监测。

(4) 施工期水环境保护措施

工程施工期间的废水主要来自混凝土生产系统冲洗和养护废水、砂石料场冲洗废水、施工机械检修冲洗废水、基坑排水、隧洞排水等施工生产废水排放,施工人员生活污水排放等。按照《污水综合排放标准》(GB 8978—1996)中一级标准要求达标排放,防止施工废水和生活废水对附近水域的污染。

①混凝土拌和、养护废水处理措施

本工程在5个生产营地设置混凝土拌和站,拌和站数量多,但各点废水排放量均较小。按照每一拌和系统设置一座废水沉淀调节池的标准共设置5座沉淀调节池,对混凝土拌和、养护过程中产生的废水经沉淀、中和处理后回用及施工道路洒水降尘,弃渣运到渣场,工艺流程如图3-3所示,本工程生产营地位置如表3-26所示。

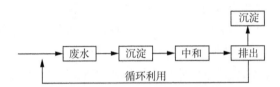

图3-3　混凝土拌和废水处理工艺示意图

表3-26　生产、生活营地位置列表

指挥部	工区	工区驻地	工区管理施工范围/m
河西部	Ⅰ工区	河西镇	0+000～13+480.62
	Ⅱ工区	河西镇	13+480.62～20+425.3
河阴部	Ⅲ工区	河阴镇	20+425.3～31+134.44
河东部	Ⅳ工区	河东乡	31+134.44～42+446.51
	Ⅴ工区	河东乡	42+446.51～53+140.48

②砂石料冲洗废水

本工程布置有4处砂砾石料场,尼那砂石料场位于尼那水电站下游黄河右岸,西沟砂石料场位于河西镇奴鞋村西河河床,沙巫滩砂石料场位于干渠渠尾业浪尖巴洪基扇前缘,距渠尾约1 km,石梯子块石料场位于尼那水电站下游的黄河右岸,靠近尼那砂石料场。砂砾料及块石料均进行冲洗处理,因此在4个料场布置沉淀池,沉淀池容积不小于一次冲洗废水量。砂砾料清洗废水经沉淀后循环回用。

③施工检修含油废水处理措施

本工程施工机械维修统一在音德尔镇的机修厂进行;施工机械冲洗布置在5个生产营地,并对机械冲洗产生的含油废水进行处理。在冲洗区布置集水沟,收集维修废水。

对含油废水采用油水分离方法进行处理。含油废水经沉淀除油达标后循环利用,废油统一收集后用于施工营地取暖锅炉的燃料。

④生活废水处理措施

施工期产生的生活废水排放特点是：瞬时流量大，废水量在时间上分布不均；废水排放具有连续性；污染物主要以 COD、总氮、总磷为主。生活废水处理工艺的选取，以施工环境及产生的生活废水的特性为依据，在达到处理目的的前提下，充分考虑工艺的适应性和成熟性，最大限度地节省工程投资及运行费用。本工程共设置 5 个施工生活营地，对每个生活营地设置旱厕及化粪池，污水经过化粪池处理，集中收集后交当地农民用于田间施肥。施工高峰期平均每个施工营地约为 1 245 人，计算化粪池容积为 60 m³。依据《砖砌化粪池标准图集》(GL BT—583 02S701)，化粪池采用 5♯砖砌化粪池，长、宽、高分别为 15 m、2.5 m 和 1.6 m。

⑤基坑和隧洞废水

经常性基坑排水的悬浮物浓度一般为 2 000 mg/L，废水在基坑内静置 2 小时左右，其悬浮物浓度便可降至 200 mg/L 左右。对基坑水不需采取另外的处理措施，仅向基坑内加入适量的酸调节 pH 值至中性，并让坑水静置沉淀 2h 后抽出外排即可。隧洞排水中主要污染物为悬浮物，可以直接排放到附近山洪沟。

（5）运行期水环境保护措施

建立科学的灌溉制度，提倡节水灌溉，最大限度地节约水资源、减少水田排水量，减轻水田排水对承泄区水质的影响。为保障科学利用水资源，灌区将对引（排）水、用水、降水、地下水、土壤墒情等信息进行自动化采集以及对关键闸站进行远程自动化控制，以便准确了解灌溉用水需求，最大限度地节约用水。

灌区对 28 处支渠进水闸进行远程自动化监控，运用闸门 PLC 控制装置、手电两用闸门启闭机、闸位计、限位开关、荷重传感器以及控制柜等进行闸站监控，为调整用水计划、节约用水，进行降雨和降雪信息监测，参考《土壤墒情监测规范》(SL/T 364—2015)中土壤墒情监测站的布设原则，灌区的土壤墒情监测站点由灌区管理部门按照实际情况进行规划。

地下水环境保护措施严格遵守《化肥使用环境安全技术导则》(HJ555—2010)中提出的化肥污染控制措施，严格遵守《农药使用环境安全技术导则》(HJ556—2010)中提出的农药污染控制措施，禁止使用水溶性大、难降解、易淋溶、水中持留性稳定的农药品种。

（3）废弃物处理措施

①固体废弃物处理

各施工场地开挖用于田间工程的土石方要严格按照施工设计，堆放于干支渠（沟）永久征地范围两侧，就近堆放，就近利用。在每个施工营地设置垃圾桶集中收集生活垃圾，安排专人负责生活垃圾的清扫，并及时转运到尼尔基镇的垃圾处理厂。垃圾桶经常喷洒灭害灵等药水，防止蚊、蝇等传染媒介滋生。工程结束后，拆除施工区的临建设施产生的固体废物要求转运到尼尔基镇市政固体垃圾处理场所；各施工承包商安排专人负责生产废料的收集，废铁、废钢筋、废木碎块等堆放在指定的位置，严禁乱堆乱放；废料统一回收，集中处理。对混凝土拌和系统、施工机械停放场、块石备料场、综合仓库和办公生活区及时进行场地清理，清除建筑垃圾及各种杂物；对其周围的生活垃圾、简易厕所、污水坑等须清理平整,并用石炭酸、生石灰进行消毒,做好恢复工作。在固体废弃物运输过程中,采取密闭或遮盖措施,避免沿途洒落。

②噪声源控制

选择符合国家环境保护标准的施工机械。如机动车辆、大型挖土机、运载车等车辆噪声不超过《机动车辆允许噪声标准》(GB 1495—79)。加强车辆养护,加强道路养护,保持路面平整。车辆经过村镇时车速不得超过 35 km/h,禁止鸣笛。为减轻噪声对附近散住村民及施工人员的影响,采取以下保护措施:为避免夜间噪声扰民,夜间 22:00 时至次日晨 6:00 时,不安排强噪声施工生产工序。隧洞施工过程中,爆破噪声较大,严格控制爆破时间,在夜间 20:00 时至次日晨 8:00 时段禁止爆破。钻爆施工按规范限量装填炸药,并在作业面上覆盖湿草袋。

③施工人员的劳动保护

砂石料、人工骨料加工系统、混凝土拌和站操作人员、运输车辆、推土机、风钻等施工操作人员实行轮班制,每人每天工作时间不得超过 6 h,配发噪声防护用具,在招标合同中明确施工人员有关噪声防护的劳动保护条款,承包商给受影响大的人员配发噪声防护用具,如防噪耳塞、头盔、耳罩等设备。在施工营地,根据施工特点,对施工人员住房的建造采用隔声作用较好的材料。限制综合加工场夜间工作时间,在 22:00—次日 6:00 间不得施工。

④噪声敏感点防护

本工程施工噪声对农村地区的居民影响较小,但仍需强管理,优化作业安排,靠近居民区的施工区避免在午间施工;如在夜间施工禁止使用高噪声施工机械。在通过有声环境敏感点的公路两端设置标志牌或警示标志,要求过往车辆限速行驶并禁止鸣笛。

⑤大气环境保护措施

施工期的粉尘污染问题,必须采取有效的除尘措施,减少粉尘污染,并加强监测工作,保护大气环境。

土方开挖及砂石料堆放场产生大量扬尘,受扬尘影响的主要是现场施工人员,主要通过加强劳动保护,发放防尘防护用品,并督促使用减免其不利影响。水泥运输防尘水泥装卸、运输、存储时均密闭进行,防止散落,储运设备定期检修、保养。混凝土拌和设备一般都配有除尘设备,施工人员在使用设备时要按操作规程操作,定期进行维护、保养,确保除尘装置正常运转。材料运输防尘在施工过程中采用湿式除尘作业,场内交通道路定期洒水,减少粉尘危害。对 200 m 以内有居民点的运渣路线,进行洒水降尘,即上下午洒水不少于 2 次。具体洒水次数,据不同路面、居民点情况,酌情增加。燃油机械设备尾气净化措施加强燃油机械设备维修、保养,保持发动机在正常、良好状态下工作。对大功率设备安装尾气排放净化器,加强施工期大气监测。

隧洞除尘选用标准施工机械,使其废气排放能达到标准。减轻施工路面粉尘。在进口等作业粉尘大的区域,在上、下午两次对路面和作业面洒水。对局部粉尘大的作业面,可适当增加洒水次数。加强对施工工人的个人劳动保护措施。施工人员在施工过程中必须佩戴防尘口罩,以阻挡空气中的粉尘进入人体,防尘口罩一般可分为过滤式和隔离式,根据隧道施工的实际情况合理选用。对于粉尘浓度极高的作业区,还需佩戴防尘护目镜。

第四章 拉西瓦灌溉工程选线与布置

在拉西瓦灌溉工程灌区合理规划的基础上,本章进一步阐述灌溉工程的选线和布置情况。按照先总体方案后局部方案、先干渠线路后支渠线路的顺序,本章首先根据选线原则对干渠线路的总体方案进行比选,再分别从可行性研究和初步设计阶段出发阐述对干渠线路的分段比较与选择。最后对确定后干渠和支渠线路具体布置情况进行描述,统计干渠线路中四类主要工程及主要建筑物的数量。通过总结拉西瓦灌溉工程线路的必选和布置工作,可以对最终形成的最优方案产生全面的认识,并为后文阐述拉西瓦工程建成后经济社会和生态效益做好铺垫。

4.1 干渠线路总体方案比选

4.1.1 拉西瓦灌溉工程选线综述

(1)地质条件

拉西瓦灌溉工程区位于青藏高原东部,属黄土高原与青藏高原的过渡地带,主要为黄河水系切割改造下的断陷盆地地貌景观。盆地内沟壑纵横,山川相间,地势南北高,中间低,形成四山环抱的河谷盆地即贵德盆地。区域地貌按地貌的成因类型和形态特征,可划分为构造侵蚀中高山、构造侵蚀低山丘陵、山前冲洪积倾斜平原及河谷冲洪积带状平原几种基本类型。工程区地处青海南山冒地槽贵德凹陷中,北部为拉脊山隆起,东北部为中祁连中间隆起带的扎马山隆起及安则山隆起,西南部为瓦里贡山隆起。

(2)干渠线路方案

拉西瓦灌溉工程在项目建议书阶段拟选了两个干渠方案,即长线方案和短线方案。长线方案总体呈"几"字形,短线方案总体呈弧形,两个方案干渠皆始于拉西瓦水电站下游阿隆沟,终于盆地下游边缘的业浪尖巴。干渠长线方案及短线方案具体位置见图4-1。

4.1.2 干渠线路比选原则

工程干渠线路选择时遵循以下四个原则:

(1)线路尽可能考虑在灌区范围内沿等高线地势相对较高地带,以保证灌区内最大的自流灌溉面积;

(2)线路尽可能考虑在地质条件较好,土壤渗透性小的地段,以增加渠道岸坡的稳定和减少水量渗漏损失；

（3）尽可能使渠线短而直，避免深挖、高填和穿越村庄；

（4）节省投资的原则。

根据以上原则，本工程首先通过踏勘，在1：1万地形图上对比后初步确定了长线和短线两种布置方案，然后经过实地定线和与实际地形地貌相结合，在总控制灌溉面积、线路长度、投资等方面进行进一步的比较，适当调整后最终确定推荐方案。

图4-1　拉西瓦灌溉工程干渠方案位置示意图

4.1.3　长、短线路具体布置与选择

长、短线两方案整体线路在平面布置上基本一致，渠首均接拉西瓦南干渠引水枢纽预留农灌口，然后经隧洞—倒虹吸—渡槽—明（暗）渠建筑物将水输送至灌区末端沙巫滩。先将两方案线路的具体布置分三段描述如下：

（1）渠首0+000 m～13+656.21 m（温泉沟左岸）段

此段两方案干渠线路布置完全一致，共布置倒虹吸1座、渡槽2座、隧洞3座及少量明（暗）渠。地层岩性从前端中高山变质岩系砂板岩过渡到上第三系黏土岩、下更新统河湖相黏土岩与砂岩互层的低山丘陵区，其中前端中高山变质岩区沟谷深切，低山丘陵区沟壑纵横，不良地质现象如滑坡等较为发育。渠线多以隧洞形式穿过，其中渠首阿隆沟沟道深切，高差为65 m，跨度为480 m，建筑物规模较大，0+000 m～0+513.65 m段以1#倒虹吸形式通过；后端低山丘陵区石坝沟（6+621.36 m～6+767.68 m）和温泉沟左岸支沟（13+480.61 m～13+656.21 m）沟谷深度较小，都在30 m以内，选线中考虑以1#、2#渡槽形式通过，沟道及两岸多为第四系松散堆积物，下伏三叠系砂板岩；其余地段大多以隧洞形式通过，只有极少部分连接段为明（暗）形式，地层岩性1#隧洞（0+525.62 m～6+576.4 m）、2#隧洞（7+064.81 m～7+326.68 m）、3#隧洞（进口7+

374.85 m～7＋584.94 m)为三叠系变质岩隧洞,3♯隧洞中间(7＋584.94 m～9＋216.67 m)段为上第三系黏土岩隧洞,3♯隧洞 9＋216.67 m～3♯隧洞出口 13＋480.61 m 段为下更新统黏土岩与砂岩隧洞,明(暗)渠连接段地层岩性和临近隧洞进出口岩性相同。

(2) 13＋656.21 m(2♯渡槽出口)～39＋030.303 m(8♯渡槽进口)段

干渠 13＋656.21 m(2♯渡槽出口)～39＋030.303 m(8♯渡槽进口)段线路布置位于灌区中部东、西河上游,地貌上为近南北向、北东向低山丘陵和河谷带状平原相间分布。低山丘陵地层岩性为第四系下更新统河湖相黏土岩与砂岩,地表沟壑纵横,河谷带状平原地形开阔、平坦,河谷带状平原东沟(高红崖河)、西沟(莫渠沟河)地层岩性主要由冲洪积黄土状土、砂砾石层组成。根据其地形地貌的不同,此段干渠共布置了两条线路进行比选,其中布置于沟道上游偏上段,渠线位置相对较高且线路较长的为长线方案;布置于沟道上游偏下段,渠线位置相对较低且线路较短的为短线方案,两方案大致布置情况如图 4-2 所示。由于两方案所处位置的高程差异,干渠在跨越河道时的建筑物也有所不同,长线方案所处地势相对较高,山川相间,干渠以隧洞、渡槽和明(暗)的形式输水;短线方案所处地势相对较低,地形平坦开阔,基本不具备成洞条件,干渠以倒虹吸和明(暗)渠的形式输水,具体情况通过以下三个方面进行描述:

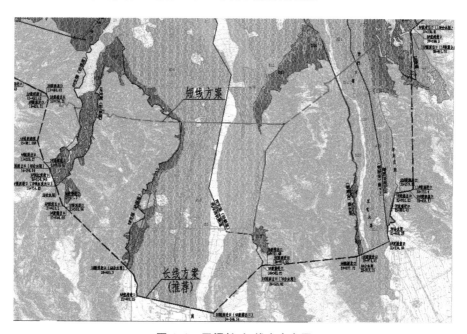

图 4-2　干渠长、短线方案布置

①线路方面

干渠线路两方案线路方面的不同主要为输水建筑物以及输水方式的不同:

长线方案:干渠布置于各沟道上游,跨越东、西沟时建筑物采用渡槽,以无压渡槽形式输水,渡槽排架规模较小,其余以无压隧洞和明(暗)渠的形式输水。

短线方案:干渠布置于各沟道下游,跨越东、西沟时建筑物采用倒虹吸,以有压管道形式输水,倒虹吸管线长、管径大,规模较大,极少部分以明(暗)渠的形式输水。

支渠线路两方案在总控制灌溉面积和温泉沟、西沟和东沟的自流支渠布置数量完全相同的情况下,短线方案中的温泉沟、西沟和东沟均须布置反引压力管道支渠共 5 条计 22.73 km,每条支渠均设有一级 100 m 扬程泵站,即可完成各沟道自流支渠的配水任务;长线方案中的温泉沟、西沟和东沟均为自流支渠,无反引支渠。另外,自流支渠布置于各沟道河谷阶地,地形平缓,大多为砂砾石渠基,其支渠工程地质条件较好;反引支渠布置于各沟道两岸山坡,地形较陡,大多为砾质土渠基,存在边坡稳定问题,工程地质条件较差。

②干渠主要建筑物方面

两方案在此段起始点和终止点相同的情况下,干渠线路长度和主要建筑物数量有所不同,如表 4-1 所示。

表 4-1 13+656.21 m～39+030.303 m 段长、短线方案主要建筑物统计表

方案名称	总长/km	隧洞		渡槽		倒虹吸		明(暗)渠
		座数	长度/km	座数	长度/km	座数	长度/km	长度/km
长线方案	25.4	8	16.69	5	4.47	1	0.61	3.64
短线方案	15.67	2	3.99	3	0.59	3	6.64	4.45

③移民、占地方面

根据两方案干渠在温泉沟和东西沟中所处位置的不同,所牵涉移民占地的数量也有所不同:长线方案,干渠布置离黄河南岸贵德县城居民区较远,牵涉移民占地甚少;短线方案,干渠布置离黄河南岸贵德县城居民区较近,此段线路部分短线方案比长线方案多占用移民 46 户计 186 人、现代坟墓 38 座,其他如表 4-2 所示。

表 4-2 13+656.21 m～39+030.303 m 段(短线方案)永久占地统计表

项目		水浇耕地/亩	园地		林地			水工建筑物用地/亩	农村宅基地/亩	特殊用地/亩	农村道路用地/亩	合计/亩
序号	名称		果园/亩	其他园地/亩	人工林地/亩	灌木林/亩	其他林地/亩					
1	干渠	20.00	8.00	8.10	25.13	20.00	12.16	2.26	25.85	3.05	1.39	125.94
2	新安置宅地	21.95	—	—	—	—	—	—	—	—	—	21.95

(3) 39+030.303 m(8#渡槽进口)～53+140.481 m(末端)段

两方案 39+030.303 m(8#渡槽进口)～53+140.481 m(末端)段干渠线路布置完全一致,共布置倒虹吸 1 座、渡槽 21 座、隧洞 2 座及明(暗)渠。渠线布置于山前冲洪积倾斜平原,地形平缓,地层岩性较为简单,台地地层岩性为上更新统冲洪积砂砾石层及黄土,一般以渠道形式通过,极小段渠线在台地后缘以隧洞形式通过,即 12#隧洞和 13#隧洞,岩性分别为第四系上更新统冲洪积砂砾石和上第三系黏土岩,沟道为全新统冲洪积、洪积砂砾石层,多以渡槽形式通过。

由以上三个方面可知,两方案总控制灌溉面积均为 20.35 万亩。在灌溉面积、干渠

起始点和终止点相同的情况下,将干渠主要建筑物及总投资进行比较,如表 4-3、表 4-4 所示。

根据干渠主要建筑物及总投资的比较,干渠总长度长线方案较短线方案多 9.7 km,相应的工程投资少 1 049.37 万元,相应的亩均投资多 51.56 元/亩。

根据区域水资源利用规划可知,规划水平年 2020 年,原状工程条件采取节水措施后,在 75%灌溉保证率下,位于西河上游木干村附近的西河灌区引水口以上 2—5 月份出现缺水现象,引水口以下 2—7 月份出现缺水,全年总缺水 1 667 万 m³,缺水率为 61.7%;位于东河上游周屯村的东河灌区西干、东干引水口以上 4、5 月份出现缺水现象,总缺水 56 万 m³,缺水率为 13.2%;引水口以下,在 2—6 月份出现缺水现象,总缺水 1 172 万 m³,缺水率为 56.4%。从尽可能解决西河、东河灌区缺水的角度出发,以及在高程允许的条件下,拉西瓦灌溉工程干渠尽量靠西河、东河上游布置。

表 4-3　长线方案和短线方案干渠主要建筑物比较表

方案	干渠线路总长/km	干渠主要建筑物及占总长度比例										
		隧洞			渡槽			倒虹吸			明(暗)渠	
		座数	长度/km	比例/%	座数	长度/km	比例/%	座数	长度/km	比例/%	长度/km	比例/%
长线方案	53.15	13	29.7	55.9	28	8.01	15.1	3	1.25	2.4	14.17	26.7
短线方案	43.42	7	15.52	35.7	23	4.2	9.7	5	7.28	16.8	14.42	33.2

表 4-4　长线方案和短线方案干渠总投资比较表

方案	骨干工程				工程移民征地补偿费/万元	环境保护和水土保持工程/万元	田间配套工程/万元	工程总投资/万元	亩均投资/万元
	隧洞/万元	渡槽/万元	倒虹吸(包括安装)/万元	明(暗)渠/万元					
长线方案	39 090.31	8 886.73	5 223.04	5 064.8	1 574.44	887.00	17 249.28	129 277.21	6 352.69
短线方案	20 455.5	5 319.92	33 792.11	5 357.38	7 383.37	2 256.02	17 270.00	130 326.58	6 404.25

总之,通过以上多方面的比较和分析,长线方案干渠线路虽然较长,但线路相对较好、控制自流灌溉面积大、工程地质条件较好、牵涉移民占地数量少、移民安置后期影响很小、安置工作容易、环境不利影响小、投资较少。因此,干渠线路选择长线方案作为推荐方案。

4.2　干渠线路局部方案比选

4.2.1　可行性研究阶段干渠线路局部方案比选

(1) 干渠 0+525.628~6+578.705 比较方案

比较方案:洞轴线向北方向偏移,分成 1#、2# 两座隧洞,总长 6.5 km,其洞轴线横穿阿隆沟与索盖沟之间的山梁,其洞进口表层为 1~3 m 不等结构松散的碎石土层,再下为薄层状三叠系下统砂质板岩,解理裂隙发育,岩体破碎;洞身段位于三叠系下统砂质板岩夹帘石化灰岩,薄层状,解理裂隙发育,岩体较为破碎,呈碎裂及块状结构,经实地定线后,隧洞冒顶多达13处,不具备成洞条件,如采用明渠大开挖,开挖量大;如采用明渠绕线方案,其渠线属典型的鸡爪地貌,而且地势陡峭,渠道建筑物布置相当复杂,开挖量大,相应投资较高,优点是由于掌洞面增加,施工进度较快,周期较短。

推荐方案降洞轴线向南偏移,将两条隧洞合并为一条隧洞,使整个隧洞轴线靠近山体中心,从而避开了隧洞冒顶等不良地段,合并后的1号隧洞长6.05 km相对于比较方案少0.45 km,岩性为三叠系下统砂质板岩,岩体呈中薄层状,优点是隧洞较短,投资较省,缺点是施工周期较长。两方案综合比较如表4-5所示。

表4-5 干渠0+525.628～6+578.705比较表

项目	内容		比较方案	推荐方案
			干渠	干渠
1	线路总长/km		6.50	6.05
2	建筑物	暗渠/km	0.067	0
		隧洞/座/(km/座)	6.45/2	6.05/1
		渡槽/座/(km/座)	0	0
3	工程投资(直接费)/万元		5 960.85	5 574.27
5	方案综述		该方案优点在于单个隧洞长度短,增加隧道施工掌子面,加快施工进度;缺点在于由于黄河岸边地形陡峭,施工道路修建难度大,而且施工道路穿过尼那电站库区施工时会对机组运行造成威胁	该方案单个隧洞较长,建筑物单一,但是避开尼那电站,施工时对电站不会造成威胁,而且投资较小,但施工期较长

两条线路沿线地质岩性基本相似,但是比较方案由于隧洞成洞条件差,冒顶处理难度较大,虽然增加了掌子面但是由于沟口在尼那电站的库区,黄河两岸地形陡峭,施工道路修建难度较大。如果采用在尼那电站库区修建码头进行物资运输则临时工程投资大,造成工程总体投资增加。推荐方案建筑物单一,成洞条件好,对尼那电站运行不会造成不利影响。两个方案经过分析比较后采用长隧洞方案为本阶段的推荐方案。

(2)桩号7+366.79～16+074.16段方案比较

推荐方案:3#隧洞进口至5#隧洞出口段,总长8.73 km,包括隧洞3座,长度为8.54 km,渡槽1座,长度为0.16 km,和部分明(暗)渠,施工支洞基本位于最长的3#隧洞(6.12 km)段中间,长度为1.03 km。虽然推荐方案中线路较长,建筑物较多,工程占地较多,优点是掌子面比较多,施工支洞位置在隧洞1/2处,施工期较短。

比较方案:3#隧洞进口至5#隧洞出口段采用直线联通,线路总长度为7.53 km,全为隧洞无其他建筑物。由于受地形限制,适宜的施工支洞位置也在推荐方案3#隧洞支洞处,长度为1.79 km,且支洞位置位于隧洞进口约1/3处。两方案综合比较如表4-6所示。

表 4-6　3♯隧洞综合经济技术比较表

项目	内容		比较方案	推荐方案
			干渠	干渠
1	线路总长/km		7.54	8.73
2	建筑物	明(暗)渠/km	0	0.027
		隧洞/座/(km/座)	7.54/1	8.54/3
		渡槽/座/(km/座)	0	0.163/1
3	工程投资(直接费)/万元		15 155.76	15 462.54
5	方案综述		该方案优点在于建筑物单一,减少施工征地等费用;缺点在于由于隧洞长度较长,施工支洞场地 1.79 km,而且施工支洞在隧洞前段 1/3 处,对于缩短施工工期帮助不大。施工周期较长	该方案单个隧洞较短,建筑物单较多,3♯隧洞施工支洞较短,而且施工支洞在 3♯隧洞 1/2 处,增加掌子面施工进度加快。但是由于总体线路较长投资较大

　　两条线路沿线地层岩性基本相同。推荐方案线路靠山体外侧,隧洞埋深一般小于 300 m,离热水沟断裂较远,通过建前一期工程 3♯施工支洞地温观测,其连接 3♯隧洞推荐线隧洞掌子面的最高温度达 28℃;比较方案线路靠山体内侧,隧洞埋深大于 400 m,且离热水沟断裂较近,直线距离 5 km,推测地温有可能超过 30℃,给施工带来困难。

　　由于 3♯隧洞两条线路所经地层工程地质条件较差,主要为不稳定的 V 类围岩,隧洞拱顶砂岩容易发生层状坍落,施工时开挖支护困难,隧洞施工进度较慢。推荐方案相对于比较方案虽然隧洞长度增加了 1 km 左右,但隧洞掌子面从原来四个增加到了八个,单个隧洞掘进长度从最长 5 km 缩短为 2~3 km,节约工期较明显。

　　两条线路沿线地质岩性基本相似。若采用推荐方案,2♯渡槽进、出口施工道路布置困难,施工难度很大,但是掌子面多施工周期短,隧洞地质条件较好;虽然直线联通方案比推荐方案在长度上缩短 1.2 km,但直线联通方案地质条件复杂,有多处冒顶的地方成洞条件比较差,支洞位置位于隧洞进口约 1/3 处,节约工期效果不明显,工期将延长 2~3 年。综合比较后推荐方案更为可行。

　　(3) 桩号 32+594.78~32+931.724 比较方案

　　比较方案:明渠段(桩号 32+580.4~34+219.78 m)长 1.625 km,为傍山渠绕线方案,因穿越大片坟地,坟地搬迁和占地较大,由于傍山渠开挖量大,施工期间干扰因素较多。

　　推荐方案:调整为低排架渡槽取直方案(现为 7♯渡槽 32+580.402~32+920.22 m),线路缩短了 1.29 km;避开大片坟地,减少征地和坟墓的搬迁,减少土方开挖。两方案综合比较如表 4-7 所示。

表 4-7　桩号 32+594.78~32+931.724 段经济技术比较表

项目	内容	比较方案	推荐方案
		干渠	干渠
1	线路总长/km	1.625	0.34

项目	内容		比较方案	推荐方案
			干渠	干渠
2	建筑物	明(暗)渠/km	1.525	0
		隧洞/座/(km/座)	0	0
		渡槽/座/(m/座)	100/1	339.94/1
3	工程占地		占草地45.75亩,搬迁坟地100座,移民直接费39.29万元	占草地2.54亩,移民直接费2.26万元
4	工程投资(直接费)/万元		480.11	151.07
5	方案综述		该方案优点为建筑物为渠道、渡槽施工简单,但是坟地搬迁和移民占地较大,工程投资较大	该方案优点是投资较省、坟地搬迁和工程占地均较小

两条线路沿线地质岩性基本相似。若采用绕线明渠方案施工简单,但是坟地搬迁量较大,而且投资较大,施工干扰因素较多。渡槽方案避开坟地搬迁,施工干扰因素较小。综合比较后推荐方案更为可行。

(4)桩号43+453.93~43+853比较方案

比较方案选取桩号IP96至IP108段为傍山明渠,IP108至IP109为平缓地形,渠线总长1 062.094 m,由于渠线IP96至IP108段山坡陡峭,渠道开挖量较大,而且渠道下方坡脚出有许多坟地,施工过程中势必会对坟地造成影响。所以在可研设计中对IP96至IP109段进行调整,IP96至IP108段有绕山明渠改为12♯隧洞,改线段总长为646.881 m,其中12♯隧洞长171.671 m,明渠长475.21 m。两方案综合比较如表4-8所示。

两条线路沿线地质岩性基本相似。若采用绕线明渠方案施工简单,但是坟地搬迁量较大,施工干扰因素较多。隧洞方案避开坟地搬迁,施工干扰因素较小。综合比较后推荐方案更为可行。

表4-8 桩号43+453.93~43+853段经济技术比较表

项目	内容		比较方案	推荐方案
			干渠	干渠
1	线路总长/km		1.06	0.65
2	建筑物	明(暗)渠/m	1 062.094	475.21
		隧洞/座/(m/座)	0	171.671/1
		渡槽/座/(m/座)	0	0
3	工程占地		占草地31.86亩,搬迁坟地20座,移民直接费19.92万元	占草地11.50亩,移民直接费6.11万元
4	工程投资(直接费)/万元		326.906	243.87
5	方案综述		该方案优点为建筑物为渠道,但是坟地搬迁和占地较大	该方案优点是投资较大、坟地搬迁和工程占地均较小

（5）干渠桩号 39＋030 至末端方案比选

干渠末端桩号 39＋030.303 至桩号 52＋761.518 可研阶段选线过程中比降为 1/1 500，并在桩号 44＋667.24 和 52＋320.94 设置两座跌水。由于末端部分地方地势平缓，而且 8 座提灌站布置在末端，取消跌水可以适当增加自流灌溉面积，减少运行成本。经过在 1∶2 000 地形图和实地踏勘后，确定从 12♯隧洞进口开始调渠线。由于原线是按 1/1 500 比降，在末端设置 2 座跌水方式选定的，因此在 48＋287.072 开始渠线路向南根据地行进偏移，偏移之后自流灌溉面积增加 171.49 亩，建筑物个数不增加，渠线长度减短 50 m。经过综合比选，取消跌水之后能适当增加自流灌溉面积，可以适当地减少工程造价，减短渠线的长度减少占地面积，但是对提灌站扬程减少的贡献不大。因此经过比选之后，采用改线方案。

4.2.2　初步设计阶段干渠线路方案优化

（1）桩号 26＋735.30～31＋149.94 段方案比较

推荐方案：9♯隧洞进口至 6♯渡槽出口段，总长 4.41 km，包括隧洞 1 座，长度为 3.19 km，渡槽 1 座，长度为 1.14 km，和部分明（暗）渠。推荐方案中线路较短，工程投资较少，但是渡槽排架较高，渡槽长度较长。

比较方案：9♯隧洞进口至 6♯渡槽出口段整体向河道上游偏移 193 m，线路总长度为 4.60 km，包括隧洞 1 座，长度为 3.32 km，渡槽 1 座，长度为 0.93 km，和部分明（暗）渠 0.35 km。比较方案中线路较长，隧洞增加 356.92 m，渡槽减少 200 米，渡槽排架降低，明渠增加 351.02 m。两方案综合比较如表 4-9 所示。

表 4-9　桩号 26＋735.30～31＋149.94 段综合经济技术比较表

项目	内容		比较方案	推荐方案
			干渠	干渠
1	线路总长/km		4.60	4.41
2	建筑物	明（暗）渠/km	0.351	0.099
		隧洞/座/(km/座)	3.53/1	3.19/3
		渡槽/座/(km/座)	0.929/1	1.14/1
3	工程投资（直接费）/万元		7 721.73	7 374.84
4	方案综述		比较方案由于渠线向东河上游平移 193 m，隧洞长度增加，虽然降低渡槽排架但是由于上游靠近村庄，占地面积加大，渠线穿过右岸一片树林，树木砍伐数量比推荐方案多，造成工程总体投资增加	隧洞长度比比较方案短，虽然渡槽较长，排架较高，但是在两个村庄之间穿过，占地面积较比较方案小，树木砍伐量也小，明渠长度没有加长

两条线路沿线地质岩性基本相似，但是比较方案由于渠线向东河上游平移 193 m，隧洞长度增加。虽然降低渡槽排架但是由于上游靠近村庄，占地面积加大，渠线穿过右岸一片树林，树木砍伐数量比推荐方案多，造成工程总体投资增加。推荐方案隧洞长度比比较方案短，虽然渡槽较长，排架较高，但是在两个村庄之间穿过，占地面积较比较方案小，树木砍伐量也小，明渠长度没有加长。两个方案经过分析比较后采用长渡槽方案为

本阶段的推荐方案。

（2）桩号 31＋686.56～32＋607.92 段方案比较

推荐方案：IP26（31＋686.56）至 7♯渡槽进口段，总长 921.36 m，包括分水闸 1 座，长度为 876.84 m 明渠和 7♯过车输水涵洞一座。由于该段渠道需要穿过贵德县城至常牧镇的县级公路，而且村庄密集，为了平顺跨过公路，减少渠道搬迁，在定线时该段渠线采用绕线方案，沿着村庄的边缘成"几"字形布置。

比较方案：9♯分水闸至 7♯渡槽进口段，从 IP26（31＋686.56）至 IP38（32＋272.071）直线连接，总长度为 275.52 m，包括排洪涵 1 座，明渠，长度为 275.32 m。比较方案中线路较短，明渠减少 646.04 米，该方案跨过县级公路时由于设计高程比公路路面高程只高出 1 m，为了满足公路净空要求，县级公路需要改线，改线时由于两面都是村庄征地搬迁量大。由于渠道直接从村庄中间穿过，搬迁量比推荐方案多。两方案综合比较如表 4-10 所示。

表 4-10　31＋686.56～32＋607.92 段经济技术比较表

项目	内容		比较方案	推荐方案
			干渠	干渠
1	线路总长/m		275.52	921.36
2	建筑物	明（暗）渠/km	275.52	921.36
		分水闸/座	1	1
		过车输水涵洞/座	1	1
3	工程投资（直接费）/万元		123.27	204.71
4	方案综述		虽然渠道减少了 646.04 m，投资较省，减少了占地面积，但是由于两点之间直接连通设计高程与路面高程仅相差 1 m，路面与渠道达不到公路要求的 5.5 m 高度间距，造成公路需要改线才能达到公路通行要求	跨过县级公路时由于设计高程（2 412.384 m）比路面高程（2 417.98 m）低，采用过车输水涵洞跨过，不存在公路改线的问题。而且由于渠道在村庄边缘绕行搬迁量较少

两条线路沿线地质岩性基本相似。比较方案虽然渠道减少了 646.04 m，减少了占地面积，但是由于两点之间直接连通设计高程与路面高程仅相差 1 m，路面与渠道达不到公路要求的 5.5 m 高度间距，造成公路需要改线才能达到公路通行要求。推荐方案虽然明渠比比较方案长 646.04 m，但是跨过县级公路时由于设计高程（2 412.384 m）比路面高程（2 417.98 m）低，采用过车输水涵洞跨过，不存在公路改线的问题。而且由于渠道在村庄边缘绕行搬迁量较少。两个方案进过分析比较后采用绕线方案为本阶段的推荐方案。

（3）桩号 IP52（39＋373.46）～IP68（40＋200.290）段方案比较

IP52（39＋373.46）～IP68（40＋200.290），原线总长度为 1 081.99 m，由于该段渠道需要穿过河东乡哇里村，可研设计中渠线沿等高线从村庄中间穿过，没有搬迁，但是由于近几年村庄发展迅速，从中间穿过搬迁量加大。而且渠道穿过县城到哇里村的乡间公路，由于设计高程比路面高程仅低 1 m，要对道路进行改造。为了避免改造公路，减少渠道搬迁,在初步设计阶段对该段渠线采用 IP52(39+373.46)～IP68(40+200.290)直线联通的方案总长 826.83 m,包括渡槽 1 座,长度为 799 m,明渠长 27.83 m。从村庄的边缘通过,这样可以避开村庄减少移民搬迁,在跨过乡间道路是以渡槽的形式跨过,可以避免对道路的影响。两方案综合比较如表 4-11 所示。

表 4-11　IP52(39+373.46)～IP68(40+200.290)段综合经济技术比较表

项目	内容		比较方案	推荐方案
			干渠	干渠
1	线路总长/m		1 081.99	826.83
2	建筑物	明(暗)渠/km	1 081.99	27.83
		渡槽/座/(km/座)	0	799/1
		过车输水涵洞/座	1	1
3	工程投资(直接费)/万元		182.76	438.68
4	方案综述		虽然总长较推荐方案长,但主体建筑物只有渠道和过车输水涵洞,管理方便,但是由于穿过村庄,占地搬迁量较大,施工期间干扰较多	两点之间直接连通设计高程与路面高程仅相差 1 m,路面与渠道达不到公路要求的 5.5 m 高度间距,造成公路需要改线才能达到公路通行要求。推荐方案从村庄的边缘通过,这样可以避开村庄减少移民搬迁,在跨过乡间道路是以渡槽的形式跨过,可以避免对道路的影响。施工期间干扰较少

两条线路沿线地质岩性基本相似。比较方案虽然总长较推荐方案长,但主体建筑物只有渠道和过车输水涵洞,管理方便。但是由于穿过村庄,占地搬迁量较大,施工期间干扰较多。推荐方案两点之间直接连通设计高程与路面高程仅相差 1 m,路面与渠道达不到公路要求的 5.5 m 高度间距,造成公路需要改线才能达到公路通行要求。推荐方案从村庄的边缘通过,这样可以避开村庄减少移民搬迁,在跨过乡间道路时以渡槽的形式跨过,可以避免对道路的影响,施工期间干扰较少。两个方案经过分析比较后采用原方案。

4.3　拉西瓦灌溉工程布置

4.3.1　拉西瓦灌溉工程总体布置

拉西瓦灌溉工程自拉西瓦电站水库取水,渠首接拉西瓦灌溉工程引水枢纽末端 2 440 m 高程处。灌区总体布置是在调查灌区自然社会经济条件和水土资源利用原状的基础上,根据农业生产对灌溉的要求和旱、涝、洪、渍、碱综合治理,山、水、林、路、村统一规划以及水土资源合理利用的原则进行合理布置,干渠由西向东,途经贵德县河西镇、新街乡、河阴镇和河东乡,通过明(暗)渠、渡槽、隧洞、倒虹吸等各类建筑物将水输送至干渠末端河东乡业浪尖巴,总长 52.295 km,流量分为 8 段,从业浪尖巴向东由 20# 支渠延伸 3.85 km 至河东乡沙巫滩。其中明(暗)渠段长 11.997 km,占干渠总长度的 22.94%;隧洞 16 座,总长 30.60 km,占干渠总长度的 58.51%;渡槽 25 座,总长 8.33 km,占总长度线的 15.93%,倒虹吸 4 座,总长 1.34 km,占干渠总长度的 2.56%,干渠其他建筑物

169 座。干渠渠首设计高程为 2 440 m,渠尾设计高程为 2 395.206 m,共计消耗水头约 44.79 m。

拉西瓦灌溉工程共布置 1 条干渠、28 条支渠和 8 座提水泵站,共设有隧洞 16 座、渡槽 25 座、倒虹吸 4 座以及明暗渠 41 段,由北向南共布置提灌站 8 座,提灌支渠 8 条,共控制灌溉面积 20.35 万亩。

4.3.2　干渠线路具体布置

干渠设计纵坡是在满足自流引水的条件下,按照技术经济纵坡确定,以求得各类建筑物最经济合理的尺寸、较小的工程量和较低的工程造价,使效益费用比最优,为此将干渠流量分成了 8 段。为保证各种输水建筑物渠底以正坡连接,并防止雍水或跌落,使在同级流量段的各建筑物断面单位能量近似相等。

拉西瓦灌区干渠渠首接拉西瓦灌溉工程引水枢纽末端 2 440 m 高程处,全线分别穿越阿隆沟、温泉沟、西沟、东沟等黄河一级支流所属水系和数条流域分水岭。干渠主要承担向下游灌区输水,以及向下级渠系的配水任务。因此,为缩短渠线长度及利于分水,干渠大部分以西向东走向布置于灌区的南部。

干渠选线以避免与区域性大断层走向小角度交叉,避开大中型滑坡体和不稳定岩体,减少跨越泥石流沟道的次数,降低边坡高度,提高渠基稳定性,减少湿陷性黄土、黄土状土和胀缩性黏土岩对工程的危害为原则,尽量避开区域性断裂带、滑坡、崩塌体,减少和避免深劈方段及在强湿陷性黄土层上通过傍山明渠,缩短渠线长度,并结合施工、工期、交通、料场、水源等条件,充分考虑国内外目前隧洞等地下工程开挖、支护衬砌技术的不断发展及现实可能性,并利于向下一级渠系分水为原则。因此,干渠线路采用了倒虹吸—隧洞—渡槽(或明、暗渠)—隧洞相衔接,隧洞为主体的线路方案。

4.3.3　支渠线路具体布置

支渠属二级渠系,承担向灌区配水的任务,其选线在干渠布置的基础上,结合各具体供水点的总体规划要求和充分利用现有水利工程进行布置,渠线尽量整齐平直,渠系建筑物少,使田块形状较有规则,以利机耕,使某一具体供水点的水源得以充分保证。另外,支渠的布置还考虑了轮作区的划分,尽量沿着轮作区的边界,使农业生产和灌溉管理较为方便。干渠以下渠系规划按干、支、斗、农渠四级固定渠道布置。按灌区渠系位置的不同,支渠工程布置分为老灌区续建、改造和新增灌区兴建两种类型。

(1)灌区续建配套和节水改造工程

老灌区续建配套和节水改造工程分布在干渠以北的大部分地区,为达到节水灌溉的目的,本次设计一方面将老灌区原有的干、支渠部分土渠和斗渠土渠进行全断面衬砌,另一方面将老灌区原有干、支渠损坏部分进行维修和因缺水而导致放弃不用的渠系进行续建,以便减少渠道渗漏损失,提高渠系水利用系数。

(2)新增灌区兴建工程

新增灌区绝大多数分布于干渠北侧的干旱浅山区,区内耕地为旱梯田、撂荒、荒山荒坡或部分坡耕地,地形坡度在 $10°\sim15°$ 以上。为达到节水灌溉目的,渠系干、支渠采用混凝土衬砌,支渠以下灌溉渠系部分采用管道,灌溉方式采用畦灌和管灌。由于地形条件限制及布置最佳输水路径,干渠基本沿垂直工程区各沟道岗岭脊线布置,而灌区范围绝大多数分布在工程区各沟道两侧浅山坡地上。为最大限度控制灌溉面积,灌溉渠系的规划布置方式大部分为:垂直干渠沿等高线布置自流明渠作为支渠;在支渠不同位置根据耕地分布及需要,沿各小冲沟间的岗岭或山坡垂直等高线布置干管;垂直干管平行等高线隔一定距离($50\sim100$ m)布置支管;干、支管材料采用露天式 PE 管。

第五章　拉西瓦灌溉工程主要建筑物设计

　　拉西瓦灌溉工程作为中型Ⅲ等水利工程,其工程规模较大,涉及工程量较多。根据上文干渠线路的具体布置方案,本章从工程项目的角度出发,主要阐述拉西瓦灌溉工程干渠中各主要单项工程的设计过程,包括干渠明(暗)渠工程设计、渡槽工程设计、隧洞工程设计、倒虹吸工程设计及其他建筑物设计。各单项工程均以选择原则作为基础设计建设方案,通过相关计算以验证设计的合理性。通过对各单项工程设计方案的分析说明,由分至总,有利于把握拉西瓦灌溉工程整体的设计理念。

5.1　明(暗)渠工程设计

　　明(暗)渠工程总长 11.997 km,占干渠长度的 22.95%,共计分为 32 段(不包括渠道渐变段),最长段 1.90 km,位于 8♯渡槽和 9♯渡槽之间。渠道所经地段有岩石和冲洪积砂砾石黄土,多为盘山绕谷的山前坡地渠道。按渠基地质条件的不同,将渠道分为石渠和土渠两部分,石渠段长 0.54 km,约占渠道总长的 4.53%;土渠段长 11.45 km,约占渠道总长的 95.47%。为了保证渠道运行安全和便于建筑物与建筑物之间的衔接,将渠道分为暗渠和明渠两部分,暗渠段长 2.19 km,约占渠道总长的 18.23%;明渠段长 9.81 km,约占渠道总长的 81.77%。渠道所经地段地基有岩石、砂砾石、碎石土和黄土,便于建筑物与建筑物之间的衔接,每个隧洞、渡槽、倒虹吸等建筑物进出口均设有渐变段,以此与渠道相连。

5.1.1　渠道断面设计

　　(1)渠道断面型式比选

　　横断面型式的选择原则为:

　　①在桩号 0+000～46+370.47 m 较大流量段($Q_{加大}=11.6\sim3.0\ \mathrm{m^3/s}$):隧洞与隧洞或隧洞与渡槽之间的较短连接段、傍山渠道以及居民居住区段、石渠段均采用矩形断面;隧洞与隧洞之间深埋段或跨河滩段以及跨公路段均采用暗渠连接。因而根据渠道地形、地质条件、过水能力以及边坡稳定的需要,通过对矩形断面和梯形断面的综合比较,选取矩形断面运行费用少、占地少,施工过程中便于和隧洞、渡槽衔接等优点,采用矩形断面。

②在桩号 46＋370.47～52＋295.19 m 较小流量段($Q_{加大}$＝3.0～1.0 m³/s)：根据混凝土衬砌明渠方案(U 形、矩形、梯形)和地埋式无压混凝土输水管道方案比较计算,考虑到本区为寒冷地区,U 形渠道断面具有输水条件基本与无压圆管相同,受力条件相似,渠道抗冻胀性较好,抗地基渗透变形能力强,施工及维护检修、运行管理较为方便,造价较低等优点,采用明渠 U 形设计断面较为经济合理。因此,在较小流量段设计断面均采用混凝土衬砌 U 形断面,U 形渠道混凝土衬砌厚度根据渠道断面大小、地质条件等因素确定,在深埋段及跨路段采用暗渠结构型式。

（2）渠道过水断面设计

①设计纵坡

设计中分析了各种不同渠道设计纵坡,也就是不同流速的干渠工程确定渠道的经济纵坡和经济流速。经分析比较比降采用 i＝1/1 500。

②过水表面糙率

渠道过水断面均为现浇混凝土衬砌:糙率采用 n＝0.014。

③渠道的超高

渠道堤顶超高:根据《灌溉与排水工程设计标准》(GB 50288—2018)中 4、5 级渠道堤顶超高公式 $\Delta h＝h/4＋0.2$ m(h 为渠道通过加大流量时的计算水深)计算确定。

④水力计算

根据渠道的地形、地质资料和渠道比降,按明渠均匀流公式

$$Q＝AC\sqrt{Ri} \tag{5-1}$$

式中,Q 为渠道过水流量,m³/s;A 为渠道过水断面面积,m²;C 为谢才系数;R 为水力半径,m;i 为渠道比降,采用 1/1 500。确定各流量下各种型式的断面尺寸。明(暗)渠矩形渠道水力计算如表 5-1 所示,U 型渠道水力计算如表 5-2 所示。

表 5-1　干渠矩形渠道水力计算

序号	流量 Q/(m³/s)		比降 I	水深/m	超高 Fb/m	渠宽/渠高(b/H)	渠高 H/m	渠宽 b/m	过水断面 ω/m²	湿周 x/m²	水力半径 R/m	谢才系数 C	流速 v/(m/s)
1	加大	11.6	1/1 500	2.250	0.80	1.00	3.05	3.00	6.75	7.50	0.90	70.19	1.72
	设计	9.5	1/1 500	1.930	0.70	1.15	2.80	3.00	5.79	6.86	0.84	69.44	1.65
2	加大	10.0	1/1 500	2.120	0.70	1.00	2.85	2.85	6.04	7.09	0.85	69.55	1.66
	设计	8.5	1/1 500	1.930	0.70	1.09	2.85	2.85	5.50	6.71	0.82	69.10	1.62
3	加大	8.0	1/1 500	1.930	0.70	1.01	2.65	2.65	5.12	6.51	0.79	68.61	1.57
	设计	6.5	1/1 500	1.640	0.60	1.18	2.65	2.65	4.35	5.93	0.73	67.82	1.50
4	加大	5.5	1/1 500	1.680	0.60	1.00	2.30	2.30	3.86	5.66	0.68	67.03	1.43
	设计	4.5	1/1 500	1.440	0.60	1.15	2.30	2.30	3.31	5.18	0.64	66.30	1.37
5	加大	4.0	1/1 500	1.520	0.60	0.95	2.10	2.00	3.04	5.04	0.60	65.66	1.32
	设计	3.2	1/1 500	1.280	0.50	1.11	2.10	2.00	2.56	4.56	0.56	64.88	1.26

序号		流量 $Q/$ (m^3/s)	比降 I	水深 $/m$	超高 Fb/m	渠宽/ 渠高 (b/H)	渠高 H/m	渠宽 b/m	过水断面 ω $/m^2$	湿周 x $/m^2$	水力半径 R $/m$	谢才系数 C	流速 $v/$ (m/s)
6	加大	3.0	1/1 500	1.320	0.50	1.00	1.85	1.85	2.44	4.49	0.54	64.53	1.23
	设计	2.5	1/1 500	1.150	0.50	1.13	1.85	1.85	2.13	4.15	0.51	63.90	1.18
7	加大	3.2	1/1 500	1.125	0.50	1.00	1.60	1.60	1.80	3.85	0.47	62.93	1.11
	设计	1.6	1/1 500	1.100	0.50	1.02	1.60	1.60	1.76	3.80	0.46	62.83	1.10
8	加大	1.0	1/1 500	1.000	0.50	0.76	1.50	1.10	1.10	3.10	0.35	60.10	0.92
	设计	0.8	1/1 500	0.700	0.40	1.21	1.25	1.30	0.91	2.70	0.34	59.59	0.89

表 5-2　干渠 U 形渠道水力计算

	流量 $Q/$ (m^3/s)	比降 I	渠道半径 r $/m$	水深 h/m	衬砌超高 Δa_1	渠高 H $/m$	渠宽 b $/m$	过水断面 ω $/m^2$	湿周 x $/m$	水力半径 R $/m$	谢才系数 C	糙率 n	流速 v $/(m/s)$
加大	2.0	1/1 500	0.90	1.134	0.30	1.43	1.968	1.698	3.301	0.514	63.934	0.014	1.18
设计	1.6	1/1 500	0.90	0.985	—	—	—	1.425	3.000	0.475	63.095	0.014	1.12
加大	1.0	1/1 500	0.70	0.870	0.30	1.17	1.550	1.010	2.543	0.397	61.235	0.014	0.99
设计	0.8	1/1 500	0.70	0.756	—	—	—	0.848	2.313	0.367	60.429	0.014	0.94

⑤渠道堤顶宽度

渠道流量 $Q_{加大}$＝11.6～3.0 m^3/s 时,渠道内(左)堤顶宽度为 1.0 m,外(右)堤顶宽度为 3.0 m;渠道流量 $Q_{加大}$＝2.0～1.0 m^3/s 时,渠道内(左)堤顶宽度为 1.0 m,外(右)堤顶宽度为 2.0 m。开挖时根据不同地基采用不同开挖边坡,坡比采用 1∶0.5～1∶1.1,高边坡开挖每 5.0 m 设一道 1.0 m 宽的马道;填方渠段外边坡为 1∶1.25,要求分层夯实,回填前对原基进行夯实处理,回填利用土压实后的干容重不小于 1.6 t/m^3。

5.1.2　渠道结构与配筋设计

(1) 明(暗)渠结构计算

明渠结构按矩形槽结构进行计算,暗渠结构按空箱式挡土墙进行计算。此处以明渠矩形槽断面 3×3.05 m 为例进行结构计算,采用抗剪、抗剪断和基底应力三种方法进行抗滑稳定验算。

①结构计算

经计算:土压力 E_0＝－35.16 kN;墙身自重 G_1＝15.25 kN、G_2＝3.81 kN、G_3＝1.88 kN、G_4＝9.88 kN;水平静水压力 H_1＝25.31 kN;垂直静水压力 G_5＝17.1 kN;浮托力 G_6＝－4.5 kN;渗透压力 G_7＝13.5 kN;竖向力合计 $\sum G$＝29.41,水平力合计 $\sum H$＝9.14 kN。

②抗滑稳定验算

抗剪强度验算: $K_{c1}=f_1\sum G/\sum H=1.6>\{K_c\}=1.2$,说明抗剪稳定,其中 K_c 为

抗滑稳定安全系数，$\{K_c\}=1.2$；f_1 为挡土墙底面与地基土之间的摩擦系数，取 0.5。

抗剪断强度验算：$K_{c2}=(f_2\sum G+cB)/\sum H=1.13<\{K_c\}=1.2$，说明抗剪断稳定，其中 f_2 为基底与基岩接触面的抗剪断摩擦系数，取 0.5；c 为基底与基岩接触面的抗剪断黏聚力；B 为挡土墙底宽，取 1.8 m。

基底应力验算：$\delta_{min}^{max}=\sum G/B\pm\sum M/W$，其中 $\sum M$ 为各力对挡土墙基底中心力矩之和；W 为对挡土墙纵向形心轴的截面矩；计算得 $\delta_{max}=17.30$ kPa，$\delta_{min}=15.38$ kPa，$\delta_{平均}=16.34$ kPa $<\{R\}=300$ kPa（地基为砂砾石），基底应力满足要求。

经计算，明渠段和暗渠段全部采用 C20 钢筋混凝土衬砌，其中矩形明渠断面底板衬砌厚度为 25～30 cm，侧墙厚度为 20～25 cm；U 形明渠衬砌厚度为 12～15 cm；箱型暗渠底板、侧墙、盖板衬砌厚度为 40～30 cm。钢筋均采用 I 级。

渠道每 10.0 m 设置一道伸缩缝，缝内设"651"止水带，采用沥青砂浆和聚硫胶填缝。矩形明渠每 2.0 m 设一道压杆，暗渠顶部回填土厚度不超过 4.5 m。

（2）配筋计算

经计算，明渠侧墙衬砌厚度为 20～30 cm，底部为 25 cm，钢筋采用 I、II 级，选配 5Φ14@200、$A_g=7.7$ cm^2，最小配筋率为 0.85% $>\rho_{min}=0.15\%$。

5.1.3 渠道抗渗、抗冻及排水设施设计

为了防渗、节水以及防止渠道运行后产生冻胀、湿陷等变形，设计中对不同地基渠段分别采用以下不同措施：

（1）在岩石地基段，渠道均采用钢筋混凝土衬砌防渗，基础采用 10 cm 的 C15 混凝土垫层作为找平层。

（2）在碎石土、粉质黏土地基段，渠道采用钢筋混凝土衬砌防渗，基础采用 50 cm 砂砾石垫层换基提高承载力，其上采用 10 cm 的 C15 混凝土垫层作为找平层。

（3）在湿陷性黄土地基段，采用三七灰土换基主要是为了增加防渗的强度，增加地基的承载力；采用土工膜主要考虑它的强度高、抗渗性能好、抗变形能力强、摩擦特性和耐久性等优点，换基与土工膜的结合，实现"柔性防渗、刚性防护"，可以减缓湿陷性对渠基的影响，并且这种方案施工方便、工期短、成本低、防渗效果好。借鉴宁夏扬黄灌区、湟水北干一期工程等对失陷性黄土的处理方式，灰土换基和土工膜的共同结合起到了较好的防渗作用。因此渠道除了采用钢筋混凝土衬砌防渗和对基础进行 50 cm 三七灰土换基外，又加设一道土工防渗膜（一布一膜 200 g/0.5 m^2），黄土渠基段采用外包土工膜及三七灰土换基联合防渗，从而使渠道的基底应力不超过地基的容许承载力，同时也起到了防渗作用，避免了渠底基础发生不均匀沉陷。土工膜铺设过程中严格按照施工技术要求和《水利水电工程土工合成材料应用技术规范》（SL/T 225—1998）进行施工。渠道 C20 混凝土抗渗标号为 W6；抗冻标号为 F200。

5.1.4 其他

（1）填方渠段外边坡为 1∶1.5，并对回填土进行分层夯实；挖方渠段土渠边坡采用

1∶1,黄土渠道边坡采用1∶1.25,高边坡开挖每5.0 m设一道1.0 m宽的马道。

（2）干渠段属于气候寒冷地区，为了防止地面径流破坏渠道衬砌，采取排水措施，使得地表径流沿着预定途径排到指定地方：深挖方深切边坡渠道，对于较短渠段沿渠堤顶内侧修建排水沟排至两端的天然沟道中即可，对于个别较长渠段，中间无沟道者，在一定距离内设集水坑，通过小涵洞，用渡槽的形式排入渠内；填方渠道，渠堤顶面倾向（$i=3‰$）渠道外侧，防止雨水冲刷衬砌顶部和雨水入渠。

（3）填方渠道基础必须采用砂砾石进行回填，其中渠道基础、三七灰土换基以及回填料必须进行夯实处理（按规范要求分层夯实），其黏性土压实度不小于0.9。无黏性土相对密度不小于0.7，即要求壤土压实后的干容重不小于1.72 t/m³，碎石土压实后的干容重不小于1.95 t/m³。

（4）干渠大部分属于傍山渠道，为了防止挖方高边坡土方对渠道的损坏，且本工程干渠明渠段从村庄内附近通过，当地人、牲畜易跌入渠中，存在极大的安全隐患。为了消除安全隐患，以保证当地群众生命财产的安全，需增设安全防护措施，即在明渠顶部加设15 cm厚的盖板。

（5）渠道每10.0 m设置一道伸缩缝，缝内设"651"橡胶止水带，填料为沥青杉板。

5.2 渡槽工程设计

工程共布置渡槽25座，总长8.33 km，占总长度线的15.94%。槽身断面1♯～13♯渡槽采用C25钢筋混凝土矩形断面，14♯～25♯渡槽部分采用C25钢筋混凝土U形断面，部分采用C25钢筋混凝土矩形断面，设计纵坡均为1/1 000，与各段渠道或其他建筑物相连接时，在渡槽进、出口均设有渐变段，渐变段最大长度为4.0 m。每隔2.0 m在槽口设一拉杆，渡槽底部支撑1♯、6♯渡槽采用空腹排架式拱式渡槽，拱上结构为排架，排架采用等跨间距4.5 m，槽身置于排架顶部，主拱圈采用变截面肋拱。槽下两岸墩间用浆砌石护坡，混凝土强度等级C30。下承式空腹桁架拱由轴线呈拱形的上弦杆和连接其两端且轴线水平的下弦杆及不等长的直腹杆（即竖杆）组成。在2♯渡槽轴线处的排架支撑设计选定端承桩基础支撑。其余渡槽底部支撑采用C25钢筋混凝土单双排架。

5.2.1 渡槽的布置、选型及水力计算

（1）总体布置原则

渡槽总体布置的原则是选择最短的长度和较好的基础，同时，在平面布置上尽量与进出口渠道连接平顺并使进出口尽可能与挖方渠道相接，但对于坡度缓的岸坡，应缩短渡槽长度，并考虑充分利用隧洞出渣时与填方渠道相接。

缩短渡槽长度能够节省工程费用，但某些情况下两岸须用填方渠道接头，这不仅多占田土，且使渡槽与两岸接头的构造复杂化。渡槽要求尽可能布置在地质条件较好的地方，但有时会因此增加渡槽长度或加大排架高度。对于地形条件不允许时使渡槽与进出口渠道连接平顺，也势必要增加渡槽长度或加做一段填方渠道。设计中，须根据各个渡

槽的具体情况，从上述错综复杂的矛盾中找出主要矛盾，并据此进行整体布置。渡槽在平面上与进出口渠道的连接是否平顺，对水流有较大的影响。如进口段渠道呈急转弯，将因水流不均匀而产生偏向一边的现象；出口段渠道如呈急转弯，渠道出口处将形成回流使水位抬高，减少渡槽过流量。渡槽总体布置时，还考虑了保证施工期间及建成以后槽下的公路交通安全畅通。

（2）结构选型

渡槽的结构型式，直接关系到造价、工期和运用，结合工程具体特性，对槽身结构型式、跨度及纵向支承型式、高排架和空心重力墩等进行技术经济比较选定槽身。下部结构排架高度小于 28.0 m 的排架，采用钢筋混凝土排架和板梁基础。排架高度大于等于 28.0 m 的排架，则采用空心重力墩支撑型式，空心重力墩顶部排架为 20.0 m。

（3）水力计算

①过水断面选择

渡槽的过水断面，按通过流量的大小并综合考虑结构经济安全、尺寸协调以及与渠道衔接良好等条件选定。梁式渡槽满槽时槽内水深与水面宽度的比值采用《灌溉与排水工程设计标准》（GB 50288—2018）中建议值：矩形断面取用 0.6～0.8；U 形断面取用 0.7～0.9；槽身过水断面的平均流速控制为 1.0～2.0 m/s。

灌区进行渡槽过水断面选择时，对影响过水断面选择的一些主要因素进行了如下分析：

槽身迎水面混凝土的糙率对过水断面影响较大。为了确定其影响程度，对流量 $Q = 9.5$ m³/s、比降 $i = 1/1\,000$、糙率 $n = 0.012\sim0.017$、高宽比 $k/h = 0.7$ 的矩形过水断面计算了过相同流量时的过水断面面积及流速的变化程度，由此可知当 $n = 0.012$ 时比 $n = 0.017$ 时过相同流量所需断面面积可以缩小 23.6%，但 $n = 0.012$ 和 $n = 0.013$ 时流速分别为 2.14 m/s 和 2.11 m/s，超过了《灌溉与排水工程设计标准》（GB 50288—2018）中建议的 1～2 m，因此，干渠各渡槽设计选用的糙率为 $n = 0.014$。

渡槽纵坡对过水断面的影响较为显著。为了确定其影响程度，对糙率 $n = 0.014$、高宽比 $k/h = 0.7$ 的矩形过水断面，计算了不同纵坡、不同过水断面面积的流速与流量的关系。由此可见，当过水流量为 $Q = 9.5$ m³/s 时，纵坡由 1/1 500 改为 1/800，过水断面面积可以缩小 21.7%。因此，在条件允许时，应充分考虑纵坡选陡的可能性。渡槽坡降与整个渠道水头的分配有关，当某一渡槽采用较陡的纵坡时，必然占用渠道或其他输水建筑物的水头而增加渠道或其他建筑物的造价。经综合计算比较，渡槽选用比降为 $i = 1/1\,000$。

窄深式断面对梁式渡槽结构有利。根据对过水断面为 5.0 m² 的情况进行的分析，当槽身高宽比 k/h 由 0.5 加大到 0.7 时，水深由 1.58 m 变为 1.87 m，即增加了 18.3%，纵向钢筋用量减少 15% 左右。如槽身允许加设横杆，窄深式断面对钢筋用量的减少更为显著。至于水力最优条件对过水断面的影响，经按过水断面面积为 5～60 m² 的诸种情况进行计算分析，当纵坡在 1/3 000～1/1 000 的范围内，矩形槽由水力最优断面的高宽比 $k/h = 0.5$ 增至 $k/h = 0.7$ 时，过流量仅减少 1%。因此，按水力最优断面选择渡槽横断面,并无实际意义。

②计算内容

渡槽水力计算按《灌溉与排水工程设计标准》(GB 50288—2018)中推荐公式进行计算。在计算过程中除选择适当的纵坡和断面外,还需注意渡槽的纵坡一般大于渠道的纵坡,其过水断面也较渠道小。水流自上游渠道经过渡槽到下游渠道,水深和流速都将发生变化。进口因水流收缩,形成进口段水面降落;出口则由于水流扩散并有部分水流动能变为势能,而形成水面回升。因此,在水力计算中还应进行水头损失及水面衔接计算,并调整渡槽进出口高程,确定进出口渐变段长度,使在通过设计流量时,渠道和渡槽中基本上按设计水位保持均匀流态,而将进出口收缩和扩散的非均匀流控制在渐变段范围内。

5.2.2 槽身、排架及拱圈设计

(1)槽身设计

因干渠的设计流量及槽身断面均较大,跨度为 10.0 m 时,一跨槽身自重约 60 t,采用预制吊装所需机械较大,考虑施工水平及施工道路的限制,渡槽槽身采用现浇混凝土。

①纵向支承型式

工程根据槽身支承位置的不同,对简支梁式及等跨双悬臂式梁进行比较:简支梁式结构简单,施工方便,本工程区地震基本烈度为Ⅶ度,采用这种型式比双悬臂式有利;等跨双悬臂式在均布荷载作用下,纵向受力时底板位于受压区,对底板抗裂有利,槽身分段较长,可节约止水材料,但槽身接头止水构造较复杂,当地基产生不均匀沉陷时,止水容易撕裂发生漏水,同时根据已建工程观测,等跨双悬臂槽身顶部在支座附近易产生裂缝,影响结构物寿命。经定性比较,确定本工程选用对地基适应性及对地震适应性均较好的简支梁式为推荐方案。

②槽身横断面型式

工程对渡槽横断面带横杆的矩形槽及带横杆的 U 形槽进行了比较。经计算,单跨矩形槽身混凝土方量为 25.74 m^3,钢筋 2.32 t,单跨 U 形槽身混凝土方量为 24.2 m^3,钢筋 1.94 t,单跨 U 形槽身与矩形槽身相比省工程量,且 U 形槽身还具有水力条件好、纵向刚度大等优点。但其施工技术和施工工艺要求较高,如果施工质量不高,容易引起表面剥落、钢筋锈蚀、甚至产生漏水现象。本工程结合实际施工需求选用槽身型式。

矩形槽侧墙厚度 t 与侧墙高 H_1 的比值采用 $t/H_1 = 1/12$,故渡槽矩形槽壁厚为 18~20 cm;侧墙和底板的连接处加设角度为 45°的贴角,边长 20 cm,以减小转角处的应力集中;U 形渡槽根据水力计算确定槽壳内半径 R_0,壁厚度 $t = (1/15 \sim 1/10)R_0$,直段高度 $f = (0.4 \sim 0.6)R_0$,顶梁尺寸 $a = (1.5 \sim 2.5)t$,$b = (1 \sim 2)t$,$c = (1 \sim 2)t$,槽底弧段加厚 $d_0 = (0.5 \sim 0.6)R_0$,$t_0 = (1 \sim 1.5)t$,为使 U 形槽身有足够的横向刚度,防止槽壳在水压力的作用下产生过大的横向变形,一般要求槽身高度 H_1 与槽壁厚度 t 之比 $H_1/t \leqslant 15 \sim 20$。因渡槽顶部有检修要求,故在矩形渡槽顶部一边设人行道,U 形渡槽因尺寸不大可直接进入渡槽内部检修。为改善槽身受力在顶部设置拉杆,拉杆间距

2.0 m,截面尺寸矩形渡槽为 20×20 cm,U 形渡槽为 15×15 cm。渡槽矩形槽横断面如图 5-1 所示。

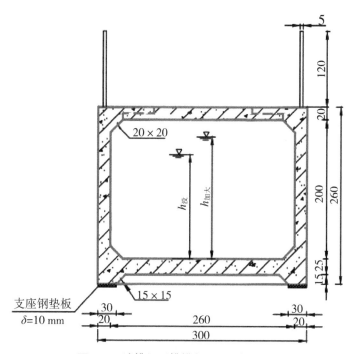

图 5-1　渡槽矩形槽横断面图(单位:m)

③槽身纵向计算

简支梁式渡槽的常用跨度是 8~15 m,采用小跨度渡槽对槽身纵向受力有利,但会使支承排架增多。设计中分别对 10.0 m、12.0 m、15.0 m 三种跨度槽身纵向进行了计算,计算结果表明三种跨度的抗裂安全系数(最大过流断面)分别为 1.68、1.24、1.04,因渡槽允许抗裂安全系数为 1.2,设计选用渡槽跨度为 10.0 m。

简支梁式渡槽槽身纵向为静定结构,其纵向内力按一般结构力学方法计算。槽身两端分别支承在两个排架的四个柱顶上,槽身作为简支梁,其计算跨度取净跨的 1.05 倍。进行强度及抗裂验算时,对跨中断面通常根据最不利荷载组合情况,求得跨中最大弯矩,忽略侧向水压力产生的扭矩影响,以侧墙作为矩形梁按破损阶段单一安全系数法进行配筋计算;其抗裂验算则考虑部分底板的作用按"⊥"型梁计算。对于支座截面,进行斜截面强度计算配置足够的腹筋、纵筋和弯起筋。

槽身侧墙兼作纵梁考虑,故侧墙的横向钢筋中非受力的构造钢筋可兼作纵梁钢箍。为此,要求横向构造钢筋最小直径不小于 9 mm,间距不大于 30 cm。

④槽身横向计算

槽身横向内力计算时,沿槽身纵向截取单位长度作为脱离体,按平面问题进行分析。作用于此脱离体上荷载除水重、人群荷载和槽身自重外,两侧还有剪力 Q_1 和 Q_2 以与竖向力 q 保持平衡,即 $\Delta Q = Q_1 - Q_2 = q$。剪应力绝大部分分布在两侧墙上,方向向上,对侧墙不产生弯矩,在计算中忽略底板所承担的微小剪应力,近似地认为剪应力集中作用于侧墙底面,比拟为一个竖向支承链杆支撑于侧墙底面。

侧墙与底板为整体连接,交接处为刚性节点,横杆与侧墙也常为整体连接,但因横杆刚度远比侧墙刚度小,故可视为与侧墙铰接。

侧墙和底板的内力随槽内水深而变化。因槽深与槽宽之比在一般常用范围(0.6~0.8)以内,且侧墙和底板厚度相等,侧墙底部(也即底板两端)和底板跨中的最大弯矩均发生于槽内水深为满槽的情况。因此,槽身横向内力计算时,即取最大水深为控制荷载,并近似地将水位取至横杆中心线处。

(2)排架设计

排架是渡槽的下部支承结构,拉西瓦灌溉工程采用的有单排架、双排架、采用空腹排架式拱式渡槽和端承桩基础支撑四种形式。当排架高度小于15.0 m时采用单排架,高度大于15.0 m而小于28.0 m时采用双排架,当排架高度大于28.0 m时下部支撑结构采用双排架和空心重力墩相结合的方式支撑,即下部空心重力墩为基础,上部控制排架高度为20.0 m。采用空腹排架式拱式渡槽,拱上结构为排架,排架采用等跨间距5.0 m,槽身置于排架顶部,主拱圈采用双曲拱。槽下两岸墩间用浆砌石护坡。混凝土强度等级C30。2♯渡槽由于在渡槽轴线处堆放3♯隧洞出口段及4♯隧洞进口段隧洞弃渣,按照常规的排架支撑设计不可行,本阶段对端承桩基础及填方渠道进行比较,最终选定端承桩基础支撑。双排架是由四根铅直肢柱与横梁组成的空间钢架,当承受横槽向及顺槽向荷载作用时,可在横槽向及顺槽向分解为单排架来计算,故本次设计中重点对单排架计算、采用空腹排架式拱式渡槽和端承桩基础支撑计算进行说明。

①单排架的组成和尺寸

单排架是由两根立柱与几根横梁组成的单跨多层钢架结构。立柱中心距取决于渡槽宽度,立柱中心与U形槽端肋的支座中心或矩形槽纵梁底面中心相重合,以使槽身传来的垂直荷载对立柱产生轴心压力。

立柱顺槽方向的截面尺寸 b_1 取排架总高 H 的 $1/30\sim1/20$,设计中取用60 cm;立柱横槽方向的截面尺寸 h_1 取为 $(0.5\sim0.7)b_1$,设计中取用40 cm;为了加大槽身和排架顶部的接触面积,在排架顶部伸出短悬臂梁(牛腿),悬臂长度 $C\geqslant0.5b_1$,高度 $h\geqslant b_1$,倾角 $\theta=30°\sim45°$,设计中取用 $C=30$ cm,$h=60$ cm,$\theta=40°$;排架两立柱之间设置横梁,横梁的间距取等于或略大于立柱间距,设计中取用3 m;横梁梁高 h_2 为其跨度的 $1/8\sim1/6$,梁宽 $b_2=(0.5\sim0.7)h_2$,设计中取用 $h_2=40$ cm,$b_2=30$ cm,横梁由上到下可等距布置。在整个渡槽中,由于地形条件的不同,排架高度并不一致,对此,排架上面几层横梁按等间距布置,而最下一层的间距小于或略大于上层的间距。

横梁与立柱连接处设置托承,以改善交角处的应力状态,托承尺寸为 20×20 cm。排架的混凝土标号取用C25、F200;钢筋采用Ⅱ级钢筋。

②单排架纵向计算

排架纵向(渡槽水流方向)按中心或偏心受压柱进行计算,并考虑纵向弯曲的影响。排架纵向在正常工作条件下排架头部的压应力分布图形,简支槽身可近似按三角形分布。

③排架横向计算

排架由立柱和横梁轴线组成,立柱底端按固定端考虑(结构构造上要求能保证固端作用)。作用于排架的垂直荷载包括:槽身重与槽内水重、风荷载(作用于槽身水平向),通过槽身支座型成作用于排架柱顶一拉一压的垂直轴向力以及排架和横梁的自重。风荷载在排架柱顶形成的拉力和压力,等于槽身上总风压力对排架顶横梁中心取矩再除以排架立柱的轴线距离。排架柱、梁自重化为节点荷载时,等于该节点相邻的上半柱、下半柱及半跨横梁重量之和。排架的水平荷载主要是作用在槽身及立柱上的风荷载,如渡槽跨越河流时,排架立柱上作用有流水压力和漂浮物的冲击力。

垂直的节点荷载只使立柱产生轴向力,对排架不引起弯矩。水平节点荷载可分解为正对称和反对称两组。正对称荷载只引起横梁的轴向力,反对称荷载使整个排架产生弯矩、剪力和轴向力。反对称荷载下的排架弯矩,采用无剪力分配法进行计算,而排架立柱和横梁的剪力一般不大,所以不作计算。

(3)拱圈设计

以1♯渡槽为例,1♯渡槽下部支撑采用拱圈设计。拱圈截面采用肋拱形式,为使拱圈受力比较均匀,采用排架式拱上结构。根据国内已建拱式渡槽的实践经验,排架间距一般为3~6 m,确定1♯渡槽拱上排架间距为4.5 m。为整体安全考虑,排架与拱圈采用插筋接头连接。

①拱圈结构尺寸的确定

合理地拟定拱圈的跨度和矢跨比是拱式渡槽设计的一个关键性问题,应根据地形条件和设计要求,通过分析比较后确定。矢跨比的选择是由多方面的因素决定的,矢跨比较小的拱,施工较方便,但拱的水平推力较大,对墩台不利,拱圈由于弹性压缩、温度影响等产生的附加应力也比较大;矢跨比较大的陡拱,拱的水平推力小,各种附加内力也小一些,但拱上结构需要加高。另外,对于槽高较大的拱式渡槽,矢跨比可适当取得大些,这样整个渡槽的外形也比较协调,同时拱的水平推力小,各种附加内力也小一些。根据实践经验,一般采用的矢跨比为1/3~1/8。确定1♯渡槽为2跨,跨径48.0 m,采用矢高为12.0 m,矢跨比为1/4。

拱圈采用钢筋混凝土变截面悬链线无铰肋拱结构,主拱圈截面高度一般为跨径的1/55~1/40,厚宽比为1.5~2.5。参考已建工程的结构尺寸拟定,拱肋高度采用1.0~1.5 m,肋宽0.6 m,拱宽3.6 m。为了加强肋拱的横向整体性,需要在拱肋间设置横向联系构件,常用横系梁,间距为4.5 m,梁截面尺寸为0.4 m×0.6 m。截面如图5-2所示。

本工程采用与恒载压力线相近的悬链线作为拱的轴线,使拱轴线与恒载压力线在拱顶、跨径1/4和拱脚5个截面相重合。拱顶截面弯矩为$M=0$,由于对称性,剪力$Q=0$,拱顶截面仅有水平推力。其轴线公式:

$$y = (\mathrm{chk}\zeta - 1)\, f / (m - 1) \tag{5-2}$$

式中 y 为以拱轴线顶部为原点的纵坐标;$\mathrm{chk}\zeta$ 为双曲余弦;ζ 为横坐标参数;f 为摩擦系数,m 为拱轴系数。

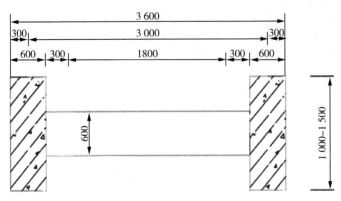

图 5-2　肋拱横截面(单位:mm)

经计算,拱轴线系数为 1.756,计算跨径为 48.0 m,计算矢高为 12.0 m。拱几何特性如表 5-3 所示。

表 5-3　拱几何特性表

截面编号	横坐标 x/m	纵坐标 y/m	系数 k	水平角 φ_i/弧度	系数 C	截面厚 d_i/m	$d_i/\cos\varphi_i$ $d_i{'}$/m
0	24.567	11.976	1.163	0.825 0	1.357	1.550	2.276
1	22.520	9.887	1.163	0.764 8	1.305	1.455	2.017
2	20.473	8.040	1.163	0.702 2	1.260	1.379	1.806
3	18.425	6.418	1.163	0.637 2	1.221	1.313	1.633
4	16.378	5.005	1.163	0.570 3	1.186	1.256	1.492
5	14.331	3.787	1.163	0.501 8	1.154	1.206	1.376
6	12.284	2.755	1.163	0.432 0	1.126	1.163	1.281
7	10.236	1.897	1.163	0.361 2	1.101	1.125	1.203
8	8.189	1.205	1.163	0.289 7	1.077	1.093	1.140
9	6.142	0.674	1.163	0.217 6	1.056	1.064	1.090
10	4.095	0.299	1.163	0.145 2	1.036	1.039	1.050
11	2.047	0.074	1.163	0.072 7	1.017	1.018	1.021
12	0	0	1.163	0	1.000	1.000	1.000

②拱圈结构计算

作用于拱圈上的主要荷载有:结构自重、水压力、温度荷载等。结构自重:钢筋混凝土容重 $\gamma h = 25$ kN/m³;水压力:水的容重为 10 kN/m³;温度荷载:根据水文气象资料,渡槽运行时平均最高温度为 32.1 ℃,平均最低温度－5.1 ℃。

拱的内力采用《拱桥设计计算说明书》介绍的方法计算。以拱顶为分界点,将半拱跨作为一个单元,同时将半拱跨水平方向投影等分为 14 个截面,拱脚为 0 号截面,拱顶为 12 号截面,其余依此类推。以半拱跨为计算单元,坐标原点在拱顶截面中心,Y 坐标向下为正。计算截面图见图 5-3。

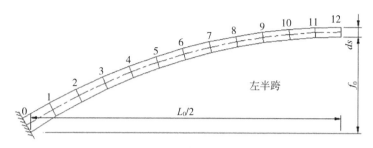

图 5-3　等截面悬链线无铰拱尺寸符号图

经计算,荷载作用下水平推力 $Hg = 1\,088.78$ kN;弹性中心处的水平推力 $S_1 = \mu_1 \times Hg = 12.17$ kN,μ_1 为弹性压缩系数,经计算为 0.011;荷载作用下的内力计算结果如表 5-4 所示(表中 y 为弹性中心距计算截面中心的距离;N_i 为截面轴向力;M_i 为截面弯矩;$\sigma_1^{上}$ 为截面上侧应力;$\sigma_1^{下}$ 为截面下侧应力)。

表 5-4　荷载作用下的内力计算结果表

截面位置	y	N_i	M_i	$\sigma_1^{上}$	$\sigma_1^{下}$
拱顶截面	2.984	1 076.61	36.32	2 157.52	1 431.17
1/4 拱跨	0.229	1 187.87	2.79	1 722.91	1 681.68
拱脚截面	−8.992	1 596.23	−109.46	1 263.65	2 181.40

温度上升引起的内力及应力计算结果如表 5-5 所示(表中 $N_t^{升}$ 为截面轴向力;$M_t^{升}$ 为截面弯矩;$\sigma_2^{上}$ 为截面上侧应力;$\sigma_2^{下}$ 为截面下侧应力)。

表 5-5　温度上升引起的内力及应力计算结果表

截面位置	y	$N_t^{升}$	$M_t^{升}$	$\sigma_2^{上}$	$\sigma_2^{下}$
拱顶截面	2.984	39.84	−118.88	−1 122.40	1 255.22
1/4 拱跨	0.229	36.18	−9.13	−15.63	119.34
拱脚截面	−8.992	27.04	358.30	1 531.25	−1 472.89

温度下降及混凝土收缩引起的内力及应力计算结果如表 5-6 所示(表中 $N_t^{降}$ 为截面轴向力;$M_t^{降}$ 为截面弯矩;$\sigma_3^{上}$ 为截面上侧应力;$\sigma_3^{下}$ 为截面下侧应力)。

表 5-6　温度下降及混凝土收缩引起的内力及应力计算表

截面位置	y	$N_t^{降}$	$M_t^{降}$	$\sigma_3^{上}$	$\sigma_3^{下}$
拱顶截面	2.984	−52.38	156.29	1 475.63	−1 650.25
1/4 拱跨	0.229	−47.57	12.00	20.55	−156.89
拱脚截面	−8.992	−35.55	−471.06	−2 013.14	1 936.42

截面应力验算结果为:混凝土允许压应力 $[\sigma_压] = f_c/K = 8\,667$ kN/m²。上缘最大压应力出现在温度下降时的拱顶截面,其值为 $\sum\sigma_上 = 3\,633.15$ kN/m² $\leqslant [\sigma_压] = 8\,667$ kN/m²,强度满足要求;下缘最大压应力出现在温度下降时的拱脚截面,其值为

$\sum \sigma_{\text{下}} = 6\ 107.85\ \text{kN/m}^2 \leqslant [\sigma_{\text{压}}] = 8\ 667\ \text{kN/m}^2$，强度满足要求；混凝土允许拉应力 $[\sigma_{\text{拉}}] = f_t/K = 867\ \text{kN/m}^2$。上缘最大拉应力出现在温度下降时的拱脚截面，其值为 $\sum \sigma_{\text{上}} = 749.49\ \text{kN/m}^2 \leqslant [\sigma_{\text{拉}}] = 867\ \text{kN/m}^2$，强度满足要求；下缘最大压应力出现在温度下降时的拱顶截面，其值为 $\sum \sigma_{\text{下}} = 6\ 107.85\ \text{kN/m}^2 \leqslant [\sigma_{\text{拉}}] = 867\ \text{kN/m}^2$，故强度不满足要求，截面需配筋计算。

（4）拱上支承结构设计

由于拱圈采用肋拱，为使拱圈受力比较均匀，拱上槽身采用排架式支承结构。排架立于板拱上的排架底座上，排架柱截面为 0.4 m×0.6 m，排架柱正中设横梁，横梁断面为 0.3 m×0.4 m。

（5）拱座设计

1♯渡槽上下游拱坐落于泥岩砂岩互层，由主拱圈的结构计算可知，满足要求。4♯、6♯渡槽上下游拱坐落于砂砾石层，横断面尺寸为宽 10.0 m，高 7.0 m，横槽向长 7.6 m。

抗滑稳定按照公式 $k_c = f \sum N / \sum P$ 计算，其中 $\sum N$ 为作用于基地面所有铅直力的总和；$\sum P$ 为作用于基地面所有水平力的总和；f 为摩擦系数。经计算，抗滑稳定安全系数为 5.5，大于规范规定的抗滑稳定安全系数 1.3，所以抗滑符合抗滑安全要求。

抗倾覆验算按照 $k_0 = \sum M_v / \sum M_p$ 计算，其中 $\sum M_v$ 为所有垂直力对基地面形心轴的力矩总和；$\sum M_p$ 为所有水平力对基地面形心轴的力矩总和。经计算，抗倾覆安全系数远远大于规范规定的抗倾覆稳定安全系数 1.5，所以抗倾覆符合安全要求。

5.2.3 轨道和桁架拱吊点设计

（1）轨道基础受力分析

①设计参数

从安全角度出发，按 $g = 10\ \text{N/kg}$ 计算，150 t 龙门吊自重为 133 t，载重为 145 t。150 t 龙门吊安有 8 个轮子，则每个轮子的最大承重为 528.75 kN。

②钢轨受力分析及强度验算

根据规范要求，150 t 龙门吊推荐使用 P43 钢轨，目前选用的是 P50 钢轨，根据受力分析，两条钢轨直接作用在钢板上，故而应进行钢板强度验证。

假设整个钢轨及其基础完全刚性，即安装后的钢轨不可随便移动，龙门吊完全作用在它的轮边间距内，根据龙门吊使用要求，龙门吊对钢板的压强小于 2 MPa 才能满足安全运行要求，即最小面积为 1.06 m²，因此拟采用有效面积为 1.1 m² 的钢板垫块。考虑到龙门吊荷载不是均布在钢轨上，现实钢轨不是完全刚性，以经验来看，考虑安全系数乘以 1.2。150 t 龙门吊钢轨中心间距为 20 m，直接作用在钢轨下面钢板及回填层上。经计算，采用厚 2 cm、长 1.7 m、宽 1 m 的钢板，可以满足使用要求。

③地基承载力计算

根据太沙基极限承载力假设,地基为均质半无限体,剪切破坏区限制在一定范围内,基础底面粗糙,存在摩擦力。查表得 $f_u = 1/2 \times 20 \times 1.0 \times 18 + 18 \times 0.8 \times 8 + 5 \times 33 = 460$ kPa,所以 $f_a = 460/2.5 = 184$ kPa,其中 2.5 为承载能力安全系数。$p_1 = 184$ kPa < 210 kPa,钢板下面铺设底宽 1.5 m,顶宽 1 m,厚度为 60 cm 均质砂砾石层,分层碾压,每层厚度 20 cm,干容重达到 2.1。根据地基承载力计算可得,可以满足地基承载要求。

(2)吊点位置选择

整个渡槽结构在整体吊装过程中仅考虑结构的自重荷载,同时采用空间计算模型,肋拱以及系杆均采用梁单元,吊杆以及起吊的钢丝绳均采用桁架单元。整个计算模型一共采用了 116 个节点,180 个单元,整个吊装模型如图 5-4 所示。

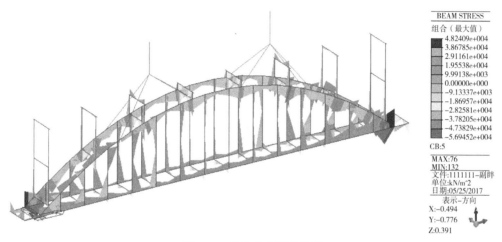

图 5-4 吊装的有限元模型

在本工程实例中,计算跨度 $l = 40$ m,计算矢高 $f = 7.4$ m,则矢跨比 $f/l = 0.185$,重心位置 $y_0 = 5.47$ m。选取拱脚、1/8 跨、1/4 跨、3/8 跨以及 1/2 跨这五个典型控制截面,通过对不同吊点位置进行试算,分析不同吊点位置结构典型截面处的应力、内力以及拱脚位移的变化情况,从而根据计算结果选取最佳的吊点位置。

在渡槽结构整体吊装过程中,考虑施工的便利性,将吊点位置按照左右对称进行分布。同时为了避免吊点位置过于接近而影响吊装的效果,给吊装施工造成麻烦,在吊点水平距离设置时均控制在合理的范围内,符合设计的要求。这种吊点位置设置于矢高的两侧,试算位置从 5.4 m 处开始,至 6.9 m 处结束。根据 Midas 软件计算结果,可以求得各个控制截面对应的应力、内力以及位移的数值如表 5-7 至表 5-10 所示。

表 5-7 吊点矢高 5.4 m 对应的控制截面参数

参数	截面				
	拱脚	1/8 跨	1/4 跨	3/8 跨	1/2 跨
$M/(\text{kN} \cdot \text{m})$	7.30	395.81	-227.31	-268.51	34.37
N/kN	12.65	124.57	-18.10	4.35	93.92

参数	截面				
	拱脚	1/8 跨	1/4 跨	3/8 跨	1/2 跨
Q/kN	3.07	3.47	−34.87	41.08	6.34
σ/MPa	0.53	9.39	−5.22	5.61	2.10
竖向位移	−12.29	−14.33	−10.47	−7.36	−6.99

表 5-8 吊点矢高 5.9 m 对应的控制截面参数

参数	截面				
	拱脚	1/8 跨	1/4 跨	3/8 跨	1/2 跨
M/(kN·m)	7.30	442.59	−163.18	−296.42	14.16
N/kN	12.65	129.90	157.38	15.38	96.15
Q/kN	3.07	0.22	88.83	38.43	6.17
σ/MPa	0.53	10.35	5.13	6.26	1.73
竖向位移	−12.85	−15.12	−10.33	−7.19	−6.68

表 5-9 吊点矢高 6.4 m 对应的控制截面参数

参数	截面				
	拱脚	1/8 跨	1/4 跨	3/8 跨	1/2 跨
M/(kN·m)	7.30	442.59	−163.18	−296.42	1.73
N/kN	12.65	129.90	157.38	15.38	99.30
Q/kN	3.07	0.22	88.83	38.43	6.45
σ/MPa	0.53	10.35	5.13	6.26	1.73
竖向位移	−12.92	−15.12	−10.33	−7.19	−5.79

表 5-10 吊点矢高 6.9 m 对应的控制截面参数

参数	截面				
	拱脚	1/8 跨	1/4 跨	3/8 跨	1/2 跨
M/(kN·m)	7.30	550.03	37.73	388.61	47.55
N/kN	12.65	142.28	143.04	45.59	105.02
Q/kN	3.07	−7.28	81.97	27.72	6.57
σ/MPa	0.52	10.56	2.51	8.52	2.36
竖向位移	−14.23	−16.36	10.43	5.91	4.99

由表 5-7 至表 5-10 可知,各个吊点矢高对应的各个控制截面最大应力均小于容许应力值的要求,所以需要通过从变形角度来选择合适的吊点位置。通过对不同吊点对应的控制截面竖向位移进行分析,通过最小二范数进行计算,结果如表 5-11 所示,来确定最佳的吊点位置。

通过以上分析可知,吊点位置为 5.4 m 处时对应的竖向位移变形最小,同时最大应力满足容许应力的要求,从变形以及应力方面考虑,都是最佳的吊点位置。

表 5-11　位移最小二范数对比

吊点矢高	截面					
	拱脚	1/8 跨	1/4 跨	3/8 跨	1/2 跨	最小二范数
5.4 m	−12.29	−14.33	−10.47	−7.36	−6.99	24.43
5.9 m	−12.85	−15.12	−10.33	−7.19	−6.68	25.31
6.4 m	−12.92	−15.12	−10.33	−7.19	−5.79	25.13
6.9 m	−14.23	−16.36	10.43	5.91	4.99	25.71

5.2.4　其他

（1）渡槽排架基础设计

根据地质勘探结果显示,渡槽排架基础大多数为砂砾石,其基础承载力均大于设计要求的 20 t/m²,故基础类型采用整体板式浅基础。整体板式基础为柔性基础,它能在较小的埋置深度下获得较大的基底面积,故体积小,施工方便,适应不均匀沉陷的能力强,故设计中采用该种型式基础。

基础的埋置深度是根据地基承载力（要求大于 20 t/m²）、地下水位、耕作要求（基顶面以上要求留 0.5～0.8 m 的覆盖层以利耕作）、冰冻深度（置于冰冻层以下深度不小于 0.3 m）及河床冲刷情况（埋设在设计洪水冲刷线 2.0 m 以下）等,并结合基础型式和尺寸来决定的。在满足地基承载力和沉陷要求的前提下,尽量浅埋,但不小于 0.5 m。在洪水较大的沟道,排架基础四周设置浆砌石挡墙以防基础被洪水淘刷。

浅基础（开挖深度 5.0 m 以内）施工比较简单,覆盖土层均为明挖。对于地下水位较高的基础开挖时四周设排水沟,以免坑内积水。

（2）空心重力墩设计

拉西瓦灌溉工程渡槽空心重力墩采用钢筋混凝土结构,墩台为 C30 钢筋混凝土、基座和排架为 C25 钢筋混凝土,重力墩墩帽高度为 1.2 m,墩基厚度为 1.5 m。壁厚为 0.4 m,空心墩体内每 2.5 m 设两根横梁,横梁高宽为 0.5 m×0.4 m。施工时要求将空心重力墩基础放置在砂砾石基础或岩石基础上,以满足地基承载力的要求。

当基础宽度 $b > 2.0$ m,或基础埋置深度 $h > 3.0$ m,且 $h/b \leqslant 4$ 时,地基土的修正容许承载力公式为:

$$[\sigma] = [\sigma_0] + k_1\gamma_1(b-2) + k_2\gamma_2(h-3) \tag{5-3}$$

式中:$[\sigma]$ 为地基土的修正容许承载力,t/m³;$[\sigma_0]$ 为地基土的基本容许承载力,40 t/m³;k_1 及 k_2 为地基土容许承载力宽度及深度修正系数,$k_1 = 3.0$、$k_2 = 5.0$;γ_1 为基底下持力层土的天然容重,如持力层在水面以下且为透水性土时,应采用浮容重,取值 0.65 t/m³;b 为基础底面的最小边宽 6.72 m;γ_2 为基底以上土的平均容重,如持力层为透水性土,不论基底以上土的透水性如何,一律采用浮容重;如持力层为不透水性土,则一律采用饱和容重;h 基础底面的埋置深度。经计算:$[\sigma] = 49.204$ t/m^3,地基承载力符合要求。

抗滑稳定按照公式 $k_c = f \sum G / \sum H$ 计算,其中 f 为摩擦系数。经计算,抗滑稳定安全系数远远大于规范规定的抗滑稳定安全系数 1.3,所以抗滑符合抗滑安全要求。

抗倾覆验算按照公式 $k_0 = \sum M_抗 / \sum M_倾$ 计算,其中 $\sum M_抗$ 为垂直力对中心点的力矩之和;$\sum M_倾$ 为水平力对中心点的力矩之和。经计算,抗倾覆安全系数远远大于规范规定的抗倾覆稳定安全系数 1.5,所以抗倾覆符合安全要求。

(3)进出口建筑物设计

渡槽与渠道的连接采用挡土墙连接,即将边跨槽身的一端支承在重力挡土墙式边槽墩上,并与渐变段或与连接段连接。挡土墙槽墩建在老土或基岩上,以保证稳定并减小沉陷,两侧用一字或八字斜墙挡土。为了降低挡土墙背后的地下水压力,在墙身和墙背面设置了 2 排 Φ50 mm 排水孔,排水孔前作为反滤设置了一层 300 g/m^2 的无纺布。

(4)伸缩缝止水设计

槽身与进出口建筑物之间及各节槽身之间用伸缩缝分开,缝宽 2 cm。止水型式采用埋入式橡皮止水,即浇筑时在分缝处埋入沥青麻丝后,在迎水面宽 20 cm 表面铺 0.3 cm 厚止水钢板,钢板上涂抹 0.6 cm 环氧黏合剂粘贴止水橡皮,止水橡皮厚 0.8 cm,表层用沥青砂浆保护。

5.3 隧洞工程设计

5.3.1 洞线选择及工程布置

根据干渠线路布置,共有隧洞 16 座,总长 30.60 km,占干渠总长的 58.54%,均为无压隧洞,其中单个隧洞最长为 6 134.67 m(3♯隧洞)、最短的 134.52 m(15♯隧洞)。隧洞所经地层岩性复杂,即有三叠系坚硬岩,又有新近系软岩,还有第四系松散砂砾石地层和部分黄土类地层,并且变质岩区地下水丰富,隧洞工程地质条件较为复杂。

在干渠线路布置中,隧洞总长占渠线总长的 58.54%。因此隧洞线路选择恰当与否对工程的造价和工期都有直接影响。在隧洞线路选择时考虑了下列因素:

(1)根据地形、地质、地下水等自然条件,合理地选择洞线,尽量使洞线短而直,力求沿线岩石坚固完整,无大断层、大破碎带,并使洞线与岩层走向和构造具有较大夹角,纵剖面上要使洞顶以上有足够的围岩覆盖层厚度,并采取经济纵坡。要尽量避开大范围的断层破碎带,岩体强风化地段、遇水易泥化、崩解、膨胀和溶蚀的岩体,以期施工时洞顶岩石绝大部分稳定或少用支撑。要尽量避开高应力地区、高外水地段及湿陷性黄土地段。

(2)隧洞线路的选择是和干渠的工程布置相互影响的。隧洞出口与明渠或渡槽相连,应全面分析,进行技术经济方案比较,合理地选择隧洞线路。

(3)本次设计总体按既定设计流量、衬砌方式和一般地形、地质条件考虑,对于不良地质洞段和土洞则进行专门设计。

（4）隧洞线路选择还要兼顾进出口的地质、施工和水流衔接等条件。进出口应选择在地质构造简单，岩石坚固完整，风化层、覆盖层较浅的地段，尽量避开顺坡节理发育、构造切割破碎、受山崩危崖威胁和洪积坡积深厚的地段，以利于迅速进洞和确保洞口安全。尽量利用隧洞进出口岩土体稳定边坡，避开滑坡体。隧洞与明渠、渡槽等建筑物衔接应保证水流平顺，弯道布置在明渠段，使隧洞端直，有利施工。

5.3.2　断面型式选择及水力计算

（1）断面型式选择

在断面与衬砌型式的选择中，借鉴甘肃省引大入秦工程和青海省湟水北干渠隧洞设计与施工的成功经验，考虑地质条件、安全运行、便利施工、节约三材、经济合理诸多因素，采用了喷混凝土、锚杆支护、钢拱架、钢筋混凝土衬砌联合应用等技术。本次设计，Ⅴ类围岩、黄土及砂砾石隧洞断面采用马蹄型，马蹄型断面衬砌结构受力条件较城门洞型好，而且过水能力强，但施工放线复杂。按类似工程经验Ⅲ、Ⅳ类围岩隧洞断面采用城门洞型，虽然在外荷载较大的情况下，衬砌的压力线与衬砌轴线有较大的偏离，但这种型式特别适用于钻爆法施工，开挖、出渣、衬砌都很方便，而且有利于长隧洞的运行。本次设计3♯隧洞～13♯隧洞采用马蹄型断面，其余隧洞采用城门洞型断面。

（2）水力计算

①基本数据

隧洞过水断面均为现浇混凝土衬砌，糙率采用0.014；隧洞余幅在加大流量以上不少于0.4 m，净空面积不小于隧洞全面积的15%；隧洞断面的高宽比在1.0～1.5。

②水力计算

干渠输水隧洞均为无压隧洞，通常按洞内保持均匀流设计，隧洞水力计算按等流速公式 $Q = \omega C\sqrt{Ri}$ 计算。在对圆拱直墙型断面计算时，矩形断面为过水断面，直墙以上为净空面积，中心角取120°，经计算满足净空面积大于总面积15%及最小超高40 cm的要求。对于马蹄型断面，顶拱内缘半径为 r 的圆弧，侧墙及底板内缘则分别为 $R = 2r$，洞身净高与净宽相等，采用《隧洞》一书中查表法，假设洞净宽 $b(b = R)$ 进而确定水深 h 和 r，R。另外，由于11♯隧洞洞长较长且为软岩隧洞及砂砾石隧洞，经计算隧洞净宽高均为2.4 m，很难满足施工要求，小断面隧洞施工难度大，而10♯隧洞为11♯隧洞进口施工交通洞，所以本次设计将10♯隧洞、11♯隧洞净断面扩大为2.8 m。

5.3.3　隧洞结构计算

（1）隧洞衬砌计算方法及原则

混凝土衬砌的结构计算，采用衬砌与围岩分开，以研究衬砌为主（其他对衬砌的影响作为衬砌的外力），并考虑岩土的弹性抗力，用衬砌的边值法进行计算，此方法主要用Ⅴ类围岩（包括无地下水断层段）以及有地下水断层段的计算。该断面计算原理是取计算图形为衬砌中心线，假定拱部与侧墙互为固结，利用力法原理计算弹性中心，推求各断面内力。该断面计算方法首先利用手算控制围岩较差情况下最大断面衬砌厚度，采用边值法利用理正程序进行各种情况下各断面内力计算,并配合 SDCAD 程序辅助校核。

对于喷混凝土、锚杆支护、钢拱架、钢筋混凝土衬砌联合应用的结构计算,除将锚喷支护与二次混凝土衬砌分开计算外,还计算了锚喷支护与围岩共同作用以及锚喷支护层与二次混凝土衬砌共同作用下的结构计算。另外,利用工程类比法,参照青海省湟水北干渠一期工程隧洞相似地质条件下的支护与衬砌尺寸,拟定本工程隧洞结构尺寸。

隧洞配筋按限裂条件控制,允许裂缝宽度 $\delta = 0.25$ mm。根据《水工隧洞设计规范》(SL 279—2016)规定,对有严格防渗要求的隧洞段(如黄土洞段、膨胀岩洞段)可按限裂原则进行设计,本工程土洞段、膨胀岩洞段均按限裂要求对基本荷载组合进行结构设计,按抗裂要求对特殊荷载组合进行校核,并参照甘肃省引大入秦工程和山西省引黄工程隧洞等类似工程进行支护和衬砌。

根据工程区气象、地质、施工和运行管理条件,拟定本工程干渠输水隧洞衬砌材料均采用 C25 混凝土,抗渗标号为 W6,抗冻标号为 F200,同时受力主筋采用 HRB 级钢筋。

(2)荷载计算

①垂直山岩压力

根据地质情况,并结合引大济湟工程经验,参照现行《水工隧洞设计规范》中的山岩压力系数法计算选用。对于浅埋或破碎的Ⅳ、Ⅴ类围岩以及断层洞段,其垂直山岩压力按现行《水工隧洞设计规范》中公式 $q = S_y \gamma B$ 计算。

②侧向山岩压力

黄土及松散土体隧洞侧向山岩压力比较大,按梯形分布。当岩石坚固系数 $f \geqslant 2$ 时,侧向山岩压力忽略不计。浅埋或破碎的Ⅴ类围岩以及断层洞段侧向山岩压力按现行《水工隧洞设计规范》中公式 $e_1 = 0.7\gamma h tg^2(45 - \varphi/2)$ 和 $e_2 = (0.7h + H)\gamma tg^2(45 - \varphi/2)$ 计算。

③衬砌自重

按设计厚度计算自重,荷载按跨度均匀分布。钢筋混凝土容重按 $\gamma = 25$ kN/m³ 计算。必要时将超挖部分的回填混凝土一并计入。

④灌浆压力与岩石弹性抗力

无压隧洞顶拱120°范围内全部进行回填灌浆,施工期灌浆压力按 0.3 MPa 计算。边值法计算过程中未考虑岩石弹性抗力。

⑤内水压力

无压隧洞为简化计算,未计入隧洞内水压力,并不计温度应力。

⑥外水压力

干渠隧洞大部分置于地下水位以上,可不计外水压力。深埋隧洞有地下水段大部分为基岩裂隙水,在洞顶及边墙水面以上部分可设置排水管,不计外水压力。但有些断层部位地下水位相对较高,根据现行《水工隧洞设计规范》中的外水压力计算公式,按 0.2~0.5 倍折减系数进行计算。经计算,最大作用水头为 2 m。

基本数据的选用及计算结果如表 5-12 所示。

表 5-12　拉西瓦灌区干渠隧洞衬砌计算基本数据统计表

岩石类别	普氏系数（坚固系数）	天然容重 γ/（t/m³）	弹性抗力系数/（MPa/m）	垂直山岩压力系数	侧向山岩压力系数
Ⅲ类	5	2.4	0	0.3	—
Ⅳ类	4	2.4	0	0.3	0.05
Ⅴ类	2	2.0	0	0.3	0.1
黄土及松散土体	0.8	1.4	—	1.0	0.5

（3）结构支护选择

①Ⅲ类围岩

本工程Ⅲ类围岩总长 3 873.32 m，主要分布在 1♯隧洞。为三叠系下统砂岩、砂质板岩，中厚层状，节理裂隙较发育，地下水活动轻微—中等，围岩稳定受结构面组合控制，可发生小—中等坍落，毛洞可短期自稳。设计中采用施工较为方便的圆拱直墙式断面。结合湟水北干渠工程经验，采用全断面衬砌，顶拱、直墙衬砌厚度为 25 cm，底板厚度为 30 cm，采用 8 cm 厚 C20 喷混凝土进行支护。对于局部节理裂隙密集、破碎的部位加设局部锚杆，既减小了渗漏和糙率，又起到加固洞壁和洞顶防止风化的作用。对于局部节理裂隙密集、破碎的部位加设随机锚杆。由于洞内渗水施工期间长期浸泡底板岩石，致使岩石软弱风化，造成清基过程中底板出现超挖，故在 1♯隧洞Ⅲ类围岩渗水段底板衬砌浇筑前先浇筑厚 10 cm 的 C15 混凝土垫层。

Ⅲ类围岩

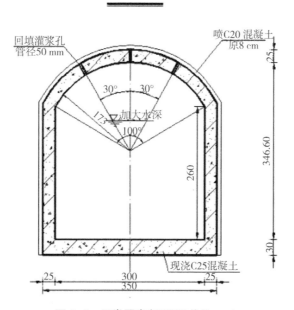

图 5-5　Ⅲ类围岩断面图（单位：cm）

隧洞Ⅲ类围岩洞身混凝土衬砌的结构计算，采用对称配筋，混凝土强度标号采用 C25，受力主筋等级采用Ⅱ级（计算软件采用混凝土 96 规范，因此钢筋仍沿用老规范标注种类,按 08 规范Ⅱ级标注为 HRB335,$fy=310$ kPa,$fyk=335$ kPa,下同),箍筋采用Ⅰ级,箍筋间距为 200 mm;混凝土最大裂缝宽度允许值取 0.25 mm。混凝土保护层厚度取 35 mm。

经计算,衬砌内侧受力主筋最大面积 $As=518$ mm²,外侧受力主筋最大面积$As_1=518$ mm²,选配 $\varphi12$ 钢筋,间距 200 mm;拉结筋最大面积 $Av=204.1$mm²,选配 $\varphi10$ 分布钢筋,间距 200 mm,选配 $\varphi10$ 联系筋。据计算结果,最大裂缝宽度 0.17 mm,小于混凝土最大裂缝宽度允许值。截面尺寸抗剪验算满足要求。Ⅲ类围岩断面如图 5-5 所示。

②Ⅳ类围岩

本工程Ⅳ类围岩总长 3 602.01 m。岩性主要为三叠系下统砂质板岩、新近系中新统黏土岩及新近系上新统黏土岩。隧洞施工时拱顶极易坍塌变形,洞室稳定性差。

对于Ⅳ类围岩中岩性较好,裂隙较少的洞段(Ⅳ类围岩1)采用 8 cm 喷射混凝土加钢筋网片支护顶拱和边墙,钢筋网环向、纵向采用 $\varphi8$ 的Ⅰ级钢筋,钢筋网规格尺寸为 20 cm×20 cm。顶拱、边墙设系统锚杆,锚杆采用 $\varphi22$ 的Ⅱ级钢筋,锚杆长 2.2 m,入围岩长度 2.0 m,间排距为 1 m,呈梅花形布置,进行全封闭钢筋混凝土衬砌,衬砌厚 30 cm,Ⅳ类围岩 1 断面如图 5-6 所示。对于Ⅳ类围岩中裂隙比较发育(Ⅳ类围岩2)的洞段采用钢拱架(H160×88),间距 0.6~1.2 m,波浪形喷射混凝土加钢筋网片支护顶拱和边墙,钢筋网环向、纵向采用 $\varphi8$ 的Ⅰ级钢筋,钢筋网规格尺寸为 20 cm×20 cm。边墙设锁脚锚杆,锚杆采用 $\varphi16$ 的Ⅱ级钢筋,锚杆长 1.5 m,入围岩长度 1.4 m。采用全封闭钢筋混凝土衬砌,衬砌厚 30 cm。Ⅳ类围岩 2 断面如图 5-7 所示。

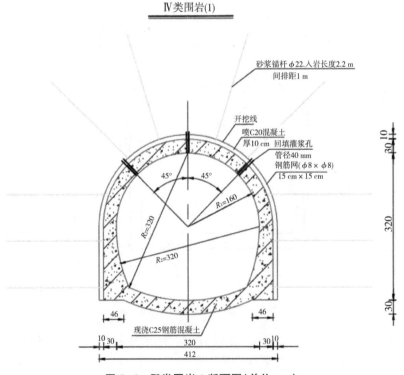

图 5-6　Ⅳ类围岩 1 断面图(单位:cm)

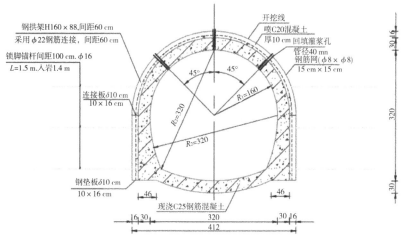

IV类围岩(2)

钢拱架H160×88,间距60 cm
采用φ22钢筋连接,间距60 cm

锁脚锚杆间距100 cm,φ16
L=1.5 m,入岩1.4 m

连接板δ10 cm
10×16 cm

钢垫板δ10 cm
10×16 cm

开挖线
喷C20混凝土
厚10 cm回填灌浆孔
管径40 mm
钢筋网(φ8×φ8)
15 cm×15 cm

45° 45°

$R_1=160$

$R_3=320$

$R_2=320$

现浇C25钢筋混凝土

46 46

16 30 320 30 16
412

30 320 30

图 5-7 IV类围岩2断面图(单位:cm)

隧洞IV类围岩岩洞身混凝土衬砌的结构计算,采用对称配筋,混凝土强度标号采用C25,受力主筋等级采用II级(计算软件采用混凝土96规范,因此钢筋仍沿用老规范标注种类,按08规范II级标注为HRB335,$fy=310$ kPa,$fyk=335$ kPa,下同),箍筋采用I级,箍筋间距为200 mm;混凝土最大裂缝宽度允许值取0.25 mm。混凝土保护层厚度取35 mm。

经计算,衬砌内侧受力主筋最大面积$As=621.9$ mm^2,外侧受力主筋最大面积$As_1=621.9$ mm^2,选配$\varphi12$钢筋,间距200 mm;拉结筋最大面积$Av=205.5$ mm^2,选配$\varphi10$分布钢筋,间距200 mm,选配$\varphi10$联系筋。据计算结果,最大裂缝宽度0.23 mm,小于混凝土最大裂缝宽度允许值。截面尺寸抗剪验算满足要求。

③V类围岩

本工程V类围岩总长20 503.90 m。上新统沉积系V类围岩和断层破碎带V类围岩。

对于V类围岩和无外水压力的断层,隧洞净宽大于等于2.80 m(1♯隧洞～11♯隧洞)的支护采用H160×88钢拱架,间距0.8～1.0 m;隧洞净宽小于2.80 m(12♯隧洞～13♯隧洞)的支护采用H140×80钢拱架,间距0.8～1.0 m,波浪形喷射混凝土加钢筋网片支护顶拱和边墙,钢筋网环向、纵向采用$\varphi8$的I级钢筋,钢筋网规格尺寸为15 cm×15 cm。侧墙设锁角锚杆,锚杆采用$\varphi16$的II级钢筋,锚杆长1.5 m,入围岩长度1.4 m,间、排距0.6～1.0 m。全断面喷混凝土,厚度10 cm。V类围岩拱顶120°范围内采用$\varphi40$的钢管进行超前导管(导管不注浆)支护,间距30 cm。另外,借鉴已经施工完成的3♯隧洞施工支洞,开挖后由于软岩的易风化特性,围岩塑性变形随着时间的增加而逐渐增长,塑性变形引起了拱顶钢拱架发生扭曲变形,边墙底部的鼓胀变形,底部钢拱架变形量最大处20 cm,致使隧洞洞径变小。尤其途经温泉沟的深埋隧洞(3♯隧洞—7♯隧洞)洞内温度随着埋深的增加而增加。由于有高地温隧洞加之上述软岩塑性变形现象出现，因此本次设计对于3♯隧洞—7♯隧洞Ⅴ类围岩全断面预留10 cm变形空间，钢拱架拱腿加长30 cm掏坑镶嵌，而对于全断面为砂岩，砂岩成岩差，无胶结或轻微胶结，呈散体结构，易产生较大坍塌的Ⅴ类围岩采用钢拱架(H180×94)加强支护。8♯隧洞—11♯隧洞同样为软岩隧洞，为防止塑性变形现象出现，本次设计对于8♯隧洞—11♯隧洞Ⅴ类围岩全断面也预留10 cm变形空间。Ⅴ类围岩采用全封闭钢筋混凝土衬砌，衬砌厚度35 cm。Ⅴ类围岩断面如图5-8所示。

隧洞Ⅴ类围岩岩洞身混凝土衬砌的结构计算，采用对称配筋，混凝土强度标号采用C25，受力主筋等级采用Ⅱ级(计算软件采用混凝土96规范，因此钢筋仍沿用老规范标注种类，按08规范Ⅱ级标注为HRB335，f_y＝310 kPa，f_{yk}＝335 kPa，下同)，箍筋采用Ⅰ级，箍筋间距为200 mm；混凝土最大裂缝宽度允许值取0.25 mm。混凝土保护层厚度取35 mm。

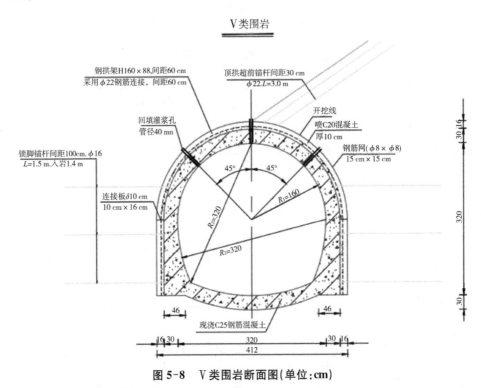

图5-8　Ⅴ类围岩断面图(单位：cm)

经计算，衬砌内侧受力主筋最大面积As＝614.0 mm²，外侧受力主筋最大面积As_1＝614.0 mm²，选配φ14钢筋，间距200 mm；拉结筋最大面积Av＝229.9 mm²，选配φ10分布钢筋，间距200 mm，选配φ10联系筋。据计算结果，最大裂缝宽度0.23 mm，小于混凝土最大裂缝宽度允许值。截面尺寸抗剪验算满足要求。

④黄土、砂砾石及砾质土洞段

本工程黄土、砂砾石及砾质土隧洞总长2 177.91米，对于黄土、砂砾石及砾质土隧洞，采用风镐、风铲、洋镐人工开挖，尽量减少对围岩的扰动，不允许重型震源进入非衬砌段,绝对禁止爆破,每挖进 1 m 及时紧跟工作面锚喷支护、挂钢筋网和架设钢拱架,组成联合支护体系共同承载。钢拱架采用工字钢 H160×88(12♯~13♯ 隧洞断面较小,采用 H140×80)制作,与围岩紧贴,间距 0.6~1.0 m,拱架之间用 7~9 根 φ16 钢筋焊接。顶拱和侧墙设钢筋网,钢筋网为 φ8 钢筋焊成 15 cm×15 cm 网格,全断面喷混凝土,厚度 16 cm。对于砂砾石洞段拱顶 120° 范围内采用 3 m 长超前注浆导管支护,间距 30 cm。采用全封闭钢筋混凝土衬砌,衬砌厚度为 35 cm,断面如图 5-9、图 5-10 所示。

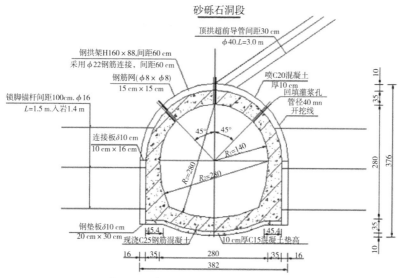

图 5-9 砂砾石洞段断面图(单位:cm)

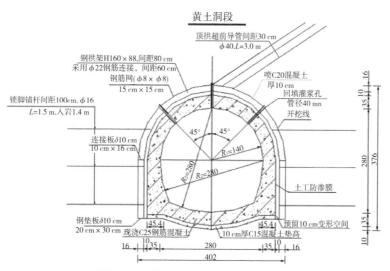

图 5-10 黄土洞段断面图(单位:cm)

黄土、砂砾石及砾质土隧洞洞身混凝土衬砌的结构计算,采用对称配筋,混凝土强度标号采用 C25,受力主筋等级采用 Ⅱ 级(计算软件采用混凝土 96 规范,因此钢筋仍沿用老规范标注种类,按 08 规范 Ⅱ 级标注为 HRB335,$fy = 310$ kPa,$fyk = 335$ kPa,下同),箍筋采用Ⅰ级,箍筋间距为 200 mm;混凝土最大裂缝宽度允许值取 0.25 mm。混凝土保护层厚度取 35 mm。经计算,衬砌内侧受力主筋最大面积 $As = 616.0 \ mm^2$,外侧受力主筋最大面积 $As_1 = 16.0 \ mm^2$,选配 $\varphi14$ 钢筋,间距 200 mm;拉结筋最大面积 $Av = 229.1 \ mm^2$,选配 $\varphi10$ 分布钢筋,间距 200 mm,选配 $\varphi10$ 联系筋。据计算结果,最大裂缝宽度 0.10 mm,小于混凝土最大裂缝宽度允许值,截面尺寸抗剪验算满足要求。

根据黄土性质,隧洞衬砌时在混凝土中掺加膨胀剂,达到抗裂防渗的要求,对横向伸缩缝的止水要做到止水有效。

5.4 倒虹吸工程设计

5.4.1 倒虹吸管的布置

根据拉西瓦灌区建前三期段沿线地形条件,分别在阿隆沟、热水沟布置跨沟输水建筑物倒虹吸,总长 1.34 km。1♯倒虹跨度长 517.2 m,2♯倒虹跨度长 626.21 m,3♯倒虹跨度长 196.4 m。1♯倒虹横跨阿隆沟,沟谷呈开阔 U 形,高差 65 m,倒虹进口表层为崩坡积碎块石、碎石土层,最厚达 58 m,底部为砂板岩。沟底表层为全新统洪积含漂砂砾石层;出口表层为坡积碎石土层,厚 2~12 m,碎块石含量 70%~80%,干燥、呈散体状,结构松散—中密;倒虹进口地形较陡,自然坡度 35°~40°,出口地形稍缓,自然坡度 25°~40°,其中进口边坡稳定性较差。2♯倒虹吸横跨热水沟大冲沟,冲沟为宽阔 U 形谷,高差约 68 m,倒虹进口为冲洪积黄土状土,地形平缓,底部为下堆积物黏土岩夹砂层;沟底两岸谷坡地形平缓,自然坡度 10°~20°,地层岩性为坡洪积砾质土,左岸地层砾质土层夹砾石透镜体,具水平层理,结构中密;沟底为冲洪积砂砾石层。倒虹出口地形较陡,自然坡度 30°~40°,表层为 3~10 m 坡洪积砾质土。3♯倒虹吸所跨冲沟深切,沟深 40 m,呈 U 字形,两岸及沟底为砂砾石,为良好的持力层。沟道 20 年一遇设计洪水分别为 3.77 m^3/s、65.0 m^3/s 和 3.77 m^3/s。

倒虹吸管结构设计主要由进口段、管身段和出口段三部分组成。其总体布置应遵循以下原则:①倒虹吸管的轴线尽可能与沟谷、道路及河道等正交,管轴线的平面布置尽量在同一直线上,以获得最短的管道轴线;②进口段尽可能布置在挖方或半填挖渠段上,以减少沉陷、渗漏及塌方现象。另外,入口处水流必须平顺,以减少水头损失;小流量时要形成淹没,以免管道内发生气蚀震动;入口处应有防止较大砾石或漂浮物进入管道的设施;进口段应保证管道不受洪水冲击和不被泥沙淤塞;③出口段的布置应使出口断面逐渐扩大,以降低出口水流流速,减少水头损失,防止下游渠道的冲刷。

根据地形条件,沟道洪水流量大小,水头高低和支承形式等情况,两座倒虹吸均采用地面式布置,明管敷设,距地面 0.6 m。1♯、2♯、3♯倒虹吸沟道内有洪水,20 年一遇设计洪水分别为 3.77 m^3/s、65.0 m^3/s、3.77 m^3/s。为安全起见,建筑物按 50 年一遇洪水计算。沟底采用支墩架空布置,地面以上高度 2.5 m。为了方便管道清淤及检修进口段设有检修闸门,在倒虹吸最低部镇墩附近设有放空阀和进人孔。

5.4.2　倒虹吸管管材及管径确定

根据工程所处地理位置,附近地区无预应力钢筋混凝土管生产厂家,以及预应力钢筋混凝土管施工技术较复杂,远程运输后预应力值有损失等原因,本次设计中不予考虑;玻璃钢夹砂管开挖量大、对管槽分层回填要求高,在青海已建灌区工程小管径倒虹吸利用中存在很多问题,检修不方便。倒虹吸管流量较大和钢管具有糙率小、水头损失小和接头少等优点。经过比较,在投资相差不大的情况下,钢管优势更加突出。

根据地质资料,2♯倒虹吸所在热水沟地下水对钢筋混凝土结构中钢筋的腐蚀性判别标准(C_{1-}＋$0.25SO_{42-}$)含量在 $500\sim5\,000$ mg/L 判别,地下水对钢筋混凝土结构中钢筋具中等腐蚀性;依据环境水对钢结构的腐蚀性判别标准 pH 值 $3\sim11$、(C_{1-}＋SO_{42-})500 mg/L 判别,地下水对钢结构具中等腐蚀性。因此,倒虹吸河床段镇、支墩混凝土采用高抗硫酸盐硅酸盐水泥。本次设计同等深度对沟底管道架空布置和沟埋布置进行分析,通过比较,沟埋布置对原河床地形破坏大,工程量大。因此,架空布置更具经济性、合理性。

倒虹吸钢管内壁防腐采用超厚浆型环氧沥青防锈底漆干膜厚度 250 μm,超厚浆环氧沥青防锈面漆干膜厚度 250 μm;外壁防腐底漆采用环氧无机富锌底漆干膜厚度 60 μm,中间漆采用环氧云铁中间漆干膜厚度 80 μm,面漆采用氯化橡胶面漆(橘红色)干膜厚度 70 μm。为适应青海高海寒地区温差大紫外线强的特点,与生产厂商经过多次实验,调整油漆配方,加强固色,延长色衰周期,经实践证明,效果良好。

倒虹吸管内的水流为压力管流,过水能力计算按压力管道公式 $Q=\eta\omega\sqrt{2gz}$、$z=h_f+h_j=(\xi_f+\sum\xi_j)\dfrac{v^2}{2g}$、$\eta=\dfrac{1}{\sqrt{\lambda\dfrac{L}{D_B}+\sum\xi_J}}$ 进行计算,计算结果如表 5-13 所示。

表 5-13　干渠倒虹吸水力计算成果表

编号	管斜长 ι /m	取 D /m	设计 Q	设计 V /(m/s)	加大 Q	加大 V /(m/s)	沿程水头损失 hf/m	局部水头损失 hj/m	总水头损失 Z/m
1♯	507	2.4	9.5	2.10	11.60	2.57	1.11	1.36	2.47
2♯	584	2.4	8.5	1.88	10.00	2.21	0.96	0.79	1.75
3♯	187	1.2	1.6	1.42	2.00	1.77	0.47	0.57	1.04

经计算,1♯倒虹吸管道总长为 507 m,管内径 2.4 m,设计流速 2.1 m/s,加大流速 2.57 m/s,总水头损失 2.47 m;2♯倒虹吸管总长为 584 m,管内径 2.4 m,设计流速 1.88 m/s,加大流速 2.21 m/s,总水头损失 1.75 m;3♯倒虹吸管总长为 187 m,管内径 1.2 m,设计流速 1.42 m/s,加大流速 1.77 m/s,总水头损失 1.04 m。水头损失在允许范围内。

5.4.3　倒虹吸管结构设计

(1) 管身设计

倒虹吸管水头较高、管径大,设计选用 Q345C 低合金高强结构钢,管身全段防锈处理。管身壁厚的估算采用《水电站建筑物》一书中的锅炉公式：$\delta = \gamma HD/(2\Phi[\sigma])$、$\delta = (H \times D_0)/(2 \times 0.75[\sigma])$ 计算,考虑本工程级别及锈蚀磨损、钢板制造不精确等因素,增加 2 mm。最终 1♯、2♯ 倒虹吸取钢管管壁厚度为 18 mm,3♯ 倒虹吸钢管管壁厚度为 12 mm。

为了满足钢管运行和运输的要求,管身段除了在倒虹吸管身拐弯处设立镇墩外,每长 100 m 增设一座镇墩,每 2 m 设置一道加劲环。管道支撑方式采用了支撑环形式,每 8 m 设一道支撑环,滑动支座。

为适应温度变化的需要,在镇墩之间的管段偏上游镇墩设伸缩节。水平管段底部设有内径 300 mm 的放空管,管壁厚度 10 mm,管口向下。1♯ 倒虹吸在 3♯ 镇墩下游侧设 DN300 的放空阀,下方设 150 cm×150 cm×150 cm 的消力池;2♯ 倒虹吸在 6♯ 镇墩处设 DN300 的放空阀,下游设 150 cm×150 cm×150 cm 的消力池;3♯ 倒虹吸在 3♯ 镇墩处设 DN200 的放空阀,下游设 150 cm×150 cm×150 cm 的消力池。为了方便管道清淤、检修要求,在 1♯ 倒虹吸 2♯、4♯、6♯ 镇墩下游侧设有 DN700 的进人孔;在 2♯ 倒虹吸 2♯、4♯、8♯ 镇墩下游侧设有 DN700 的进人孔。在 3♯ 倒虹吸 3♯ 镇墩下游侧设有 DN700 的进人孔。

（2）进出口段结构布置

进口段的布置包括:渐变段、检修闸门、拦污栅、进水前池和通气管,出口段的布置包括消力池和渐变段两部分。其中进、出口段均采用 C25 钢筋混凝土现浇,闸门及拦污栅设 C25 钢筋混凝土工作平台和启闭设施。进出口渐变段采用直立八字墙形式,以便和进出渠道进行衔接。为了方便管道清淤、检修及临时防止洪水或较大漂浮物进入管内,进口段设有检修闸门和拦污栅。

为保证倒虹吸进口不出现漩涡和吸气漏斗,需要管顶的淹没水深根据公式 $h_{kp} = Cva^{\frac{1}{2}}$（根据《水工设计手册-水电站建筑物》p7-7 公式 31-3-3）计算。

计算得出 1♯ 倒虹吸最小淹没深度 2.9 m,2♯ 倒虹吸最小淹没深度 2.5 m,3♯ 倒虹吸最小淹没深度 1.4 m。最终确定 1♯、2♯ 前池深度 3.9 m,总高 6.95 m;3♯ 前池深度 2.37 m,总高 3.8 m。1、2♯ 前池长度 $L \geqslant (4 \sim 5)h$,所以长度 17.8 m,其中斜坡段坡比采用 1:2;池内靠退水侧侧墙底部设置 DN150 的放水管,接至退水渠。进口设置拦污栅,与水平面夹角 80°。闸室段长 12 m,布置有退水闸和检修闸。因灌区从水库取水,泥沙较少,1、2♯ 前池池长及池宽按渠道底宽和水深确定。前池长 17.8 m,宽 4 m,底板厚 100 cm,侧墙高 6.95 m,顶宽 60 cm,底宽 1.65 cm,背水面坡度 1:0.15,两侧墙后原土回填。管底于池底间的坎高 70 cm。出口消力池池长 12 m。池宽 4 m,底板厚 100 cm,侧墙高 5.1 m,顶宽 60 cm,底宽 142 cm,背水面坡度 1:0.15。渐变段长 10 m,侧墙高度从 5.1 m 渐变为 3.1 m,底板宽度从 4 m 渐变为 3 m。3♯ 倒虹吸前池长 9.73 m,宽 3 m,底板厚 60 cm,侧墙高 3.8 m,顶宽 50 cm,底宽 107 cm,背水面坡度 1:0.15,两侧墙后原土回填。管底于池底间的坎高 30 cm。出口消力池池长 7 m。池宽 3 m,底板厚 60 cm,侧墙高 3.0 m,顶宽 40 cm,底宽 88.5 cm,背水面坡度 1:0.15。渐变段长 5 m,侧墙高度从 3.0 m 渐变为 1.43 m,底板宽度从 3 m 渐变为 1.968 m。

以 1# 倒虹吸进口沉砂池侧墙为例进行抗滑稳定验算:1# 倒虹吸基础位于碎块石地基上,承载力为 200~250 kPa,挡土墙的建筑物级别为 3 级,抗震类型:抗震区挡土墙,地震烈度为 7 度。

①抗滑稳定及抗倾覆稳定验算

因沉砂池为矩形结构,两侧回填利用土至墙顶,故不进行抗滑抗倾验算。

②偏心距计算及地基应力验算:

$$e = B/2 - \sum M / \sum G = 0.036$$

$$\sigma_{min}^{max} = (\sum G/B)(1 \pm 6e/B) \text{ 求得 } \sigma_{max} = 118.613, \sigma_{min} = 105.56$$

$$\sigma_{cp} = 1/2(\sigma_{max} + \sigma_{min}) = 112.087 \leqslant [R]200 \text{ kPa}$$

$$\eta = \sigma_{max}/\sigma_{min} = 1.12 \leqslant [\eta] = 2.5$$

经计算,地基承载力满足要求。

③立墙截面强度验算

侧墙高 6.95 m,顶宽 60 cm,底宽 1.65 cm,背水面坡度 1:0.15,两侧墙后原土回填。距离墙顶 6.950 m 处,截面高度 $H' = 1.65$ m。

经计算,截面剪力 $Q = 122.026$ kN,截面弯矩 $M = 282.695$ kN·m,截面弯矩 M(标准值)$= 235.579$ kN·m,抗弯拉筋构造配筋:配筋率 $Us = 0.04\% < Us_{min} = 0.15\%$。

由于稳定和构造等要求断面尺寸较大,配筋率较小,按最小配筋率配筋。抗弯受拉筋 $As = 3\,285$ mm^2,转换为斜钢筋 $As/\cos = 3\,322$ mm^2,最大裂缝宽度 0.025 mm。

1# 倒虹吸基础大多位于碎块石地基上,因此进出口及镇支墩基础均需原基翻夯 200 cm,设 10 cm 厚 C15 混凝土垫层;2# 倒虹吸基础大多位于砾质土地基上,因此镇支墩基础需原基翻夯 200 cm,设 100 cm 厚三七灰土垫层;进口表层 10 m 为湿陷性黄土地基,中层 20 m 为黄土状土,下层为砂岩,上部土层软弱不能满足承载力和变形要求。因此,在倒虹吸进口渐变段、闸室段及沉砂池段设摩擦端承桩,采用混凝土桩,桩径为 80 cm,3 根布置,间距 2.63 m,单长 33 m。桩的顶部用承台连接,承台尺寸:宽×高×长 $= 1.2$ m$\times 1.2$ m$\times 7.56$ m。3# 倒虹吸基础位于砂砾石地基上,因此进出口及镇支墩基础需原基翻夯 200 cm,设 10 cm 厚混凝土垫层。

同理,对 2# 倒虹吸、3# 倒虹吸的装机承载力和结构进行分析计算,经计算,倒虹吸管工程特性如表 5-14 所示。

表 5-14　干渠倒虹吸工程特性表

倒虹吸名称	$Q_{设计}$	$Q_{加大}$	管材	管径 D	管道斜长 L	管壁厚 δ	进口桩号	出口桩号	进口管底高程	出口管底高程	最大工作水头
	m^3/s	m^3/s		m	m	mm	m	m	m	m	m
1#	9.5	11.6	钢管	2.4	505	18	0+057.93	0+533.50	2 437.113	2 435.967	65

倒虹吸名称	$Q_{设计}$	$Q_{加大}$	管材	管径 D	管道斜长 L	管壁厚 δ	进口桩号	出口桩号	进口管底高程	出口管底高程	最大工作水头
	m³/s	m³/s		m	m	mm	m	m	m	m	m
2#	8.5	10	钢管	2.4	585	18	16+170.71	16+735.12	2 423.244	2 423.157	68
3#	1.6	2.0	钢管	1.2	190	12	49+322.28	49+481.75	2 397.405	2 397.147	38

5.5 其他建筑物设计

5.5.1 退水建筑物

为了保证干渠及重要建筑物的运行安全和干渠分段检修,满足干渠安全运行的需要,结合实际地形中较大沟道,本次设计总共在干渠沿线布置了 6 座退水。退水闸采用平底宽顶堰,流量按照宽顶堰自由过流能力计算,计算公式为 $Q = \varepsilon m B_0 \sqrt{2g}^2 \sqrt{H_0^2}$。

退水闸均按 20 年一遇标准设计,设计流量 $Q = 11.6 \sim 1 \text{ m}^3/\text{s}$,上游设计水位 $2.25 \sim 0.87 \text{ m}$。闸孔净宽 $4 \sim 1 \text{ m}$,只有一孔,边墩宽 0.5 m。退水闸所在地段地基有岩石、砂砾石、碎石土和黏土,便于建筑物与建筑物之间的衔接,1#、2#、5# 退水闸进口与前面建筑物连接处均设有渐变段,3#、4#、6# 退水闸均与渠道平顺相连。

退水由节制闸、退水闸、退水明渠三部分构成。闸室采用 C20 钢筋混凝土浇筑,闸门采用铸铁平板闸门,闸室设钢爬梯。闸室的上下游各设置一道齿墙,齿墙深 0.5 m。退水明渠分为控制段、陡槽段、消力池段和扩散段。控制段设有交通桥,退水明渠断面型式为矩形,采用 C20 钢筋混凝土衬砌,每 10 m 设一伸缩缝和齿墙,缝间设 651 型橡胶止水,齿墙深度为 0.5 m。根据退水渠渠线的地形、地质资料和渠道比降,按明渠均匀流确定各流量下各种型式的断面尺寸,按照公式 $Q = AC\sqrt{Ri}$ 计算流量。

5.5.2 干渠分水闸及节制闸

干渠共有 20 条支渠和 8 座提灌站。设计流量 $Q = 11.6 \sim 1 \text{ m}^3/\text{s}$,上游设计水位 $2.25 \sim 0.87 \text{ m}$。分水闸孔净宽 $0.3 \sim 1.59 \text{ m}$,节制闸孔净宽 $4 \sim 1 \text{ m}$,边墩宽 0.5 m。退水闸所在地段地基有岩石、砂砾石、碎石土和黏土,便于建筑物与建筑物之间的衔接,建筑物与建筑物之间连接处均设有渐变段。

分水闸采用平底宽顶堰,流量按照宽顶堰淹没过流能力计算。计算公式为 $Q = \varepsilon m B_0 \sqrt{2g}^2 \sqrt{H_0^2}$。

干渠布置 28 座分水闸和 20 座节制闸。闸室采用 C20 混凝土现浇,闸门采用铸铁平板闸门。

5.5.3 管道道路

根据工程施工总体布局,场内道路的规划原则为紧密结合施工总布置进行规划布置,为了工程管理与施工方便,场内交通分为场内永久管理道路和场内临时施工道路。本工程场内永久管理道路就是以场外公路交通为起点,通过场内永久管路道路将各个洞口、渠道及建筑物联系起来,经估算,需新建永久管理进场道路(永临结合)24.28 km。

本工程新建道路设计为砂砾石路面,路面宽 5 m,路基占地 6 m,厚度为 30～50 cm,路面横坡为 3%,纵坡小于 8%,局部可设计为 10%,但不能超过 200 m。其工程道路永久占地 219 亩,具体临时道路布置如表 5-15 所示。

表 5-15　场内临时道路布置统计表

名称	进场管理道路/m	路面宽/m	路基占地宽/m	占地/m²	备注
1♯洞进口永久道路 YD1	952	5	6	5 712	沿阿隆沟左岸至沟心后沿右岸绕至洞口,跨沟段需设排洪涵洞一座,此道路已建
1♯洞出口永久道路 YD2	2 841	5	6	17 046	与山堂公路衔接,再沿深沟右岸向上游前行跨沟后沿左岸盘绕至洞口,此道路已建
2♯洞进口永久道路 YD3	620	5	6	3 718	从 LD2 施工便道末端分叉经左岸漫滩跨深沟后沿支沟绕行至洞口
3♯洞支洞口永久道路 YD4	1 838	5	6	11 030	与山坪堂公路衔接,沿山梁绕行至洞口,道路沿线需设排洪涵管两处
3♯洞出 4♯洞进永久道路 YD5	2 419	5	6	14 514	沿靠近西久公路边原有土路修便道盘山至隧洞进出口,沿线需设水路面一处,埋设排洪涵管和谷坊八处
5♯洞出口永久道路 YD6	777	5	6	4 665	沿靠近洞出口的西久公路边修便道至 5♯洞出口和 2♯倒虹吸
6♯洞出 7♯洞进永久道路 YD7	1 360	5	6	8 157	沿靠近洞进出口的西久公路边冲沟走向修便道至洞进出口,沿线需设跨河桥一座,排洪涵管九处
8♯洞出 9♯洞进永久道路 YD8	1 670	5	6	10 020	沿靠近洞进出口的西沟沟道旁修便道至 8♯隧洞出口至 9♯隧洞进口
9♯洞出至 6♯渡槽段永久道路 YD9	700	5	6	4 200	沿靠近 X319 柏油路边修便道至 9♯分水闸和 6♯渡槽出口并沿出口延伸至 6♯渡槽进口和 9♯洞出口,沿线需设排洪涵管 3 处
10♯洞出 11♯洞进永久道路 YD10	1039	5	6	6 236	途经 X319 柏油路和乡村便道在靠近施工点处修便道分别通往 11♯隧洞进口、10♯隧洞出口段
11♯洞出 8♯渡槽段永久道路 YD11	3 630	5	6	21 780	沿东沟沟道边布设道路,并沿 8♯渡槽进口延伸至 12♯隧洞进口,其中 8♯渡槽跨越东沟需考虑施工便桥一座
15♯渡进口永久道路 YD12	2 122	5	6	12 732	沿 15♯支渠和 16♯支渠之间的平坦地势向 15♯渡槽进口布置
22♯渡出口永久道路 YD13	1 948	5	6	11 688	沿 17♯支渠旁(查达滩)平坦地势向 22♯渡槽出口布置
27♯渡出口永久道路 YD14	2 367	5	6	14 202	沿 18♯支渠旁(查达滩)平坦地势向 27♯渡槽出口布置
合　　计	24 283			145 700	219 亩

5.5.4 过车输水涵洞

由于干渠所跨由于道路级别和渠道尺寸相对较小,所以采用过车输水涵洞结构型式,共布置 21 处。

输水涵洞宽度与干渠渠道相同,高度经过水力计算后确定。涵洞设计荷载为汽—15 级,校核荷载为挂车—80。涵洞采用 C25 钢筋混凝土浇筑,衬砌厚度 35～70 cm,涵洞与渠道连接处设置伸缩缝,缝内设置 651 止水带,用沥青砂浆填塞,伸缩缝迎水面用 SBS 改性油毡填塞。涵洞底部铺设 50 cm 砂砾石垫层,回填相对密度不小于 0.6。顶部最小覆土厚度不小于 1 m,最厚覆土厚度根据各处地面高程不同而不同,回填土干容重不小于 2.0 t/m³。

覆土顶部铺设与涵洞相同宽度的沥青混凝土路面,路面厚度 8 cm,两侧设置 1 m 高护栏。桥面坡度 1.5%,桥面两端路面与地面高程相接,坡度为 8%。过车输水涵洞统计如表 5-16 所示。

表 5-16 过车输水涵洞统计表

编号	桩号/m	进口高程/m	渠宽/m	桥长/m	桥宽/m	衬砌厚度/m
1	16+332.440	2 372.39	3.40	11.00	4.60	0.90
2	20+517.350	2 421.59	2.85	8.00	3.90	0.90
3	20+858.192	2 421.37	2.85	8.00	3.90	0.50
4	21+176.778	2 421.15	2.85	8.00	3.90	0.50
5	21+418.235	2 420.99	2.85	8.00	3.90	0.50
6	31+509.299	2 412.66	2.30	6.50	3.20	0.45
7	31+908.080	2 412.4	2.30	6.50	3.20	0.45
8	39+357.363	2 407.09	2.00	5.00	2.90	0.45
9	40+210.000	2 406.87	2.00	5.00	2.90	0.45
10	40+260.000	2 406.71	2.00	5.00	2.90	0.45
11	40+500.000	2 406.68	2.00	5.00	2.90	0.45
12	41+311.067	2 405.43	1.85	5.00	2.75	0.45
13	43+667.393	2 403.55	1.85	5.00	2.75	0.45
14	43+678.665	2 403.54	1.85	5.00	2.75	0.45
15	43+707.795	2 403.52	1.85	5.00	2.75	0.45
16	44+120.423	2 403.25	1.85	5.00	2.75	0.45
17	46+343.934	2 401.6	1.60	3.00	2.40	0.40
18	46+479.676	2 401.51	1.60	3.00	2.40	0.40
19	46+645.556	2 401.37	1.60	3.00	2.40	0.40
20	48+151.551	2 400.17	1.60	3.00	2.40	0.40
21	52+292.310	2 395.21	1.30	3.00	2.00	0.35

5.5.5　排洪涵

干渠共布置排洪涵 48 座。干渠排洪涵为 4 级建筑物,采用 20 年一遇洪水设计。目前常用的涵洞为矩形钢筋混凝土结构,此结构使用年限长、耐腐蚀、结构稳定性良好、材料用量较大、投资大。近年来一些工程采用新型材料波纹管作为主要结构材料,波纹管具有耐压、耐腐蚀、安装简便、投资相对较小等特点,所以本次设计排洪涵洞采用金属波纹管涵型式。

波纹管管道底部铺设 50 cm 砂砾石垫层,进出口用 M7.5 浆砌石作为镇墩,顶宽50 cm,迎水面为直墙,背水面比降 1∶0.3,涵洞基础厚 50 cm。进出口两侧各伸出 5 m八字墙连接原沟道。管道顶部覆土厚度不小于 60 cm,具体厚度在施工时随干渠底高程与管顶高程变化而变化。回填土干容重不小于 1.96 t/m³,砂砾石回填相对密度不小于0.6。干渠排洪涵统计如表 5-17 所示。

表 5-17　排洪涵统计表

名称	桩号/m	地面高程/m	涵洞特性				
			型式	洪水流量/(m³/s)	管径/m	管长/m	水深/m
1≠排洪涵	7+050.04	2 432.12	矩形	0.25			1.44
2≠排洪涵	15+842.34	2 430.77	波纹管	4.29	1.50	19.00	0.67
3≠排洪涵	20+971.15	2 418.73	波纹管	0.39	0.75	20.00	0.15
4≠排洪涵	21+190.74	2 417.98	波纹管	0.39	0.75	21.00	0.19
5≠排洪涵	31+552.11	2 409.77	波纹管	0.14	0.75	19.00	0.08
6≠排洪涵	32+409.56	2 410.66	波纹管	0.99	1.00	16.00	0.26
7≠排洪涵	33+065.91	2 409.33	波纹管	2.72	1.50	16.00	0.50
8≠排洪涵	33+100.15	2 407.17	波纹管	0.73	0.75	22.00	0.25
9≠排洪涵	33+234.97	2 405.69	波纹管	0.06	0.75	25.00	0.06
10≠排洪涵	40+255.29	2 403.17	波纹管	0.06	0.75	18.00	0.06
11≠排洪涵	40+546.80	2 401.73	波纹管	0.15	0.75	21.00	0.10
12≠排洪涵	40+652.15	2 404.07	波纹管	0.73	0.75	15.00	0.25
13≠排洪涵	40+719.59	2 402.00	波纹管	4.34	1.50	18.00	0.67
14≠排洪涵	40+813.63	2 404.30	波纹管	0.06	0.75	15.00	0.06
15≠排洪涵	41+345.50	2 403.44	波纹管	0.06	0.75	15.00	0.06
16≠排洪涵	41+583.78	2 403.05	波纹管	0.06	0.75	15.00	0.06
17≠排洪涵	42+180.98	2 403.37	波纹管	0.06	0.75	14.00	0.06
18≠排洪涵	42+611.86	2 398.59	波纹管	0.06	0.75	24.00	0.06
19≠排洪涵	42+684.22	2 399.92	波纹管	0.06	0.75	20.00	0.06
20≠排洪涵	42+886.11	2 402.37	波纹管	0.06	0.75	14.00	0.06
21≠排洪涵	44+945.38	2 399.15	波纹管	0.06	0.75	18.00	0.06
22≠排洪涵	45+006.40	2 401.47	波纹管	0.06	0.75	14.00	0.06

名称	桩号/m	地面高程/m	涵洞特性				
			型式	洪水流量/(m³/s)	管径/m	管长/m	水深/m
23♯排洪涵	45+082.69	2 397.56	波纹管	0.06	0.75	22.00	0.06
24♯排洪涵	45+119.99	2 396.06	波纹管	0.06	0.75	26.00	0.06
25♯排洪涵	45+179.98	2 396.83	波纹管	0.06	0.75	24.00	0.06
26♯排洪涵	45+262.94	2 398.45	波纹管	0.06	0.75	19.00	0.06
27♯排洪涵	45+354.25	2 395.49	波纹管	0.06	0.75	27.00	0.06
28♯排洪涵	45+885.34	2 400.27	波纹管	0.06	0.75	14.00	0.06
29♯排洪涵	46+017.62	2 399.22	波纹管	0.06	0.75	16.00	0.06
30♯排洪涵	46+327.10	2 399.88	波纹管	0.06	0.75	13.00	0.06
31♯排洪涵	46+408.28	2 400.54	波纹管	0.06	0.75	13.00	0.06
32♯排洪涵	46+663.63	2 400.20	波纹管	0.15	0.75	13.00	0.08
33♯排洪涵	46+750.56	2 399.78	波纹管	0.06	0.75	13.00	0.06
34♯排洪涵	47+375.81	2 398.25	波纹管	0.06	0.75	15.00	0.06
35♯排洪涵	48+257.23	2 397.69	波纹管	0.17	0.75	15.00	0.08
36♯排洪涵	48+585.15	2 394.30	波纹管	0.06	0.75	22.00	0.06
37♯排洪涵	48+696.71	2 394.35	波纹管	0.06	0.75	22.00	0.06
38♯排洪涵	48+842.79	2 396.32	波纹管	0.06	0.75	17.00	0.06
39♯排洪涵	49+816.49	2 390.01	波纹管	0.06	0.75	26.00	0.06
40♯排洪涵	50+460.84	2 390.92	波纹管	0.06	0.75	22.00	0.06
41♯排洪涵	50+880.09	2 393.71	波纹管	0.06	0.75	14.00	0.06
42♯排洪涵	51+320.59	2 389.24	波纹管	0.06	0.75	24.00	0.06
43♯排洪涵	51+451.13	2 390.63	波纹管	0.06	0.75	21.00	0.06
44♯排洪涵	51+553.89	2 393.65	波纹管	0.06	0.75	13.00	0.06
45♯排洪涵	51+643.36	2 389.24	波纹管	0.06	0.75	24.00	0.06
46♯排洪涵	51+784.19	2 391.94	波纹管	0.06	0.75	17.00	0.06
47♯排洪涵	51+901.49	2 393.39	波纹管	0.06	0.75	13.00	0.06
48♯排洪涵	51+973.70	2 393.01	波纹管	0.06	0.75	14.00	0.06

5.5.6 排洪桥

本次设计共 23 座排洪桥,干渠排洪桥为 4 级建筑物,采用 20 年一遇洪水设计,30 年一遇洪水校核,采用矩形现浇钢筋混凝土结构。排洪桥底板厚 20 cm,宽 1.5～2.5 m,纵坡为 1%。侧墙厚 30 cm,桥长 6.3～6.4 m,桥板下部放置在 2 道 C20 钢筋混凝土梁上。桥墩高 1 m,采用 C15 混凝土浇筑,桥台高 2.7 m,为 M7.5 浆砌石砌筑。

排洪桥进口和出口八字墙也采用 C20 钢筋混凝土浇筑,侧墙高度 1～1.9 m,底板厚度为 0.4 m,底部设 2 道 0.4×0.4 m 齿墙。进口八字墙纵向长度 4.8～6.8 m,出口八字墙纵向长度 6～8.5 m。干渠排洪桥统计如表 5-18 所示。

表 5-18　排洪桥统计表

名称	桩号 /m	地面高程 /m	排洪桥特性				
			型式	桥宽/m	侧墙高/m	水深/m	桥长/m
1♯排洪桥	6+884.91	2 433.920	矩形	2.50	1.90	1.70	7.60
2♯排洪桥	32+972.19	2 416.920	矩形	1.60	1.30	1.10	6.80
3♯排洪桥	42+488.67	2 398.590	矩形	1.60	1.30	1.10	6.35
4♯排洪桥	44+206.51	2 405.730	矩形	1.50	1.00	0.80	7.14
5♯排洪桥	44+340.11	2 405.860	矩形	1.60	1.30	1.10	7.14
6♯排洪桥	44+453.74	2 405.950	矩形	1.60	1.30	1.10	7.14
7♯排洪桥	44+934.84	2 408.171	矩形	2.50	1.90	1.70	7.14
8♯排洪桥	45+374.59	2 402.925	矩形	1.50	1.00	0.80	6.35
9♯排洪桥	45+407.48	2 401.708	矩形	2.50	1.90	1.70	6.35
10♯排洪桥	45+754.21	2 405.297	矩形	1.50	1.00	0.80	6.35
11♯排洪桥	45+784.90	2 405.502	矩形	2.50	1.90	1.70	6.35
12♯排洪桥	45+801.89	2 402.925	矩形	1.60	1.30	1.10	6.35
13♯排洪桥	46+104.11	2 406.324	矩形	1.60	1.30	1.10	6.35
14♯排洪桥	46+481.86	2 384.172	矩形	1.50	1.00	0.80	6.27
15♯排洪桥	47+307.07	2 402.708	矩形	1.50	1.00	0.80	6.27
16♯排洪桥	48+041.84	2 400.650	矩形	2.50	1.90	1.70	6.27
17♯排洪桥	48+626.96	2 402.00	矩形	1.50	1.00	0.80	6.27
18♯排洪桥	49+042.17	2 402.00	矩形	1.50	1.00	0.80	6.27
19♯排洪桥	49+821.38	2 401.00	矩形	1.50	1.00	0.80	5.79
20♯排洪桥	50+529.77	2 399.80	矩形	1.50	1.00	0.80	5.79
21♯排洪桥	51+531.92	2 399.50	矩形	1.50	1.00	0.80	5.79
22♯排洪桥	52+060.49	2 395.00	矩形	1.50	1.00	0.80	5.79
23♯排洪桥	52+215.34	2 396.70	矩形	1.50	1.00	0.80	5.79

5.5.7　干渠检修车道

为便于在对渠道、隧洞以及其他建筑物进行维修时,能使用车辆将材料及人员运送到维修点,所以在合适的位置设置检修车道,方便维修车辆进出。本次设计共布置检修车道 22 座。

检修车道采用矩形 C25 钢筋混凝土结构,车道净宽 3 m,坡比 1:8,坡道长度根据地形情况调整。车道每 15 m 设伸缩缝一道,缝内设 651 止水带。坡道开挖时的坡比,砂砾石、碎石土渠基段永久开挖边坡低于 5 m 采用 1:0.75;5～10 m 之间采用 1:1;10 m 以上采用 1:1.25;临时边坡采用 1:0.5;粉土渠基段永久开挖边坡采用 1:1～1:1.2.5,临时边坡采用 1:0.75,其中挖深大于 10 m 时每高 5 m 留一道 1 m 宽马道;回填渠道外边坡采用 1:1.5;填方渠道基础必须用原土进行回填,黏性土回填压实度不小于 95%,非黏性土回填相对密度不小于 0.75。检修坡道进口、坡道与干渠夹角可根据实际地形调整。检修车道特性如表 5-19 所示。

表 5-19 干渠检修车道特性表

| 编号 | 干渠桩号 /m | 干渠尺寸/m | | | 备 注 |
		渠宽	渠高	衬砌厚度	
1	0+545.32	3.00	3.10	0.30	负责 1♯隧洞—1♯分水闸之间的渠道、隧洞检修及进出
2	6+636.95	3.00	3.10	0.30	负责 1♯隧洞—1♯分水闸之间的渠道、隧洞检修及进出
3	7+053.01	3.00	3.10	0.30	负责 2♯分水闸—2♯渡槽之间的渠道、隧洞检修及进出
4	13+527.29	3.00	3.10	0.30	负责 2♯分水闸—2♯渡槽之间的渠道、隧洞检修及进出
5	13+670.46	3.00	3.10	0.30	负责 4♯隧洞—4♯分水闸之间的渠道、隧洞检修及进出
6	16+110.85	3.00	3.10	0.30	负责 4♯隧洞—4♯分水闸之间的渠道、隧洞检修及进出
7	16+757.12	3.00	3.10	0.30	负责 5♯分水闸—3♯渡槽之间的渠道、隧洞检修及进出
8	17+494.63	2.85	2.85	0.30	负责 5♯分水闸—3♯渡槽之间的渠道、隧洞检修及进出
9	17+573.63	2.85	2.85	0.30	负责 7♯隧洞—6♯分水闸之间的渠道、隧洞检修及进出
10	21+526.03	5.12	2.3	0.15	负责 7♯隧洞—6♯分水闸之间的渠道、隧洞检修及进出
11	24+255.73	2.65	2.65	0.25	负责 8♯隧洞—7♯分水闸之间的渠道、隧洞检修及进出
12	26+572.30	2.65	2.65	0.25	负责 8♯隧洞—7♯分水闸之间的渠道、隧洞检修及进出
13	26+735.30	2.65	2.65	0.25	负责 9♯隧洞—8♯分水闸之间的渠道、隧洞检修及进出
14	30+014.94	2.30	2.30	0.25	负责 9♯隧洞—8♯分水闸之间的渠道、隧洞检修及进出
15	31+159.19	2.30	2.30	0.25	负责 6♯渡槽—9♯分水闸之间的渠道、隧洞检修及进出
16	32+607.92	2.30	2.30	0.25	负责 6♯渡槽—9♯分水闸之间的渠道、隧洞检修及进出
17	32+965.75	2.30	2.30	0.25	负责 7♯渡槽—10♯隧洞出口之间的渠道、隧洞检修及进出
18	33+686.51	2.30	2.30	0.25	负责 7♯渡槽—10♯隧洞出口之间的渠道、隧洞检修及进出
19	33+764.50	2.30	2.30	0.25	负责 11♯隧洞检修及进出
20	38+964.16	2.30	2.30	0.25	负责 11♯隧洞检修及进出
21	40+205.00	3.13	1.70	0.15	负责 10♯分水闸—11♯分水闸之间的渠道检修及进出
22	40+910.00	3.13	1.70	0.15	负责 10♯分水闸—11♯分水闸之间的渠道检修及进出

第六章 拉西瓦灌溉工程机电与金属结构设计

本章对拉西瓦灌溉工程的机电与金属结构设计进行阐述和总结,从水利机械、电气设备和金属结构三个方面出发,其中水利机械设计详细阐明了泵站的设计过程以及相应配置;电气设备设计则涉及选用方案的决策、集控中心的设置、电气设备的布置与线路规划;金属结构设计包括引水枢纽控制阀,提灌站及渠道上各部分闸门设计。通过对拉西瓦灌溉工程的基础设施设计的总结,帮助读者提高对拉西瓦灌溉工程的理解和认识。

6.1 水利机械设计

6.1.1 泵站设计基本参数

根据《灌溉排水工程项目可行性研究报告编制规程》(SL 560—2012)、《泵站设计标准》(GB 50265—2022)、《水利水电工程设计防火规范》(SDJ 278—1990)、《机电排灌设计手册(第二版)》和《水电站机电设计手册(水力机械)》等规范,提灌站基本参数如表6-1所示。

表 6-1 各提灌站基本参数表

序号	设计流量/ (m³/s)	净扬程 /m	管外径 /mm	压力管道长度 /m	最低水位 高程/m	泵房地面 高程/m
1♯提灌站	0.150	80.00	426	1 556.42	2 407.41	2 408.16
2♯提灌站	0.080	63.85	325	1 038.62	2 405.93	2 406.53
3♯提灌站	0.060	80.00	325	1 072.76	2 404.67	2 405.42
4♯提灌站	0.050	80.00	273	1 081.83	2 403.86	2 404.46
5♯提灌站	0.029	69.86	194	683.00	2 401.42	2 401.97
	0.023	108.71	194	1 146.00	2 401.42	2 401.97
6♯提灌站	0.030	60.00	178	500.00	2 399.85	2 400.40
	0.023	100.00	156	1 000.00	2 399.85	2 400.40
7♯提灌站	0.041	65.49	245	506.00	2 397.09	2 397.69
	0.023	122.54	194	1 012.00	2 397.09	2 397.69
8♯提灌站	0.040	80.00	245	809.85	2 396.01	2 396.71

根据水工专业提供的流量、扬程、进口高程、出口高程和管路长度,计算出各提灌站

水泵所需总扬程。如表 6-2 所示。

表 6-2 各提灌站水泵扬程计算表

序号	流量/(m³/h)	钢管长度/m	净扬程/m	管道粗糙度系数 n	出水管总管径/m	$h_程$/m	$h_局$/m	$H_需$/m
1♯提灌站	540.0	1 556.42	80.00	0.012 5	0.426	3.61	1.46	85.07
2♯提灌站	288.0	1 038.62	63.85	0.012 5	0.325	5.11	2.28	71.24
3♯提灌站	237.6	1 072.76	80.00	0.012 5	0.325	3.66	0.74	84.40
4♯提灌站	180.0	1 081.83	80.00	0.012 5	0.273	5.38	1.06	86.44
5♯提灌站	104.4	683.00	69.86	0.012 5	0.194	3.65	0.99	74.50
	82.8	1 146.00	108.71	0.012 5	0.194	3.90	0.62	113.23
6♯提灌站	108.0	500.00	60.00	0.012 5	0.178	2.44	1.49	63.93
	82.8	1 000.00	100.00	0.012 5	0.156	17.50	1.36	118.86
7♯提灌站	147.6	506.00	65.49	0.012 5	0.245	2.61	0.77	68.87
	82.8	1 012.00	122.54	0.012 5	0.194	2.77	0.62	125.93
8♯提灌站	144.0	809.85	80.00	0.012 5	0.245	3.85	0.74	84.59

6.1.2 水泵选型及进、出水管管径的确定

（1）泵站机组设备的选择及设计

根据提灌站设计流量、扬程和借鉴已建同类工程,减少单机容量,在选型时我们尽量采用国内已有的并已成功应用过的泵型。根据泵站设计规范,灌溉泵站,对于重要的供水泵站,工作机组 3 台以及 3 台以下,宜设一台备用机组。由于该泵站年利用小时数较高,供水保证率较高,因此各泵站水泵均设一台备用机组。依据整个提灌站的设计要求,5、6、7 号提灌站采用高低扬程两种泵型工作的方式来保证所需的扬程和流量。水泵选型设计,考虑满足设计流量、设计扬程及不同时期供水要求,在工作时水泵在高效区运行。水泵安装高程满足在进水池最低水位运行时,在不同工况下水泵的气蚀余量要求的原则进行水泵选型。泵型比较如表 6-3 所示。

表 6-3 各提灌站可用泵型比较表

提灌站	可选泵型	流量/(m³/h)	扬程/m	配用功率/kW	(NPSH)r/m	台数	备注
1♯提灌站	KQSN300-N6/530	402～804	95～83	250	4.2	2	一用一备
	KQW300-500-250/4	500～860	86～69	250	6.5	2	一用一备
2♯提灌站	KQSN200-M6/258	154～307	87～71	90	5.5	2	一用一备
	KQDW200-30×3	180～324	101.4～82.5	110	4.0	2	一用一备
3♯提灌站	KQSN200-N6/280	143～285	102～83	90	5.8	2	一用一备
	KQDW200-30×3-Ⅱ	180～324	101.4～82.5	110	4.0	2	一用一备

续表

提灌站		可选泵型	流量/ (m³/h)	扬程/m	配用功率 /kW	(NPSH) r/m	台数	备注
4♯提灌站		KQSN200-N6/280	143～285	102～83	90	5.8	2	一用一备
		KQDW200-30×3-Ⅱ	180～324	101.4～82.5	110	4.0	2	一用一备
5♯ 提灌站	低扬程	KQW100/250-37/2	70～120	87～68	37	4.0	2	一用一备
		SLW100-250	70～130	87～68	37	4.0	2	一用一备
	高扬程	KQW100/300-55/2	66～114	117～106	55	4.0	2	一用一备
		SLW100-315	70～130	132～114	75	4.0	2	一用一备
6♯ 提灌站	低扬程	KQDW150-20×4	108～180	90～68	45	2.8	2	一用一备
		KQW150/460-75/4	140～240	85～75	75	4.0	2	一用一备
	高扬程	KQDW100-20×7	72～126	157.5～119.0	75	2.8	2	一用一备
		KQSN150-M4/310	96～202	127～108	90	10.2	2	一用一备
7♯ 提灌站	低扬程	KQDW150-20×4-Ⅱ	108～180	90～68	45	2.8	2	一用一备
		CZW125-250	76～192	73～87	55	4.0	2	一用一备
	高扬程	KQDW100X-20(P)×8-Ⅱ	50～90	180～144	55	3.5	2	一用一备
		D85-45×3	55～100	153～113	55	4.2	2	一用一备
8♯提灌站		KQDW150-20×5-Ⅱ	108～180	112.5～84.0	55	2.8	2	一用一备
		D155-30×3	100～185	97.5～82.5	75	3.9	2	一用一备

　　根据总功率为最小原则,设计点流量,设计点扬程均满足本次泵站设计流量和扬程的需要,通过技术、经济比较选定水泵型号。各提灌站的推荐泵型如表 6-4 所示。

表 6-4　各提灌站选用泵型表

提灌站		可选泵型	流量/ (m³/h)	扬程/m	配用功率 /kW	(NPSH) r/m	台数	备注
1♯提灌站		KQSN300-N6/530	402～804	95～83	250	4.2	2	一用一备
2♯提灌站		KQSN200-M6/258	154～307	87～71	90	5.5	2	一用一备
3♯提灌站		KQSN200-N6/280	143～285	102～83	90	5.8	2	一用一备
4♯提灌站		KQSN200-N6/280	143～285	102～83	90	5.8	2	一用一备
5♯ 提灌站	低扬程	KQW100/250-37/2	70～120	87～68	37	4.0	2	一用一备
	高扬程	KQW100/300-55/2	66～114	117～106	55	4.0	2	一用一备
6♯ 提灌站	低扬程	KQDW150-20×4	108～180	90～68	45	2.8	2	一用一备
	高扬程	KQDW100-20×7	72～126	157.5～119.0	75	2.8	2	一用一备
7♯ 提灌站	低扬程	KQDW150-20×4-Ⅱ	108～180	90～68	45	2.8	2	一用一备
	高扬程	KQDW100X-20(P)×8-Ⅱ	50～90	180～144	55	3.5	2	一用一备
8♯提灌站		KQDW150-20×5-Ⅱ	108～180	112.5～84.0	55	2.8	2	一用一备

　　各提灌站水泵工作点流量扬程如表 6-5 所示。

表 6-5　各提灌站水泵工作点参数表

提灌站		水泵型号	工作点流量/(m³/h)	工作点扬程/m
1♯提灌站		KQSN300-N6/530	693.0	89.2
2♯提灌站		KQSN200-M6/258	308.0	72.8
3♯提灌站		KQSN200-N6/280	255.6	88.4
4♯提灌站		KQSN200-N6/280	244.3	91.4
5♯提灌站	低扬程	KQW100/250-37/2	108.0	78.7
	高扬程	KQW100/300-55/2	90.7	114.5
6♯提灌站	低扬程	KQDW150-20×4	132.0	86.0
	高扬程	KQDW100-20×7	94.0	124.0
7♯提灌站	低扬程	KQDW150-20×4-Ⅱ	158.0	73.8
	高扬程	KQDW100X-20(P)×8-Ⅱ	96.0	143.0
8♯提灌站		KQDW150-20×5-Ⅱ	161.0	91.1

（2）水泵安装高程的确定

为了确保实现自动化控制，简化对水泵自动起停的控制程序，并消除气蚀对水泵的影响，水泵全部采用淹没进水，不设真空泵。具体安装高程如表 6-6 所示。

表 6-6　各提灌站安装高程表　　　　　　　　　　　　　　　单位：m

提灌站		水泵型号	最低水位	计算安装高程	实际安装高程	水泵地面高程
1♯提灌站		KQSN300-N6/530	2 407.41	2 409.83	2 406.89	2 406.20
2♯提灌站		KQSN200-M6/258	2 405.93	2 407.05	2 405.475	2 505.00
3♯提灌站		KQSN200-N6/280	2 404.67	2 405.49	2 404.07	2 403.77
4♯提灌站		KQSN200-N6/280	2 403.86	2 404.68	2 403.60	2 402.81
5♯提灌站	低扬程	KQW100/250-37/2	2 401.42	2 404.04	2 400.907	2 400.60
	高扬程	KQW100/300-55/2	2 401.42	2 404.04	2 400.977	2 400.60
6♯提灌站	低扬程	KQDW150-20×4	2 399.85	2 403.67	2 399.28	2 398.90
	高扬程	KQDW100-20×7	2 399.85	2 403.67	2 399.29	2 398.90
7♯提灌站	低扬程	KQDW150-20×4-Ⅱ	2 397.09	2 400.91	2 396.50	2 396.14
	高扬程	KQDW100X-20(P)×8-Ⅱ	2 397.09	2 400.21	2 396.53	2 396.14
8♯提灌站		KQDW150-20×5-Ⅱ	2 396.01	2 399.83	2 395.50	2 395.115

（3）水泵进、出水管管径的确定

根据《泵站设计标准》(GB 50265—2022)的要求，水泵进水管进口流速控制在 1.5～2.0 m/s，出水管内流速控制在 2.0～3.0 m/s，经计算，泵站吸水管、出水管的管径参数如表 6-7 所示。

表 6-7　设计工程特性表

提灌站	泵型	流量/(m³/h)	扬程/m	进水管管径/mm	出水管管径/mm
1♯提灌站	KQSN300-N6/530	693.0	89.2	350	300
2♯提灌站	KQSN200-M6/258	308.0	72.8	250	200
3♯提灌站	KQSN200-N6/280	255.6	88.4	200	200
4♯提灌站	KQSN200-N6/280	244.3	91.4	200	150
5♯提灌站	KQW100/250-37/2	108.0	78.7	150	150
	KQW100/300-55/2	90.7	114.5	150	150
6♯提灌站	KQDW150-20×4	132.0	86.0	150	150
	KQDW100-20×7	94.0	124.0	150	150
7♯提灌站	KQDW150-20×4-Ⅱ	158.0	73.8	200	150
	KQDW100X-20(P)×8-Ⅱ	96.0	143.0	150	150
8♯提灌站	KQDW150-20×5-Ⅱ	161.0	91.1	200	150

6.1.3　泵站内设备配备

（1）水锤防护设备

该工程每座提灌站有高扬程、大流量的水泵,水锤防护处理非常重要。本设计采用的水锤防护处理方法是:对每个泵站采用单泵单管的布置形式;为消除水锤,在水泵出口设置多功能水泵控制阀,达到消除或减轻起、停泵过程中产生的水锤现象。泵站出水管布置及管径选择均按规范要求及水锤防护措施要求进行设计。各提灌站水锤特性值计算结果如表 6-8 所示。

表 6-8　各泵站水锤特性值计算结果

提灌站		H_{min}/m	H_{min}/m	H_{max}/m	H_{max}/m	n_{max}/(r/min)	t_1/s	t_2/s	t_3/s
1♯提灌站	KQSN300-N6/530	63.20	38.10	26.40	12.90	2 042.4	5.10	8.30	18.72
2♯提灌站	KQSN200-M6/258	34.87	24.82	17.14	10.05	4 055.2	3.85	7.03	12.58
3♯提灌站	KQSN200-N6/280	62.10	43.89	28.22	15.68	3 700.0	2.28	3.77	5.85
4♯提灌站	KQSN200-N6/280	65.30	44.40	30.01	16.28	3 725.1	2.70	3.86	5.92
5♯提灌站	KQW100/250-37/2	45.50	27.81	18.96	10.11	2 042.4	2.00	3.64	6.76
	KQW100/300-55/2	72.56	51.10	33.73	18.40	2 057.2	1.92	3.05	6.96
6♯提灌站	KQDW150-20×4	50.70	32.40	23.80	16.10	2 175.6	0.90	0.60	2.50
	KQDW100-20×7	90.70	67.50	47.50	26.50	2 160.8	1.60	0.80	4.70
7♯提灌站	KQDW150-20×4-Ⅱ	49.30	35.00	25.40	16.40	2 160.8	1.80	1.10	1.40
	KQDW100X-20(P)×8-Ⅱ	112.32	77.76	46.08	30.24	1 894.4	3.30	5.40	12.40
8♯提灌站	KQDW150-20×5-Ⅱ	67.20	46.30	32.50	17.28	1 922.6	1.10	1.50	4.20

根据计算结果可以看出,各灌站设备均采用 1.6 MP 或 2.5 MP,满足水泵出口的最

大压力。根据计算结果可以看出,各泵站水泵最大倒转转速超过了规范规定的 1.2 倍,因此在水泵出口处安装一多功能水泵控制阀,满足水泵出口最高压力和水泵转速上升的要求。

（2）水泵重量及起重设备

各提灌站最大起吊件为水泵,根据各水泵的重量,选择不同规格的单梁起重机,供水泵安装、检修使用。为了满足设备的正常维修需要,泵站设置电焊机、氧气瓶、老虎钳等简易机修设备。各提灌站水泵的重量及起重设备如表6-9所示。

（3）通风与采暖设备数量设置

通风:每个泵房内设两台轴流风机,供通风使用。

采暖:各泵房内设有 2 台 2 kW 的电暖气,供采暖用;各泵站泵房内管道及阀门采用玻璃棉保温材料进行保温。

表6-9 水泵重量及起重设备表

提灌站	泵型	水泵重量/kg	起重设备/台	备注
1♯提灌站	KQSN300-N6/530	2 234	3	单梁起重机
2♯提灌站	KQSN200-M6/258	749	1	手拉葫芦
3♯提灌站	KQSN200-N6/280	749	2	单梁起重机
4♯提灌站	KQSN200-N6/280	749	2	单梁起重机
5♯提灌站	KQW100/250-37/2	345	1	单梁起重机
	KQW100/300-55/2	550		
6♯提灌站	KQDW150-20×4	915	2	单梁起重机
	KQDW100-20×7	1 184		
7♯提灌站	KQDW150-20×4-Ⅱ	915	2	单梁起重机
	KQDW100X-20(P)×8-Ⅱ	1 098		
8♯提灌站	KQDW150-20×5-Ⅱ	1 124	2	单梁起重机

6.1.4 泵房布置

各提灌站应根据泵站枢纽的总体布置和水泵型号,机电设备参数,进、出水流道型式,以及对外交通和工程运行管理要求等,经技术经济比较确定。泵房布置应遵循下列原则:

①满足机电设备布置、安装、运行和检修的要求;

②满足泵房内通风、散热和采光要求,符合防火、防潮、防噪声等技术要求;

③内外交通方便;

④布置紧凑合理,整齐美观。

1♯提灌站泵房内布置有两台水泵;副厂房内设有一间高压开关柜室,变压器室,值班室以及低电配电室。根据水泵、阀门和所配置的管件尺寸,并按照设备安装、检修以及运行维护通道布置的要求确定泵房尺寸大小。

2♯提灌站、3♯提灌站、4♯提灌站、8♯提灌站泵房内布置有检修平台及两台水泵；副厂房内设有一间变压器室，值班室以及低电配电室。根据水泵、阀门和所配置的管件尺寸，并按照设备安装、检修以及运行维护通道布置的要求确定泵房尺寸大小。

5♯提灌站、6♯提灌站、7♯提灌站泵房内布置有两台高扬程水泵和两台低扬程水泵；副厂房内设有一间变压器室，值班室以及低电配电室。根据水泵、阀门和所配置的管件尺寸，并按照设备安装、检修以及运行维护通道布置的要求确定泵房尺寸大小。

6.2　电气设备设计

6.2.1　电力负荷计算及供电方式

（1）负荷计算

根据《灌溉排水工程项目可行性研究报告编制规程》（SL 560—2012）、《泵站设计标准》（GB 50265—2022）、《通用用电设备配电设计规范》（GB 50055—2011）、《电力装置电测量仪表装置设计规范》（GB/T 50063—2011）、《继电保护和安全自动装置技术规程》（GB/T 14285—2006）、《交流电气装置的过电压保护和绝缘配合》（DL/T 620—1997）、《交流电气装置的接地》（DL/T 621—1997）、《民用建筑电气设计规范》（JGJ 16—2008）、《供配电系统设计规范》（GB 50052—2009）、《3～110 kV 高压配电装置设计规范》（GB 50060—2008）、《电力工程电缆设计标准》（GB 50217—2018）、《10 kV 及以下架空配电线路设计规范》（DL/T 5220—2021）等技术规范，本工程中永久用电负荷均按三级考虑，根据水机专业提供的设备电机功率，进行了永久用电的负荷计算，计算结果见永久用电负荷计算表（表 6-10）。

表 6-10　永久用电负荷计算表

序号	名称	用电负荷/kW	功率因数 $\cos\varphi$	变压器计算容量/kVA	变压器容量/kVA
一、	提灌站：				
1	1♯提灌站	276.85	0.85	325.71	400
2	2♯提灌站	94.55	0.85	111.24	125
3	3♯提灌站	106.65	0.85	125.47	125
4	4♯提灌站	106.65	0.85	125.47	125
5	5♯提灌站	109.25	0.85	128.53	160
6	6♯提灌站	137.25	0.85	161.47	160
7	7♯提灌站	118.75	0.85	139.71	160
8	8♯提灌站	70.55	0.85	83.00	100
二、	干渠沿线 60 处金属结构设施用电（共设 90 台变压器）				
1	引水口多功能控制阀（共 1 个，功率均为 5.5 kW）				10 kVA
2	1♯—8♯提灌站分水闸闸门（共 8 个，功率有 2.2 kW 和 1.5 kW 两种）				10 kVA

序号	名称	用电负荷/kW	功率因数 cos φ	变压器计算容量/kVA	变压器容量/kVA
3	6处退水闸、退水节制闸(共6组,功率有4.0 kW、2.2 kW和1.5 kW三种)				10 kVA
4	20处分水闸、分水节制闸(共20组,功率有4.0 kW、2.2 kW和1.5 kW三种)				10 kVA
5	1♯—25♯渡槽 25台				10 kVA
6	1♯—15♯隧洞进、出口各一台 30台				10 kVA

（2）系统供电方式

初步设计审查后经与供电部门双方共同踏勘现场和沟通后,本工程供电电源初拟为:所有永久供电线路均考虑从永临结合架设的 10 kV 线路上就近 T 接。具体引接位置为:1♯—4♯提灌站均 T 接于 10 kV 嵩一路上;5♯—8♯提灌站均 T 接于 10 kV 嵩四路上;为了实现全线闸门管理自动化,引水口多功能控制阀及干渠沿线 90 处金属结构设施用电电源均从工程沿线永临结合的 10 kV 线路或 10 kV 线路延伸线上引接,每组闸门处设一台降压变压器,每个闸门 0.4 kV 线路引接长度均按 0.5 km 考虑。

6.2.2 电气主接线及设备选择

（1）各提灌站的主接线设置

1♯提灌站电气主接线为:10 kV 高压侧采用变压器—线路组接线,经过 10 kV 户外真空断路器、高压进线柜、电压互感器柜、高压计量柜、高压出线柜等设备接至变压器,0.4 kV 侧采用单母线接线。

2♯—8♯提灌站电气主接线为:10 kV 高压侧采用变压器—线路组接线,经过户外高压熔断器、氧化性避雷器、高压电缆、高压负荷开关接至变压器,0.4 kV 侧采用单母线接线。

由于各提灌站电机容量较大,自然功率因数较低,为了提高功率因数按现行的《全国供用电规则》及《功率因数调整电费办法》的要求,各提灌站均采用成套的自动静电电容器进行就地无功功率补偿。

各提灌站用电采用 380 V/220 V 中性点接地的三相四线制系统,站用电均引自各提灌站低压计量柜内。

（2）电气设备选择

该工程地处海拔高度在 2 400～2 500 m,普通电气设备的外绝缘已达不到设计要求,所有电气设备都选用性能良好、可靠性高、寿命长的设备,整个工程所有电气设备均选用高原型设备。提灌站电气设备外绝缘的工频和冲击试验电压按当地海拔进行修正。

（3）电动机起动方式

各提灌站中,0.75 kW 潜水泵电动机采用全电压直接起动方式;其余水泵电动机均采用软起动的起动方式。

6.2.3 监控、保护、通信、照明设计

集控中心：在灌溉管理中心设置主控制站，布置自动化监测控制设备，实现全系统的自动化管理与控制，对各种自动化的数据进行收集管理。

（1）监控

拉西瓦灌溉工程自动化综合系统按照全面实现管理自动化、通讯自动化要求，以适应现代化信息的要求并提高本灌溉区的自动化及安全防范水平。综合自动化管理系统工程主要是实现整个灌溉系统的无人值守。自动化系统对水渠入口水闸远程控制，实现流量监测，了解总进水量。自动化系统对 6 处退水闸，20 个分闸闸门设置水位监测，并与退水闸、分闸闸门联动，实现退水闸远程控制。自动化系统对 15 段隧洞进、出口做水位监测，避免涵洞内水位过高。对 25 处渡槽的进出水位监测，对倒虹吸放空阀设置远程控制和监测。自动化系统对 8 座提灌站进行了远程控制，并设置了水池液位报警工程，实现联动控制。在 1# 提灌站设置水质分析仪等设备，对水渠的水质，包括浊度、重金属、含氧量、pH、BOD（生化需氧量）做监测分析。自动化系统还对 28 处支渠的出口设置流量监测，用以计算农田灌溉用水量，进行水费计算。在 28 号支渠出口设置水质分析仪，监测水质的各种生化指标。8 处提灌站配置提灌泵的现地 LCU 柜，用以实现泵的远程控制。

计算机监控及管理自动化系统主要包含以下子系统：

①离线巡更系统主要对拉西瓦灌溉渠的重点部位（泵房、涵洞出入口、闸等）安装信息钮，对该地进行巡查的同时，用巡检器采集安装在代表该地点的信息钮，巡检器将记录下信息钮的代码及采集信息的时间和该地的相应事件。系统可对巡检人员的巡检工作进行监管，避免漏检。

②视频监控系统主要是对整个 52.55 km 灌溉线路重要部位进行视频监控，及时发现异常事件，减少人工巡检。视频监控系统同时对重点部位（提灌站等）进行实时监控，防止人为破坏，对设备工作情况进行远程视频监控，视频复核，实现无人值守。视频监控系统也对支渠的水闸进行实时监控，可以对自动化控制闸门的开启与关闭进行视频复核。

③综合信息通信系统含电话指挥调度系统和网络通信系统，电话指挥调度系统主要是对灌溉渠内重要工作地点和岗位设置语音电话，用于指挥调度。网络通信系统是整个灌溉监控综合管理系统的基础，它可以传输视频监控图像信息，也可以将综合自动化管理系统的信息进行传递，实现联网和远程控制，实现灌溉自动化和无人值守。

④光纤敷设工程沿着主渠敷设单模光纤，在 1# 提灌站与管理中心采用架空方式敷设光纤。光纤主要用于通信，它是整个系统的通信基础。

⑤综合自动化系统工程主要是实现整个灌溉系统的无人值守工程。自动化系统对水渠入口水闸远程控制，实现流量监测，了解总进水量。自动化系统对 6 处退水闸设置水位监测，并与退水闸联锁，实现退水闸远程控制。自动化系统对 15 段隧洞进出口做水位监测，避免涵洞内水位过高。对 28 处渡槽的进出水位进行监测，对倒虹吸放空阀设置

远程控制和监测。自动化系统对 8 处提灌站进行了远程控制,并设置了水池液位报警工程,实现控制联锁。在 1# 提灌站设置水质分析仪等设备,对水渠的水质,包括浊度、重金属、含氧量、pH、BOD(生化需氧量)做监测分析。自动化系统还对 28 处支渠的出口设置流量监测,用以计算农田灌溉用水量,以进行水费计算。在 28# 支渠出口设置水质分析仪,监测水质的各种生化指标。8 处提灌站配置提灌泵的现地 LCU 柜,用以实现泵的远程控制和软启动。在灌溉管理中心设置主控制站,设置自动化监测控制主站,实现全系统的自动化管理与控制。

⑥提灌站自动控制系统

提灌站按"无人值班"(少人值守)的原则进行设计,按能实现现地、远程监控的指导思想进行总体设计和配置。提灌站所有运作过程的控制由提灌站计算机监控系统实现。

(2) 继电保护及安全自动装置

根据《通用用电设备配电设计规范》(GB 50055—2011)和《继电保护和安全自动装置技术规程》(GB/T 14285—2006)并结合本提灌站实际情况保护装置配置如下:

1# 提灌站在 10 kV 进线及出线回路设置电流速断保护、过电流保护、过负荷保护。10 kV 母线上设置绝缘监察装置。每台低压电动机设置短路保护、过载保护、断相保护和低电压保护。

2#—8# 提灌站,变压器高压侧采用带熔断器的负荷开关作为过负荷及短路保护。每台低压电动机设置短路保护、过载保护、断相保护和低电压保护。

(3) 测量表计装置

测量仪表装置及计量方式按《电测量及电能计量装置设计技术规程》(DL/T 5137—2001)、《电力装置电测量仪表装置设计规范》(GB 50063—2017)及《全国供用电规则》的有关规定设置。

1# 提灌站计量方式暂定为高供高计,2#—8# 提灌站计量方式暂定为高供低计。具体计量方式下阶段根据供电协议进行修改。

(4) 操作电源

为满足提灌站控制、保护的要求,装设一套 220 V 智能高频开关直流电源柜,蓄电池容量按满足瞬时合闸冲击电流选择,容量初选 40 Ah。

(5) 通信

为保证提灌站与主管部门之间的生产管理及综合自动化数据通信,现考虑拟采用光纤通信方式。光纤暂定为埋地敷设方式,具体布置方式将按建设单位与通信部门签订的协议修改调整。

各提灌站配置 1 套通信电源设备,容量按 48/90 A/150 Ah 考虑,提灌站内固定电话均按 2 部考虑。

(6) 照明

各提灌站照明设置正常工作照明及事故照明,工作照明电源由站用电系统的 380/220 V 中性点直接接地的三相四线制系统供电,照明装置电压宜采用交流 220 V。

各提灌站设事故照明灯为自带电源(蓄电池)型,正常接自工作照明供电回路,平时对应急灯蓄电池充电,当正常电源失电时,蓄电池自动供电,提供提灌站事故应急照明。

6.2.4　设备布置与线路设计

（1）电气设备布置

1♯提灌站泵房布置有高压开关柜室、值班室、变压器室、低压配电室。高压开关室布置有 10 kV 出线柜、电压互感器柜、高压计量柜、10 kV 进线柜呈一字形布置,变压器布置在变压器室内。低压进线柜、低压计量柜、动力出线柜、无功补偿柜、LCU 柜、直流柜等电气设备布置在低压配电室。

2♯—8♯提灌站泵房布置有值班室、变压器室、低压配电室。变压器布置在变压器室内。低压进线柜、低压计量柜、动力出线柜、无功补偿柜、LCU 柜、直流柜等电气设备布置在低压配电室。

1♯—8♯提灌站,10 kV 户外柱上氧化锌避雷器、高压熔断器布置在各提灌站变压室外附近 10 kV 终端杆上。

（2）线路路径

经与贵德县供电公司人员一同现场踏勘后,初步拟定采用以下供电方案:

引水口多功能控制阀用电,从 1♯隧洞进口终端延伸;1♯隧洞进口用电,从 10 kV 尼五路 68♯杆 T 接;园艺材料场用电,从 10 kV 尼二路 110♯杆 T 接;1♯隧洞出口、1♯工区、2♯隧洞进口用电,从尼二路 54♯杆 T 接;3♯支洞用电,从尼二路 92♯杆 T 接;3♯隧洞进口用电,从 2♯隧洞出口终端电缆延伸;3♯隧洞出口用电,从温泉分支 78♯杆 T 接;4♯隧洞进口、5♯隧洞出口、2♯工区、6♯隧洞出口及 7♯隧洞进口用电,从贵七路 022♯杆 T 接;7♯隧洞出口、4♯渡槽、8♯隧洞进口、西沟料场、3♯工区、8♯隧洞出口及 9♯隧洞进口用电,从新街 35kV 变电所扩 1 个 10 kV 间隔供电;9♯隧洞出口用电,从常一路 100♯杆 T 接;东沟料场用电,从河二路 111♯杆 T 接;10♯隧洞进口、11♯-1 隧洞进口、11♯-1 隧洞出口、11♯-2 隧洞进口、11♯-2 隧洞出口、4♯工区及 12♯隧洞出口用电,从嵩一路 15♯杆 T 接;13♯隧洞进口、14♯隧洞进口、5♯工区、15♯隧洞出口及 22♯渡槽—渠尾用电,从嵩四路 02♯杆 T 接;8 个提灌站用电,从附近永临结合的 10 kV 施工用电线路降成 380 V 后供电。

以上供电方案除新街 35 kV 变电所出专线外,其余均采用 10 kV 线路就近 T 接或延伸的原则。

（3）导线选择

因各用电点负荷不同,经初步估算,本工程 10 kV 线路导线选用 JKLGYJ-35/6、JKLGYJ-50/8、JKLGYJ-70/10 和 JKLGYJ-120/20 架空绝缘线,线路末端的最大电压降除 4♯洞进口—7♯洞进口、7♯洞出口—9♯洞进口、10♯洞进口—12♯洞出口不满足外,其余线路末端电压降均能满足《农村电力网规划设计导则》（DL/T 5118—2010）第 7.7.1 条规定,10 kV 允许偏差值±7％的电压降要求。对不满足线路末端最大电压降的线路,均加装一套自动调压变装置,使得线路电压降满足规范要求。导线最大允许使用应力分别为 10.03 kg/mm²、9.68 kg/ mm²、9.51 kg/ mm² 和 9.84 kg/ mm²,安全系数均为 3.0。

（4）绝缘配合

根据《架空绝缘配电线路设计技术规程》(DL/T 601—1996)第 6.4 条规定,并根据其他线路运行状况,本工程 10 kV 线路采用如下绝缘子:直线、跨越杆采用 FPQ-10T20 型复合针式绝缘子;直耐、转耐、终端杆采用 FXBW-10/70 型复合绝缘子。

（5）金具选用

金具选择采用 2003 年修订的《电力金具样本》中的金具,铁附件均需热镀锌。

6.3　金属结构设计

拉西瓦灌溉工程引水枢纽设置 1 套活塞式多功能控制阀,提灌站 8 座,每座提灌站有 1 座分水闸,设置 8 扇平板工作闸门;干渠有 6 座退水闸和 6 座退水节制闸,其中,1♯、2♯、5♯退水节制闸前分别设置 1 道拦污栅,后接 1♯、2♯、3♯倒虹吸,共设置 3 扇拦污栅和 12 扇平板工作闸门;20 条支渠设置 19 座分水闸和 19 座节制闸,其中 3♯分水设置 1 套工作阀门,共设置 38 扇平板工作闸门和 1 套工作蝶阀。

闸门数量(包括拦污栅)61 扇,61 扇闸门(拦污栅)及埋件总重量 83.286 t,启闭机数量 58 台,工作阀门数量 2 套。

闸门型式均为铸铁闸门,动水启闭,启闭设备选用螺杆式启闭机。

6.3.1　引水枢纽金属结构设计

引水枢纽放水管,管径 1.6 m,出口设置 1 套工作阀门,阀门选用活塞式多功能控制阀,内径 DN1600,设计水头 12 m,型号为 DYHL74X-0.6-1600,多功能控制阀包括:阀体、配电柜、液压站、法兰、连接件等。

6.3.2　提灌站金属结构设计

灌区提灌 8 座,设置 8 座分水闸,每座分水闸设置 1 扇工作门。提灌分水闸金属结构工程量如表 6-11 所示。

表 6-11　提灌分水闸闸门特性及其工程量

序号	项目名称	数量/扇	孔口尺寸(宽×高)/m	设计水头/m	估算工程量(单重/总重)/t	闸门型式	启闭型式
1	1♯提灌分水闸闸门	1	2.1×1.8	1.52	1.650	铸铁闸门 1 扇	QL-50kN 螺杆启闭机
2	2♯提灌分水闸闸门	1	2.1×1.8	1.52	1.650	铸铁闸门 1 扇	QL-50kN 螺杆启闭机
3	3♯提灌分水闸闸门	1	2.1×1.8	1.52	1.650	铸铁闸门 1 扇	QL-50kN 螺杆启闭机

序号	项目名称	数量/扇	孔口尺寸（宽×高）/m	设计水头/m	估算工程量（单重/总重）/t	闸门型式	启闭型式
4	4♯提灌分水闸闸门	1	2.1×1.8	1.520	1.65	铸铁闸门1扇	QL-50kN螺杆启闭机
5	5♯提灌分水闸闸门	1	1.6×1.4	1.125	0.85	铸铁闸门1扇	QL-30kN螺杆启闭机
6	6♯提灌分水闸闸门	1	1.6×1.4	1.125	0.85	铸铁闸门1扇	QL-30kN螺杆启闭机
7	7♯提灌分水闸闸门	1	1.6×1.4	1.125	0.85	铸铁闸门1扇	QL-30kN螺杆启闭机
8	8♯提灌分水闸闸门	1	1.25×1.2	1.00	0.50	铸铁闸门1扇	QL-30kN螺杆启闭机
			合计		9.65	8扇	8台

6.3.3　退水及节制闸金属结构设计

干渠有6座退水闸和6座退水节制闸，每座退水闸和退水节制闸设置1扇工作闸门。退水及节制闸工程量如表6-12所示。

表6-12　退水及节制闸闸门特性及其工程量

序号	项目名称	数量/扇	孔口尺寸（宽×高）/m	设计水头/m	估算工程量（单重/总重）/t	闸门型式	启闭型式
1	1♯退水闸闸门	1	2.3×2.5	2.40	2.600	铸铁闸门1扇	QL-80kN螺杆启闭机
	1♯退水节制闸闸门	1	4.0×2.5	2.40	5.940	铸铁闸门1扇	QL-2×100kN螺杆启闭机
	1♯节制闸拦污栅	1	4.0×2.6	2.40	3.000	焊接式拦污栅	临时启闭设备
2	2♯退水闸闸门	1	2.1×2.4	2.30	2.300	铸铁闸门1扇	QL-80kN螺杆启闭机
	2♯退水节制闸闸门	1	2.85×2.4	2.30	3.800	铸铁闸门1扇	QL-100kN螺杆启闭机
	2♯节制闸拦污栅	1	2.85×2.5	2.30	2.000	焊接式拦污栅	临时启闭设备
3	3♯退水闸闸门	1	2.0×2.2	1.93	2.000	铸铁闸门1扇	QL-50kN螺杆启闭机
	3♯退水节制闸闸门	1	2.65×2.2	1.93	2.700	铸铁闸门1扇	QL-100kN螺杆启闭机
4	4♯退水闸闸门	1	1.85×1.5	1.32	1.200	铸铁闸门1扇	QL-30kN螺杆启闭机
	4♯退水节制闸闸门	1	1.85×1.5	1.32	1.200	铸铁闸门1扇	QL-30kN螺杆启闭机

序号	项目名称	数量/扇	孔口尺寸(宽×高)/m	设计水头/m	估算工程量(单重/总重)/t	闸门型式	启闭型式
5	5# 退水闸闸门	1	1.6×1.4	1.125	0.85	铸铁闸门1扇	QL-30kN螺杆启闭机
	5# 退水节制闸闸门	1	3.0×1.3	1.125	2.07	铸铁闸门1扇	QL-2×30kN螺杆启闭机
	5# 节制闸拦污栅	1	3.0×1.6	1.125	1.50	焊接式拦污栅	临时启闭设备
6	6# 退水闸闸门	1	0.8×1.2	1.00	0.27	铸铁闸门1扇	QL-30kN螺杆启闭机
	6# 退水节制闸闸门	1	1.3×1.2	1.00	0.58	铸铁闸门1扇	QL-30kN螺杆启闭机
			合计		32.01	15扇	12台

6.3.4 分水及退水闸金属结构设计

20条支渠设置19座分水闸和19座分水节制闸,每座分水闸和节制闸各设置1扇工作闸门,其中,3#分水设置1套分水阀门。分水及退水闸工程量如表6-13所示。

表6-13 分水闸及节制闸闸门特性及其工程量

序号	项目名称	数量/扇	孔口尺寸(宽×高)/m	设计水头/m	估算工程量(单重/总重)/t	闸门型式	启闭型式
1	1# 分水闸闸门	1	1.0×0.7	2.250	0.250	铸铁闸门1扇	QL-30kN螺杆启闭机
	1# 分水节制闸门	1	3.0×2.5	2.250	4.100	铸铁闸门1扇	QL-2×50kN螺杆启闭机
2	2# 分水闸闸门	1	1.0×0.7	2.250	0.250	铸铁闸门1扇	QL-30kN螺杆启闭机
	2# 分水节制闸门	1	3.0×2.5	2.250	4.100	铸铁闸门1扇	QL-2×50kN螺杆启闭机
3	3# 分水阀门	1	DN800	2.250			
4	4# 分水闸闸门	1	0.6×0.55	2.250	0.080	铸铁闸门1扇	QL-30kN螺杆启闭机
	4# 分水节制闸门	1	2.85×2.5	2.250	3.850	铸铁闸门1扇	QL-2×50kN螺杆启闭机
5	5# 分水闸闸门	1	0.6×0.55	2.250	0.080	铸铁闸门1扇	QL-30kN螺杆启闭机
	5# 分水节制闸门	1	2.85×2.5	2.250	3.850	铸铁闸门2扇	QL-2×50kN螺杆启闭机
6	6# 分水闸闸门	1	1.6×1.35	2.250	0.830	铸铁闸门3扇	QL-30kN螺杆启闭机
	6# 分水节制闸门	1	3.1×2.5	2.250	4.250	铸铁闸门4扇	QL-2×50kN螺杆启闭机

序号	项目名称	数量/扇	孔口尺寸（宽×高）/m	设计水头/m	估算工程量（单重/总重）/t	闸门型式	启闭型式
7	7#分水闸闸门	1	1.2×1.2	2.250	0.479	铸铁闸门1扇	QL-30kN螺杆启闭机
	7#分水节制闸闸门	1	3.1×2.5	2.250	4.250	铸铁闸门1扇	QL-2×50kN螺杆启闭机
8	8#分水闸闸门	1	1.2×1.1	1.680	0.440	铸铁闸门1扇	QL-30kN螺杆启闭机
	8#分水节制闸闸门	1	2.3×1.8	1.680	1.850	铸铁闸门1扇	QL-50kN螺杆启闭机
9	9#分水闸闸门	1	1.2×1.1	1.680	0.440	铸铁闸门1扇	QL-30kN螺杆启闭机
	9#分水节制闸闸门	1	2.3×1.8	1.680	1.850	铸铁闸门1扇	QL-50kN螺杆启闭机
10	10#分水闸闸门	1	0.45×0.4	1.520	0.047	铸铁闸门1扇	QL-30kN螺杆启闭机
	10#分水节制闸闸门	1	2.1×1.8	1.520	1.650	铸铁闸门1扇	QL-50kN螺杆启闭机
11	11#分水闸闸门	1	0.85×0.75	1.320	0.156	铸铁闸门1扇	QL-30kN螺杆启闭机
	11#分水节制闸闸门	1	1.85×1.5	1.320	1.200	铸铁闸门1扇	QL-30kN螺杆启闭机
12	12#分水闸闸门	1	0.65×0.55	1.320	0.095	铸铁闸门1扇	QL-30kN螺杆启闭机
	12#分水节制闸闸门	1	1.85×1.5	1.320	1.200	铸铁闸门1扇	QL-30kN螺杆启闭机
13	13#分水闸闸门	1	0.60×0.55	1.320	0.090	铸铁闸门1扇	QL-30kN螺杆启闭机
	13#分水节制闸闸门	1	1.85×1.5	1.320	1.200	铸铁闸门1扇	QL-30kN螺杆启闭机
14	14#分水闸闸门	1	0.45×0.55	1.125	0.055	铸铁闸门1扇	QL-30kN螺杆启闭机
	14#分水节制闸闸门	1	1.6×1.4	1.125	0.850	铸铁闸门1扇	QL-30kN螺杆启闭机
15	15#分水闸闸门	1	0.45×0.55	1.125	0.055	铸铁闸门1扇	QL-30kN螺杆启闭机
	15#分水节制闸闸门	1	1.6×1.4	1.125	0.850	铸铁闸门1扇	QL-30kN螺杆启闭机
16	16#分水闸闸门	1	0.8×0.75	1.125	0.150	铸铁闸门1扇	QL-30kN螺杆启闭机
	16#分水节制闸闸门	1	1.6×1.4	1.125	0.850	铸铁闸门1扇	QL-30kN螺杆启闭机

序号	项目名称	数量/扇	孔口尺寸(宽×高)/m	设计水头/m	估算工程量(单重/总重)/t	闸门型式	启闭型式
17	17#分水闸闸门	1	0.55×0.5	1.000	0.060	铸铁闸门1扇	QL-30kN螺杆启闭机
	17#分水节制闸门	1	1.25×1.2	1.000	0.500	铸铁闸门1扇	QL-30kN螺杆启闭机
18	18#分水闸闸门	1	0.4×0.4	1.000	0.039	铸铁闸门1扇	QL-30kN螺杆启闭机
	18#分水节制闸门	1	1.25×1.2	1.000	0.500	铸铁闸门1扇	QL-30kN螺杆启闭机
19	19#分水闸闸门	1	0.45×0.5	1.000	0.050	铸铁闸门1扇	QL-30kN螺杆启闭机
	19#分水节制闸门	1	1.25×1.2	1.000	0.500	铸铁闸门1扇	QL-30kN螺杆启闭机
20	20#分水闸闸门	1	0.55×0.6	1.000	0.080	铸铁闸门1扇	QL-30kN螺杆启闭机
	20#分水节制闸门	1	1.25×1.2	1.000	0.500	铸铁闸门1扇	QL-30kN螺杆启闭机
			合计		41.626	20扇(套)	38台

第三篇

拉西瓦灌溉工程招投标与合同管理

第七章　拉西瓦灌溉工程招投标管理

招投标管理是工程建设管理中的一项重要内容,科学的招投标管理有利于降低工程建设成本,优化资源配置,提高投资效益。拉西瓦灌溉工程建设采取分期、分阶段的实施方式。根据项目实施情况,工程划分为 28 个标段,均采用国内公开招标的方式进行。招投标管理工作的顺利开展为拉西瓦灌溉工程的建设与管理打下良好基础。

7.1 工程招标方案

根据国家发改委《关于青海省贵德县拉西瓦灌溉工程可行性研究报告的批复》明确要求:"工程招标按照招标投标法及有关规定,委托招标代理机构公开招标选择勘察、设计、施工、监理以及与工程建设有关的重要材料供应等单位"。为保证工程如期开工建设,工程招标按照如下方案进行。

7.1.1 工程招标程序

根据《贵德县拉西瓦灌溉工程制度汇编》,工程招标严格按照招投标法规定的程序,按照招标文件规定的评标标准及方法,依法公开、公正、公平进行。工程招标程序见图 7-1。

7.1.2 工程分标情况

根据项目实施情况,拉西瓦灌溉工程共划分为 28 个标段,包括建前一期工程 3 个标段,建前二期工程 2 个标段,主体工程 22 个标段(干渠 13 个标段,支渠 9 个标段)以及运行管理信息化系统工程 1 个标段,均委托招标

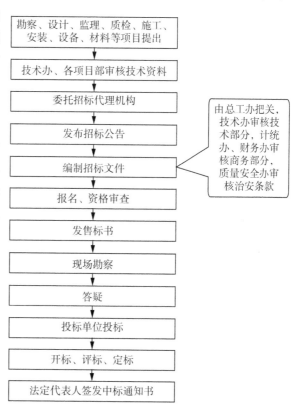

图 7-1　工程招标程序

代理机构采用国内公开招标的方式进行。详见表7-1。

表7-1 拉西瓦灌溉工程分标情况

序号	标段名称		招标方式	招标代理机构
1	建前一期工程	施工一标段	国内公开	国信招标集团有限公司
2		施工二标段	国内公开	国信招标集团有限公司
3		施工三标段	国内公开	国信招标集团有限公司
4	建前二期工程	施工一标段	国内公开	中国机电工程招标有限公司
5		施工二标段	国内公开	中国机电工程招标有限公司
6	干渠工程	干渠一标段	国内公开	中国机电工程招标有限公司
7		干渠二标段	国内公开	中国机电工程招标有限公司
8		干渠三标段	国内公开	中国机电工程招标有限公司
9		干渠四标段	国内公开	中国机电工程招标有限公司
10		干渠五标段	国内公开	中国机电工程招标有限公司
11		干渠六标段	国内公开	中国机电工程招标有限公司
12		干渠七标段	国内公开	中国机电工程招标有限公司
13		干渠八标段	国内公开	中国机电工程招标有限公司
14		干渠九标段	国内公开	中国机电工程招标有限公司
15		干渠十标段	国内公开	中国机电工程招标有限公司
16		干渠十一标段	国内公开	中国机电工程招标有限公司
17		干渠十二标段	国内公开	中国机电工程招标有限公司
18		干渠十三标段	国内公开	中国机电工程招标有限公司
			国内公开	青海红富工程管理有限公司
19	支渠工程	支渠一标段	国内公开	中国机电工程招标有限公司
20		支渠二标段	国内公开	中国机电工程招标有限公司
21		支渠三标段	国内公开	中国机电工程招标有限公司
22		支渠四标段	国内公开	中国机电工程招标有限公司
23		支渠五标段	国内公开	中国机电工程招标有限公司
24		支渠六标段	国内公开	中国机电工程招标有限公司
			国内公开	中国机电工程招标有限公司
25		支渠七标段	国内公开	中国机电工程招标有限公司
26		支渠八标段	国内公开	中国机电工程招标有限公司
27		支渠九标段	国内公开	中国机电工程招标有限公司
28	运行管理信息化系统工程	施工一标段	国内公开	青海省禹龙水利水电工程招标技术咨询中心有限责任公司

7.1.3 招标文件编制

为进一步做好招标文件编制工作,明确相关责任,提高标书质量,为优质高效建设工

程打好基础,贵德县拉西瓦灌溉工程建设管理局按有关招投标规定制定了招标文件编制工作的有关要求,如下:

(1) 招标文件编制的商务部分取用近期,技术条款尽量以公司用的同类标书为模板;

(2) 招标文件的报送应在招标公告发布前 15 天(工程拟开标时间的 50 天前)完成;

(3) 招标公告经建设处审核后的初稿纸质文件 1 份(盖建设处章)及电子文档,应在招标公告发布前 5 天送(传)达工程建设部;

(4) 招标文件编制的同时应另附一份相关资料,内容包括:

①本次招标范围及对应的分标方案表;

②招标内容与初步设计内容的对照表,如有变更,说明理由和是否经由审批同意;

③招标内容的预算,以及预算总表与批复概算的对照表;

④拟开标时间;

⑤招标文件的编制责任单位及责任人,建设处的审核责任人,以及联系方式。

7.1.4　评标结果公示

为进一步加强拉西瓦灌溉工程招投标管理,规范评标结果公示工作,保障招标投标活动公开、公平、公正。国调办就评标结果公示有关事项通知如下:

拉西瓦灌溉工程招标人应当在招标评标结束后的 1 个工作日内将评标结果公示表及评标相关情况报送海南州水利局审查,后由海南州水利局向国调办转报,经国调办审核后进行公示。评标结果公示内容应包括中标候选人拟派出的项目经理(总监)、技术负责人名单。评标相关情况包括:招标标段对应概算金额(如拟中标价超概算说明原因及处理方法)、开标记录、评标报告、评标委员会推荐的中标候选人前三名名单及单位情况介绍等。评标结果公示期为 5 个工作日。

招标人对有关招标过程和评标结果的质疑,要认真做出说明,给予答复。质疑处理完成后,如需调整中标候选人的,应当对调整后的中标候选人重新进行公示。

7.2　主体工程招投标情况

拉西瓦灌溉工程建设局做为工程项目法人单位,在工程建设中认真执行《水利工程建设项目管理暂行规定》,严格落实了"项目法人责任制"、"招标投标制"和"建设监理制",对工程建设的计划、资金、质量、进度、安全、环保、水保等全面负责。根据工程特点,结合项目批复进度和建设资金到位情况,工程建设采取了分期、分阶段的实施方式。按国家及有关部门规定,拉西瓦灌溉工程的所有招标项目均采用公开招标方式招标,并在"中国采购与招标网""中国政府采购网""青海省招标投标网"等公开媒体上发布招标公告。在招标过程中坚持"公开、公正、公平"的原则,严格按招标、投标、开标、评标及定标等一系列规定和既定程序实施。

拉西瓦灌溉工程包括建前一期工程,建前二期工程,主体工程(干渠工程和支渠工程)以及运行管理信息化系统工程,主要介绍主体工程招投标情况。

7.2.1 干渠工程招投标情况

（1）干渠一至七标段施工招标

①招标内容

干渠工程（桩号 0＋000.00～7＋067.98 m、桩号 13＋497～39＋274.06 m），共划分为七个标段，见表 7-2。

②投标人资格要求

A. 具备独立法人资格的境内注册企业；

B. 主项资质为水利水电工程施工总承包企业资质二级（含二级）及以上；

C. 申请人的财务和资信状况良好，具有承担本项目所需足够的流动资金；

D. 近五年（2011 年 1 月 1 日至开标截止日）内具有高海拔地区小断面隧洞、渡槽等同类工程施工业绩，并在人员、设备、资金等方面具备相应的施工能力；

E. 近三年（2013 年 1 月日至开标截止日）具有良好的企业信誉，无不良行为记录；

F. 申请人应具有有效的青海省水利厅登记备案核准证及安全生产许可证；

G. 项目经理应具有水利水电工程专业二级及以上建造师资格，具备水利工程高级工程师职称，具有安全生产考核 B 类合格证书，有担任同类工程项目经理的经历，且未担任其他在建工程的项目经理；

H. 项目技术负责人应具有水利工程专业高级工程师职称、安全生产考核合格证书，有担任同类工程项目技术负责人的工作经历；

I. 各投标人均可就上述标段中 2 个标段进行投标；

J. 本次招标不接受联合体投标。

表 7-2　干渠工程（桩号 0＋000.00～7＋067.98m、桩号 13＋497～39＋274.06m）施工标段情况

干渠施工标段	主要建设内容	计划工期
一标段 （桩号 0＋000.00～7＋067.98 m）	渠首进水口、1♯倒虹吸 518.28 m、1♯隧洞中间段 2 km、1♯明渠 38.96 m、1♯渡槽 146 m、2♯明渠 283.13 m、1♯退水闸、1♯退水渠、1♯分水闸、2♯分水闸	30 个月
二标段 （桩号 13＋497～16＋130.91 m）	3♯明渠 38.68 m、4♯隧洞 2 148.72 m、5♯隧洞 268.51 m、2♯倒虹吸 627.21 m、2♯渡槽 139 m、明洞 24.16 m、4♯明渠 20.06 m、2♯退水闸、2♯退水渠、4♯分水闸	24 个月
三标段 （桩号 16＋130.91～19＋461.845 m）	5♯明渠 39 m、6♯隧洞 698.5 m、3♯渡槽 79 m、7♯隧洞进口 1 888.2 m、5♯分水闸	30 个月
四标段 （桩号 19＋461.845～25＋255.37 m）	7♯隧洞出口 1 000 m、6♯明渠 1 064.2 m、4♯渡槽 2 729.7 m、8♯隧洞进口 1 000 m 处、6♯分水闸、3♯退水闸、3♯退水渠	24 个月
五标段 （桩号 25＋255.73～28＋332.49 m）	8♯隧洞出口 1 317.6m、5♯渡槽 163 m、9♯隧洞进口 1 598.2 m、7♯分水闸	24 个月
六标段 （桩号 28＋332.49～35＋097.895 m）	9♯隧洞出口 1 598.2m、7♯明渠 85.3m、6♯渡槽 1 135 m、8♯明渠 1 458 m、7♯渡槽 343 m、10♯隧洞 391.8 m、11－1♯洞进口 1 327.57 m、8♯分水闸、9♯分水闸、4♯退水闸、4♯退水渠	42 个月

续表

干渠施工标段	主要建设内容	计划工期
七标段 (桩号 35＋097.895～39＋274.06 m)	11-1#洞出口 1 327.57 m、11-2#洞 2 472.22 m、12#明渠 87.9 m、8#渡槽 223 m、支洞、11#明渠 18.5 m、1#提灌分水闸	42 个月

③评标结果

招标人按照国家七部委联合制定的《评标委员会和评标方法暂行规定》组建评标委员会,评标委员会共由 7 名人员组成,其中从拉西瓦灌溉工程专家库抽取 5 名专家,招标人代表 2 人。评标工作于 2016 年 8 月 28 日在青海省海南州进行。评标委员会按照《中华人民共和国招标投标法》以及本项目招标文件规定的评标标准和方法,对投标文件进行认真系统地评审,并按照招标文件确定的评分标准进行了赋分,根据得分高低,评标委员会推荐湟中县水电开发总公司为干渠一标段第一中标候选人;甘肃省水利水电工程局为干渠二标段第一中标候选人;中国水利水电第四工程局有限公司为干渠三标段第一中标候选人;湟中县水电开发总公司为干渠四标段第一中标候选人;陕西水利水电工程集团有限公司为干渠五标段第一中标候选人;甘肃省水利水电工程局为干渠六标段第一中标候选人;中电建建筑集团有限公司为干渠七标段第一中标候选人。

（2）干渠八至十标段施工招标

①招标内容

干渠工程(桩号 39＋274～52＋295 m),共划分为三个标段,见表 7-3。

表 7-13　干渠工程(桩号 39＋274～52＋295 m)施工标段情况

干渠施工标段	主要建设内容	计划工期
八标段 (桩号 39＋274～43＋385 m)	12#—18#明渠 2 348 m、9#渡槽 835 m、10#渡槽 343 m、11#渡槽 79 m、12#渡槽 163 m、13#渡槽 187 m、12#隧洞 157 m	24 个月
九标段 (桩号 43＋385～48＋435 m)	19#—26#明暗渠 3 580 m；14#渡槽 163 m、15#渡槽 127 m、16#渡槽 103 m、17#渡槽 103 m、18#渡槽 139 m；13#隧洞 449 m、14#隧洞 246 m、15#隧洞 143 m	24 个月
十标段 (桩号 48＋435～52＋295 m)	27#—35#明暗渠 2 523 m、19#渡槽 55 m、20#渡槽 127 m、21#渡槽 55 m、22#渡槽 427 m、23#渡槽 127 m、24#渡槽 223 m、25#渡槽 127 m、3#倒虹吸 196 m	24 个月

②投标人资格要求

A. 具备独立法人资格的境内注册企业;

B. 主项资质为水利水电工程施工总承包企业资质二级(含二级)及以上;

C. 申请人的财务和资信状况良好,具有承担本项目所需足够的流动资金;

D. 近五年(以开标截止日为时间节点)内具有高海拔地区小断面隧洞、渡槽等同类工程施工业绩,并在人员、设备、资金等方面具备相应施工能力;

E. 近三年(以开标截止日为时间节点)具有良好的企业信誉,无不良行为记录;

F. 申请人应具有有效的青海省水利厅登记备案核准证及安全生产许可证;

G. 项目经理应具有水利水电工程专业二级及以上建造师资格,具备水利工程高级工程师职称,具有安全生产考核 B 类合格证书,有担任同类工程项目经理的经历,且未担任其他在建工程的项目经理;

H. 项目技术负责人应具有水利工程专业高级工程师职称、安全生产考核合格证书,有担任同类工程项目技术负责人的工作经历;

I. 各投标人均可就上述标段中 2 个标段进行投标;

J. 本次招标不接受联合体投标。

③评标结果

招标人按照国家七部委联合制定的《评标委员会和评标方法暂行规定》组建评标委员会,评标委员会共由 7 名人员组成,其中从拉西瓦灌溉工程专家库抽取 5 名专家,招标人代表 2 人。评标工作于 2016 年 9 月 23 日在青海省西宁市进行。评标委员会按照《中华人民共和国招标投标法》以及本项目招标文件规定的评标标准和方法,对投标文件进行认真系统地评审,并按照招标文件确定的评分标准进行了赋分,根据得分高低,评标委员会推荐中国水利水电第四工程局有限公司为干渠八标段第一中标候选人;湟中县水电开发总公司为干渠九标段第一中标候选人;甘肃省水利水电工程局为干渠十标段第一中标候选人。

(3) 干渠十一至十三标段施工招标

①招标内容

3♯退水、6♯分水闸,4♯-1 退水,干渠新增防护、排水工程及管理用房等,共划分为三个标段,见表 7-4。

表 7-4　干渠工程十一至十三施工标段情况

干渠施工标段	主要建设内容	计划工期
十一标段	3♯退水、6♯分水闸	11.5 个月
十二标段	4♯-1 退水	11.5 个月
十三标段	干渠新增防护、排水工程及管理用房	11.5 个月

②投标人资格要求

A. 具备独立法人资格的境内注册企业;

B. 具有水利水电工程施工总承包二级(含二级)及以上资质;

C. 近三年内(2017 年 1 月 1 日至开标截止日)具有一个及以上类似工程施工业绩,并在人员、设备、资金等方面具备相应的施工能力;

D. 拟派项目经理须具备职业资格,符合 2016 年《注册建造师管理规定》(建设部令第 153 号)相关规定;

E. 本次招标不接受联合体投标;

F. 本次招标实行资格后审,资格后审不合格的投标人的投标予以否决。

③评标结果

本项目采用远程解密、远程开标的"不见面"开标方式依法组织开标活动,投标人不到开标现场。招标人按照国家七部委联合制定的《评标委员会和评标方法暂行规定》组建评标委员会,评标委员会共由 7 名人员组成,其中从拉西瓦灌溉工程专家库抽取 5 名专家,招标人代表 2 人。评标工作于 2020 年 11 月 3 日在青海省海南州进行。评标委员会按照《中华人民共和国招标投标法》以及本项目招标文件规定的评标标准和方法,对投标文件进行认真系统地评审,并按照招标文件确定的评分标准进行了赋分,根据得分高低,评标委员会推荐西宁市湟中区水电开发总公司为干渠十一标段第一中标候选人;青海青成建设工程有限公司为干渠十二标段第一中标候选人;干渠十三标段弃标。

（4）干渠十三标段施工招标

①招标内容

干渠防护工程、截排水工程及管理用房;1♯提灌哇里支渠、3♯支渠分支管;闸阀室仿古建筑、主要建筑物文化设施、引水口拦鱼设施等,共一个标段（十三标段之前弃标,故重新进行招标）,见表 7-5。

表 7-5　干渠工程十三施工标段情况

干渠施工标段	主要建设内容	计划工期
十三标段	干渠防护工程、截排水工程及管理用房等	11 个月

②投标人资格要求

A. 具备独立法人资格的境内注册企业;

B. 具有水利水电工程施工总承包二级（含二级）及以上资质;

C. 近三年内（2017 年 1 月 1 日至开标截止日）具有一个及以上类似工程施工业绩,并在人员、设备、资金等方面具备相应的施工能力;

D. 拟派项目经理须具备职业资格,符合 2016 年《注册建造师管理规定》（建设部令第 153 号）相关规定;

E. 本次招标不接受联合体投标;

F. 本次招标实行资格后审,资格后审不合格的投标人的投标予以否决。

③评标结果

本项目采用远程解密、远程开标的"不见面"开标方式依法组织开标活动,投标人不到开标现场。招标人按照国家七部委联合制定的《评标委员会和评标方法暂行规定》组建评标委员会,评标委员会共由 7 名人员组成,其中从拉西瓦灌溉工程专家库抽取 5 名专家,招标人代表 2 人。评标工作于 2021 年 8 月 4 日在青海省海南州进行。评标委员会按照《中华人民共和国招标投标法》以及本项目招标文件规定的评标标准和方法,对投标文件进行认真系统地评审,并按照招标文件确定的评分标准进行了赋分,根据得分高低,评标委员会推荐西宁市湟中区水电开发总公司为十三标段第一中标候选人。

7.2.2　支渠工程招投标情况

（1）支渠一至六标段施工招标

①招标内容

3♯支渠—18♯支渠,共划分为六个标段,见表 7-6。

表 7-6　支渠工程一至六施工标段情况

支渠施工标段	主要建设内容	计划工期
一标段	引水和灌溉工程,农田水利	24 个月
二标段	引水和灌溉工程,农田水利	24 个月
三标段	引水和灌溉工程,农田水利	12 个月
四标段	引水和灌溉工程,农田水利	12 个月
五标段	引水和灌溉工程,农田水利	24 个月
六标段	引水和灌溉工程,农田水利	24 个月

②投标人资格要求

A. 具备独立法人资格的境内注册企业;

B. 具有水利水电工程施工总承包二级(含二级)及以上资质;

C. 申请人的财务和资信状况良好,具有承担本项目所需足够的流动资金;

D. 近五年(以开标截止日为时间节点)内具有类似工程施工业绩,并在人员、设备、资金等方面具备相应的施工能力;

E. 近三年(以开标截止日为时间节点)具有良好的企业信誉,无不良行为记录;

F. 申请人应具有有效的青海省水利厅登记备案核准证及安全生产许可证;

G. 项目经理应具有水利水电工程专业二级或以上建造师资格,具备水利工程专业中级或以上职称,具有有效的安全生产考核 B 类合格证书,有担任类似工程项目经理或技术负责人的经历,且未担任其他在建工程的项目经理;

H. 项目技术负责人应具备水利工程专业中级或以上职称、有效的安全生产考核合格证书,有担任类似工程项目技术负责人或项目经理的工作经历;

I. 各投标人均可就上述标段中 2 个标段进行投标;

J. 本次招标不接受联合体投标。

③评标结果

招标人按照国家七部委联合制定的《评标委员会和评标方法暂行规定》组建评标委员会,评标委员会共由 7 名人员组成,其中从拉西瓦灌溉工程专家库抽取 5 名专家,招标人代表 2 人。评标工作于 2016 年 8 月 28 日在青海省海南州进行。评标委员会按照《中华人民共和国招标投标法》以及本项目招标文件规定的评标标准和方法,对投标文件进行认真系统地评审,并按照招标文件确定的评分标准进行了赋分,根据得分高低,评标委员会推荐甘肃省水利水电工程局为支渠一标段第一中标候选人;海南州水利水电安装总公司为支渠二标段第一中标候选人;青海汇成水利水电建筑有限公司为支渠三标段第一中标候选人;甘肃省水利水电工程局为支渠四标段第一中标候选人;江苏盐城水利建设有限公司为支渠五标段第一中标候选人;支渠六标段废标,无中标单位。

(2)支渠六至九标段施工招标

①招标内容

1#—8#提灌支渠,17#支渠—18#支渠,8#支渠延伸段以及永久管理道路,共划分为四个标段(六标段之前废标,故重新进行二次招标),见表 7-7。

表 7-7 支渠工程六至九施工标段情况

支渠施工标段	主要建设内容	计划工期
六标段	17♯支渠、18♯支渠、8♯支渠延伸段	11.5 个月
七标段	5♯、6♯、7♯、8♯提灌支渠	11.5 个月
八标段	2♯、3♯、4♯提灌支渠	11.5 个月
九标段	1♯提灌支渠、永久管理道路	11.5 个月

②投标人资格要求

A. 具备独立法人资格的境内注册企业;

B. 具有水利水电工程施工总承包二级(含二级)及以上资质;

C. 近三年内(2017 年 1 月 1 日至开标截止日)具有一个及以上类似工程施工业绩,并在人员、设备、资金等方面具备相应的施工能力;

D. 拟派项目经理须具备职业资格,符合 2016 年《注册建造师管理规定》(建设部令第 153 号)相关规定;

E. 本次招标不接受联合体投标;

F. 本次招标实行资格后审,资格后审不合格的投标人的投标予以否决。

③评标结果

本项目采用远程解密、远程开标的"不见面"开标方式依法组织开标活动,投标人不到开标现场。招标人按照国家七部委联合制定的《评标委员会和评标方法暂行规定》组建评标委员会,评标委员会共由 7 名人员组成,其中从拉西瓦灌溉工程专家库抽取 5 名专家,招标人代表 2 人。

评标工作于 2020 年 11 月 3 日在青海省海南州进行。评标委员会按照《中华人民共和国招标投标法》以及本项目招标文件规定的评标标准和方法,对投标文件进行认真系统地评审,并按照招标文件确定的评分标准进行了赋分,根据得分高低,评标委员会推荐甘肃省水利水电建筑安装工程有限责任公司为支渠六标段第一中标候选人;甘肃省水利水电工程局有限责任公司为支渠七标段第一中标候选人;青海欣路建设工程有限公司为支渠八标段第一中标候选人;甘肃省水利水电工程局有限责任公司为支渠九标段第一中标候选人。

综上,拉西瓦灌溉工程共划分为 28 个标段,中标合同金额共计 91 948.34 万元,汇总见表 7-8。

表 7-8 拉西瓦灌溉工程招投标情况汇总

序号	标段名称		开标时间	中标价/万元	中标单位
1	建前一期工程	施工一标	2011.5.25	3 483.33	中国葛洲坝集团股份有限公司
2		施工二标	2011.5.25	1 320.08	中国水利水电第五工程局有限公司
3		施工三标	2011.5.25	1 490.69	青海二建建筑工程有限公司

序号	标段名称		开标时间	中标价/万元	中标单位
4	建前二期工程	施工一标	2013.4.24	3 630.35	中国水利水电第二工程局有限公司
5		施工二标	2013.4.24	5 516.00	甘肃省水利水电工程局
6	干渠工程	干渠一标	2015.8.27	5 122.17	湟中县水电开发总公司
7		干渠二标	2015.8.27	6 251.59	甘肃省水利水电工程局
8		干渠三标	2015.8.27	4 965.06	中国水利水电第四工程局有限公司
9		干渠四标	2015.8.27	7 259.38	湟中县水电开发总公司
10		干渠五标	2015.8.27	4 700.07	陕西水利水电工程集团有限公司
11		干渠六标	2015.8.27	9 157.69	甘肃省水利水电工程局
12		干渠七标	2015.8.27	6 807.17	中电建建筑集团有限公司
13		干渠八标	2017.9.22	2 699.76	中国水利水电第四工程局有限公司
14		干渠九标	2017.9.22	2 318.33	湟中县水电开发总公司
15		干渠十标	2017.9.22	2 251.04	甘肃省水利水电工程局
16		干渠十一标	2020.11.03	2 349.46	西宁市湟中区水电开发总公司
17		干渠十二标	2020.11.03	2 224.13	青海青成建设工程有限公司
18		干渠十三标	2020.11.03		弃标
			2021.08.04	3 065.47	西宁市湟中区水电开发总公司
19	支渠工程	支渠一标	2017.11.30	1 959.15	甘肃省水利水电工程局
20		支渠二标	2017.11.30	1 373.20	海南州水利水电安装总公司
21		支渠三标	2017.11.30	979.40	青海汇成水利水电建筑有限公司
22		支渠四标	2017.11.30	948.99	甘肃省水利水电工程局
23		支渠五标	2017.11.30	979.70	江苏盐城水利建设有限公司
24		支渠六标	2017.11.30		废标
			2020.11.03	2 448.33	甘肃省水利水电建筑安装工程有限责任公司
25		支渠七标	2020.11.03	1 568.59	甘肃省水利水电工程局有限责任公司
26		支渠八标	2020.11.03	1 242.92	青海欣路建设工程有限公司
27		支渠九标	2020.11.03	1 294.41	甘肃省水利水电工程局有限责任公司
28	运行管理信息化系统工程	施工一标	2021.09.10	4 541.88	中水三立数据技术股份有限公司

7.3　招投标管理总结

　　招投标是招标人对工程、货物和服务事先公开招标文件,吸引多个投标人提交投标文件参与竞争,并按照招标文件规定选择交易对象的行为。拉西瓦灌溉工程建设管理局自开展招投标工作以来,认真贯彻落实国家《中华人民共和国招标投标法》,不断提高工程招投标意识,以"节约成本,降低能耗"为出发点,以"规范市场,强化管理"为突破口,建立健全工程管理机制,不断加强对拉西瓦灌溉工程各标段招投标工作的组织、协调和推广力度,严格按照国家及国调办有关规定,编制招标文件,坚持公开、公平、公正和诚信的招投标原则,竭力维护公平竞争的招投标市场环境。

拉西瓦灌溉工程招投标管理工作历时数年,吸引了众多优秀的施工单位参与投标,经过认真严谨的开评标流程,最终确定了各标段的中标单位,对提高拉西瓦灌溉工程质量、控制施工周期、降低工程造价、提高投资收益具有重要意义。

第八章 拉西瓦灌溉工程合同管理

合同管理贯穿拉西瓦灌溉工程建设始终,是控制工程投资、造价管理,控制工程质量、工程进度,约束合同双方行为等方面的重要依据。针对拉西瓦灌溉工程合同数量多,管理复杂的特点,建设管理局从合同策划与谈判、合同签订与执行、合同变更等角度出发建立了合同管理体系,严格执行合同管理,履行双方权利和义务,保证了工程建设顺利进行。

8.1 合同策划与谈判

8.1.1 合同策划

(1)施工单位的选择

本工程引进竞争机制,以保证工程建设的质量和进度,提高投资效益。单项工程和大型设备订购原则上实行国内公开招标的方式确定施工单位,参与投标活动的单位不少于三家,不接受联合体投标。建管局有必要时会组织有关专业技术人员对施工单位和生产厂家进行考察,并提出考察意见。合同签订前,由工程技术办公室牵头,组织有关办公室进行讨论和研究,广泛征求意见和建议,提出推荐意见,提交局务会(或局长办公会)讨论通过。

(2)合同文件的编制

拉西瓦灌溉工程合同的拟定和签订由工程办公室负责,综合办公室计统办公室配合,严格遵守《中华人民共和国民法典》和有关法律法规和相关的规范、成熟的范本编制合同文件。根据本工程情况,选用的合同范本有《水利工程建设监理合同示范文本》(水建管〔2000〕47)号、《水利水电土建工程施工合同条件》(GF-2000-0208)及《建设工程施工合同(示范文本)》(GF-1999-0201)。

(3)合同内容的组成

本工程合同主要由商务条款和技术条款两部分组成。商务条款包括合同价款、支付及结算办法、奖罚、双方的权利和义务等;技术条款包括合同的工作范围、内容、工程计量、工程质量和工期要求、技术规范、施工及安全措施、竣工验收标准等。

各类工程合同都必须明确标的、数量、质量、期限、价款或报酬、施工单位与建管局双方的权利和义务、违约责任及解决争议的方法等内容,做到合同的规范化、制度化、标准化和程序化。

（4）会签制度的实行

为了进一步加强拉西瓦灌溉工程合同管理,规范相关合同审核工作,本工程合同实行会签制度。合同初稿完成后,由经办人签字,计划统计办公室领导审查后,送有关部（室）和主管领导对合同文件草稿进行签阅和审核,最终由法人代表或法人委托代理人签字生效。

（5）合同文件的管理

拉西瓦灌溉工程合同文件的订立遵循平等、自愿、公平、诚信、合法的原则,合同文件管理实行统一领导,分级管理、部门管理、归口管理原则。本工程合同管理归口管理部门为计划合同部,负责合同的日常管理工作。

8.1.2 合同谈判

（1）谈判人员要求

合同谈判,即准备订立合同的双方或多方当事人为相互了解、确定合同权利与义务进行的商议活动,是合同签订之前的必要程序。本工程合同的谈判,要求谈判人员除具备必备的相关专业知识以外,还必须具备相关法律知识的储备,且一般应有两人以上参加,个人不得单独与施工单位接触,要详细记录每次谈判的内容,必要时有关办公室或局办公室参与合同谈判,并随时向主管领导汇报进展情况。

（2）专用合同条款约定

①价差

拉西瓦灌溉工程合同数量众多,合同形式多样。其中,针对物价波动引起的价格变化,合同中不予调整价差。

②质量

工程质量不仅关系工程的适用性和项目的投资效果,而且关系到人民群众生命财产的安全。本工程建设必须满足设计要求,需符合国调办、国家、地方及行业标准,认真贯彻落实"百年大计、质量第一"的方针。

③安全

拉西瓦灌溉工程建设管理局安全生产管理的方针是:安全第一、预防为主、综合治理、以人为本、科学管理。本工程应落实文明施工,认真执行国调办、国家、地方及行业安全生产管理的各项规定,切实加强拉西瓦灌溉工程建设安全生产管理,保障建设者和国家财产的安全,确保工程建设的顺利进行。

④变更索赔、工期延误

本工程工程量大,持续周期长,受自然、社会等众多因素的影响,难免会发生变更索赔,工期延误的状况。从有利于工程进行的角度,一般采用通用合同条款规定。

（3）附加协议条款补充

为明确双方的责任及权利,补充以下附加协议条款:

①已标价工程量清单中的工程量为估算工程量。结算工程量是承包人按设计图纸实际完成的,并按合同约定的计量方法进行计量的工程量。措施项目清单计价表中的安全生产文明施工措施费、其他施工临时工程费用按完成的分类分项工程量比例进行支付。

②承包人用于本工程的水泵等水机设备、电气设备、管材等主要材料等的采购应事先征得监理人和发包人的质量认可,否则不予计量结算。

③农民工工资支付严格按国务院《保障农民工工资支付条例》执行,承包人应按《海南州建设领域农民工工资支付保证金制度实施办法》(南政办〔2012〕78号)向发包人缴纳施工签约合价款5‰的农民工工资保证金,并开设农民工工资专用账户,对农民工进行实名制管理。对故意拖欠农民工工资的行为,发包人视情况采取暂停工程款支付、上报纳入失信名单、解除合同等措施。

④承包人负责办理进场后施工所需的交通、水利、环保、水保等政府部门手续,如发生费用,自行承担。

⑤承包人协助发包人进行征地,在工程完工后承担临时占地的恢复移交工作。

⑥承包人在设计选定的料场自行采购本合同工程施工所需的砂石料。

8.2 合同签订与执行

8.2.1 合同签订

合同签订是合同双方动态行为和静态协议的统一。根据拉西瓦灌溉工程合同管理办法,本工程签订合同前,严格遵循如下原则:

(1)严格审查施工单位背景资料

各类工程合同签订前,应严格审查施工单位的《企业资质证书》《企业法人营业执照》和企业信誉等有关资料及文件,以确认法人资格和合同履行能力。

(2)始终以工程计划为依据

工程合同的签订必须以工程计划为依据,以批准的工程总概算为控制目标。除特殊情况外,凡未列入年度、季度和月计划的工程项目,原则上不签订合同。

(3)确保合同双方协商一致

合同签订的过程,是当事人双方相互协商并最后就各自的权利、义务达成一致意见的过程,签约是双方意见统一的表现。拉西瓦灌溉工程技术办公室按照合同承包范围、内容、技术标准和工期要求与各施工单位协商,经领导批准后签订合同。

8.2.2 合同执行

(1)合同保管主体

生效后的工程合同,正本两份,建管局与施工单位双方各执一份;副本六份,双方各执三份。正本存档,并附有预算、主要材料清单和其他有关文件,副本送财务办公室、局办公室和监理人各一份。

（2）合同执行主体

生效的各类合同,由监理人负责执行,暂未委托监理人的项目由工程技术办公室负责执行,随后补签合同。建管局各部(室)按各自的职责范围对合同执行情况进行经常性检查和监督,及时交流情况,强化合同管理意识,提高合同管理水平。

建管局各部(室)在执行合同过程中,应紧密配合,支持监理人工作;凡属监理人职责范围内的事务应首先尊重监理人意见,不得直接向施工单位表态或签署意见。

（3）合同执行过程中的困难

①不可预见因素的影响

合同执行过程中,难免遇到不可预见因素,这些因素往往对工程建设的顺利进行影响很大。例如,自 2008 年开始的全国性物价上涨,柴油供应紧张,施工单位机器开工不足,导致工期紧张,钢筋、水泥等材料价格大幅上涨,施工单位履行合同的积极性不是很高。

②建设征地的影响

建设征地对合同的正常履行有很大影响。如工程项目影响区范围内存在拉布查古墓、哇剌沟古墓、大沟山古墓地,位于河东乡王屯村,项目在施工时从上述三处文物遗存边缘附近通过,其中拉不查古墓为县级文物保护单位,其余两处为一般文物保护单位。施工时对以上古墓涉及文物的区域进行考古勘察和发掘,待施工线路上的文物保护工作完成之后方可施工。待征迁问题解决时,又处于物价高峰时期,施工单位的积极性受到很大影响。

8.3　合同变更

8.3.1　变更程序

合同变更应有正规的程序,应有一整套申请、审查、批准手续。根据《贵德县拉西瓦灌溉工程制度汇编》中的合同管理办法,工程变更程序见图 8-1。

8.3.2　变更审批

拉西瓦灌溉工程自 2018 年开始编制设计变更报告,该报告于 2019 年 10 月通过省水利工程技术审查中心审查。2020 年 6 月,省水利厅以青水建〔2020〕51 号文批复了设计变更报告,涉及渡槽、隧洞、渠道、倒虹吸等建筑物共 6 项变更内容,工程部分增加投资3 416 万元。

8.4　合同管理总结

拉西瓦灌溉工程严格按照国家及国调办有关规定,严格按照合同管理程序,分别与湟中县水电开发总公司(于 2020 年变更为西宁市湟中区水电开发总公司)、甘肃省水利水电工程局、陕西水利水电工程集团有限公司、甘肃引大建设监理有限责任公司等中标单位签署了合同。此外,建设管理局与青海省水利水电勘测设计研究院签署了设计委托

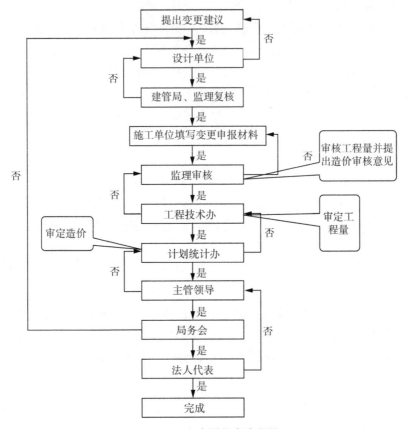

图 8-1　工程变更程序流程图

合同,上述合同是建管局建设管理的重要依据和基础。

　　合同签署后,建管局根据工程进度和合同规定定期或不定期对合同履行情况进行检查,拉西瓦灌溉工程所签订的各类合同执行情况均良好。对出现的问题及时督促解决,对合同价款结算,严格按照合同规定和合同执行情况进行,控制合同款的结算支付,没有出现超前支付、无合同支付、不合格支付的情况,使合同管理做到规范化、制度化。

　　综上,拉西瓦灌溉工程建设管理局根据本工程实际,建立了合同管理体系,严格执行合同管理,有效控制工程投资,保证了工程建设顺利进行。

第四篇

拉西瓦灌溉工程施工

第九章　拉西瓦灌溉工程施工组织设计

施工组织设计是指导施工活动科学进行的重要手段,是保障施工过程顺利实施的依据。本章首先对拉西瓦灌溉工程的建设特点、施工条件等内容进行综合说明,并明晰了拉西瓦灌溉工程建设管理局对于施工组织设计的审批流程。其次,考虑到本工程各标段施工组织设计存在差异,因此选取代表性施工内容,即软岩隧洞及预制渡槽施工有关的施工组织设计进行详述,为后文论述施工技术打下基础。

9.1　综合说明

9.1.1　施工条件

(1) 工程条件

①工程位置及交通条件

拉西瓦灌溉工程位于青海省贵德县,距省会西宁市114 km。项目区内有贵德县的县级公路贯穿灌区与外界公路相连接,对外交通便利,场内外来物资运输条件比较好。同时,工程区上游为拉西瓦水电站,区内有县级公路,干渠附近1~5 km内有乡村级硬化道路相通,因此工程施工场内交通主要采用公路运输方式,以各条支线做为场内交通的起点,通过场内临时施工道路将各个洞口、渠道、施工区联系起来。

②主要建筑材料来源

工程所需砂石骨料、块石料均来自沿渠线各沟道的砂砾料场。混凝土骨料场储量充足,质量满足工程需要,块石料场储量和质量均满足需要,各料场至施工现场均有公路相连。

工程所需水泥来自位于湟中区上新庄的祁连山水泥厂,通过汽车运输,运距约100 km,钢筋、钢材、木材等大批建筑材料主要来源于西宁市,运距120 km,汽柴油等工程所需燃油由业主或施工单位自行采购。钢材的供货地点为西宁,木材的供货地点为西宁和贵德。

③风、水、电和通信供应

施工供风:根据本工程的施工特点,即施工点广而多,确定采用分散供风方式,对各用风地点采用空压机独立供风。空气压缩机的配备主要用于干渠输水隧洞的开挖,由于工程分散、设备不集中,可根据不同情况,如工程量的大小、隧洞长度等配备 9~20 m^3 的空气压缩机。

施工通风:施工通风主要为隧洞开挖过程中的通风,通过通风以排除因爆破或其他原因而产生的有害气体和洞内的岩石粉尘等污浊空气,并改善洞内的温度、湿度及空气流动速度等不良情况,使洞内有一个良好的工作环境。

施工用水:本工程施工用水主要为混凝土拌和、喷锚和生活用水,所在施工区大多靠近村庄,因此生活和施工用水可用村庄自来水和总干渠沿线十多条沟道中的常流水,其沟中水源多为地下水,水质良好,适宜饮用和施工所用。对于无水或有季节性流水的支沟和施工生活区,根据实际情况需用汽车从最近的沟道和村庄自来水拉运储存使用,生活用水与施工用水分开供应。

施工用电:本工程施工用电主要包括混凝土搅拌设备、混凝土浇筑设备、有轨出渣设备、空压机、钢筋模板加工设备、洞内通风、照明和抽水等设备用电。干渠沿线都有 10 kV 线路经过,可依据施工设备用电负荷设变压器接于就近 10 kV 线路即可。在个别农电线路已接近输电末端处,供电无法满足工程需要时,需架设 10 kV 供电线路以及设置变压器。

施工通信:经勘察,施工区都有移动网络覆盖,电话可以接收到无线信号,方便对外联系。

④修配加工条件

工程项目区内有贵德县的县级公路,其贯穿灌区与外界公路且直通贵德县城。县城内有专业修配厂,工程施工时可满足施工机械、车辆等的维修保养等任务,其中施工机械、车辆等的简单维修,可在工区下设的施工点内进行,如钢筋加工点或混凝土拌和点布置小型修配厂进行机械的简单维修工作。

⑤劳务供应

工程沿线地区人口众多,经济不够发达,劳动力富余充足,可为本工程提供足够的劳务。但由于渡槽、隧洞及倒虹吸等建筑物所处地质、地形条件复杂,且占线较长、工程量大、施工点分散、施工工艺要求较高,为确保施工工期及施工质量,本阶段考虑除部分土石方开挖工程可利用当地人力资源进行施工,主体工程施工建议利用专业施工队伍。可根据本工程规模及布置划分标段,并采用招投标形式选择专业施工队伍进行工程施工。

(2)自然条件

①水文气象

工程区位于青藏高原东北部边缘,深居内陆,具有明显的高原大陆性气候特征,冷干时期较长,暖湿时期较短,雨热同期,日照充足。工程区多年平均气温为 7.2℃,最低年为 2.4℃。汛期 6—9 月份的降水量为 183.5 mm;年平均风速为 2 m/s,大风主要出现在冬春季节的 2—3 月份,最大风速达 21 m/s,年平均大风日数为 24.7 d,风向常为偏西或偏北。

②地形地貌

工程区属黄土高原与青藏高原的过渡地带,主要为黄河水系切割改造下的断陷盆地地貌景观。盆地内沟壑纵横、山川相间,地势南北高、中间低,形成四山环抱的河谷盆地即贵德盆地。区域地貌按地貌的成因类型和形态特征,可划分为构造侵蚀中高山、构造侵蚀低山丘陵、山前冲洪积倾斜平原及河谷冲洪积带状平原几种基本类型。

③工程地质

干渠明渠各类地基岩土层渗透性以粗粒相的坡积、坡洪积、洪积砾质土、碎石土、碎块石、洪积、冲洪积砂砾石层最强,其渗透系数较大,属中一强透水层,渠道渗漏严重,需严格防渗。隧洞所经地层岩性复杂,有坚硬变质岩地层、上第三系黏土岩地层、下更新统河湖相半成岩地层和松散砂砾石地层等,隧洞工程地质条件复杂,所以洞室稳定问题是工程的最主要工程地质问题。

主要工程地质问题有下更新统河湖相沉积层洞室稳定问题、第四系堆积物砂砾石成洞问题、黄土状土湿陷问题及边坡稳定问题。黏土岩具膨胀性,黏土岩干燥状态下密度高、坚硬、强度大,但遇水易软化,发生崩解,从而产生膨胀力,使强度骤降,应采取合理的工程措施。岩性为冲洪积砂砾石层,该类砂砾石洞室无自稳能力,稳定性极差,不能成洞,建议采用超前支护短进尺进洞或采用管棚法进洞,需边挖边衬,并全断面衬砌。

④洪水情况

拉西瓦灌区暴雨引起洪水的特点是陡涨陡落,历时较长,一次洪水过程约 40 d 左右,同时洪水大多为单峰,峰、量关系对应较好,洪水三年小周期明显,大水年份汛来早。黄河上游洪水多出现在 7 月和 9 月,原因是 7 月份气温较高,气流辐合强烈,雨强较大而历时较短;9 月份南下冷空气逐渐增强且较稳定,容易出现雨强不大但历时较长的连续阴雨天气。因此各施工区需考虑施工期洪水的影响。

⑤施工天数的确定

根据《水利水电工程施工组织设计规范》(SL 303—2017),年内施工天数的确定主要受气温、降雨、大风影响。据贵德县气象站资料,工程区内日平均气温在 0℃ 以上天数为 240～260 d;日均降雨量在 10 mm 以上有 10～15 d;大风天数 25 d 左右。综合考虑几个因素,并根据施工部位、工程项目等条件,确定年内施工天数平均为 210 d(4 月初到 10 月底)。

9.1.2 施工分区

据前文所述,拉西瓦灌溉工程新增灌溉面积 8.35 万亩,主要施工内容有明渠、输水隧洞、倒虹吸及渡槽施工,工程建设总工期为 48 个月。根据工程总体布置特点、建设计划、可能的招标承包方式以及施工管理机构设置情况,在施工时设立总指挥部 1 个(贵德县),分指挥部 3 个,分工区 5 个,每个分工区内下设 28 个主要施工点覆盖全线施工,施工分区及其管辖范围见表 9-1。

表 9-1 施工分区及其管辖范围表

总指挥部	分指挥部	分工区	工区管理施工范围	施工点	所辖料场
贵德县	河西部	Ⅰ工区	0+000～13+487.71	7 个	园艺料场和西沟料场
		Ⅱ工区	13+487.81～20+483.34	6 个	
	河阴部	Ⅲ工区	20+483.34～31+105.31	5 个	西沟料场和却加料场
	河东部	Ⅳ工区	31+105.31～42+141.403	5 个	却加料场
		Ⅴ工区	42+141.403～52+767.53	5 个	

拉西瓦灌溉工程共包含二十七个标段,其中一标段、六标段分别包含本工程核心的施工技术,即软岩隧洞施工与渡槽预制吊装施工,为此,本章将重点就该两个标段中有关3♯软岩隧洞与6♯预制渡槽的施工组织设计内容展开研究。

9.1.3　施工组织设计审批流程

(1) 施工组织设计文件的审批程序

拉西瓦灌溉工程施工组织设计文件审批的主要参与单位有拉西瓦灌溉工程建设管理局、监理单位、各标段施工单位,其审批流程主要包括以下六个部分:

①签订《合同协议书》后,施工总承包商应尽快组织相关人员对设计图纸进行审核、确定具体的施工方案,并着手编制施工组织设计;

②完成施工组织设计的编制后,工程科应组织内部初审并对其进行完善;

③公司项目负责人组织相关技术人员对修改后的施工组织设计进行会审;

④报送施工组织设计文件至监理组审批;

⑤将审批文件返回单位,同时报送业主;

⑥实施施工组织设计,如图9-1所示。

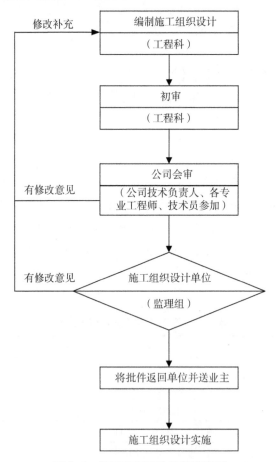

图9-1　施工组织设计审批流程图

（2）修改与补充

在工程施工过程中,当单位工程施工总体部署方案或主要施工方法发生变化时,项目负责人或技术负责人应组织相关人员对施工组织设计文件进行修改或补充,并及时进行相关交底。

（3）施工组织设计报审表

施工组织设计报审表是施工单位开工前向项目监理机构报审施工组织设计所需的资料。在工程施工过程中,如经批准的施工组织设计发生改变,工程项目监理部要求将变更方案报送时,也采用施工组织设计报审表。

9.2　软岩隧洞施工组织设计

9.2.1　代表性 3# 隧洞概况

3# 隧洞总长 6.09 km,设计纵坡为 $i=1/1500$,为无压自流隧洞。隧洞采用马蹄型断面顶拱、侧墙及底板内缘则分别为 $R_1=160$ cm、$R_2=320$ cm 为半径的圆弧,洞身净高与净宽相等为 3.2 m,隧洞加大水深为 2.06 m,设计加大流速为 1.96 m/s,洞内加大流量下水面宽度为 3.2 m。

隧洞衬砌均采用 C25 钢筋混凝土,抗渗标号为 W4,抗冻标号为 F150,同时受力主筋采用Ⅱ级钢筋。受温度、地基变形、施工要求,隧洞每 12 m 设一道伸缩缝,缝内设 651 止水带。

9.2.2　本工程重难点及应对措施

（1）重难点一:黄河谷地软岩洞室稳定性控制

本工程地处青藏高原、黄河谷地地区等高地温、高地应力不利条件下施工,存在着支护结构失稳问题以及衬砌结构在运行期稳定性问题。

对策:①对隧洞施工环境进行模拟,在满足施工稳定性的要求下,确定出合理的隧洞开挖进尺、开挖施工方式以及隧洞支护方案。②隧洞施工总体上采用分段开挖、及时支护、分段衬砌。③通过监控量测了解各施工阶段地层与支护结构的动态变化,把握施工过程中结构所处的安全状态,判断支护、衬砌可靠性。

（2）重难点二:不良地质地段施工处理

根据招标文件提供的地质资料,围岩自稳能力差,施工时应及时支护。

对策:①在接近断层破碎带时,加强地质预报,采用 TSP202 隧洞地震波超前地质预报系统或水平钻超前探孔,用于探明前方地质。②利用钢拱架和超前锚杆、长大管棚防护;利用超前小导管预注浆固结围岩;减小循环进尺,采用无爆破开挖或松动爆破,尽量减少对围岩的扰动;及时支护,做到随挖随护。

9.2.3　施工总体部署

（1）施工组织

根据本部分工程的特点,拉西瓦建设管理局抽调隧洞施工经验丰富的人员组建甘肃省水利水电工程局拉西瓦灌溉工程工程项目经理部,下设质量安全部、生产技术部、财务部、综合部四个职能部门,具体负责本工程的施工管理、组织、协调等工作。

同时,项目部下设施工支洞上游段施工作业组、施工支洞下游段施工作业组、3♯隧洞出口施工作业组,金结加工作业组、材料供应组、工地安全环境检测组、工地救治应急响应组七个作业班组,具体承担隧洞的开挖支护、混凝土浇筑、钢筋制安、回填灌浆及砂石料的供应等施工任务。组织机构见如图9-2所示。

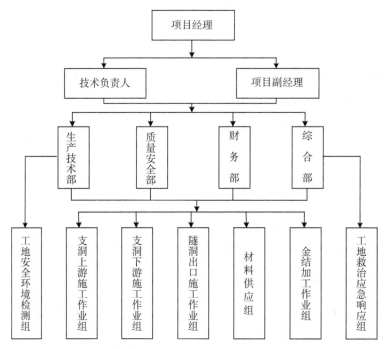

图9-2 软岩隧洞施工组织机构图

(2) 施工总体方案

该隧洞长度较长,断面小、工期紧,围岩类别均为Ⅳ、Ⅴ类围岩,稳定性差,但是施工支洞已经完成,给本工程创造了两个掌子面,加之3♯隧洞出口一个掌子面,共计三个工作面。但是每个工作面掘进深度都在1 000 m以上,尤其从施工支洞开挖运输出渣都在1 100 m以上,供风、排烟还是比较困难。为此,为便于工程管理,须统筹安排、科学组织、均衡施工,确保重点、难点制定如下总体方案:

①施工临建布置两个施工营地,支洞口有两个工作面,但是受地域限制,只在洞口设置拌和站和金属结构加工场地,同时在支洞洞口设置副营地,主营地布置在3♯隧洞出口,项目部设置在主营地,负责工程项目的各项目标的实施。

②3♯洞出口洞脸土方明挖采用挖掘机开挖,石方开挖采用梯段爆破法,挖掘机挖装,自卸汽车运至弃渣场。

③3♯隧洞石方洞挖,三个工作面平行作业:支洞处向上游段掘进、支洞处向下游掘进、3♯洞出口段掘进三个掌子面同时进行开挖支护。开挖采用人工手持式风钻钻孔

爆破。

④隧洞出渣采用有轨出渣,三个工作面即配置 3 台扒渣机装渣,6 套电瓶车牵引 6 台梭式矿车运输至弃渣场,装载机平渣。

⑤隧洞内不良地质的处理,首先制定隧洞不良地质处理技术预案,采用超前预报,遇到不良地质,根据隧洞不良地质处理技术预案及时处理。

⑥隧洞混凝土衬砌采用先底板后侧墙顶拱的衬砌施工方法,底板浇筑采用 10 跨 120 m 为一个浇筑单元进行浇筑,弧底采用弧形堵头模板,人工压光收面。侧墙顶拱混凝土的浇筑采用钢模台车进行施工,混凝土拌和采用装载机上料,自动配料机配料,强制式搅拌机拌和,混凝土运输采用电瓶车牵引轨轮式混凝土搅拌输送车运输,将拌和好的混凝土从洞外运至洞内混凝土输送泵泵送入仓。

支洞上游段 1 005.71 m(9+876.79～10+882.50)开挖完即进行混凝土浇筑,支洞下游段 1 000 m(10+882.5～11+882.5)与 3♯洞出口段 1 588m(12+182.5～13+470.61)隧洞贯通后先浇筑底板,再浇筑侧墙和顶拱,施工配置 2 套混凝土拌和系统。拌和系统分别在支洞处和 3♯洞出口各设置一套,即各配置一台 JS500 拌和机和 PH800 配料机。

本部分施工共计配置 4 套自制钢模台车,由于支洞上游段和支洞下游段侧墙、顶拱浇筑不在同一时段,故可采用 2 套钢模台车满足进度要求。3♯洞出口段配置 2 套钢模台车。

⑦通风排烟采用压入式接力通风。支洞口配备 1 台 2×55 kW 轴流通风机,在主洞与支洞交会处设置三通,一面向支洞上游方向通风,一面向支洞下游方向通风,在上、下游段各 100 m 处串联 1 台 2×11 kW 轴流风机,用接力风机把从支洞口输送来的新鲜空气输送到上、下游各掌子面,当支洞处上、下游段掘进超过 800 m 时,另外在支洞上、下游 800 m 处各配置 1 台 2×5.5 kW 的轴流风机接力串联,把新鲜空气送入最后的 200 m 掌子面。

3♯洞出口段配置 1 台 2×37 kW 轴流风机,等掘进超过 1 200 m 时,在此处串联接力 1 台 2×11 kW 的轴流风机(从支洞处移过来),可以把新鲜空气送入最好的 388 m 处。

⑧3♯分水闸及输水钢管制作在专业生产厂家定做。运输到现场防腐处理,支洞运输安装焊接完再进行焊缝防腐处理。

9.2.4 施工临时设施

(1) 施工供电

洞外施工电源及生产生活区的电源 10 kV/0.4 kV 变台分别布置在 3♯洞出口处和施工支洞口,如表 9-2 所示。

表 9-2 洞外施工机械及照明用电量

序号	设备名称	数量	型号	功率(kW)	合计
1	轴流式通风机	1	YZF200L$_1$-2	2×55	110

序号	设备名称	数量	型号	功率(kW)	合计
2	电焊机	2	BX-400	17	34
3	水泵	2	4″	17	34
4	充电机	2		30	60
5	生产、生活照明			20	20
6	拌和系统	1		35	35
7	加工设备			50	50
合计					343

洞内施工所需的 10 kV/0.4 kV 变台根据施工需要由业主提供至洞内。10 kV 高压输送线采用 3×35 铠装电缆。为了预防不可预见的临时停电,项目部计划配备 2 台 125 kW 移动式发电机组作为自备电源,如表 9-3 所示。

由于隧洞洞内低压供电电压损失较大,超过 1 000 m 时洞内供电电压已不能满足洞内施工用电需求。为了保证施工设备的正常运行,隧洞洞内超过 1 000 m 就需高压进洞,在预先开挖好的旁洞内,将容量为 400 kVA 的变压器安装在洞内,保证洞内施工设备及照明用电。按照洞内输电干线与动力线安装在同一侧,分层架设,高压在上,低压在下,干线在上,支线在下,动力在上,照明在下的原则分层布设,电线悬挂高度不小于 2.2 m。洞内照明线的电压在成洞段可用 110 V 或 220 V,以保证施工安全。低压动力线须用导线截面 185 mm² 的防潮绝缘导线,动力线与照明线分开。在开挖爆破前应将距开挖面 50 m 以内的电缆线拆移至安全距离以外。

表 9-3　洞内施工机械及照明用电量

序号	设备名称	数量	型号	功率(kW)	合计
1	喷锚机	1	PZ-5	5.5	5.5
2	电焊机	2	BX-400	17.0	34.0
3	空压机	1	V110~7	110.0	110.0
4	挖斗式装渣机	1	WD-150	45.0	45.0
5	风机	2		2×11.0	44.0
6	水泵	4	4″	7.0	28.0
7	梭式矿车			30.0	30.0
8	洞内照明			20.0	20.0
9	其他				10.0
合计					326.5

(2)施工供水及施工供风

据现场情况,3#隧洞出口及施工支洞处的施工用水均在黄河自行抽取拉用。

洞内供风主要作为风钻和混凝土喷射机的动力,供风管道采用无缝钢管,每根钢管两头焊接法兰盘,钢管之间通过法兰盘连接。钢管管径采用 $d=108$ mm 钢管供风,可满足供风要求。输气管在洞内沿侧墙底布置,施工掌子面附近用高压橡胶软管连接,风钻和主输气管用连接器连接,计划在 3♯ 洞出口及施工支洞处上、下游段各配置 1 台 17.5 m³/min 英格索兰空压机。

（3）施工通风排烟

3♯隧洞在施工支洞处采用 2×55 kW 轴流式通风机压入通风,在施工支洞处上下游段 100 m 各设置一台 2×11 kW 轴流风机,分别向上、下游段接力供风,在上、下游各掘进超过 800 m 时,设置一台 2×5.5 kW 轴流风机接力通风,以便把新鲜空气送到最后的 200 m 掌子面,通风管管径 0.8 m、0.6 m、0.5 m。

（4）施工通信

项目部主要管理人员每人配备一部手机,以便于对外联络协调和沟通,洞内及施工区设程控电话,供洞内外以及现场调度联系。

（5）施工照明

施工照明系统按相关规范要求布设,洞内用于开挖、支护等作业区照明,采用 36 V 或 24 V 照明线路,非作业区照明采用 220 V 照明线路。每 20 m 安装一个 60 W 灯泡,工作面安装 1 000 W 碘钨灯。营地、混凝土拌和站、综合加工厂、施工场区采用投光灯集中照明,同时辅以白炽灯加强照明。生产区、生活区照明严格执行技术规范要求的照明标准。

（6）砂石料供应堆放系统

砂石料堆放场设置在混凝土拌和场一侧,根据施工总体要求运输至施工现场,堆放场设储料仓,砂石料分级堆放,避免相互污染。

（7）混凝土拌和站

根据工程施工需要及自然地形条件,3♯隧洞出口及施工支洞处各设拌和站一座,拌和站各配置 1 台 JS500 型强制式拌和机,一台与之相配套的 PH800 配料机,并配备一台 ZL50 装载机上料。拌和站至洞内的混凝土运输采用有轨运输。

（8）施工运输

根据本部分工程总体施工方案,洞内运输采用有轨运输方式,洞挖出渣、混凝土拌和物以及其他材料运输均采用这种运输方式。有轨运输运输能力大,运输过程震动小,平稳、容易保证混凝土运输质量,运输费用低,线路专一,对其他运输的干扰小,管理方便,但要求拌和场与混凝土浇筑供应点以及弃渣场的高差小,线路纵坡小,转弯半径大。轨道在洞外的布设主要有弃渣场主线,混凝土拌支线,机修车间支线,充电室支线以及洞外会车道,根据运输设备选用的轨道为 24 kg/m 的轻型钢轨。

（9）生活设施及其他设施

项目部主营地布置在 3♯隧洞出口,副营地设在施工支洞处,其余项目部生活设施根据本合同工程规模以及施工高峰期投入各类人员数量进行布设。

9.2.5 安全和质量管理

（1）安全管理

①安全管理组织机构

建立健全安全生产管理机构，成立以项目经理为组长的安全生产领导小组，全面负责并领导本项目的安全生产工作。主管安全生产的项目副经理为安全生产的直接责任人，项目技术负责人为安全生产的技术负责人。本部分安全领导小组构成如表9-4所示。

表 9-4　软岩隧洞施工安全领导小组构成

安全领导小组构成	职责
安全技术负责人	①监督施工全过程的安全生产，纠正违章 ②配合有关部门排除安全障碍 ③全员活动和安全教育 ④监督劳保用品质量和使用
生产调度负责人	①在安全前提下，合理安排生产计划 ②组织安全技术措施的实施 ③解决施工中不安全技术问题
机械管理负责人	①保证项目使用的各类机械安全运行 ②监督机械操作人员持证遵章作业
消防管理负责人	①保证防火设备齐全有效 ②消除火灾隐患 ③组织现场消防的日常工作
劳务管理负责人	①保证进场施工人员技术素质 ②控制加班加点保证劳逸结合 ③提供必要劳保用品，保证质量
其他有关部门	①财务部门保证安全措施的经费 ②卫生、行政部门确保工人生活基本条件，确保工人健康

②落实安全生产责任制

A. 项目实行安全生产三级管理，即：一级管理由经理负责，二级管理由专职安全工程师（员）负责，三级管理由班组长负责，作业点设安全监督岗。

B. 完善各项安全生产管理制度，针对各工序及各工程的特点制定相应的安全管理制度，并由各级安全组织检查落实。

C. 建立安全生产责任制，落实各级管理人员和操作人员的安全职责，做到纵向到底，横向到边，各自做好本岗位的安全工作。

D. 项目开工前，由项目经理部编制实施性安全技术措施，编制专项安全技术措施，领导小组同意后实施。

E. 严格执行逐级安全技术交底制度，施工前由项目经理部组织有关人员进行详细的安全技术交底。项目施工队对施工班组及具体操作人员进行安全技术交底。各级专职安全员对安全措施的执行情况进行检查、督促并作好记录。

F. 加强施工现场安全教育

a. 针对工程特点，定期进行安全生产教育，重点对专职安全员、安全监督岗岗员、班组长及从事特重作业的起重工、爆破工、电工、焊接工、机械工、机动车辆驾驶员进行培训和考核,学习安全生产必备基本知识和技能,提高安全意识。

b. 未经安全教育的管理人员及施工人员不准上岗。未进行三级教育的新工人不准上岗。变换工种或参加采用新工艺、新工法、新设备及技术难度较大的工序的工人必须经过技术培训,并经考试合格者才准上岗。

c. 特殊工种的安全教育和考核,严格按照《特种作业人员安全技术培训考核管理规定》执行。经过培训考核合格,获取操作证方能持证上岗。对已取得上岗证者,要进行登记存档规范管理。对上岗证要按期复审,并设专人管理。

d. 通过安全教育,增强职工安全意识,树立"安全第一,预防为主"的思想,提高职工遵守施工安全纪律的自觉性,认真执行安全操作规程,做到:不违章指挥、不违章操作、不伤害自己、不伤害他人、不被他人伤害,确保自身和他人安全。提高职工整体安全防护意识和自我防护能力。

e. 认真执行安全检查制度

项目经理部要保证检查制度的落实,按规定定期检查。项目经理部每 10 日检查一次,项目队安检部门每 7 日检查一次,作业班组实行每班班前、班中、班后三检制,不定期检查视工程进展情况而定,如:施工准备前、施工危险性大、采用新工艺、季节性变化、节假日前后等时要进行检查,并要有领导值班。对检查中发现的安全隐患,要建立登记、整改制度,按照"三不放过"的原则制定整改措施。在隐患没有消除前,必须采取可靠的防护措施。如有危及人身安全的险情,必须立即停工,处理合格后方可施工。

(2)质量管理

①程序控制

对开工—作业实施—工序交接—竣工的工艺流程的每一个环节实行程序控制,建立开工申请单与批准书、施工日志,施工原始记录、测量与实验报告、中间交接证书、最终交验报告、质量检验评定证书等全套程序控制文件,明确每一个程序、每一份文件的责任人职责,并对程序控制的实施情况,进行定期检查和随机检查,力求及时准确地掌握每一个施工阶段、每一个工程部位工程质量的真实情况,以确保施工作业按质量标准的规定要求组织实施。现场质量检查程序如图9-3所示。

②重点控制

对施工生产中的弱点、难点和关键点实行重点控制。如设计图纸审查、施工技术方案确定、测量控制网布设、原材料与半成品质量检验、试验配比确定和实施、队伍管理等等,均加大工作力度,予以重点关注,确保工作质量。

③动态控制

对重复次数较多,延续时间较长的作业过程,实行动态控制。如混凝土强度的质量波动情况,需持续采集数据,掌握质量动态,并通过数据分析,探索问题所在,及时采取对策,改善施工管理,提高工程质量。

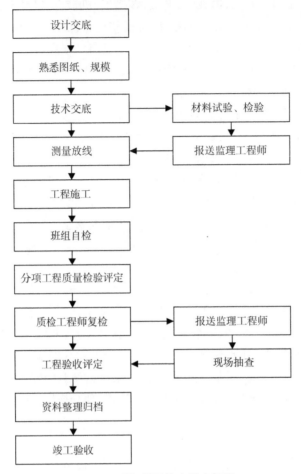

图 9-3   现场质量检查程序框图

9.3   渡槽预制吊装施工组织设计

9.3.1   代表性 6♯ 渡槽概况

本工程 6♯ 渡槽长 1 130 m,桩号 30＋019.94～31＋149.94,包括进口渐变段 3 m,出口渐变段 4 m。渡槽比降为 1/1 000,设计流量为 4.5 m³/s,加大流量为 5.5 m³/s。其中 19 跨(8♯—27♯排架)为上承式预制肋拱结构,40 m/跨,共计 760 m,其余均为 12 m/跨现浇混凝土槽身,共计 363 m(其中两跨为 13.5 m),槽身断面为矩形,混凝土成型净断面为 2.3 m× 1.7 m。进出口墩台为浆砌石结构,现浇混凝土槽台,中间均为扩大基础排架结构。其中 2♯、3♯、4♯、5♯、6♯、7♯、14♯、15♯、16♯、17♯、18♯、19♯排架基础为桩基础,采用灌注桩。

9.3.2   本工程重难点及应对措施

(1)重难点一

本工程 6♯ 渡槽为上承式肋拱桁架结构,预制肋拱单片重约 70 t,难以运输,吊装难度大,精度高;排架高度达 20 m,部分地基采取桩基处理;工序多,交叉作业;施工受季节和汛期影响。因此在施工组织、技术上有一定的难度。

对策:①精心编制施工组织设计,利用时间和空间,合理地安排各工序施工时间和顺序。②加强组织管理,选配技术水平高的专业施工人员作业,力争各工序一次验收合格率为 100%,缩短工序的衔接时间。③配置足够的周转性材料和器具及性能良好的施工设备,保证投入资源满足施工高峰强度的施工需要,同时考虑主要设备及材料有一定的备用量,确保稳定的施工强度。④施工前修筑围堰,进行分期、分段导流,安全防洪度汛,确保干地施工。⑤肋拱施工采取就地预制、两台 100t 龙门吊双机吊安装。

(2) 重难点二

地下作业和高空作业是安全施工的一大难点。

对策:①坚持"安全第一,预防为主"的方针,健全安全生产保证体系、各项安全制度和操作规程,配发安全防护手册,并严格执行,是一切安全工作的基础保证。②在施工组织设计的编制中始终按照技术可靠、措施得力、确保安全的原则确定施工方案。③配备必要的监测、监视装置,做到险情的预报和预防;佩戴必要的安全防护用具和用品,加强人员自身的安全防护;设置必要的安全防护设施和警示标志,隔离和避免安全隐患。④在技术方案可靠,安全措施落实到位,确保安全的前提下组织施工。在施工中加强检查、监督,杜绝一切违章指挥和违章操作,及时解决施工过程中出现的安全技术问题。⑤针对工程特点,制定适宜、充分的应急预案及现场处置方案,成立应急救援组织,配备必要的人员、材料、设备及器具,并有效运行。

9.3.3 施工总体部署

(1) 施工组织

根据该部分工程建设特点,拉西瓦灌溉工程项目部设生技部、质安部、综合部、财务部四个职能部门。同时,项目部下设综合作业组、金结构及设备组、砂石料供应组、渡槽作业组、渠道作业组、隧洞作业组、结构物作业组、加工组、土石方作业组九个作业班组。组织机构如图 9-4 所示。

(2) 施工总体方案

①建筑物施工坚持"先深后浅、先主后次、先重后轻、先高后矮"原则。

②土石方开挖采用水平分段、竖向分层的方法自上而下分层开挖,开挖采用挖掘机挖装,自卸汽车运输,开挖时预留 30~50cm 保护层,进行下道工序前,人工配合清底削坡;土方回填待建筑物混凝土强度达到 70% 后进行,采用分段水平分层填筑法,自下而上分层填筑,两侧同时进行,压实采用人工、电动夯(或蛙式打夯机)配合手扶自行式压路机进行。

③6♯渡槽施工导流采用分期分段导流,土石围堰围护的方式。渡槽槽身采用碗扣式脚手架支撑,钢桁架及锁口杆加固支撑,模板为组合钢模,采用三节脱模法施工。

④在预制厂集中生产所有小型构件,载重汽车运送至施工现场,汽车起重机配合人工安装。

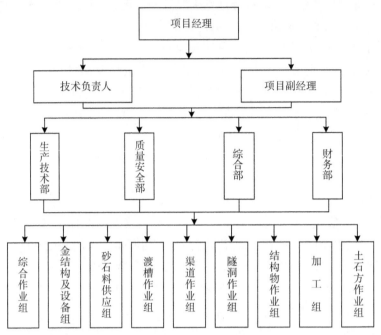

图 9-4　预制渡槽施工组织机构图

⑤肋拱的预制采取就地"躺"式预制法,即在排架两侧平行预制,便于吊装;肋拱吊装采用两台龙门吊双机吊法。

9.3.4　施工临时设施

(1) 施工供电

①施工供电说明

本工程拟在 9♯隧洞出口、10♯隧洞进口、项目部主营地各配置一台 400 kVA 变压器供应施工用电,其中 10♯隧洞进口变压器主要承担 7♯渡槽出口—10♯隧洞进口段渠道的施工供电及其 10♯隧洞、11♯-1 隧洞洞内、洞外施工用电,该变压器供电线路约为 2 130 m。

②施工用电布置

按《施工现场临时用电安全技术规范》(JGJ 46—2005)和有关规定进行配电布线。贯彻施工用电和生活区用电分开布置的原则,按就近配电顺序进行布线。洞外架空线路电杆间距因地制宜,最大不超过 50 m,采用∠70×5 横担,瓷瓶绝缘。洞内架空线路布设在洞顶壁的电线支架上,洞内输电干线与动力线装在同侧,分层架设,高压在上、低压在下,干线在上、支线在下,动力线在上、照明线在下,电线悬挂高度不小于 2.5 m。衬砌和掘进段电缆都有富余,以便移动。

分配电箱至开关箱的电缆和开关箱由持有电工操作上岗证的专业人员按用电负荷、规范、规程设计、安拆,所有供电线路架空布设。

（3）施工供水

①用水项目

本标施工用水项目包括：各施工区的混凝土养护、混凝土仓面清理、土方开挖与回填、混凝土拌和站、车辆冲洗、道路洒水、生活用水及消防用水等。

②供水方案

生活用水计划趁东沟至王屯自来水改造过程中，经王屯村委会协调同意，在主管线经项目部位置留出口，自行安装管线至项目部供生活用水。施工生产用水计划配置一辆 $6 \, m^3$ 水车供水。

9.3.5　安全和质量管理

（1）安全管理

①建立健全预制渡槽施工安全生产管理机构，成立以项目经理为组长的安全生产领导小组，副经理、技术负责任副组长，各班组负责人任小组成员，每个作业面配备足够的专职安全员，具体履行监督、检查、管理各班组的安全工作。

②贯彻"安全生产，人人有责"的方针，组织施工人员进行安全基本知识教育与技能训练，对职工进行施工安全教育、遵章守纪和标准化作业的教育，增强全员安全意识，提高安全知识水平，编印安全保护手册发给全体职工。工人上岗前进行安全操作的培训和考核，合格者才准上岗。

③建立各项安全保证体系，制定适合本工程的各项安全生产管理制度及各工种、各工序安全生产操作规程。施工中采用新技术、新工艺、新设备、新材料时，均制定出相应的安全技术措施。

④各工序开工前要做好安全技术工作，所有作业人员必须按有关安全技术操作规定进行施工操作，杜绝一切违章指挥和违章操作。

⑤有组织、有领导地开展安全管理活动。向职工进行施工技术交底的同时进行安全交底，安全领导小组成员及时深入施工现场解决施工过程中的安全技术问题，及时纠正施工中违反安全操作规程的作业行为。

（2）质量管理

①建立质量管理的专职机构，作为推进质量管理的工作班子。

②建立完整的质量保证体系。分析工程建设过程中主要环节，分清这些环节之间的联系，提出建立多种质量保证组织子体系和质量保证工作子体系的方案，并赋予这些子体系在生产中的功能、作用、职责和各子体系之间关系，分别将质量保证组织子体系和质量保证工作子体系两个方面形成网络，使之形成完整的质量保证体系。

③开展目标管理。项目部将根据合同中对质量的要求，按年制定出改进经营管理和提高工程质量的具体目标。按目标制定、目标展开、目标推进和目标评价四大步骤实行目标管理。

④建立工序管理的正常秩序。完善工序检测手段和考核手段，使生产过程中对工程质量起作用的人、机（设备）、原材料（数据）、工艺和环境五种要素保持稳定的状态，防止

不合格品流入下一道工序。

⑤组织群众性的质量管理活动。对各子体系在目标管理、工序管理以及其他质量管理工作中存在的问题和薄弱环节,开展群众性攻关活动。

⑥组建质量反馈网络系统和信息处理中心。及时收集和处理信息,为进行有效控制,确保提高质量提供信息基础。

⑦建立完善的考核奖惩制度。对所有开展目标管理的单位,都将根据其成果价值的大小和数量情况进行评定给予适当的奖励或惩罚。

第十章　拉西瓦灌溉工程主要施工技术

本章针对拉西瓦灌溉工程的四类主体工程在施工过程中所遇到的困难点,分析其分别采用的创新性技术,包括明(暗)渠工程的渠道防渗设计技术、边坡稳定设计技术和黄土湿陷设计技术;渡槽工程克服了复杂地质条件、高寒环境条件等对渡槽施工产生的巨大影响,实现了大吨位大跨度空腹桁架拱式渡槽的整体预制吊装;隧洞工程基于高低温、高地应力的隧洞洞身开挖技术、混凝土施工技术、灌浆技术和施工技术进行;以及倒虹吸工程的单式轴向型波纹伸缩节技术。本章从工程的整体概况、施工条件、施工技术布置、施工困难点和重大创新进行说明,突出四项工程的关键技术对拉西瓦灌溉工程进度开展的促进作用。

10.1　明(暗)渠工程施工技术

拉西瓦灌溉工程干渠中共有 36 段明(暗)渠,明渠均采用现浇矩形渠,明(暗)渠施工重点在于其中干渠九、十标 19-35♯明渠断面为 1 m×1 m 左右,相较于源头明渠 3 m×3 m 的断面混凝土体积小,振捣难度大,需要换用小的振动棒,人工用锤子配合振捣,干渠六标段 8♯暗渠,基坑开挖与高边坡支护,需要进行四方联合检查。

明(暗)渠施工工序为:测量放线→基坑开挖→钢筋绑扎→模板支护→混凝土浇筑→拆模→养护→回填。

10.1.1　明(暗)渠基坑开挖

拉西瓦灌溉工程沿线岩性主要有黄土状土、砂砾石、碎石土、砾质土类、黏土岩及砂质板岩,其中黄土状土段 3 066.3 m,占总长的 25.1%,砂砾石段 7 572.1 m,占明渠总长的 56.5%,碎石土段 605.5 m,占明渠总长的 4.5%,砾质土、壤土段 1 402.8 m,占明渠总长的 10.5%,黏土岩 133.5 m,占明渠总长的 1.0%,砂质板岩段 332.5 m,占明渠总长的 2.5%,土壤构成复杂。

(1)施工准备

为保证明渠工程施工质量和工程进度、加强施工现场管理和协调工作,组织较强施工组织机构,同时配备好较好的机械设备和熟练的技术工人进行工程施工。各项进场原材料必须检验合格且需上报监理工程师审批后方可使用,6♯明渠工程施工前须做必要的清理与整平,根据工程需要设置固定电闸。

（2）土方开挖

明（暗）渠土方开挖主要为基础清理土方。在土方开挖工程开工前,根据设计图纸要求,以二级定线网点为基点,首先进行土方开挖开口线及中线进行放样,在覆盖层边坡开挖过程中,及时检查复核边线、坡度,避免超欠挖,及时进行测量放样,然后再进行施工。土方开挖按设计施工图纸或渠道现场测量放线成果（超出设计说明的部分由监理工程师现场进行签证）进行开挖,按设计清理表面 20 cm,淤泥清基开挖按实际清理至原砂石料基础面。已开挖的设计边坡,及时检查处理与验收,验收合格后进行其相邻部位的开挖。开挖过程中,做好施工记录和有关资料、报告等的整理、编制工作。清基开挖使用 1.2 m³ 挖掘机挖装,20t 自卸汽车运输,3 m³ 装载机配合,直接运至 1 km 内弃渣场堆放,将土方分可用和废弃分别运至规定堆土区或弃土区。

（3）高边坡开挖

边坡开挖时,粉土、黄土临时开挖边坡采用 1：0.75,永久开挖边坡采用 1：1：1。开挖中高度大于 2 m 时须及时埋设管线并予以回填,不允许长期放置,以免造成坍塌;其中挖深大于 10 m 时每高 5 m 留一道 1.5 m 宽马道,纵向放坡开挖时,应在坡顶外设置截水沟或者挡水土堤,防止地表水冲刷坡面和高边坡外排水再回流渗入坑内造成边坡坍塌。高边坡土方开挖的顺序、方法必须与设计工况相一致,并遵循"分层开挖、严禁超挖"的原则。分层开挖的每一层开挖面标高不低于该层坡面线标高。开挖过程主要采取层挖法施工。安排两台挖机分别在高边坡坡面上采用退挖法向中心挖土装车外运,严格控制最后一次开挖,控制超挖,确保坡面线标高控制在设计范围内。

（4）边坡保护

明渠为确保边坡坡面平顺,坡度符合设计要求,边坡开挖线 1.5 m 内严禁堆土或堆放材料。边坡按设计要求及时支护,避免长期暴露,造成坡面塌陷,采取砂砾石编织袋在坡脚处贴坡码砌,增加坡脚稳定,高度为 0.5～1.5 m,码砌砂砾石编织袋防护坡脚受水流侵蚀,若边坡侧向位移严重,码砌砂砾石编织袋不足以支护边坡时,采取钢板桩等支护形式。基坑支护如图 10-1 所示。

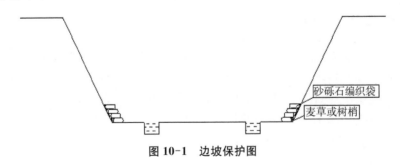

图 10-1　边坡保护图

（5）灰土回填

灰土铺筑前,清除基面浮土进行验收,严格挂线铺筑。灰土的拌制严格按设计体积配合比 3：7（灰：土）,采用人工翻拌 3～4 遍,达到均匀,颜色一致,适当控制其含水量,以用手紧握土料成团,两指轻捏能碎为宜,如土料水分过多或不足时,进行晾晒或洒水湿润,随拌随用。及时摊铺夯实,摊铺厚为 20～30 cm 为宜,厚度用样桩控制,碾压遍数可根据设计要求的密实度在现场试验确定。灰土分段施工时,上下相邻两层的接缝不得小于 50 cm,且接缝处的灰土应充分夯实。摊铺好的灰土必须及时压实,不得隔日碾压,碾压后的灰土或采取必要措施,或及时进行上层施工,三十天内不得受水浸泡。

(6) 垫层料夯填

将合格的砂砾石料由人工铺设在已验收三七灰土的基面上,用蛙式打夯机分层夯实,夯实达到设计要求。

(7) 防水、排水措施

明(暗)渠基坑开挖时,分段依次进行,开挖面四周逐层设置排水明沟,排除地基渗水,在基坑四周设置排水沟、截水沟来排除地表水、雨水、施工废水等。在上下游设集水井,安设水泵排水,使基坑底部上下游水分开。

10.1.2　明(暗)渠施工技术

明(暗)渠混凝土浇筑施工采用常规流水施工法,混凝土浇筑顺序为先底板后侧墙,两侧墙浇筑要均匀上升。浇筑过程要连续,避免停歇造成“冷缝”。混凝土配料采用 1.2 m^3 PLD1200 双向型混凝土配料机,1.0 m^3 强制式搅拌机拌和,用 0.6 m^3 V 型斗车运输配合溜槽入仓浇筑成型,采用插入式振捣器分层振捣,每层厚度 30 cm 为宜,严防漏振和过振。浇筑时要做好出料口的取样工作,现场测试坍落度,严格控制水灰比,浇筑时要做好出料质量。拆模后及时进行洒水养护 28 天,混凝土表面保持湿润,确保混凝土强度达到设计要求。混凝土浇筑前需做好底板的排水设施。

10.1.2.1　明渠工程施工技术

(1) 混凝土浇筑

明渠混凝土浇筑分两次浇筑,采用平铺法或台阶法施工,采用 $\phi 50$ 插入式振捣器振捣,即先浇筑底板混凝土,且施工缝不得在同一水平面上,按沉降缝逐段施作。当底板混凝土强度达到 70% 时,浇筑边墙及顶板混凝土,边墙及底板混凝土接缝处必须凿毛,清洗干净,在浇筑侧墙混凝土。混凝土浇筑作业按经工程师批准的块厚、次序、方向进行。在倾斜面上浇筑混凝土时,从低处开始浇筑,保持浇筑面水平。

底板混凝土浇筑前检查模板尺寸、形状是否正确,接缝是否严密,支架连接是否牢固,清除模板内的灰尘垃圾。混凝土振捣采用插入式振动器振动,振动时间 20～30 s。当混凝土不再有显著沉落,且没有较大气泡冒出,表明混凝土表面均匀、平整。底板混凝土强度达到设计强度的 70% 后,方可在底板上立模浇筑侧墙混凝土。

侧墙混凝土浇筑需按施工缝的施工要求对底板接侧墙部位进行人工凿模,以保证新旧混凝土的结合。侧墙混凝土以 50 cm 的层厚逐层浇筑。混合料从一端向另一端均匀地送入模板中,定人定位用插入式振动棒振捣。每层均按先边墙,后中墙,在另一边墙的顺序,依次轮流浇筑振捣,最后进行专人抹面。

（2）混凝土拆模及养护

明渠混凝土浇筑完毕达到规定强度后拆模，不承重的侧面模板，在混凝土强度达到2.5 MPa以上，并能保证其表面及棱角不因拆模而损坏时才拆除。拆模作业应做到对混凝土及模板无损伤。为使混凝土表面保持湿润状态，混凝土浇筑完毕后12~18小时内即开始洒水养护。根据不同部位和当月气候情况，高温季节采用洒水养护，养护时间按以上层混凝土覆盖时间为止。混凝土在炎热或干燥气候情况下提前养护。早期混凝土表面采用经常保持水饱和的覆盖物进行遮盖，避免太阳暴晒。

（3）混凝土表面缺陷修补

混凝土表面缺陷包括蜂窝、麻面、错台、走样等，修补前首先分析产生缺陷的主要原因，根据混凝土表面的工作要求、施工技术条件，选择修补方法，并报工程师批准。

一般部位的混凝土表面缺陷，采用丙乳砂浆修补，丙乳与各类型水泥均有较好的适应性，施工方便，抗渗能力强，耐腐蚀性能好，具有优良的抗冻性和抗老化性能，抗拉和抗折强度显著提高。丙乳砂浆宜人工拌和，不可强烈搅拌，以免产生泡沫，降低丙乳砂浆密实度及强度。

特殊部位采用人工涂抹方式施工，须朝一个方向压实，不宜反复来回压抹，一般情况下丙乳砂浆抹厚度为1~2 cm，垂直表面人工涂抹可分2次，每次涂抹厚度1 cm左右。

（4）钢筋安装

钢筋进入加工场地后先进行除锈、调直、然后依据设计长度下料、弯曲、绑扎，$\phi 6$~$\phi 12$钢筋采用人工弯制，$\phi 12$以上钢筋采用钢筋弯曲机加工。

（5）模板制作安装

模板采用定型钢模板，接缝处用双面胶条填塞，人工拼装。

（6）止水带、伸缩缝制作与安装

按照设计图纸要求，采用651型橡胶止水，底板与侧墙之间的施工缝采用铁皮止水。安装时严格按照设计位置布置，并采取可靠的固定措施，设置一些简易的托架、夹具将止水带固定在设计位置上。所有止水带均采取先安装后浇筑的施工方法，安装好的止水带应妥善保护，浇筑混凝土时要有专人负责监督，充分振捣止水周边混凝土，并防止位移。如图10-2所示。

10.1.2.2 暗渠施工技术

（1）混凝土入仓、振捣

混凝土入仓采用汽车起重机吊罐入仓，水平分层法浇筑，保持两侧墙体混凝土均匀对称上升，每层铺料厚度为30~50 cm。混凝土振捣采用2.2 kW插入式振捣器振捣，振捣器要垂直插入，快插慢拔，并插入下层混凝土5~10 cm以保证上下层混凝土结合良好，同时防止过振和漏振。在混凝土浇筑过程中，随时观察模板、支架和钢筋的情况，当发现有变形、位移时，及时采取措施进行加固处理，因意外情况混凝土浇筑受阻时间不得超过2个小时，否则按施工缝处理。

（2）混凝土拆模

内模版在混凝土强度达到50%以上脱模，脱模速度直接影响工程施工进度。模板表

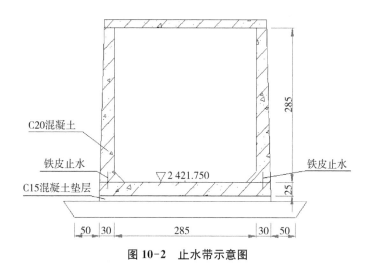

图 10-2 止水带示意图

面涂刷脱模效果较好的脱模剂,以保证混凝土表面光洁度。

（3）混凝土养护

暗渠工程在混凝土现浇完以后 12 小时左右在混凝土外表面喷水养护,并覆盖草帘子防止混凝土的水分散失,养护时间不少于 28 天。高温期间加强养护工作。

（4）钢筋安装

暗渠工程在混凝土垫层面上弹出底板、墙体模板边线,钢筋间距线,架立筋位置,经复核放线无误后方可进行钢筋安装,按照设计图纸规定的间距、排距绑扎,先下层后上层,上下层钢筋用架立筋支撑,刚度不够时,采用∠50×∠50 角钢进行加强,主筋与分布筋均采用八字形扣绑扎。同时,在钢筋与模板之间,采用不低于结构物设计强度的混凝土垫块隔开,垫块相互错开,分散布置,以保证混凝土保护层厚度满足设计及规范要求。预埋钢筋点焊在横向受力钢筋上,防止错位,确保在模板安装过程中的准确性,其次,钢筋焊接采用对焊的方式进行焊接,减少浪费,提高钢筋的焊接强度,尽量减少接头绑扎。焊接时,接头要错开,同一截面内,钢筋接头数量（总接头面积）,在受压区≤钢筋总面积的 50%,在受拉区≤钢筋总面积的 25%,接头钢筋错开距离不得小于 30d 且大于500 mm。墙体钢筋搭设双排架进行安装,安装完成后,墙体钢筋间按顶板钢筋尺寸个别性地进行预安装,使墙体钢筋连接成整体,拆除内部双排操作架,利用外部操作架上部伸出横杆固定墙体钢筋,以保证墙体钢筋位置准确性。

（5）模板安装与拆除

暗渠模板安装工艺流程:放线→安装支架→模板吊装→调整→检测→校核→固定→检查。

暗渠模板安装前,根据施工图纸进行测量放线,模板依据测量点、线进行安装及校正,再进行固定。模板安装偏差,水平尺寸控制在±10 mm,高程控制在±5 mm。竖向模板与内倾模板设置内部撑杆或外部拉杆,以保证模板的稳定性。墙体模板采用既拉又顶方式支撑,对拉螺栓采用 ϕ12～ϕ16;在底板施工时,设置锚环。对拉螺栓中部要设有止水板,模板拆除时要将对拉螺栓两端的塑料帽取出,并回填不低于混凝土强度的水泥砂浆,回填平整。模板及其支撑上,严禁堆放材料及设备,混凝土浇筑脚手架不准与模板系统相连接。模板在拼装前进行检查,并在表面刷脱模剂。如果模板底部与基层有空隙,则用木片垫衬垫实,垫衬间的空隙再用砂填塞,以防混凝土振捣时漏浆。

(6)止水带、伸缩缝制作与安装

渠道每12 m设一道伸缩缝,缝内设651-Ⅱ型止水带,分缝止水贴闭孔板,在止水带迎背水面均贴,与混凝土面紧密结合,顶部设环保型聚氨酯密封胶。止水带采用定型钢模及专用钢架夹设,确保止水带架设过程中的架设偏差。搭接处用锉刀锉毛,轻刷干净后用环氧树脂黏接,黏接时,在配好的环氧树脂加入适量的石棉绒,塞入止水带两头接头中,确保黏接强度与密实性,上下用钢板夹具固压黏接头处,搭接长度为10 cm,止水带转角处需做圆角。

①土方工程:

A. 开挖边坡及基底预留保护层,下道工序施工前及时削坡、清基,防止长时间暴晒,造成土体、岩体风化崩解;

B. 符合填筑要求的土料,运输时,遮盖篷布,在储料场,加大堆置高度,减少水分蒸发;

C. 填筑时,根据气温情况对料场土料含水量进行调整,加快土料装料和卸料、铺料等工序以免周转过多而导致含水量的过大变化;

D. 适当缩短流水作业段长度,土料及时平整、及时压实。尚未碾压的松土,快速碾压形成光面,减小水分蒸发。铺料前,压实表土适当洒水湿润,以补充表土水分;

E. 加大运输路面洒水次数,减小粉尘飞扬。

②混凝土工程:

A. 加大混凝土骨料堆放高度,以保持骨料的平均温度;

B. 用水喷洒冷却混凝土骨料;

C. 在拌和站搭设简易凉棚,降低出料口混凝土温度;

D. 避开高温时段浇筑,以降低混凝土表面温度;

E. 加强混凝土面的覆盖及缩短洒水养护间隔期;

F. 勤检测混凝土的出机温度,入仓温度和成型后温度,为温度控制提供数据;

G. 加强组织协调管理工作,加快施工进度。

(2)低温季节施工措施

①土方工程:

A. 在开挖区覆盖足够厚度的锯末等保温材料,宽度大于最大开挖宽度;

B. 为防止已经开挖的沟、槽(坑)基土受冻,在其上铺设木楞、板皮和15～20 cm厚的保温材料,保持基土不受冻;

C. 负温下露天土料施工,缩小填筑区,并采取铺土、碾压、取样等快速连续作业,压实时土料温度必须在−1℃以上。当日最低温度在−10℃以下,或在0℃以下且风速大于10 m/s时停止施工;

D. 负温下填筑要求黏性土含水率不应大于塑限的90%;砂砾料含水率(指粒径小于5 mm的细料含水率)应小于4%;

E. 负温下填筑,做好压实土层的防冻保温工作,不得冻结,否则必须将冻结部分挖除。负温下停止填筑时,填筑区表面加以保护,防止冻结,在恢复填筑时予以清除;

F. 填筑土料中严禁夹有冰雪,不得含有大于 15 cm 的冻结块,而且含量不得超过填土总体积的 15%。土料不得加水。减小每层填铺厚度,加大压实功能等措施,保证达到设计要求。如因下雪停工,复工前清理填筑面积雪,检查合格后方可施工;

G. 冬季施工时为保证填方质量,施工时间尽量选择在晴朗、无风天内气温较高的时段内进行。

②混凝土工程:

A. 混凝土冬季施工用骨料全部进行覆盖,水泥提前运入暖棚,防止骨料冻结成块,必要时对骨料和拌和用水进行加热,但保证原材料加热温度不超过规范要求;

B. 混凝土搅拌机设在暖棚内并保证暖棚内温度不低于 +5℃,混凝土搅拌时间比常温的搅拌时间延长 50%,搅拌时为防止水泥的假凝现象,先使水和砂、石搅拌一定时间,然后加入水泥,同时必须保证出机温度不低于 10℃;

C. 搅拌机放置的地点尽量靠近浇筑点,选择最近的运输线路,减少运输工具倒运,必要时对运输混凝土进行覆盖,尽量减少拌和后混凝土在运输过程中的热量散失,确保混凝土入仓温度不低于 5℃;

D. 混凝土在浇筑前先清除模板和钢筋上的冰雪;

E. 已浇筑混凝土及时覆盖或搭设暖棚养护,如气温有下降趋势时应加强保温加温措施,在混凝土未达到抗冻临界强度前,保证养护温度保持在 +5℃以上;

F. 混凝土在拌制时掺加适量的防冻、早强剂,提高混凝土自身的抗冻能力,保证浇筑混凝土的质量;

G. 混凝土在浇筑全过程及养护期间每隔一定的时间进行测温,控制混凝土浇筑及养护的温度符合要求;

H. 除按规定取试件外另做 2~3 组试件进行同条件养护、检测混凝土强度是否满足要求。

(3)雨季施工措施

①土方工程:

A. 结合地形特点,在开挖边坡外侧的地势较高部位设置截水沟,排除坡面雨水;

B. 在平地或凹地进行作业时在施工作业区周围设置挡水堤和开挖周边排水沟,采取机械排出积水,阻止场外水流入场地,经常保持排水系统通畅;

C. 加强边坡稳定检测,出现异常情况,及时处理;

D. 雨季施工时,将部分填料筑高,以便在雨天继续填筑,保持稳定上升;

E. 填筑面中央凸起向下游倾斜,以利排泄雨水;

F. 适当缩短流水作业段长度,土料及时平整、及时压实。降雨来临之前,将已平整尚未碾压的松土用快速碾压形成光面;

G. 雨季填筑时,注意排水,因雨而停工时,保护好作业层面,已铺筑成形的层面上,严禁机械及人员穿越和践踏;

H. 雨后复工时要处理彻底,人工排除表面局部积水,必要时可进行翻松、晾晒或清除处理。严禁在有积水、泥泞和运输车辆走过的层面上填土。

②混凝土工程:

A. 所有工棚要搭设严密,防止漏雨,机电设备采取防雨、防淹措施,安装接地安全装置、机电闸箱漏电保护装置确保可靠;

B. 雨季应及时测定砂石含水率,掌握其变化幅度,及时调整配合比;

C. 搭设供遮阳用的竹编凉棚,以免昼夜温差引起大混凝土裂缝;

D. 准备足够的篷布等物资,保证雨季施工的正常进行。

10.1.3 明(暗)渠工程施工技术小结

(1) 渠道防渗设计技术

为了防渗、节水以及防止渠道运行后产生冻胀、湿陷等变形,设计中对不同地基渠段分别采用不同技术措施。

①在岩石地基段,渠道均采用钢筋混凝土衬砌防渗,基础采用 10 cm 的 C15 混凝土垫层作为找平层;

②在碎石土、粉质黏土地基段,渠道采用钢筋混凝土衬砌防渗,基础采用 50 cm 砂砾石垫层换基提高承载力,其上采用 10 cm 的 C15 混凝土垫层作为找平层;

③在湿陷性黄土地基段,采用三七灰土换基主要是增加防渗的强度,增加地基的承载力,换基与土工膜的结合,使"柔性防渗、刚性防护",减缓失陷性对渠基的影响。

(2) 边坡稳定设计技术

干渠渠首从拉西瓦灌溉工程引水枢纽末端 2 440.4 m 高程处连接,渠尾高程为 2 395.206 m,总水头约 45 m。渠道纵坡在已选定的渠首、渠尾高程的前提下,结合干渠地形条件复杂多变,开挖方工程量大等特点,对渠道设计纵坡进行了比较计算。为确定渠道设计纵坡,首先确定经济流速的范围,计算不同流速下水力最佳断面、渠口宽度、水力最佳坡降 i 及水头损失 Δh。根据设计流量的大小,选定明(暗)渠比降为 $i = 1/1\,500$。

干渠大部分属于傍山渠道,为了防止挖方高边坡土方对渠道的损坏,且本工程干渠明渠段从村庄内附近通过,易使当地人、牲畜跌入渠中,存在极大的安全隐患。为了消除安全隐患,以保证当地群众生命财产的安全,需增设安全防护措施,即在明渠顶部加设 15 cm 厚的盖板。

(3) 黄土湿陷设计技术

在湿陷性黄土地基段,采用三七灰土换基增加防渗的强度,增加地基的承载力;采用土工膜主要考虑它的强度高、抗渗性能好、抗变形能力强、摩擦特性和耐久性等优点,换基与土工膜的结合,使"柔性防渗、刚性防护",可以减缓失陷性对渠基的影响,并且这种方案施工方便、工期短、成本低、防渗效果好。借鉴宁夏扬黄灌区、湟水北干一期工程等对失陷性黄土的处理方式,灰土换基和土工膜的共同结合起到了较好的防渗作用。因此渠道除了采用钢筋混凝土衬砌防渗和对基础进行 50 cm 三七灰土换基外,同时又加设一道土工防渗膜(一布一膜 200 g/0.5 m²),黄土渠基段采用外包土工膜及三七灰土换基联合防渗,从而使渠道的基底应力不超过地基的容许承载力,同时也起到了防渗作用,避免了渠底基础发生不均匀沉陷。土工膜铺设过程中严格按照施工技术要求和《水利水电工程土工合成材料应用技术规范》(SL/T 225—98)进行施工。渠道 C20 混凝土抗渗标号为W6;抗冻标号为 F200。

10.2　渡槽工程施工技术

拉西瓦灌溉工程干渠共设渡槽 25 座,总长 7.40 km,占干渠总长的 14.1%。其中,1♯渡槽为肋拱渡槽,4♯渡槽公路段 3 跨、防洪堤段 1 跨及河床段 16 跨为下承式空腹桁架拱式渡槽,6♯渡槽河床段 19 跨为上承式空腹桁架拱式渡槽,其他均为梁式渡槽。本节依据渡槽工程的结构组成,依次从基坑开挖与地基处理、排架基础、排架、空腹桁架拱及槽身详述拉西瓦灌溉工程渡槽工程的施工技术。

10.2.1　渡槽立柱基坑开挖与地基处理

拉西瓦灌溉工程地处贵德盆地南部边缘,地层岩性种类较多,工程地质条件复杂。25 座渡槽工程主要分布在现代河床和冲沟内,渡槽地基岩性包括黄土状土、砂砾石、粉质壤土、砾质土和黏土岩等。渡槽地基黄土层遇水湿陷变形、沟道边坡稳定性差、沟道冲刷、基坑涌水等地质问题较为突出。此外,由于渡槽工程排架较高,增加了地基处理的工作量及难度。

10.2.1.1　渡槽立柱基坑开挖

（1）施工准备

渡槽立柱基坑开挖前首先测绘基础纵、横地面线,绘制开挖设计断面图。经监理工程师审核批准后,现场进行施工放线,确定开挖轮廓边线,并在开挖边线设一道控制桩做标记,撒出白灰线,标明其轮廓。在基坑四周,结合自然地形设置截水沟和排水沟,并结合现场实际规划运渣道路。

（2）开挖程序

渡槽立柱基坑开挖程序为:植被清理→耕土清除→基坑开挖→基坑排水→保护层开挖。渡槽立柱基坑开挖在枯水期开始,自上而下、分层依次进行。采用 2.0 m³ 液压反铲挖掘机开挖,然后由 15t 自卸汽车运至弃渣场,并用 59 kW 推土机推平,人工配合清基。立柱基坑开挖时采用 3.2 kW 水泵抽水,利用开挖面四周逐层设置的排水明沟及基坑四周设置的排水沟和截水沟排水。基础开挖岩基边坡取 1∶0.5,砂砾石地基边坡根据地下水情况确定,通常取 1∶1 为宜。立柱基坑开挖至设计高程后,根据监理及地质意见,逐坑采取不同的基础处理方案,最终达到基础设计承载力。对地基中存在裂隙、断层、洞穴等地质缺陷或勘探用的孔、洞等,按监理单位指定的深度、尺寸和范围挖除地质缺陷,用混凝土塞或其他监理单位批准的材料回填或封堵密实。

（3）边坡保护

渡槽立柱基坑开挖过程中始终确保边坡坡面平顺,坡度符合设计要求,边坡开挖线

1.5 m 内严禁堆土或堆放材料。边坡按设计要求及时支护,避免长期暴露,造成坡面塌陷。采取砂砾石编织袋在坡脚处贴坡码砌,增加坡脚稳定性,高度为 0.5～1.5 m。码砌砂砾石编织袋防护坡脚受水流侵蚀,若边坡侧向位移严重,码砌砂砾石编织袋不足以支护边坡时,采取钢板桩等支护形式。渡槽立柱基坑支护如图 10-3 所示。

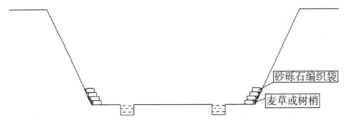

图 10-3　渡槽立柱基坑支护示意图

10.2.1.2　地基处理

（1）湿陷性黄土

渡槽工程区黄土状土主要分布于西沟、东沟及哇里,成因多为冲洪积,由于所处位置不同,其物理力学性质存在差异。西沟段和东沟段黄土状土多属粉土和粉质黏土,结构中密—密实,具弱透水性,为中等压缩、中等湿陷的非自重湿陷性土,其地基湿陷等级为Ⅰ级湿陷性场地。哇里段黄土状土属粉土和粉质黏土,结构稍密—中密,具弱透水性,为中等压缩、强湿陷的自重湿陷性土,其地基湿陷等级为Ⅲ级湿陷性场地。黄土状土按规范采用预湿陷处理,剩余湿陷量满足《湿陷性黄土地区建筑规范》(GB 50025—2004)要求后,采用三七灰土换基处理,换基宽度为沿基础外边缘 100 cm,深度为沿基地向下150 cm。

（2）砂砾石

渡槽工程区砂砾石分为全新统冲洪积砂砾石、全新统洪积砂砾石及上更新统冲洪积砂砾石三类。全新统冲洪积砂砾石主要分布于较大河流的现代河床、漫滩及阶地,计算承载力 240～540 kPa,属强透水性。全新统洪积砂砾石主要分布于山前洪积扇及洪积台地冲沟中,计算承载力 280～440 kPa,属中—强透水性。上更新统冲洪积砂砾石主要分布于山前冲洪积台地,计算承载力 240～480 kPa,属中-强透水性。砂砾石主要成分为变质砂岩、石英岩及花岗岩,呈次圆状,磨圆度较好,分选一般,结构稍密-中密。砂砾石地基需夯实,夯实后的相对密度 $d \geqslant 0.75$(干容重不小于 2.1 t/m³)。最大粒径不大于80 mm,含泥量不大于 5%,若达不到要求,需调砂砾石级配。

（3）粉质壤土

渡槽工程区粉质壤土主要分布于西河河漫滩表层、东河左岸台地表层及东沟右岸冲积台地前缘无名沟表层。西河河漫滩表层粉质壤土厚 0.2～0.5 m,成因为冲洪积,结构松散。东河左岸台地表层粉质壤土厚 15 m 左右,结构密实,允许承载力 200 kPa。东沟右岸冲积台地前缘无名沟表层粉质壤土厚 17 m 左右结构稍密—中密,允许承载力 150～200 kPa。粉质壤土采用砂砾石换基,换基厚度 150 cm,夯实后砂砾石的相对密度 $d \geqslant$ 0. d75(干容重不小于 2.1 t/m³)。最大粒径不大于 80 mm,含泥量不大于 5%。

10.2.2　排架基础施工技术

拉西瓦灌溉工程排架基础均采用整体板梁式基础,钢筋混凝土现浇施工,排架基础穿过公路、防洪堤、河沟等,施工干扰及难度较大。其中,1#渡槽排架基础穿过石坝沟,2#渡槽排架基础穿过热水沟左岸冲沟,4#渡槽166#～172#排架基础穿过西河河床,6#渡槽2#～7#排架基础及14#～19#排架基础穿过东河河床,地基承载力不足,采用钻孔灌注桩基础。

10.2.2.1　板梁式基础

（1）基础垫层混凝土浇筑

根据设计图纸给定的结构尺寸,先放出排架基础垫层轮廓线,经监理工程师验收合格后,开仓浇筑10 cm厚的C15混凝土。待浇筑的垫层达到一定强度后,由测量员放出基础轮廓线,再绑扎钢筋。

（2）基础钢筋制作安装

①钢筋加工制作

钢筋原材进场要按批次进行抽检,检验合格后方能投入使用。钢筋的调直、切断、弯曲和部分焊接作业在钢筋加工厂内集中进行,钢筋的绑扎成型需运至现场完成。加工厂内设钢筋加工棚及对焊机棚,严格按照图纸下料,每种钢筋大样经现场技术人员与图纸核对无误后方能批量加工。成品钢筋按规格、尺寸、用途等堆放整齐,悬挂标识牌加以说明,钢筋下面设置垫木,注意防雨防锈。绑扎的规格、数量、间距、方式等严格按照规范及设计要求。

②钢筋安装

排架基础钢筋接头采用焊接和绑扎连接两种形式。钢筋焊接采用电弧焊,单面焊接搭接长度为10d、双面焊接搭接长度为5d。焊接过程应及时清渣,焊缝厚度不小于主筋直径0.3倍,宽度不小于主筋直径的0.7倍。绑扎接头受拉区的受力钢筋截面面积占受力截面面积的百分比应不超过25%,受压区的受力钢筋截面面积占受力截面面积的百分比应不超过50%。绑扎或焊接不应有变形、松脱或开焊,钢筋位置允许偏差应符合表10-1。

表 10-1　钢筋位置允许偏差表

项目		允许偏差/mm
受力钢筋的排距		±5
钢筋弯曲点排距		20
箍筋横向钢筋间距	绑扎骨架	±20
	焊接骨架	±10
焊接预埋件	中心线位置	5
	顺平高差	±3
受力筋保护层	基础	±10

基础上平面、下平面配筋根据设计图纸在混凝土垫层上逐根弹好钢筋位置线,根据位置线摆放加工好的底层主筋。检查主筋的间排距、根数等符合要求后开始绑扎底层筋中的分布筋。分布筋的接头采用22♯铅丝绑扎,最小搭接长度按表10-2控制。

表10-2　基础分布筋绑扎接头最小搭接长度

钢筋类型		混凝土设计龄期抗压强度标准值/MPa					
		15		20		25	
		受拉	受压	受拉	受压	受拉	受压
螺纹钢	Ⅱ级钢筋	$60d$	$45d$	$50d$	$35d$	$40d$	$30d$
	Ⅲ级钢筋	—	—	$55d$	$40d$	$50d$	$35d$

基础混凝土钢筋保护层厚度为5 cm,钢筋与模板之间用5 cm厚且不低于设计强度的混凝土垫块支撑。垫块要相互错开,呈梅花形布置,且数量不少于4个/m^2,以保证混凝土保护层厚度满足设计及规范要求。

(3)基础模板支撑系统

排架基础模板采用钢模板拼装,穿墙螺杆对拉,花篮螺栓紧固,支撑采用脚手架杆,扣件固定提挂,模板及支撑系统如图10-4所示。

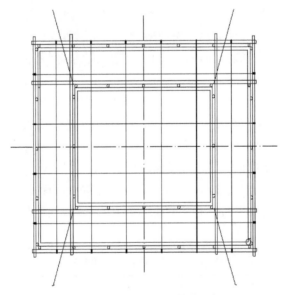

图10-4　基础模板支撑示意图

钢模的强度及刚度要符合有关规范要求,以防浇筑混凝土时有明显挠曲和变形。在模板内的金属连接件或锚固件,要按图纸规定及监理工程师的要求将其拆卸或截断,且不损伤混凝土。模板内做到无污物、砂浆及其他杂物,以后要拆除的模板,在使用前涂以脱模剂。当所有和模板有关的工作做完,待浇混凝土构件中所有预埋件亦安装完毕,必须经监理工程师检查认定后,才能浇筑混凝土。

支架要稳定、坚固,能抵抗在施工过程中可能发生的偶然冲撞和振动。支架立柱必须安装在有足够承载力的地基上,保证浇筑混凝土后不发生超过图纸规定的允许沉降量。混凝土浇筑过程中,要随时测量和记录支架的变形及沉降量。

（4）基础混凝土浇筑

基础布筋及立模验收合格后,进行基础混凝土浇筑。基础混凝土标号为 C20F200,根据试验确定并经监理人批准的配合比,严格称量配料,采用 PH1200 自动配料机和JS750 强制式拌和机组成的拌和站拌制。3 m³ 混凝土搅拌罐车运输至作业面,搭溜槽人工配合入仓,每 30 cm 一层,分层浇筑。浇筑过程中,使用插入式振捣器垂直振捣,其移动间距不宜大于作用半径的 1.5 倍,插入下层混凝土内的深度宜为 50～100 mm,与侧模应保持 50～100 mm 的距离,每一振点的振捣时间宜为 20～30 s,以混凝土不再沉落、不出现气泡、表面平坦泛浆为宜,防止过振漏振。混凝土在浇筑振捣过程中产生的部分泌水应及时排除。施工缝的处理采用人工凿毛成冲毛处理,以保证新老混凝土良好结合。为防止混凝土在水化、凝结过程中产生裂缝,混凝土浇筑完后应及时收浆,混凝土初凝后12～18 h 内进行洒水养护。

（5）基础拆模及基坑回填

不承重的侧模在混凝土强度达到 2.5 MPa 以上,且其表面及棱角不因拆模而受损的情况下可以拆除。承重模板和支架,在混凝土强度达到设计强度的 100% 时方可拆除。

拆模后及时回填基坑,并将余土推平,做好现场文明施工。

10.2.2.2　桩基础

渡槽工程的桩基础采用泥浆护壁钻孔灌注桩,即在泥浆护壁的条件下,采用机械钻进成孔,而后下设钢筋笼、浇筑泥浆下混凝土形成灌注桩。钻孔灌注桩施工工艺包括桩位测放、埋设护筒、钻孔、清孔、钢筋笼制作与安装、混凝土浇筑等。

（1）桩位测放

根据设计图纸的测量坐标及现场三角控制网,用全站仪和经过检验的钢尺,定出孔位中心桩,测放出孔位桩及护桩,经复核无误、监理工程师认可后,用表格形式交钻井班组,保护现场桩位。

（2）护筒埋设

施工采用 4～6 mm 厚钢板制造的钢护筒,每节护筒高 1.2～2.0 m,护筒内径大于钻头直径 100 mm,顶节护筒上部宜开设 1～2 个溢浆口,并焊吊环。护筒按照桩位、护筒直径和护筒高度挖孔、埋设,将护筒固定,护筒外围堆填黏土,用小线拉十字,将孔位中心桩反映在护筒上。挖掉中心余土,在井口 5 m 以外,开挖泥浆池和沉淀池,在护筒缺口和泥浆池之间用泥浆沟连接起来。护筒中心与桩位中心的偏差不大于 50 mm,护筒的倾斜度不大于 1%。

（3）成孔

①钻机就位

钻孔机械选用 CZ-22 型冲击式钻机及 3PN 泥浆泵。钻机就位前先检查钻机底座和顶端是否平衡,检测作业区承载力是否满足钻机施工要求,保证在钻进过程中不产生外移和沉陷。钻机就位后对钻进中心和垂直度进行复测,保证其偏差不大于 2 cm。

②钻孔

起钻时,注意操作轻稳,防止拖刮孔壁,向钢护筒内注入适量的泥浆,稳定孔内高度,开始慢速钻进。钻进深度超过护筒下 2 m 后,即可按正常速度钻进。泥浆经沉淀池沉淀后回收循环利用,钻进要随时检测泥浆比重及泥浆中含砂情况,记录钻进中的有关参数及地质情况,以核对地质资料。

钻进过程中,要随时根据钻进情况、土层土质、泥浆比重等调整钻头压力。每进尺 2~3 m,应检查钻孔直径和竖直度,检查工具可用圆钢筋笼(外径 D 等于设计桩径,高度 3~5 m)吊入孔内,使钢筋笼中心与钻孔中心重合,如上下各处均无挂阻,则说明钻孔直径和竖直度符合要求。钻进时如孔内出现坍孔、涌砂等异常情况应立即将钻具提离孔底,保持泥浆高度,吸除塌落物和涌砂,同时向孔内输送性能符合要求的泥浆,保持水头压力以抑制涌砂和坍孔。

达到设计标高时,为保证孔深要求和避免超欠挖,需要再用测绳复测。达到要求孔深停钻时,仍要维持泥浆正常循环,直到钻渣含量小于 4% 为止。

③清孔

清孔分两次进行,第一次清孔在成孔完毕后立即进行,采用钻机的掏渣筒清孔。第二次在下放钢筋笼和灌注混凝土导管安装完毕后进行,采用泥浆循环置换法清孔。具体方法是先将钻头在孔底空转,再用 ϕ100 mm 水管向孔内注水,注水同时搅拌孔内泥浆,过程中随时观测孔底沉渣厚度。孔底沉渣厚度小于 100 mm 时停止清孔,并保持孔内水头高度,防止坍孔事故。

(4)钢筋笼制作安装

①钢筋笼制作

钢筋笼由主筋、架立箍筋和螺旋箍筋组成,主要制作设备为电焊机、对焊机、钢筋切割机、钢筋弯曲机、钢筋调直机、支承架、钢筋圈制作台、卡板等。钢筋笼制作所用钢筋的规格及型号均按照设计要求,进场钢筋以 60 t 为一批进行抽样检查,按试验要求长度截取钢筋做抗拉和抗弯试验,不合格的钢筋不得使用。钢筋笼通常加工成整体,为便于运输和安装,当钢筋笼全长超过 12 m 时需要分段制作,分段下设,在孔口逐段焊接。钢筋笼制作过程如下:

断料。根据钢筋笼的设计直径和长度计算主筋分段长度和箍筋下料长度,将所需钢筋调直后,按计算长度切割备用。断料时钢筋切割机安装平稳,在工作台上标出尺寸刻度线,设置控制断料尺寸用的挡板,切断过程中发现断口有劈裂锁缩头、严重弯头或断口呈马蹄形则必须切掉。钢筋切断长度力求准确,控制偏差为 ±10 mm。

弯曲成型。圆形箍筋和架立筋在钢筋圈制作台上制作,加劲箍由钢筋弯曲机完成。弯曲前,根据料表尺寸,用粉笔将弯曲点位置划出。弯曲时控制力度,一步到位。

焊接。将支承架按 2~3 m 的间距摆放在同一水平面的同一直线上,主筋与架立箍筋在支承架上定位并焊接,将螺旋箍筋按规定间距绕于主筋外侧,用细铁丝绑扎并间隔点焊固定,钢筋笼成型后要焊接斜接钢筋作加固处理,以防止钢筋在搬运和吊装过程中产生变形。分段制作的钢筋笼,主筋接头采用焊接,单面搭接焊缝长度不小于 10 倍的钢筋直径,双面搭接焊缝长度不小于 5 倍的钢筋直径,主筋接头相互错开,错开长度大于 50 cm,同一截面内的钢筋接头数目不大于主筋总数的 50%。

②钢筋笼保护层

钢筋保护层厚度为 70 mm,保护层采用以下方法设置:

焊接预制混凝土垫块。在钢筋笼长度方向上每隔 2 m 对称设置 4 块,或在每节钢筋笼的上、中、下三个部位以 120°间隔各设置 3 块。

焊接导正筋。导正筋的上部和下部焊接在主筋上,中部弯成梯形伸向孔壁,起扶正钢筋笼的作用。在一个截面上设置 4 个导正筋,导正筋直径不小于 12 mm,伸出长度不小于 5 cm,高度不小于 20 cm。

③钢筋笼吊装

钢筋笼用人工配合机械搬运到桩位后,采用 16 t 吊车吊放。分段制作安装的钢筋笼,使用吊机将下节钢筋笼吊起,对准孔中心,将钢筋笼缓慢放入孔内,临时搁稳在孔口处。然后将上节钢筋笼与下节钢筋笼的上端垂直对准,笼上的长短钢筋对应,用手工电弧焊接,全部主筋焊接完毕后绕上钢筋笼连接段的螺旋箍筋绑扎牢固,并等待主筋降温,然后将钢筋笼全部下放到桩孔内。

钢筋笼起吊采用双吊点,吊点设在加强箍筋处,吊点处加焊。采用大钩和小钩相互进行钢筋笼吊装,小钩吊下部、大钩吊上部。在吊车小钩上挂一个滑轮,将钢丝绳穿过滑轮,钢丝绳两端采用 U 型卡环与钢筋加强箍筋连接牢固。下部第一个吊装点设置在下部第二个加强箍筋处,第二个吊点设置在向上 6.0 m 加强箍筋处。钢筋笼上部对称设置两根钢丝绳,钢丝绳两端采用 U 型卡环与钢筋笼加强箍筋连接牢固,上部第一个吊点设置在上部第二个加强箍筋处,第二个吊点设置在向下 8.0 m 的加强箍筋处,每根钢丝绳上均有一个滑轮,将两个滑轮挂在扁担上,扁担上部设置吊钩在吊车大钩上。起吊大、小钩同时受力,大钩向上吊起钢筋笼,小钩起到稳定钢筋笼的作用,同时防止钢筋笼弯曲变形,相互配合将钢筋笼吊直,同时安排专人扶稳钢筋笼,保证钢筋笼在起吊过程中始终处于稳定状态。吊直后将钢筋笼对准孔位缓慢放下,做到不摇晃碰撞孔壁或强行入孔。

钢筋笼入孔后,要牢固定位,保证钢筋笼的方向。在钢筋笼上部焊两个吊环,并将钢管穿入吊环中,将钢筋笼固定在设计标高位置,防止在灌注水下混凝土过程中下沉或上浮。

(5)桩基混凝土浇筑

桩基混凝土的浇筑首先要安装导管,根据桩孔的实际深度配置导管,导管的下端距孔底的高度控制在 0.3~0.5 m。将导管下到孔底后,再提起适当高度用井架固定于孔口。安装好的导管置于孔位中心,导管的总长度和顶部露出地面的高度用不同长度的短管来调节,使之便于混凝土灌注作业。导管底部应装一节下端不带接头的长导管,以减少拔管阻力和挂碰钢筋笼的可能性。在连接导管时加垫密封圈或橡胶垫,上紧丝扣或螺栓。导管下设完毕后,先将隔水栓放入导管,再将漏斗插在导管上口,盖上盖板待浇。

灌注前,先测量混凝土的坍落度和泥浆比重,坍落度为 160~220 mm,泥浆比重为 1∶1.1~1.2。然后复测孔底沉渣厚度,不合格时应再次清孔,第二次清孔完毕、检查合格后立即进行水下混凝土灌注,其间隔时间不大于 30 min。开始搅拌混凝土之前,宜先拌一盘水泥:砂=1:2、水灰比 0.5～0.6 的水泥砂浆,存放于漏斗中。先注砂浆可防粗骨料卡住隔水栓,同时可起润湿导管和胶结孔底沉渣的作用。

初灌混凝土的储料量使导管初次埋深达到 0.8～1.2 m 时,拔出漏斗出口上的盖板,同时打开储料斗上的放料闸门,使砂浆和混凝土连续进入导管,迅速地把隔水栓及管内泥浆压出导管。当孔内浆液迅猛地溢出孔口时,证明混凝土已通过导管进入孔内,若导管内无泥浆返回,则开浇成功。此时测量混凝土面的深度,确认导管埋深是否满足要求,若埋深过小,应适当降低导管。随即连续灌注混凝土,因故中断时,中断时间不超过 30 min。

灌注过程中,要注意观察孔内泥浆返出情况和导管内的混凝土面高度,以判断灌注是否正常。经常用测锤探测混凝土面上升高度,适时提升导管,保持导管在混凝土中的埋深在 2～6 m 范围内,经常上下活动导管,以加快混凝土的扩散和密实。向漏斗中放料不可太快、太猛,以免将空气压入导管内,影响浇筑压力和混凝土质量,防止混凝土溢出漏斗,从漏斗外掉入孔内。当混凝土顶面上升到接近钢筋笼底部时,降低混凝土灌注速度,以防止钢筋笼上浮。当混凝土顶面上升到钢筋笼底部以上 4 m 时,将导管底口提升至距钢筋笼底部 2 m 以上,以恢复正常灌注速度。

在终浇阶段,由于导管内外的压力差减少,浇筑速度也会下降,当出现下料困难时,适当提升导管和稀释孔内泥浆。提升导管时应保持轴线竖直、位置居中,边旋转边提升。拆卸导管的速度要快,时间不超过 10 min,拆下的导管尖立即冲洗干净,按拆卸顺序摆放整齐。终浇高程应高于设计桩顶高程 0.5 m 以上,实际灌入混凝土量不得少于设计桩身的理论体积,灌注桩的充盈系数为 1.0～1.3。

（6）桩头处理

桩身混凝土养护 7～14 天,待桩顶混凝土强度达到设计强度的 70% 时,用风镐凿除高出桩顶设计高程部分的混凝土,检查桩头混凝土是否有夹泥或其他异常现象,发现问题及时处理。桩基成形后,采用超声波仪器进行检测,判定桩基础级别,对不符合要求的桩基进行返工处理。

10.2.3 排架施工技术

拉西瓦灌溉工程的渡槽工程均采用现浇钢筋混凝土排架支撑,排架型式分为简支梁及拱式,最大排架高度为 35.78 m,最小排架高度为 2.5 m。排架高度小于等于 15 m 的采用单排架,排架高度大于 15 m 的采用双排架。排架施工采用钢模板,由于部分段基底软弱,导致排架施工时模板固定的难度较大。

10.2.3.1 排架脚手架搭设

渡槽排架高度为 2.5～35.78 m,为便于施工,采用 $\phi48$ 钢管搭设施工脚手架形成操作平台。采用扣件式脚手架,在排架四周搭设,形成闭合井架,脚手架与排架间距为 30 cm,立杆纵距为 1.2 m,立杆步距为 1.2 m,立杆横距为 0.9 m。操作平台用脚手板铺设,外部安装栏杆,挂安全网,安放挡脚板。脚手架的固定,两步设置连接件,设置剪刀撑,外部用钢管做斜撑支柱,支柱与地面夹角为 45°~60°,脚手架一次搭设到顶,在脚手架四个拐角处每隔 5 m 拉设一道缆风绳,防止倾倒。

脚手架施工工艺流程为基础处理→放线→摆放扫地杆→逐根竖立杆放置垫木并与扫地杆扣紧→安装扫地小横杆、大横杆并与竖杆扣紧→安装第一步大横杆→安装第二步大横杆→安装第二步小横杆→架设临时斜横杆→安装第三步小横杆→安装连接件→架设剪刀撑、铺设脚手板、张挂安全网→验收使用。

10.2.3.2　排架钢筋制作安装

(1)检查与试验

排架采用的每批钢筋都附有生产厂家对该钢筋生产的合格证书,并标示批号和出厂检查的有关力学性能试验资料或其他能鉴别该批钢材质量的证明资料。对于进场的钢筋按进场钢筋的厂家、型号、规格,每 60 t 为一批次送检检测。合格后方能投入使用,当检查出现材质不合格的钢筋时清退出施工现场。

(2)防护与储存

钢筋存储在高于地面的平台上并用彩条布等覆盖保护,使其不受机械损伤、不暴露在会使钢筋生锈的环境中,以免引起表面锈蚀。钢筋按不同钢种、等级、牌号、规格分批验收,分别堆存,不得混杂,且要设立足够标志,以利于检查和使用。

(3)绑扎与焊接

钢筋的接头采用双面焊接,双面焊搭接长度不小于 $5d$,在双面焊接困难处,经监理工程师同意,可采用单面焊接,单面焊接长度不小于 $10d$。配置在同一截面内的受拉钢筋接头,其截面积不得超过配筋总面积的 25%。受拉主筋锚固长度不小于 $35d$,变钩长度不小于 $6.25d$,搭接和绑扎接头与钢筋的弯曲点之间的距离不小于 $10d$。绑扎接头尽量避免设置在结构的最大应力处,并尽可能交错排列设置。

(4)钢筋的安装

钢筋按图纸所示位置准确地安装,并使用经监理批准的支承牢靠地固定好,使其在浇筑过程中不致移位,禁止将钢筋放入或推入浇筑后尚未凝固的混凝土中。网格或钢筋网的钢筋彼此间要有足够的搭接长度,以保持强度均匀,并在端部和边缘牢固地连接,其边缘搭接宽度不小于一个网眼。任何构件的钢筋安装后,都需如实填写质量检验表,经监理工程师检查批准后浇筑混凝土。

10.2.3.3　排架模板安装

排架模板采用组合钢模板,梁柱端模板采用定型钢模,穿墙螺杆对拉,花篮螺栓紧固,井架支撑。排架模板的设计结构标准节高度为 1 m,根据不同的排架高度配置 0.5 m 和 1 m 高调整节,模板及支撑系统如图 10-5 所示。

模板安装前,首先根据排架高度确定第一层模板组装标高,砂浆找平模板平面位置,根据放样轮廓线安装模板。模板安装作业时,绑扎钢筋与校模循环进行,直至排架顶。模板安装完毕后,对其平面位置、顶面标高、节点联系及纵横向稳定性进行检查,检查合格后方可浇筑混凝土。

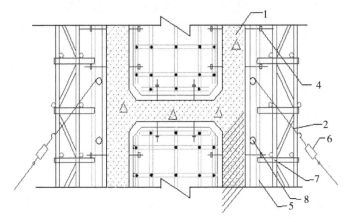

1—排架柱混凝土；2—$\phi6$钢筋；3—钩头螺栓；4—钢模板；5—$\phi75$钢背管；
6—花篮螺栓；7—钢管扣件；8—柱箍。

图 10-5　排架模板支撑示意图

10.2.3.4　排架混凝土浇筑

渡槽排架采用 C25F200 混凝土现浇，对于高度小于 5 m 的排架，一次性浇筑成型；高度大于 5 m 的排架，2 m 每层进行分层浇筑。排架所浇筑的混凝土采用拌和站统一制备，混凝土罐车运至施工现场，起重设备配合吊罐入仓。采用插入式振动器振捣，振动器移动间距不超过其作用半径的 1.5 倍，与侧模保持 5～10 cm 的距离，插入下层混凝土 5～10 cm，每振动一处完毕后，边振边徐徐提出振动棒，避免振动棒碰撞模板、钢筋及其他预埋件，每一部位必须振动到该部位混凝土密实为止。施工缝混凝土初凝后及时刷毛，清除接缝表面的水泥浮浆、薄膜、松散砂石、软弱混凝土层、油污等，在浇筑新混凝土前，用清水冲洗旧混凝土表面，使旧混凝土在浇筑新混凝土前保持湿润。排架混凝土浇筑完成后，对混凝土裸露面及时进行修整抹平，采用土工布覆盖并派专人洒水养护，覆盖时避免损伤或污染混凝土的表面，混凝土有模板覆盖时，应在养护期间经常使模板保持湿润。

10.2.3.5　排架柱顶预埋件安装

渡槽每节槽身下端设置固定支座、另一端设置活动支座，各跨的固定支座与活动支座相间排列，同座渡槽排架顶部同一侧的支座形式相同。排架浇筑至设计标高时需要预埋钢板，柱顶预埋钢板尺寸为 30 cm×30 cm，厚度为 1 cm，锚筋采用 $\phi16$ 的螺纹钢，长度为 176 cm。

10.2.4　现浇槽身施工技术

拉西瓦灌溉工程的渡槽除 4♯渡槽河床段 16 跨（23+433.53～24+073.53）及 6♯渡槽河床段 19 跨（8♯～27♯排架）外，渡槽槽身均采用现浇钢筋混凝土结构。现浇槽身断面为矩形，单跨跨度多为 12 m，每 2 m 设一拉杆，每跨设一伸缩缝，缝宽 3 cm，接缝采用板压式接缝止水。

10.2.4.1　槽身脚手架搭设

现浇槽身支撑系统为满堂脚手架,采用 ϕ48 钢管,十字扣件固定,四管支柱支撑。满堂脚手架立杆间距为 90 cm,垂直步距为 1.2 m,横竖杆剪刀撑搭设尺寸符合施工规范要求,两侧用风缆绳对拉固定,支撑脚手架与排架井字架钢管连接成一体,支撑系统如图 10-6 所示。

架子搭设流程为:弹线、立杆定位→摆放扫地杆→竖立杆并与扫地杆扣紧→装扫地横杆并与立杆和扫地杆扣紧→安装第一步大横杆并与各立杆扣紧→安装第一步小横杆→安装第二步大横杆→安装第二步小横杆→加临时斜撑,上端与第二步大横杆扣紧→安装第三、四步大横杆和小横杆→安装二层与柱拉杆→接立杆→加设剪刀撑→铺设脚手板、绑扎防护及挡脚板、立挂安全网。

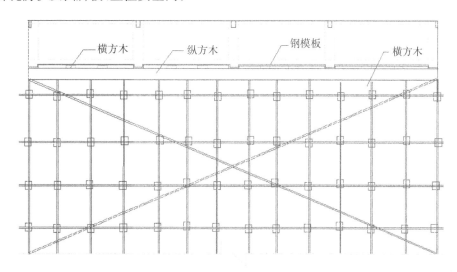

图 10-6　槽身支撑系统示意图

10.2.4.2　槽身钢筋制作安装

（1）钢筋调直和清污

钢筋使用前将表面油渍、漆皮、鳞锈等清除干净,成盘的钢筋和弯曲的钢筋均调直,无局部弯折。采用冷拉方法调直钢筋时,Ⅰ级钢筋的冷拉率不大于 2%,HRB335 牌号钢筋的冷拉率不大于 1%。

（2）钢筋焊接与绑扎

轴心受拉和小偏心受拉杆件中的钢筋接头,以及普通混凝土中直径大于 25 mm 的钢筋采用焊接。钢筋接头采用搭接电弧焊时,两钢筋搭接端部预先折向一侧,使两接合钢筋轴线一致,接头双面焊缝的长度不小于 $5d$,单面焊缝的长度不小于 $10d$。受力钢筋焊接或绑扎接头应设置在内力较小处,并错开布置,对于绑扎接头,两接头间距离不小于 1.3 倍搭接长度,其接头的截面面积占总截面面积的百分率见表 10-3;对于焊接接头,在接头长度区段内,同一根钢筋不得有两个接头,其接头的截面面积占总截面面积的百分率亦见表 10-3 所示。

表 10-13　接头长度区内受力钢筋截面面积的最大百分率

接头型式	接头面积最大百分率/%	
	受拉区	受压区
主钢筋绑扎接头	25	50
主钢筋焊接接头	50	不限制

槽身底板钢筋工程量大,穿插复杂,必须注意施工顺序。施工前在底模上弹出钢筋位置线,以确保钢筋绑扎后位置的正确性。钢筋绑扎时,靠近外围两行的各相交点均需绑扎,中间部分可梅花型绑扎,双向受力钢筋满绑。底排筋用混凝土垫块垫起,梅花状布置,确保保护层厚度。绑扎完下层钢筋后,摆放钢筋马凳,底部与下层筋点焊固定,在马凳上纵向或横向固定定位钢筋,然后再绑扎上层钢筋。底板钢筋安装后,按照图纸要求把边墙立筋焊接牢固,然后绑扎纵向钢筋,顶板钢筋安装与底板相同。

10.2.4.3　槽身模板安装

槽身模板施工前,首先用全站仪测出槽身的轴线位置,并以该轴线为中心,测出钢筋边线和模板外边线,根据施工图用墨线弹出模板的内边线和中心线。然后用水准仪把建筑物水平标高引测到模板安装位置,沿模板内边线使用 1∶3 水泥砂浆找平。最后采用钢筋定位,设置模板定位基准。

底模和侧模采用定制钢模进行拼装,沿渡槽槽身外边线逐块安装,模板间缝隙用双面胶条黏贴填塞。为保证模板的整体稳定性,采用分块拼装连接整体加固方案。围檩系统采用 2ϕ60 钢管配 10 cm 槽钢进行安装,侧墙模板采用 ϕ14 对拉螺栓按 750 mm×600 mm 间距布置,内模直接与外侧模板对拉加固,槽身两侧采用钢丝绳配花篮螺栓对称拉紧。模板结构如图 10-7、图 10-8、图 10-9 和图 10-10 所示。

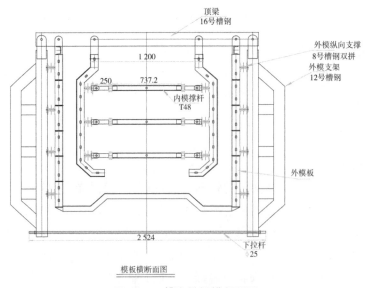

图 10-7　槽身模板横断面图

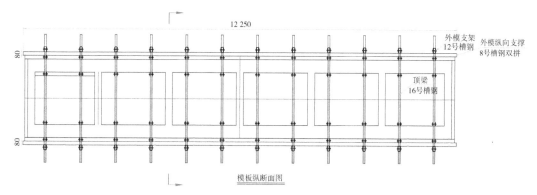

图 10-8　槽身模板纵断面图

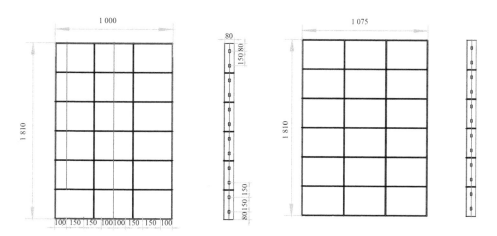

图 10-9　槽身外侧模板平面图

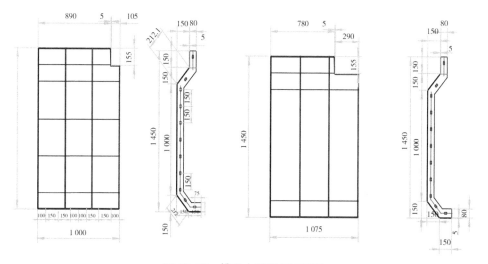

图 10-10　槽身内侧模板平面图

10.2.4.4 槽身混凝土浇筑

渡槽槽身采用 C25F200W6 混凝土一次性进行浇筑。混凝土在拌和场统一拌和,水泥选用普通硅酸盐水泥,粗骨料选用坚硬洁净的碎石,级配为 5～20 mm,细骨料选用质地坚硬、清洁的机制砂,含泥量小于等于 3%。混凝土采用混凝土罐车水平运输、汽车式起重机配合吊罐垂直运输。用振捣棒振捣混凝土时,要做到"快插慢拔",将混凝土内气泡充分振出。振捣棒的插点要均匀分布,每次移动的距离不大于振捣棒作用半径的 1.5 倍。每一插点的振捣时间为 20～30 s,以混凝土表面呈水平、粗骨料不再显著下沉、不再出现气泡、并开始泛灰浆为准,避免欠振或过振。振捣器距离模板不大于振捣器作用半径的 0.5 倍,不得紧靠模板振动。外露面及时派人收面,收面次数不少于 3 次,做到内实外光,表面无抹痕。混凝土浇筑完后用麻袋覆盖,并及时洒水养护,保持混凝土表面湿润,养护时间不少于 28 天。

渡槽伸缩缝采用弹性防护砂浆填缝,弹性防护砂浆能够解决干缩、内外温差过大引起的开裂问题,同时提高受防护混凝土耐久性,提高建筑物防渗和保温隔热效果。与现有普通砂浆相比,具有低弹性模量、大极限拉伸值、高抗裂、高耐久性且具有防渗和隔热保温性能。

10.2.4.5 槽身接缝止水

渡槽槽身采用板压式接缝止水,槽端止水如图 10-11 所示,其主要施工工序如下。

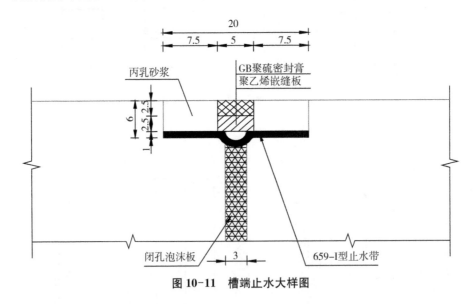

图 10-11 槽端止水大样图

(1)预埋钢带和螺栓

在浇筑槽身混凝土时,预埋 80×8 mm 的环向钢带及 φ14 的不锈钢螺栓,间距 20 cm。预埋钢带时,采用 φ14 的钢筋做定位筋并与槽身钢筋相接,确保钢板平整。

(2)修整基面

打磨钢带、除锈、除尘、冲洗,敲击钢板基面,检查止水槽范围内混凝土是否浇筑密实,发现不密实时及时凿除松散的混凝土,然后灌注钢胶充填密实。

（3）安装止水带

根据螺栓孔的位置在止水带上钻孔，孔距与螺栓间距一致。在除锈、除尘、冲洗、晾干后的钢带上涂刷黏接剂，止水带表面涂刷黏接剂。涂抹一层双组分聚硫密封胶，然后从槽身底部向两侧安装止水带，逐段压实。根据螺栓孔位在钢压板上钻好孔，安装好垫片和螺帽，不锈钢扁钢将止水带压紧，并用螺帽固定，旋紧螺栓。

（4）封闭止水结构

从槽身开始自下而上用丙乳砂浆将止水槽回填密实，做好养护工作。最后在槽间的5 cm缝内嵌入聚乙烯嵌缝板和聚硫密封封胶。

10.2.5　预制空腹桁架拱及槽身施工技术

拉西瓦灌溉工程4#渡槽河床段16跨（23+433.53~24+073.53）及6#渡槽河床段19跨（8#~27#排架）为预制空腹桁架拱式渡槽。其中，4#渡槽河床段16跨为下承式空腹桁架拱式渡槽，单跨跨度为40 m，采用空腹桁架拱与槽身整体预制吊装的方法。6#渡槽河床段19跨为上承式空腹桁架拱式渡槽，单跨跨度40 m，采用空腹桁架拱与槽身分别预制吊装的方法。4#渡槽预制空腹桁架拱及槽身整体重达380 t，6#渡槽预制空腹桁架拱重达150 t，且跨度大，吊装难度巨大。

10.2.5.1　上承式空腹桁架拱及槽身预制

（1）预制场地布置

6#渡槽8#~27#排架之间为预制吊装段，共19跨760 m，设计预制槽身每跨10 m，拱圈每跨长40 m，上下悬杆中心高度为7.4 m。根据6#渡槽工程特点及现场实际情况，为避免预制拱圈和预制槽身在吊装过程中产生二次转运及在二次转运过程中对其造成损伤，本着减少运输费用及征地成本的原则，在综合统筹权衡各种因素的基础上，将肋拱及吊装槽身沿渡槽轴线左右布置，沿龙门架两侧各修建约5 m宽的施工便道，便于施工车辆通行。结合施工场地和预制构件的结构尺寸，在渡槽两侧设立肋拱预制区和槽身预制区。

对已做好的排架基坑进行回填，用级配较好的砂砾石分层填筑，碾压、整平，达到标高要求后，在其上浇筑厚5 m、宽8 m、长40 m的混凝土带并用水准仪测量找平，施工人员根据肋拱及槽身尺寸在找平层上放出模板线，肋拱预制采取沿渡槽轴线每跨预制两片拱，肋拱站立预制，地面连接，张拉后拼装，最终进行整体吊装。肋拱预制及槽身预制场地布置如图10-12所示。

（2）空腹桁架拱及槽身预制

①模板及支撑

为了满足施工需要及支撑要求，采用φ48型号的脚手架按照1 m×1.2 m网格进行满堂架支撑，斜撑与十字扣件配合加固。底模采用混凝土地坪铺设PVC板确保混凝土的光洁度和平整度，在地面上测放肋拱上下弦杆、竖杆轴线位置，然后依据轴线放出边缘尺寸放线、轴线、结构断面尺寸检查无误后，铺设套裁好的PVC板，开始绑扎下悬杆、竖杆、拱圈钢筋。钢筋绑扎完成后，安装定性底模钢模板，底模安装校正完成后，安装竖杆模板,竖杆模板亦采用钢模,依靠支撑,竖杆模板加固采用穿墙拉杆、螺栓相结合的方式进行加固。支撑达到标高要求后,安装拱圈底模和侧模。为了降低拱圈模板自重,拱圈底模计划采用钢模,外模计划采用木模(竹胶板),根据拱圈结构尺寸及形状,人工现场加工而成。在拱圈底模与支撑空挡部位,用三角木楔进行充填,保证拱圈底模与支撑完全相接触,确保拱圈混凝土浇筑质量。为了便于施工,拱圈上排架柱模板亦采用木模进行组装。

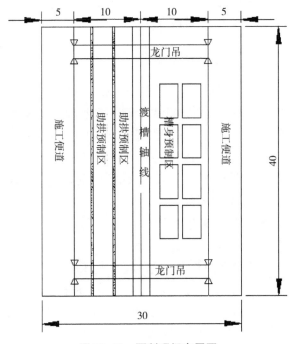

图 10-12　预制现场布置图

②混凝土浇筑

绑扎钢筋、立模完成后,经检查合格即进行混凝土浇筑。浇筑模板内的混凝土均使用拌和站预制的材料,当拌和完成之后用混凝土搅拌车进行运输,通过 20 t 汽车吊罐入仓浇筑。采用自两端向中合拢、跨中对称的浇筑的方法,在浇筑的过程中严格保护好预应力管道,严禁振捣棒碰触预应力管道。上弦杆为二次抛物线,必须一次连续浇筑,且对称浇筑。对于钢筋密集的部位,比如锚垫板后的位置,需要安排专人进行多次振捣,加强振捣的效果,防止混凝土架空或密实度不够。混凝土浇筑过程中做好钢筋、模板、预应力管道和各种预埋件的保护工作。

对于采用插入式振捣器的施工过程,一定要做好混凝土的振捣密实工作,严格遵循"快插慢拔,落点均匀"的原则进行振捣作业。待混凝土浇筑完成之后,接下来需要进行收浆抹面,然后进行混凝土养护,养护过程可以采用洒水养护的方法,待模板拆除之后要继续洒水养护至规定要求;当气温较低时(按照规定一般低于 5℃)时,需要加强保温措施,一般采取覆盖保温的方法,不得洒水。

③预力筋施工

原材料要求。预力钢绞线采用高强碳素钢丝,其标准强度不小于1 600 MPa,进场后成批验收。同一牌号、规格、生产工艺制度的钢绞线,重量不大于60 t为一批,每批任取3盘,进行外观质量、直径偏差和力学性能试验。铁皮波纹管进场时验收合格证,并对外观逐根检查,确保内外无油污、无引起锈蚀的附着物、无孔洞和不规则的折皱、咬口无开裂、无脱扣;外观合格后,检查管的外径 $\Phi=5.0$ cm±0.2 cm;同时做灌水试验,检查管壁有无渗漏,孔道必须顺直平滑,如一项不合格,则加倍复验。

波纹管安装。安装前先按照设计图中波纹管中心高的曲线坐标在侧模或箍筋上定出曲线位置,波纹管的固定采用钢筋网支托,钢筋网支托焊在箍筋上,箍筋底部要垫实,波纹管固定后必须用铁丝扎牢。波纹管安装就位过程中,尽量避免反复弯曲、防止电焊火花烧伤管壁。安装完成后,检查波纹管的位置、曲线形状必须符合设计要求,波纹管的固定必须牢固,接头完好,管壁无破损(如有破损及时用粘胶带修补),浇筑混凝土时严禁振捣棒碰波纹管。在构件两端设置灌浆孔,排气孔设置在锚具或铸铁喇叭管处,在孔道的每个峰顶处设置泌水口。

穿束。下料时,将钢绞线盘装在铁笼内,从盘卷中央逐步抽出并用砂轮切割机切割,钢绞线的编束用20号铁丝绑扎,间距1~1.5 m,编束时先将钢绞线理顺,并尽量使各根钢绞线松紧一致。将波纹管先安装就位后,采用卷扬机将预力钢绞线穿入。

张拉与锚固。混凝土达到设计强度的80%后,按图纸要求采用后张法张拉,多束钢绞线要对称张拉。张拉操作要分级加载,并控制预力筋的张拉力不大于0.75 fptk。锚具采用QM-15-7型群锚,张拉步骤为:0→初力→1.03σ_k(持荷2 min锚固),以张拉千斤顶压力和伸长值双控力为主,伸长值校核。

孔道灌浆。灌浆采用525普通硅酸盐水泥,掺适量FDN减水剂和铝粉,具体用量应做配合比试验,水灰比为0.4~0.45,机械拌和后三小时泌水小于等于3%。灌浆设备采用砂浆搅拌机、灌浆泵、贮浆桶、过滤器、橡胶管和喷浆嘴等。搅拌好的水泥浆必须通过过滤器置于贮浆桶内,并不断搅拌,灌浆工作要缓慢进行,不得中断,并排气通顺,在孔道两端冒出浓浆并封闭排气孔后,灌浆压力控制在0.4~0.6 MPa,灌浆严格按照设计要求灌浆顺序施灌。

10.2.5.2　上承式空腹桁架拱及槽身吊装

(1)吊装设备选用

现场预制拼装后的拱圈整体重量达150 t以上,最大吊装高度达30 m,为了确保吊装质量及安全,经过多方面的市场考察及性价比分析,选用2台起吊重量均为150 t、宽20 m、高33 m的龙门吊进行肋拱和槽身的吊装,吊装设备材料的配置如表10-4所示。

表10-4　吊装设备材料配置表

序号	名称	规格型号	单位	数量
1	龙门吊	150 t	台	2
2	起重索	6×37-ϕ65	m	260

序号	名称	规格型号	单位	数量
3	捆绑索	6×52-φ52	m	24
4	滑轮组	4×4	组	4
5	导向轮	—	个	16
6	卷扬机	8 t	台	1
7	卷扬机	8 t	台	1
8	电动葫芦	20	台	2
9	风缆绳	φ16-6×19	m	800
10	校正器	—	个	4
11	钢管	DN219×8	m	160
12	吊钩	—	个	8

（2）吊装流程

6♯渡槽采用了"先拱后槽"法进行施工,先吊装现场预制好的空腹桁架拱结构,然后进行渡槽槽身的吊装,具体吊装步骤如下:

①首先进行肋拱的吊装,起吊前,在肋拱上弦及端头分别弹出纵横轴线,在排架顶用经纬仪或全站仪标现安装纵轴线,用钢尺量出安装线。

②采用双机抬吊法将整体肋拱吊装就位,起吊时,先吊离地面 10～15 cm,进行试吊,检查各部位的绳索、吊具等安全可靠后,徐徐升钩。

③起吊至下弦杆超过排架顶面 0.5 m 后,缓缓移动龙门吊天车,使肋拱置于排架顶部,缓慢落钩,并在肋拱端头刚接触柱顶面时立即刹车,进行对线工作。对好线后,落至柱顶,做临时固定,校正垂直度和最后固定工作。

④最后进行槽身的吊装。每一跨肋拱吊装完成后,预制好的槽身即可用龙门吊起吊吊装。起吊时,先吊离地面 10～15 cm,进行试吊,检查各部位的绳索、吊具等安全可靠后,徐徐升钩。槽身底部起吊至超过肋拱的混凝土竖杆顶部 0.5 m 后,缓缓移动龙门吊天车,使槽身置于肋拱的混凝土竖杆顶部,缓慢落钩,并在槽身刚接触竖杆顶面时立即刹车,进行对线工作。

10.2.5.3 下承式空腹桁架拱及槽身预制

（1）空腹桁架拱及槽身预制

4♯渡槽河床段（23+433.53～24+073.53）为预制吊装段,共 16 跨 640 m。空腹桁架拱采用整体(站式)预制,预制完成达到设计强度值后,进行预应力张拉,空腹桁架内预制槽身,达到设计强度后采用起重机整体吊装。

为缩短运输距离,提高施工过程中的安全性及建筑物的稳定性,空腹桁架拱及槽身均在地面一次性施工,排架两侧就近制作。制作时预留安全距离 3～4 m,基本与吊装位置平行。跨河道段在河道上进行施工导流处理,在导流段搭设 1 跨 40 m 长度的平台,在平台上进行预制施工。预制场地按材料路线、作业顺序,结合吊装和运输妥善安排,避免材料或构件的不合理运输和工序间干扰。设立集中预制厂生产地,减少现场设施并提高质量。制作预制混凝土构件的场地平整坚实,且设有必要的排水设施,保证制作构件不因混凝土浇筑和振捣引起场地沉陷从而引起预制构件变形,同时冬季施工有必要的保温材料和保温措施。

(2)空腹桁架拱张拉

①预应力材料及设备

钢绞线进场后进行外观检查,每批号进行弹性模量试验,锚具、夹具和连接器经检验合格后方可使用。单束初调及张拉采用穿心式双作用千斤顶,整拉整放采用自锁式千斤顶,额定张拉吨位为张拉力的1.2~1.5倍。张拉千斤顶前必须经过校正,校正系数不得大于1.05,校正有效期为一个月且不超过200次张拉作业,拆修更换配件的张拉千斤顶必须重新校正。压力表与张拉千斤顶配套使用,压力表应选用防震型,表面最大读数为张拉力的1.5~2.0倍,精度不低于1.0级,校正有效期为一周。

②制孔及穿束

预应力混凝土孔道采用铁皮波纹管,孔道外径50 mm,施工时孔道必须保持顺直平滑,管壁严密不变形,确保其定位准确。孔道锚固端的预埋钢板应垂直于孔道中心线,孔道成型后应对孔道进行检查,发现孔道阻塞或残留物应及时处理。

钢绞线按设计长度加张拉设备长度,并余留锚外不少于100 mm的总长度下料,下料应用砂轮机平放切割。钢绞线切割完后按各束理顺,并间隔1.5 m用铁丝捆扎编束。同一孔道整束整穿,采用人工或机械牵引,束头应平顺,以防挂破管壁。

③锚具及千斤顶安装

首先将锚垫板内的混凝土清理干净,检查锚垫板的注浆孔是否堵塞。清除钢绞线上的锈蚀、泥浆。检查预应力孔道中是否有漏浆黏结预应力筋的现象,如有应予以排除。安装工作锚板,锚板与锚垫板止口对正。在工作锚板每个锥孔内装上工作夹片,夹片安装后要齐平。然后在工作锚上套上相应的限位板,根据钢绞线直径大小确定限位尺寸。最后装上张拉千斤顶,使之与高压油泵相连接。装上可重复使用的工具锚板及工具夹片,夹片表面涂上退锚灵。

④张拉

当空腹桁架拱混凝土强度达到设计强度的80%且弹性模量达到设计要求后,进行早期部分张拉。当空腹桁架拱混凝土强度达到设计强度的100%且弹性模量达100%时,混凝土龄期满足10 d后进行终张拉。张拉强度要求以现场同条件养护混凝土试块的试压报告为准。

在进行第一片空腹桁架拱张拉时需要对管道摩阻损失和锚圈摩阻损失进行测量,根据测量结果对张拉控制应力作适当调整,确保有效应力值。空腹桁架拱两侧腹板宜对称张拉,其不平衡束最大不超过一束,张拉同束钢绞线应由两端对称同步进行。张拉时分级加载,按照10%σk→20%σk→100%σk→0对应的张拉力分别量测伸长值。张拉控制采用张拉应力和伸长值双控,以张拉应力控制为主,以伸长值进行校核,当实际伸长值与理论伸长值的差值超过6%时,应停止张拉,等查明原因并采取措施后再进行施工。

⑤灌浆

张拉施工完成后,切除外露的钢绞线,采用无收缩水泥砂浆进行封锚,将锚下垫板及夹片、外露钢绞线全部包裹,覆盖层厚度大于 15 mm,封锚后 24~48 小时之内灌浆。清理锚下垫板上的灌浆孔,确定抽真空端和灌浆端,安装引出管、球阀和接头,启动真空泵使真空度达到−0.1~−0.06 MPa 并保持稳定。启动灌浆泵,当灌浆泵输出的浆体达到要求的稠度时,将泵上的输送管阀门打开,开始灌浆。灌浆过程中,真空泵保持连续工作,待真空泵端的空气滤清器中有浆体经过时,关闭空气滤清器前端的阀门,稍后打开排气阀,当水泥浆从排气阀顺畅流出,且稠度与灌入的浆体相当时,关闭抽真空端所有的阀门。灌浆泵继续工作至压力达到 0.5~0.6 MPa,持压 2 分钟,关闭灌浆及灌浆端所有阀门,完成灌浆。

10.2.5.4 下承式空腹桁架拱及槽身吊装

(1) 吊装设备选用

4♯渡槽预制空腹桁架拱及槽身整体重达 380 t,单跨跨度 40 m。结合实际施工情况及经济方案比较,吊装采用由河南铁山起重设备有限公司生产的通用门式起重机,吊带采用巨力索具股份有限公司生产的合成纤维圆形吊装带。门式起重机规格型号为MG200/10 - 20 A3,主要技术性能指标如表 10-5 所示。

(2) 荷载起升能力试验

①无负荷试验

先空载升降三次,各部位均不得有卡死现象,然后分别开动各机构的电动机,均应正常运转。大、小车沿轨道全长往返运行三次,不得有啃轨现象。主动轮应在轨道全长上接触,被动轮与轨道的间隙不得超过 1 mm,间隙区间不大于 1 m,间隙区间累积不得超过 2 m。

②静载试验

起升额定负荷在轨道全长往返运行,检验性能应达到设备要求。卸去负荷,使小车停在桥架中间,定出测量基准点。逐渐起升 1.25 倍额定负荷至高地面 100~200 mm,停悬不少于 10 分钟,然后卸去负荷,检查桥架有无永久变形,如此重复三次,桥架不应产生永久变形。将小车移至跨端,检查实际上拱值,应不小于 0.7/1 000 S,悬臂上翘度值应不小于 0.7/350 L1。

③动载试验

起升 1.1 倍额定负荷作负荷试车,试车时各机构应分别进行,而后可同时开动两个机构,并重新起动、运转、停车、正转、反转等动作。试验不应少于 1 小时,各机构应动作灵敏,工作平稳可靠,各限位开关、安全保护及联锁装置应动作准确可靠。吊钩上升限位开关的试验要在无负荷情况下进行。

(3) 吊点位置选择

依据设计单位在技施图纸中给定的吊点位置,按要求预埋起吊点钢板,起吊点如图10-13。首先吊车调试,选取最佳起吊位置。然后选取并固定吊点,绑扎合成纤维圆形吊装带,检查起重机的稳定性、制动器的可靠性、重物的平稳性、绑扎的牢固性。匀速平稳地降落构件,放置过程中由缆风绳进行牵引,确保安装位置正确。

表 10-5 门式起重机主要技术性能指标表

	额定起重量	200/10 t	跨度	20 m
	整机工作级别	A3	起升高度	主:30 m;副:28.6 m
	大车基距	16 m	小车规矩	2.7 m
	主体结构形式	桁架	防爆型式	—
	操纵方式	空操	吊具型式	吊钩
起升机构	起升速度 — 倍率	10	电机型号/数量	主:YZR200L-6/4
	起升速度 — 速度	主:0.9 m/min	功率	主:22 kW
	起升速度 — 相应最大起重量	200 t	制动器型号/数量	YWZ-300/45
	工作级别	M3	制动力矩	1 600 NM
	减速机型号	ZQD500-3CA	传动比	121.1
	卷筒直径	ϕ400	定滑轮直径	—
	钢丝绳型号	ϕ28	小车轮直径	400 mm
大车行走机械	速度	9 m/min	功率	5.5 kW
	工作级别	M3	制动器型号/数量	—
	电机型号/数量	YEJ132S-4/4	制动力矩	kN·m
	减速器型号	XLD7-87	传动比	87
	大车车轮踏面直径	ϕ450 mm	适应轨道	P50
小车行走机械	速度	5 m/min	功率	4 kW
	工作级别	M3	制动器型号/数量	—
	电机型号/数量	YEJ112M-4/2	制动力矩	kN·m
	减速器型号	XLED64-121	传动比	121
	大车车轮踏面直径	ϕ400 mm	适应轨道	35×70
电	电压	380 V	风压 — 非工作风压	不大于500~600 Pa
	频率	50 Hz	风压 — 工作风压	不大于150 Pa
	环境温度	−10℃~+50℃	吊钩部位辐射温度	不超过300℃
	设计标准	GB/T 3811—2008	整机制造标准	GB/T 14406—2011

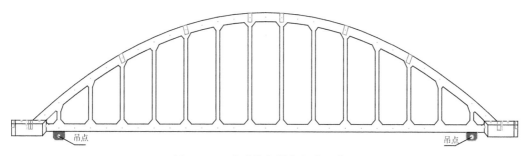

图 10-13 空腹桁架拱起吊点示意图

（4）吊装流程

空腹桁架拱及槽身吊装的工艺流程为：起重机开机前检查→吊臂伸出、吊钩降落→试吊→检修→绑扎构件、套牢绳索→吊升构件→回转移动吊机到就位点→降落构件→解开绳索、完成一次吊装。吊装过程中应注意以下事项：

①起吊前，检查车行轨上不得有任何杂物，不得将电缆线置于走行轨面上，重物应用钢丝绳绑扎平稳、牢固。

②起吊速度要均匀，两机并用时要同步，禁止突然制动或变换方向。平移时应高出障碍物 0.5 m 以上，下落应低速轻放，防止倾倒。

③吊装时，由项目负责人统一指挥，动作配合协调。吊重合理分配，不得超过单机允许起重量的 80%。

④当重物有晃动时，应用缆风绳进行控制。

⑤雨天作业时，应先经过试吊，确认制动器灵敏可靠后方可进行作业。

⑥风力达到六级以上时严禁进行吊装作业。

10.2.6　渡槽工程施工技术小结

拉西瓦灌溉工程克服了复杂地质条件、高寒环境条件等对渡槽施工产生的巨大影响，实现了大吨位大跨度空腹桁架拱式渡槽的整体预制吊装，施工技术已达国内先进水平，标志着我国在青藏高寒地区大吨位大跨度空腹桁架拱式渡槽施工技术领域迈出坚实一步，为后续相关工程的建设提供了理论基础和技术支撑。此外，青海省水利水电勘测设计院、青海大学和青海省贵德县拉西瓦灌溉工程建设管理局以拉西瓦灌溉工程 6♯空腹桁架拱式渡槽为依托，联合开展了《青藏地区严寒环境条件下大跨度空腹桁架拱式渡槽结构整体稳定性研究》，取得以下成果：

（1）明确了青藏高寒地区大跨度空腹桁架拱式渡槽结构在大温差温度荷载作用下各构件的内力、应力分布及变形特性，得出大温差是渡槽结构桁架拱拱脚产生较大水平位移及应力的主要原因。

（2）通过对作用在桁架拱下弦杆不同应力荷载值的模拟，根据下弦杆跨中应力值的变化，找到预应力平衡点，确定出桁架拱合理的预应力荷载值。

（3）在下弦杆预应力荷载值及其他荷载一定的情况下，高寒地区桁架拱上弦杆的截面尺寸增大，拱脚的应力由压应力转化为拉应力，达到平衡点后，拉应力不断增大。

（4）不同跨度、不同部位的竖杆应力分布不同，应力值较小，以此对拉西瓦灌溉工程空腹桁架拱式渡槽的竖杆间距进行了优化。

（5）通过渡槽整体结构进行反应谱分析及时程分析，表明在横向地震作用下渡槽整体结构的位移量最大，拱脚处的拉应力最大。

10.3　软岩隧洞工程施工技术

拉西瓦灌溉工程引水干渠共有隧洞 16 座，总长 31.22 km，占饮水线路总长的

58.22%,均为无压式自流隧洞,其中单个隧洞最长 6.14 km,最短的 0.14 km。3♯及 11♯～13♯的隧洞断面为马蹄型,其余为城门洞型,隧洞洞高洞宽为 1.8～3.2 m,衬砌厚度为 20 cm。隧洞所经地层岩性复杂,既有三叠系坚硬岩,又有新近系软岩,还有第四系松散砂砾石地层和部分黄土类地层,并且变质岩区地下水丰富,隧洞工程地质条件较为复杂。在各隧洞中,3♯隧洞长度最长,断面小、工期紧,围岩类别均为Ⅳ、Ⅴ类围岩,稳定性差。同时存在两条施工支洞给本标段创造了两个掌子面,加之 3♯隧洞出口一个掌子面,共计三个工作面。但是每个工作面掘进深度都在 1 000 m 以上,尤其从施工支洞开挖运输出渣都在 1 100 m 以上,供风、排烟都比较困难。因此这里以 3♯隧洞为例,分析如何应用喷混凝土、锚杆支护、钢拱架、钢筋混凝土衬砌等技术对高地温高地应力条件下隧洞进行施工。

10.3.1 隧洞洞口施工技术

拉西瓦灌溉工程 3♯隧洞项目区位于灌区西南部,西起索盖沟,东至温泉沟附近,行政隶属于贵德县河西镇。由于 3♯隧洞路程较长,所以存在支洞辅助施工,本隧洞工程共存在 3 个洞口,因此本节首先在阐述 3♯隧洞工程概况基础上对洞口施工技术进行系统讲述。

10.3.1.1 施工流程

3♯隧洞进口基岩出露,顶端黏土岩边坡直立,高度超过 60 m,进口围岩为下三叠系砂质板岩,厚 1～3 m,与上伏黏土岩呈不整合接触。岩体呈薄层状,其围岩节理裂痕发育,结构面相互切割。岩体较为破碎,呈碎裂及块状结构,因此在施工时首先清除松散围岩。3♯隧洞洞口施工流程图如图 10-14 所示。

10.3.1.2 洞口开挖

(1)测量放线

3♯隧洞测量放样出隧洞进口中心线、边线以及坡顶开挖轮廓线,在坡顶开挖轮廓线上每 5 m 设一固定桩,并在施工中对开挖坡度进行严格检查,及时纠正偏差,严防超欠挖。

(2)洞口边坡防水排水

3♯隧洞沟底狭窄呈 V 形,沟道宽 3～5 m,沟道平时仅有少量流水或无水,但汛期有洪水。洞线埋入沟底 2～4 m,进出口受地下水及洪水危害严重,因此边坡开挖前必须采取防洪及排水措施。

根据实际地形开挖坡顶截水沟,洞口两侧设置集水井,将洞口部位的雨水和渗水引至集水井集中排出,以防雨水汇集流入洞内。天沟、引水、截水、排水等设施保证沟基稳定,沟形整齐,排水沟排泄时不会对附近其他建筑产生危害。天沟开挖之后,用浆砌石进行衬砌并抹光,以防止渗水,保证边坡稳定;在施工中及竣工后,确保排水系统畅通,不淤积,不堵塞。

(3)洞口土方边坡明挖

洞口截水沟开挖结束后,首先平整洞口边坡坡面,使坡度符合设计要求,确保了坡面

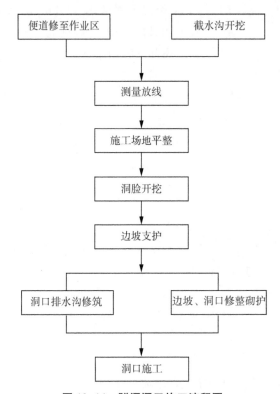

图 10-14　隧洞洞口施工流程图

无明显的局部高低差,无凸悬危石、浮石、渣堆、杂物,并对边坡上出现的坑穴、凹槽进行嵌补平整。由于洞口周围岩石比较破碎,先对洞口周围岩石采用打锚杆、挂钢筋网、喷混凝土联合运用的支护方式进行支护,然后再进行洞脸开挖施工。3♯隧洞出口洞脸土方明挖过程中采用挖掘机开挖,开挖自上而下进行,对开挖形成的边坡按照设计要求及时进行了支护,以避免长期暴露,造成坡面塌陷。

（4）洞口石方明挖爆破

在施工前,对爆破作业进行详细设计并进行爆破试验,通过试验修正爆破设计。根据地层岩性、产状、边坡高度及实际地形,洞口边坡石方开挖采用梯段爆破的爆破方式,爆破时严格控制用药量,一般单位耗药量较小。与洞室爆破比较,二次解炮工作量少,对保留岩体的影响小。爆破后壁面平整,对边坡稳定有利,易于接下来采用综合机械化施工,导爆索起爆,炮孔垂直台阶面。爆破具体操作如下:

①钻孔。钻孔时首先在开挖面顶部人工挖出宽度不小于 3 m 的操作平台,然后按设计要求布眼,潜孔钻就位造孔,同时在边坡预留保护层,保护层人工用风镐凿除。

②装药。装药前应先清孔,为了防止抵抗线过小引起冲炮,检查炮孔的最小抵抗线与钻爆设计是否相符,以及每一孔深有无变化,并据此调整装药量。炸药用 2♯岩石硝铵炸药,导爆索起爆。

③堵塞。每孔的堵塞长度不小于设计规定值,塞孔材料选用砂黏土,并确保砂黏土在使用过程中有一定的湿度。

④爆破。爆破作业由专人统一指挥,当在确认周围的安全警戒工作完成后,再发出起爆命令,并指定专人核对装炮、点炮。起爆后由爆破作业人员检查确认安全后,发出解除信号,撤出防护人员。

⑤出渣。爆破石渣由装载机装渣,由自卸汽车运至弃渣场。

10.3.2　隧洞洞身开挖施工技术

洞口边坡开挖和支护完成后,可进行洞身开挖,洞身开挖从3#隧洞出口及施工支洞上、下游段三个掌子面同时掘进,由三个作业组分别作业。施工时严格按"新奥法"施工技术组织施工,对软弱围岩段采用短进尺弱爆破强支护方法进行开挖支护。洞身开挖施工流程如图10-15。

图 10-15　隧洞洞身施工流程图

10.3.2.1　洞身石方爆破开挖

3#隧洞洞身开挖采用光面爆破施工,气腿式风钻造孔,人工装药,毫秒延期导爆管雷管起爆。炸药选用2#岩石硝铵炸药,扒渣机装渣,电瓶车牵引梭式矿车运输。

（1）爆破方法

Ⅳ类围岩采用全断面光面爆破法开挖,每循环进尺1.8 m。对于Ⅳ类围岩破碎段和有软弱夹层段采用间距 120 cm 钢拱架(H160×88)支护,喷射 10 cm 厚的 C20 混凝土加钢筋网片支护和顶拱和边墙。钢筋网片采用 ϕ8 的 I 级钢筋,钢筋网格采用 15 cm×15 cm。边墙设锁脚锚杆,锚杆采用 ϕ16 的 II 级钢,长度 1.5 m,入围岩长度 1.4 m,顶拱掉块处可布置 ϕ16 的随机锚杆,间排距 1 m,呈梅花形布置。

对于 V 类围岩及断层带采用短进尺多循环小药量的开挖爆破方法进行开挖,每循环进尺 1.4 m。开挖后立即进行钢拱架支护,侧墙及顶拱钢拱架背部采用钢筋网片焊接封堵,网片外面用块石或者原木填塞,及时喷混凝土支护。

(2) 洞身石方爆破

①测量放线

首先用全站仪、水准仪配合将激光导向仪固定安装在洞顶的适宜位置,并定期对激光导向仪的方向、高程进行校测,确保其导向正确。根据激光导向仪的指向位置划出开挖轮廓线,用红色油漆标识出掏槽孔、辅助孔、周边孔的准确位置,测设控制点,并将临时水准点和隧洞中心线控制点引至靠近掌子面不致被破坏的地方,同时加强保护。在每次测量放线都对上一循环的开挖轮廓进行检查,并对检查结果及时进行分析,以作为调整爆破参数的实验依据。

②钻孔

炮眼布置好后开始进行钻孔作业,钻孔采用 YT-28 气腿式风钻,钻孔时采用简易造孔台车,分层作业,由上而下进行钻孔。钻孔时做到每一钻孔深度都符合设计要求,掏槽眼造孔也严格按爆破设计图控制位置、倾角和孔深。其孔位偏差未大于 5 cm,周边眼沿轮廓线调整的范围未大于 5 cm。

③装药

钻孔完成后,冲洗并检查深度和位置、倾角符合设计要求后,便开始按设计的段位进行装药。先用炮棍轻轻送入装有雷管的药卷,然后依次装入其他药卷,装药总长保证都在孔深的 2/3 以内。每孔药装完后,用炮泥封堵。

④爆破

当装药完成且经检查每孔段位准确无误后,将各非电毫秒雷管捆绑在起爆药包上,设备、人员撤离到安全地点后,火雷管起爆。

⑤出渣

本工程均采用了有轨出渣运输,采用扒渣机装渣,蓄电池式电机车牵引,梭式矿车运输出渣。洞内弃渣的运输由电瓶车牵引梭式矿车运至洞外后,用装载机二次转运至指定弃渣场,推平压实。

(3) 爆破施工通风

①隧洞施工过程中的污染源

在隧洞的挖掘过程中,洞内的氧气比例会持续降低,并且洞内空气中会混入 CO、CO_2 以及 NO_x 等有害气体和粉尘,这是因为在施工过程中周围岩体、施工人员与机械设备都会对洞内氧气含量造成影响。洞内温度过高,若超过施工人员和机械正常工作所需要的温度,则会影响初支的喷射混凝土和衬砌结构正常凝固。为了尽快降低爆破过程中产生的炮烟、粉尘以及施工时出现的有害气体含量并降低隧洞内的温度，需要不断地向隧洞中通入新鲜空气，以确保洞内施工人员的人身安全以及施工机械可以正常工作，并且控制有害气体和粉尘的含量。

②隧洞施工通风方案

由于3♯隧洞路程较长，在参考了各种通风方式的优缺点并且总结了类似工程的经验之后，为了取得理想的通风效果并且本着经济适用的原则，确定采用压入式通风将有毒气体、污染空气排出，使有害气体不再污染掘进工作面及隧洞全线，从而保证工作面的空气环境最佳。

根据实际情况进行的通风措施为：支洞口配备1台2×55 kW轴流通风机，以保证风力充足，并且主洞与支洞交会处进行三通，一面向支洞上游方向通风，一面向支洞下游方向通风。在上、下游段各100 m处再串联1台2×11 kW轴流风机，用接力风机把从支洞口输送来的新鲜空气输送到上、下游各掌子面。当支洞处上、下游段掘进超过800 m时，另外在支洞上、下游800 m处各配置1台2×5.5 kW的轴流风机接力串联，把新鲜空气送入最后的200 m掌子面。

3♯洞出口段配置了1台2×37 kW轴流风机，等掘进超过1 200 m时，在此处串联接力1台2×11 kW的轴流风机（从支洞处移过来），可以把新鲜空气送入最后的388 m处。每天24小时不停地向洞内供风，稀释有害气体浓度，保证新鲜空气输送到洞内，同时可以形成洞外空气和洞内空气的交换，改善洞内施工环境。轴流风机的风筒采用ϕ80 cm、ϕ60 cm、ϕ50 cm三种规格。

10.3.2.2　隧洞支护施工

由于Ⅳ类围岩和Ⅴ类围岩的成洞条件差，极易产生塌方，开挖后需及时支护。隧洞进洞加强段的支护采用超前小导管注浆，钢拱架支护，喷混凝土；对于Ⅳ类围岩采用钢拱架支护，喷混凝土；对于Ⅴ类围岩采用超前锚杆，钢拱架支护，喷混凝土。

（1）超前支护

隧洞穿越软弱破碎围岩时，开挖扰动会引起较大的围岩变形，在3♯隧洞工程项目试验段进行施工过程中发现，在隧洞爆破开挖后，隧洞底部和顶部由于软岩的内应力继续释放，使隧洞底板上鼓、轨道变形。为保证隧洞工程开挖工作面稳定，应超前于掌子面开挖进行支护。本工程超前支护方式主要为超前锚杆和超前小导管注浆法。

①超前锚杆

超前锚杆首先沿开挖轮廓线，以稍大的外插角向开挖面前方安装锚杆，形成对前方围岩的预锚固（预支护），在提前形成的围岩锚固圈的保护下进行开挖、装渣、出渣和衬砌等作业。一般超前长度为循环进尺的3.5倍，搭接度为超前长度的40%～60%，即大致形成双层或双排锚杆。

超前锚杆的施工按设计要求，采用Ⅱ级ϕ22螺纹钢筋。施工过程中，超前锚杆的设置充分考虑了岩体结构面特性，一般可以仅拱部设置，必要时也在边墙局部部位进行设置。超前锚杆纵向两排的水平投影，确保其有不小于1.0 m的搭接长度；施工时超前锚杆和钢架支撑配合使用，并从钢拱架腹部穿过。超前锚杆尾端设置了钢架腹部，部分设置了焊接于系统锚杆尾部的环向钢筋,以增强共同支护作用。

②超前小导管注浆法

超前小导管注浆法首先沿隧洞开挖轮廓线向前以一定的角度打入管壁带小孔的导管,并以一定的压力向管内注起胶结作用的浆液(通常注浆压力为0.5～1.0 MPa)。待浆液凝固后,隧洞周围的岩体能得到预加固,并形成具有一定厚度的加固圈,此加固层能起超前预支护作用。同时,浆液填充了空隙,阻隔了地下水向隧道渗流的通道,也起到了堵水、隔水的作用。在其保护下,可以安全地进行开挖作业。超前小导管注浆法工艺流程如图10-16所示。

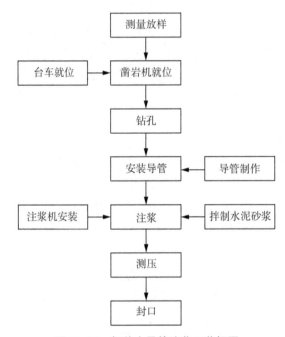

图 10-16　超前小导管注浆工艺框图

根据隧洞围岩地质条件及水文地质特征、断面尺寸与支护衬砌结构,并结合隧洞开挖的实际情况,本工程采用钢架—钢管管棚—浅孔单过滤管注浆施工方法。注浆施工方法如下:

A. 注浆孔布置及主要注浆参数的选定

注浆孔布置涉及注浆范围、注浆循环长度等因素。对隧洞顶拱部位的围岩注浆,堵塞涌水通道及其引起的流沙,进而加固围岩,增加围岩自承能力。随着一次支护的完成,形成了稳定的隧洞顶板。注浆循环长度考虑尽可能缩短注浆时间,避免进浆困难,并与开挖循环长度相适应。据此注浆孔按隧洞顶拱开挖轮廓线(或略开外)沿周边等距离布置,单排孔,孔距30 cm,孔深3～3.5 m(注浆循环段长),孔径50 mm,外倾角3°～6°。当涌水量大或围岩特别松软时,为确保注浆效果及围岩稳定,增设外圈补强注浆孔,其孔深1.5 m,孔径50 mm,间距约60 cm,与主注浆孔距约30 cm,外倾角3°～6°。为降低注浆压力,在拱顶和二侧拱脚附近布置了外周排水减压孔,孔深及孔径与注浆孔相同,倾角

$5°\sim10°$。在掌子面中心附近布设了水平地质探察孔 1 个,孔深 $5\sim8$ m,孔径 75 mm。

注浆顺序采取自拱顶向两边间隔作业的方式,每隔 1 段,一次注完。注浆压力为 1.0 MPa,注浆扩散半径为 2 m。

选用水玻璃(硅酸钠)溶液和水泥悬浊型混合的双浆液。A 液为水玻璃;B 液为水泥浆,用 42.5 级抗硫酸盐侵蚀水泥,水灰比为 1∶1。A、B 两种混合浆液的体积比为 1∶1,其凝胶时间为 $30\sim90$ s。

B. 立钢拱架,喷射混凝土封闭掌子面

拱架型号为 I16 工字钢,顶拱部位腹板中设有预先钻好的孔眼。为使掌子面围岩稳定和能够承受注浆压力,防止浆液倒流,采用厚 15 cm 的喷射混凝土进行了全封闭,兼起止浆墙作用。与此同时,完成挂钢筋网、喷混凝土等一次支护。

C. 钻注浆孔

使用 YT-28 风动凿岩机,按上述注浆扎布置、孔深及倾斜角要求。钻杆穿过钢拱架预设的孔眼钻进,补强注浆孔、排水孔等与注浆孔的钻进方式相同。

D. 安装注浆管及钢管管棚

注浆管采用 50 mm 焊接钢管。先将钢管截成所需的长度,前端做成锥形,然后在管周壁上按等距离布置钻孔,直径 $8\sim12$ mm,纵向眼距 $10\sim20$ cm。安装钢管管棚时,先在注浆孔口放入用麻丝胶泥制作的止浆柱塞,然后把注浆管顶入孔内至规定深度,并使柱塞与孔壁挤压紧密。孔口部分预留出注浆管 $30\sim40$ cm,以便封堵孔口。边钻孔边安装,可防止塌孔,同时引出一部分地下水。如此排列的多个注浆管,形同管棚,注浆后管棚随之与围岩固结在一起,可以提高顶拱围岩强度。

施工过程中需十分注意注浆压力和注入量的控制:在注浆过程中,其压力和流量的变化可分三个阶段。初始阶段即浆液流动扩散阶段,压力迅速由零上升到 0.7 MPa 左右,浆液注入量亦由大逐渐减小;充填阶段,此阶段的注浆压力由大变小,注浆速度也有所降低;凝胶脱水阶段,随着裂隙、孔隙和空洞全部充塞完毕,吸浆量逐渐降至结束标准。

10.3.2.3　钢支撑及钢筋网施工

为了迅速提高足够的支护抗力,满足初期支护所需的主要刚度,快速控制围岩继续松弛,限制围岩的过度变形,保证隧洞支护结构的稳定,在初期支护中增设了钢拱架和钢筋网。钢支撑施工工艺流程图如图 10-17 所示。

(1)钢支撑加工制作

钢支撑在加工车间制作加工,分为圆弧和拱腿两部分,用 10 mm 厚钢板螺栓连接。拱腿加工,按尺寸直接下料。圆弧部分加工,则采用弯拱机直接加工成型。钢架加工后应进行试拼,其误差控制在:沿隧洞周边轮廓误差 ±3 cm,各单元螺栓连接的螺栓孔中心间距公差不超过 ±0.5 mm,钢架平放时,平面翘曲要小于 ±2 mm。

(2)钢支撑安装

钢架的基础立在坚硬的基础上,围岩较软时要加设混凝土垫块。安装时,圆弧部分与拱腿之间的连接要牢固,调整位置与高度,尽量保证钢架平面与隧洞轴线垂直。每榀钢架用锁脚锚杆进行锁定,每榀钢架之间用 $\phi22$ 连接筋连接,环向间距为 40 cm,使钢架连接成为一个整体,增强其抵抗围岩变形的能力。

当钢架与岩面之间存在较大空隙时,用钢制品进行填塞,顶紧围岩,确保钢架起到支撑围岩的作用。钢架安装横向和纵向允许的偏差为±5 cm,钢架平面垂直与隧洞轴线,垂直度允许误差为2 cm。

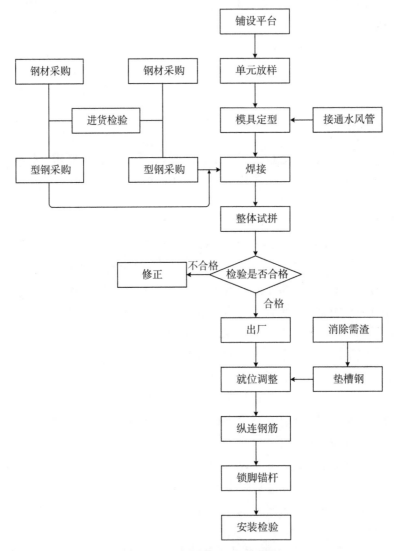

图 10-17 钢支撑施工工艺框图

(3)钢筋网施工

首先将挂圆盘钢筋拉直,下料长度为2 m×1 m,制作2 m×1 m的钢筋网片。然后将制作成型的钢筋网运输至洞内施挂,钢筋网与钢筋网搭接为5~10 cm。

10.3.2.4 喷射混凝土施工

喷射混凝土是新奥法初次加固支撑的核心技术,其利用压缩空气产生的巨大压力快速将喷枪内掺有速凝剂的混凝土喷射到作业面上,混凝土迅速凝结硬化产生一定的黏度和强度,填补作业面的裂缝和空隙,使其黏结形成一个整体进而起到加固建筑物的作用。喷射混凝土施工工艺流程如图 10-18 所示。

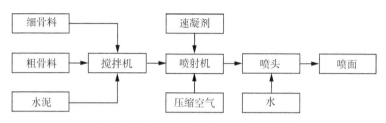

图 10-18　喷射混凝土施工工艺流程图

(1) 施工用料

①水泥:采用强度等级不低于 PO32.5 级的普通硅酸盐水泥,进场水泥全部有生产厂家的质量证明,并检验合格。

②骨料:细骨料采用硬质洁净的中粗砂,细度模数大于 2.5,含水率控制在 5%～7%;粗骨料采用最大粒径不大于 15 mm 的卵石。喷射混凝土的骨料级配满足下表 10-6 规定。

表 10-6　喷射混凝土的骨料级配表

项目	通过各种筛径的累计重量百分数/%					
	0.6 mm	1.2 mm	2.5 mm	5.0 mm	10 mm	15 mm
优	17～22	23～31	35～43	50～60	73～82	100
良	13～31	18～41	26～54	40～70	62～90	100

③水:使用饮用水,保证水中不含有影响水泥正常凝结与硬化的有害杂质,且经监理指定的检测单位化验合格。

④速凝剂:速凝剂的质量符合规范要求并有生产厂商的质量证明,初凝时间不大于 5 min,终凝时间不大于 10 min。

(2) 施工要求

①混凝土拌制

喷射混凝土的配合比通过室内试验和现场试验选定,并符合施工图纸要求。喷射混凝土配合比需满足强度要求,同时也要符合回弹量、粉尘及增加黏附性要求。

按照配合比制作好混凝土之后采用搅拌机搅拌,搅拌时间超过 1 min,搅拌所用配料计量装置定期检验,配置偏差均符合规定,搅拌均匀,颜色一致。混凝土应当随拌随用,当不掺速凝剂时,干混合料的存放时间控制在 2 h 以内;当掺有速凝剂时,则不超过 20 min。同时由专人确保混合料在运输和存放过程中,未被淋雨、浸水及混入杂物。

②喷射作业

进行喷射前首先对喷射面进行检查,清除开挖面的附石、墙角的石渣和堆积物。根据施工现场的石质情况,喷射前工人用高压风水枪冲洗受喷面。喷射作业采用分段、分部、分块进行,由下而上、先墙后拱进行。施喷前,埋设喷层厚度检查标志,以便控制喷层厚度。分层喷射时,后一层在前一层混凝土终凝后进行。当终凝 1 h 后再喷射时,工人先用风、水清洗喷层表面。混凝土终凝 2 h 后进行洒水养护,洒水次数以能保持混凝土具有足够的湿润状态为准,养护时间基本超过 14 d。一次喷射厚度(mm)见表 10-7。

表 10-7　一次喷锚厚度表

喷射部位	掺速凝剂	不掺速凝剂
边墙	70～100	50～70
拱部	50～60	30～40

喷射时喷射机选用 PZ-5 型混凝土喷射机,空气压缩机应能满足喷射机工作风压和耗风量的要求,压缩空气进入喷射机前进行油水分离。选用承受压力大于 0.8 MPa 的输料管,并有良好的耐磨性能。强制式搅拌机的生产能力与喷射机相适应,选用 500 L 的强制式拌和机。供水设备使喷头处的水压高于输料管内空气压力。

10.3.3　隧洞钢筋混凝土施工技术

隧洞混凝土衬砌按照先底板,后侧墙及拱顶的顺序进行施工。侧墙及拱顶采用液压钢模台车成型,混凝土在洞外集中拌制,轨行式混凝土输送罐车运至浇筑工作面由 HB50 型混凝土泵送入仓,底板采用弧形振动梁振捣,人工原浆压光收面。侧墙及拱顶采用 12 m 自制台车浇筑,混凝土的振捣采用台车上附着振捣器与插入式振捣器配合振捣。

10.3.3.1　洞身模板

侧墙及拱顶混凝土采用移动式液压钢模台车成型,液压钢模台车主要由台车架和模板系统及调整模板系统的液压系统组成。其中顶模板固定在上部支架上,侧拱模板和顶拱模板铰接。车架可沿专用轨道移动,上面装有直螺旋千斤顶和倾斜式液压缸调节杆,台车轴线与平洞轴线大的错位主要靠轨道控制,小范围的误差通过直千斤顶和倾斜液压缸来调整竖直和水平位置。模板由型钢和 8 mm 厚的钢板组成,每 2 m 高设一层混凝土入仓口,便于混凝土浇筑,振捣采用附着式振捣器。钢模台车的行走动力由电动机配成变速箱驱动,行走轨道用 24 kg/m 的轻型钢轨,轨道下铺设位 20×20 cm 的枕木,枕木与钢轨连接用道钉,枕木间距 60～100 cm,轨道随台车的移动紧跟移动。

边顶拱钢模台车长度为 12.2 m,混凝土衬砌标准段长度按 12 m 一段进行施工。钢筋及仓面验收合格后,台车移动至仓位定位并固定,调整液压千斤顶和丝杆,展开钢模,端头模板主要采用组合钢模板、辅以木模,隧洞及斜井底板混凝土全部采用组合钢模板并辅以木模施工。

10.3.3.2　底板混凝土施工

底板混凝土施工程序:

(1)测量放样,确定底板标高;

(2)清理底板浮渣,确保浇注厚度;

(3)将上循环破坏底板接头凿毛处理,在端头设橡胶止水带;

(4)绑扎焊接底板钢筋,与侧墙接筋连接;

(5)自检合格后,报监理工程师隐蔽检查签证,混凝土输送泵泵送浇筑,插入式振动棒捣固。

10.3.3.3 侧墙混凝土施工

侧墙及拱顶混凝土施工用钢模台车浇筑,每 12 m 一跨,用两台台车从内向外浇筑(与掘进方向相反)。为保证浇筑效率,每 120 m 为一个浇筑单元,两台车相距 60 m。

侧墙混凝土浇筑时,通过自模板上预留的入仓孔入仓,自下而上,对称分层浇筑、平行上升,并逐层封堵入仓口。入仓时,混凝土自由倾落高度不超过 1 m。在混凝土浇筑过程中,工人随时观察模板、支架、钢筋、预埋件和预留孔洞的情况,当发现有变形、移位时,及时采取措施进行加固处理。

混凝土振捣采用插入式振捣器振捣,采用插入式振捣器振捣时,每一振点的捣固延续时间,都能使混凝土表面呈现浮浆和不再沉落。为了避免碰撞钢筋、模板、预埋件等,将振动棒的移动间距控制在振捣器作用半径的 1.5 倍以内,捣动棒与模板的距离控制在其作用半径的 0.5 倍,振动棒插入下层混凝土内的深度不小于 50 mm。

10.3.3.4 拱顶混凝土施工

混凝土封拱采用混凝土泵垂直封拱法,即混凝土输送管与预埋同直径冲天尾管垂直对接。在保证混凝土自由扩散的情况下,尽量做到浇满仓号。冲天尾管出口与岩面保持 20～30 cm 距离,冲天尾管延洞轴线方向每 5～6 m 埋设一根。为排除仓内空气、检查拱顶混凝土充满度,在有较大超挖面等处根据具体情况安设了排气管。封拱时,当拱顶填满即当两个排气管开始漏浆时,混凝土泵停止工作。去掉包覆冲天尾管上预留孔眼的铁皮,在冲天尾管上预留的孔眼内插入细钢筋头,封闭冲天尾管,拆除混凝土输送管,待混凝土初凝后,割去冲天尾管,凿毛表面混凝土,用同标号水泥砂浆抹平。封拱时,配备专职质检员现场指挥,确保拱封堵饱满。为避免浪费混凝土,在满仓前,根据已浇混凝土量估算出仓内剩余混凝土容量并根据混凝土输送管长度估算出输送管内混凝土体积,当二者大体相等时,从混凝土输送泵进料口塞入海绵球或橡胶球,用高压空气将输送管内混凝土压入仓内,并由专人在排气孔或堵头模板处观察、指挥,以保证既最大限度地浇满仓号的同时防止爆仓。

10.3.3.5 钢筋制作安装

将软岩洞室衬砌结构在运行期受到的应力进行分解发现,衬砌结构在沿洞轴线方向受到的轴线方向与最大拉应力的分布趋势及应力值基本相同,即衬砌结构在运行过程中会产生裂缝,依据此结论可以从配筋方面减少衬砌结构破坏的可能性。对钢筋的制作安装包含从对钢筋的选材、钢筋清理、钢筋的焊接和钢筋的拼接几个步骤,需要对各个步骤做好监督管理工作。

(1)材料要求

施工用钢筋材料满足图纸规定,同时满足国标 GB/T 1499—2022 标准,Ⅰ级(Q235)和Ⅰ级(A3)光面钢筋,以及Ⅱ级(20MnSi)和(25MnSi)螺纹钢规定;金属、垫块和垫板满足国标 GB 50204—2022 标准,在使用前征得了监理工程师的同意;绑扎用的绑线使用冷淬火绑线,满足国标 GB 50204—2022 标准。

钢筋在钢筋加工棚内加工,加工前后进行覆盖,防止钢筋生锈和污染。钢筋在切割、弯曲和加工后贴上标签,表明规格、型号和状态,便于识别和处理。保证钢筋平直,没有局部弯曲,其中心线和直线的偏差小于总长的1%。钢筋在钢筋棚中存放,防止和地面直接接触。

(2)钢筋施工

钢筋加工程序为:调直→除锈→切割→弯曲成型。钢筋的下料长度按图纸和规范要求通过计算确定,采用钢尺量取。钢筋下料前,用调直机调直,使之符合规范要求。钢筋的切割采用切割机进行,施工中,保证钢筋切口垂直,无弯曲。

钢筋弯曲采用弯曲机进行施工,施工前先按图纸放出钢筋加工大样图,按大样图进行加工。弯曲过程中,防止钢筋出现断裂和裂缝。弯钩弯折加工符合 DL/T 5169—2013 规定。钢筋加工允许误差值见表 10-8。

表 10-8　钢筋加工允许误差值表

序号	细则	允许误差值/mm
1	钢筋加工后的净长度	±10
2	箍筋不同部分的长度	±5
3	钢筋弯曲点	±20
4	扭曲角度	3°

安装钢筋之前首先把其表面的灰尘、油脂、生锈膜、铁屑以及其他漆膜清除干净,清理干净之后自制钢筋运输架,用载重汽车拖专用钢筋运输架将钢筋运输到工作面,人工运输绑扎。

钢筋按设计图纸安装,用绑线将钢筋固定成刚性框架,在钢筋骨架上间隔绑扎或金属垫块,以确保钢筋的保护层厚度。钢筋绑扎牢固,位置正确。垫块等钢筋支护间距为100 cm。用于拼接的钢筋的长度不少于6 m,包括拼接部分的长度。钢筋绑扎、焊接钢筋网的交叉连接满足图纸规定,墙或地面两排钢筋的外连接点全部连接起来,剩余的点在交叉处连接50%。钢筋安装质量要求见表 10-9。

表 10-9　钢筋安装质量要求表

序号	细则	允许误差值/mm
1	钢筋长度,同一卷钢筋的累计间距	±1/2 保护层的净厚度
2	柱和梁	±1/2 钢筋的直径
	用于板和墙的钢筋	±0.1 间隔
3	同排钢筋间距	±0.1 间隔
4	双排钢筋的行距	±0.1 间隔
5	箍筋间隔、柱和梁间隔	±0.1 箍筋的间隔
6	保护层局部厚度	±1/4 保护层净厚度

(3)钢筋的焊接和拼接

钢筋的焊接采用电渣压力焊,利用电流通过渣池产生的电阻热将钢筋端部熔化,然后施加压力使钢筋焊合。焊接设备包括焊接电源、控制箱、操作箱、焊接机头,整体采用自动电渣压力焊。采用钢丝圈引弧法,铁丝圈高 10～12 mm。焊接的引弧、电弧、电渣与顶压过程由凸轮自动控制。

钢筋的拼接长度符合 DL/T 5057—2018 和 GB 50204—2015 标准。钢筋拼接交错布置,避免在同一部位进行拼接。拼接位于结构中受力较小的部分。钢筋的最小拼接长度见表 10-10 所示。

表 10-10　钢筋的最小拼接长度表

钢筋名称	最小拼接长度	
	钢筋类型在受拉情况下	钢筋类型在受压情况下
Ⅰ级钢筋	30 d	20 d
Ⅱ级钢筋	25 d	25 d
冷拔低碳钢丝	25 cm	20 cm

（4）保护层

保护层满足图纸的技术规范要求,保护层厚度见表 10-11。

表 10-11　保护层厚度表

序号	结构分类		保护层/mm
1	墙和板	厚度≤100 mm	10
		厚度>100 mm	15
2	梁和柱		25
3	基础	有垫层	35
		没有垫层	70
4	箍筋和横向钢筋		15
5	板和墙铺设钢筋		10
6	隧洞混凝土衬砌		35

10.3.3.6　伸缩缝止水带夹设施工

止水带采用定型钢模及专用钢架夹设。在止水带搭接处用锉刀锉毛,清刷干净后用环氧树脂黏接橡胶止水带。黏接时,在配好的环氧树脂中加入适量的石棉绒,塞入止水带两接头中,确保黏接强度与密实性,上下用钢板夹具固压黏接头处,搭接长度为 10 cm,止水带转角处制作圆角。伸缩缝及其埋件的施工遵照原水电部颁布的《水工混凝土施工规范》(SDJ 207—82)规范规定执行。

金属止水片的衔接按其不同厚度分别根据施工规范,采取折叠咬接或搭接。搭接长度不小于 2 cm,咬接或搭接采用双面焊。无论何种材料的止水片,同类材料的衔接接头都采用了与母体相同的焊接材料。

10.3.3.7　温控措施

（1）高温季节混凝土施工温度控制措施

加大混凝土骨料堆放高度,以保持骨料的月平均温度,必要时用水喷洒冷却骨料。

在拌和站搭设简易凉棚,以降低出料口温度。尽量避开高温时段浇筑混凝土,以降低混凝土表面温度。在各建筑物施工中,加强通风,降低混凝土仓面的环境温度,加强混凝土表面覆盖及缩短洒水间隔。

在满足施工设计图纸和施工要求,保证混凝土强度、和易性的前提下,选用水化热低的水泥改善混凝土骨料级配,加优质的掺合料和外加剂等措施降低混凝土水化热温升。

（2）低温季节混凝土施工温度措施

采用夏季筛分储备的骨料,防止有冻结块。加大混凝土骨料堆放高度,以保持骨料的月平均温度,必要时加热水进行拌和。当水温超过60℃时,改变拌和加料顺序,即先将骨料与水拌和,然后加水泥拌和,以免水泥假凝。拌和站内搭设简易暖棚,棚内生火,保持拌和时的温度,同时在混凝土中掺加防冻剂。

10.3.4　隧洞灌浆工程施工技术

3#隧洞回填灌浆灌总工程量为 23 571.41 m²,洞身灌浆范围为顶拱 120°,总长 3 593.82 m。回填灌浆采用预埋管注浆法,施工时严格按照设计要求回填灌浆范围和孔序进行灌浆。

10.3.4.1　施工方法

回填灌浆采用预埋管注浆法。针对工程的特点,在衬砌混凝土达到 70%设计强度后进行灌浆。为使回填灌浆能够顺利进行,工作面配备了两套灌浆泵。在衬砌混凝土时按照设计要求,预埋 φ50 钢管作为灌浆管,在预埋管中钻孔,再进行施灌。灌浆孔分段分序布置,一般分为两个次序进行,后序孔包括顶孔。

10.3.4.2　回填灌浆

回填灌浆施工工艺流程为:在预埋钢管中钻孔→检查→灌浆→质量检查→补灌→验收封孔。

（1）造孔

回填灌浆孔采用手持式风钻,从预埋管中钻孔,钻孔孔径不小于 38 mm,孔深宜伸入岩石 10 cm,并测记混凝土厚度和空腔尺寸。

（2）灌浆

灌浆分两序进行,先进行一序孔的灌注,间隔时间大于 48 小时后,进行二序孔的灌注,并做到由下而上,先边孔,后顶孔。

回填灌浆采用"纯压式"灌浆,孔口灌浆管处装设压力表控制灌浆压力,灌浆压力为 0.2~0.3 MPa。在设计压力下,灌浆孔停止吸浆并延续 5 min 后结束该孔的灌注。

（3）制浆

回填灌浆使用 32.5 级普通硅酸盐水泥,拌和水水温不低于 5℃,灌浆管采用高压胶皮管,管径与灌浆泵一致。一序孔可灌注水灰比为 1(或 0.8 或 0.6 或 0.5)：1 的水泥浆。对较大空腔或空洞部位用水泥砂浆灌注,掺砂量不大于水泥重量的 200%。

（4）封孔

回填灌浆质量检查在该部位灌浆结束后 7 天进行,检查孔应布置在空腔较大、串浆孔集中以及灌浆情况异常的部位,具体位置由监理工程师现场确定,检查孔的数量为灌浆总孔数的 5%。

质量检查采用钻孔注浆法,检查孔钻孔成型后,向孔内注入水灰比为 2∶1 的水泥浆液。在规定的压力下,初始 10 min 内注入量不超过 10 L,则认为合格。

10.3.5　隧洞工程施工技术小结

拉西瓦灌溉工程 3# 隧洞地处高地温软岩地区,在开挖施工时洞内温度达到 28～34 ℃,在混凝土浇筑时洞内温度高达 45 ℃。同时,3# 隧洞的地质围岩状况主要为变质软岩,因受到地应力和高地温作用极易失稳和变形。建设施工方在爆破开挖时超前支护,开挖后立即进行钢拱架支护,侧墙及顶拱钢拱架背部采用钢筋网片焊接封堵,并及时喷射混凝土支护,有效消除了成洞变形危害,降低了变形及高温对混凝土衬砌结构危害,保证工程质量的同时降低了施工成本。此外,由青海省水利水电勘测设计研究院、青海大学、青海省贵德县拉西瓦灌溉工程建设管理局三家单位共同协作完成的《高地温、高地应力等不利条件下黄河谷地软岩洞室稳定性分析及相应措施研究》,得出以下创新点:

(1)高地温会使衬砌结构受到的拉应力大幅度增加,衬砌结构受到较大压应力的主要原因是高地应力,高地温是使衬砌结构产生破坏的主要原因,因此可以从温控方面减少衬砌结构破坏的可能性。

(2)衬砌结构在沿洞轴线方向受到的应力与最大拉应力的分布趋势及应力值基本相同,即衬砌结构在运行过程中会产生横缝,因此可以从配筋方面减少衬砌结构破坏的可能性。

(3)随着衬砌分段长度的增大,其自身受到的拉应力数值增大较少,但相对较大的拉应力分布范围增大,3 m、6 m、9 m 三种衬砌段在中间位置受到的拉应力数值较大,即在中间位置处可能产生裂缝,12 m 衬砌段在距两端 1/3 处受到的拉应力数值较大,容易在两端 1/3 处产生裂缝。

10.4　倒虹吸工程

拉西瓦灌溉工程 2# 倒虹吸管径较大,钢板为 Q345C 高强钢板,屈服强度较高,钢板端头若不进行预顶弯,卷制成型后压头较为困难,会出现端头弧度不够,较为平直现象。为解决倒虹吸管径较大施工重点难点问题,拉西瓦灌溉工程采用压力钢管现场卷制及吊装新技术。

拉西瓦灌溉工程中倒虹吸工程施工工序为:支(镇)墩基坑开挖→支(镇)墩边坡支护→支(镇)墩钢筋绑扎→支(镇)墩模板支护→支(镇)墩混凝土浇筑→倒虹吸压力钢管制作→倒虹吸压力钢管安装→倒虹吸压力钢管检验→土方回填。

10.4.1　支(镇)墩基坑开挖

拉西瓦灌溉工程倒虹吸基础大都位于松散岩土体上,少数倒虹吸基础位于基岩段。

松散岩土体的开挖采用一般机械开挖,土石方开挖施工尽量选在枯水期进行,施工前应先准备好抽水设备,规划好开挖区域内外的临时性排水措施,做好临时性排水沟、集水井和边坡截水沟,以便及时抽水。对于高边坡开挖时,土渠段应每 5 m 高差设置一条马道,用 1 m³ 液压反铲挖掘机挖填至渠道边,边坡开挖采用 1:1;基岩段按施工要求开挖后需设防护措施,做好危石清理及坡面加固,以免落石入渠,按预裂钻爆工艺实施。同时应做好排水,用 3.2 kW 污水泵抽水。

(1)施工准备

基坑开挖前测绘基础纵、横地面线,绘制开挖、设计断面图,报监理工程师审核,根据审核批准后的开挖纵横面图在现场施工放线,确定开挖轮廓边线,在开挖边线设一道控制桩做标记,撒出白灰线,标明其轮廓,由技术员现场指导开挖,按设计要求控制好边线和边坡。在施工场地外侧,结合自然地形设置截水沟,排水沟,将雨水、地面径流排入天然沟道,并结合现场实际规划运渣道路。

(2)开挖方法

基坑开挖采用自上而下开挖,采用 1.3 m³ 反铲挖掘机挖装,ZL50 装载机集料和平渣,人工配合清基。基坑开挖时,分层依次进行,开挖面四周逐层设置排水明沟,排除地基渗水,在基坑四周设置排水沟、截水沟来排除地表水、雨水、施工废水等。基坑开挖至设计高程后,报监理及地质勘查地质构造情况,根据监理及地质意见逐坑采取不同的基础处理方案,最终达到基础设计承载力。若发现地基中存在裂隙、断层、洞穴等地质缺陷或勘探用的孔、洞等,及时报请监理单位,并请示对其处理办法,按监理单位指定的深度、尺寸和范围挖除地质缺陷,用混凝土塞或其他监理单位批准的材料回填或封堵密实。

(3)边坡支护

为确保边坡坡面平顺,坡度符合设计要求,边坡开挖线 1.5 m 内禁止堆土或堆放材料。采用砂砾石编织袋在坡脚处贴高度为 0.5～1.5 m 的坡码砌,若编织袋不足以支护边坡时,采取钢板桩等支护形式,如图 10-19 所示。开挖过程中如出现裂缝和滑动现象,立即暂停施工并采取措施,通知监理人,按监理人指示执行,必要时按监理人指示设观测点,并派专人观察记录。

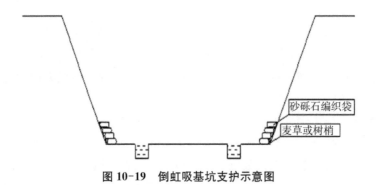

图 10-19　倒虹吸基坑支护示意图

(4)土方回填

倒虹吸基础回填时需对基坑进行换基处理,地基承载力应达到设计要求,回填采用分层回填碾压夯实,碾压干容重应达到设计要求,并做好边坡的防水处理,施工时先做还基处理再浇混凝土,最后回填至原地面线。倒虹吸基础回填采用平层回填,为加快施工进度,回填按"铺土→洒水平土→压实→检查刨毛"施工工序分段流水作业。

10.4.2　支(镇)墩混凝土施工技术

镇墩和支墩都为混凝土现浇施工,采用常规流水施工法,选用小型混凝土搅拌机拌和,Ⅴ型斗车运输,人工入仓,插入式振捣器振捣密实浇筑成型,混凝土浇筑前需做好底基处理。管道安装开始后其钢管的运输采用5 t或8 t的车辆运至安装现场,在运输过程中必须保证运输道路畅通无阻、路况良好,并保证钢管在运输工程中不被磨损,且车厢底部与两侧必须设置橡胶垫层,运至安装现场后由10 t的双钩汽车吊将钢管卸车。

(1)混凝土制作及运输

拉西瓦灌溉工程倒虹吸工程混凝土施工工艺流程如图10-20所示。

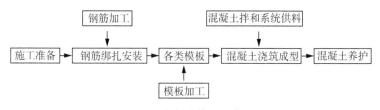

图10-20　混凝土施工工艺流程图

倒虹吸工程混凝土拌和在施工营地设置混凝土拌和站,工程开工前对拌和系统进行标定及试运行,混凝土配料时严格按照试验配合比施工,检查衡器准确度,拌和时设专人负责,拌和时间控制在20分钟内,密度、抗压强度、抗渗强度、极限拉伸值、弹性模量、泊松比、坍落度和初凝、终凝时间均需符合设计标准。倒虹吸工程混凝土垂直运输采用25 t吊车吊1 m³吊罐或搭设溜槽入仓施工,水平运输采用6 m³混凝土搅拌罐运输,运输中的坍落度损失在规范允许值内。

(2)混凝土浇筑

①支(镇)墩混凝土浇筑

支(镇)墩混凝土采用25 t吊车吊1 m³吊罐或搭设溜槽入仓施工,混凝土采用平层铺筑法,每层浇筑厚度40 cm,卸料离浇筑混凝土面高度不超过2 m,以防止混凝土离析现象的发生,浇入仓面的混凝土随浇随平仓,不能形成堆积现象,使混凝土分层均匀上升,保证混凝土浇筑的连续性,若因故中断要立即组织备用设备投入生产,且迅速组织人员进行抢修。在混凝土浇筑过程中,仓内若有粗骨料堆叠时,人工用铁锹将其均匀地分布于砂浆较多处,不准使用水泥砂浆进行覆盖,以避免造成内部蜂窝;不合格的混凝土严禁入仓,已入仓的不合格的混凝土必须清除,禁止在仓内加水。

混凝土振捣使用插入式振捣器,振捣时间以混凝土不再显著下沉、不冒出气泡、并开始泛浆时为准;振捣次序梅花形排列,避免振捣过度及漏振;振捣器移动距离不超过其有效半径的1.5倍,并插入下层混凝土5～10 cm,顺序依次方向一致,以保证上下层混凝土结合;振捣器距模板的垂直距离不小于振捣器有效半径的 1/2,并不得触动钢筋及预埋件;无法使用振捣器的部位,辅以人工捣固。混凝土浇至设计高程后,按要求进行收面。

②阀井混凝土浇筑

阀井混凝土采用 25 t 吊车吊 1 m³ 吊罐或搭设溜槽入仓施工,使用插入式振捣器振捣,人工按要求收面。混凝土施工前先用测量仪器放出井墙结构位置,然后搭设双排施工脚手架。脚手架搭好后,开始绑扎钢筋,钢筋经验收合格后,开始安装模板,经测量复测符合要求并经验收合格后开始混凝土的浇筑。混凝土振捣使用插入式振捣器,振捣时间以混凝土不再显著下沉、不冒出气泡、并开始泛浆时为准;振捣器移动距离不超过其有效半径的 1.5 倍,并插入下层混凝土 5~10 cm,顺序依次方向一致,以保证上下层混凝土结合,混凝土振捣要严格按规范操作,不能漏振、欠振,以避免出现麻面,也不能过振,避免因离析在模板接缝处形成砂线。

(3)混凝土养护

混凝土浇筑完毕后,12~24 小时内即可开始养护,且养护时间不得少于 14 天,坡面采用喷雾器喷洒混凝土养护剂,平面混凝土采用洒水养护。当硬化不因为洒水而损坏时,应立即洒水养护,使表面一直保持湿润状态。

①混凝土施工质量控制措施

混凝土在浇筑前必须进行隐蔽工程验收,经签证后方可进行浇筑施工;在浇筑过程中,直到硬化前混凝土表面不应受水流作用,若出现泌水较多,应及时处理;熟料运至现场后,不满足应坍落度要求的不得入仓;现浇混凝土完毕之后,及时收面,确保混凝土密实,表面平整、光滑。

②混凝土裂缝控制措施

由于拉西瓦灌溉工程所处贵德县,当地冬季严寒、干燥,夏季温热、多雨,混凝土工程容易产生塑性收缩裂缝、干缩裂缝等形式的裂缝,可通过选用干缩值较小的硅酸盐或普通硅酸盐水泥;严格控制水灰比,掺加高效减水剂来增加混凝土的坍落度和和易性,减少水泥及水的用量;保证养护用水,同时现场要准备足够量的塑料薄膜,草袋子等相关养护材料,浇筑完成后及时进行养护;对于井墙等薄壁结构混凝土浇筑后未及时覆盖回填的部位应做好冬季保温工作,预防裂缝的产生。

③混凝土冬季施工措施

根据施工计划安排,混凝土浇筑如在冬季作业,主要采取仓面覆盖的保温措施,提高混凝土拌和物温度,拌和时间比常温季节适当延长,保持浇筑温度均匀;提前筛洗砂石骨料,清除钢筋、模板等浇筑设施上附着的冰雪;浇筑完毕后,外露表面应及时保温;成品料堆应有足够的储备和堆高,防止冰雪冻损。

④混凝土雨季施工措施

贵德县属于温带大陆性气候,夏季温热多雨,混凝土养护在进入雨季前保证排水设施畅通无阻,运输工具应有防雨和防滑设备,浇筑仓面搭设雨棚。无雨棚小雨状况下实施浇筑应减少混凝土拌和的水量,做好新浇混凝土面的保护工作。无防雨棚的仓面,如遇大雨、暴雨,应立即停止浇筑,并遮盖混凝土表面。雨后必须先行排除仓内积水,受雨水冲刷的部位应立即处理。如停止浇筑的混凝土尚未超过允许间歇时间或还能重塑时，应加铺砂浆继续浇筑，否则应按工作缝处理。

（4）模板工程

根据不同要求，选用不同等级的木材。木模板可在现场制作，根据需要加工成不同尺寸的元件，用于异性截面及不易采用钢模板的部位。倒虹吸模板及其支架应具有足够的承载能力、刚度和稳定性，能可靠地承受浇筑混凝土的重量、侧压力及施工荷载，拼接完整，不能出现漏浆现象，要保证工程结构和构建各部分形状尺寸和相互位置的正确。

（5）钢筋工程

按照设计图纸的要求进行钢筋安装，保证钢筋安装位置、间距、保护层及各部分钢筋的型号符合设计和规范要求，不得超过规范要求的允许偏差，在已绑扎好的钢筋中，对泥土、铁锈、油脂等污物要清除干净；为保证混凝土保护层的厚度，在钢筋和模板之间使用强度不低于结构物设计强度的带有铁丝的混凝土垫块支护，以便与钢筋绑扎为一体，垫块按梅花状分布，为保证各排钢筋设计之位置准确，在相邻两排钢筋之间焊接钢筋支撑。钢筋主筋接头采用钢套筒冷挤压连接新技术。

10.4.3　倒虹吸压力钢管制作技术

本工程所用的主管道为 DN2400×18，材质为 Q345C，需现场卷制，故项目部决定将板材直接从钢厂运至安装现场进行卷制；管道附件部分，为了加快施工工期，决定在西宁加工基地进行成品或半成品制作，然后运至安装现场进行组对、安装。主钢管制作工序为直管的下料及坡口加工、直管的成形、纵缝焊接、大筒组拼环缝焊接、焊缝探伤、调圆、撑固、拼装加劲环、焊接加劲环、制作完成。

10.4.3.1　压力钢管制造工艺过程及控制

倒虹吸工程输水钢管直径为 2 400 mm 壁厚为：$\delta=18$ mm，材质均为 Q345C。钢管制作所用钢板采用双定尺板，对平面度偏差较大的钢板进行矫平。矫平后平面度偏差小于等于 2 mm。钢板采购应满足长度定尺、其宽度不小于购买时定寸的规定长度。由于板材边缘容易出现缺陷所以每边端头放 10～15 mm 修边余量。

（1）划线

钢管下料划线时，用龙门吊将钢板吊放到下料平台上，根据施工图纸及施工规范，按钢管展开图划线，下料每端放 5 mm 至 8 mm 加工余量（即单块长度方向总加长 10 mm 至 15 mm），以钢板较直的一个长边为基准划两端修边切割线，如图 10-21 所示。

（2）下料

2#倒虹吸管径为 2 400 mm，下料采用数控切割机及半自动氧割机切割机进行下料，切割面的熔渣、毛刺用凿子、砂轮机清理干净。所有板材加工后的边缘不得有裂纹、夹层和夹渣等缺陷。

（3）坡口及边缘加工

根据《焊接工艺规程》加工四周边的边缘及坡口，钢管纵缝为单边 V 型坡口，如图 10-22 所示。

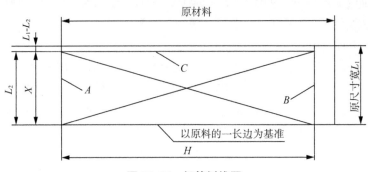

图 10-21　钢管划线图

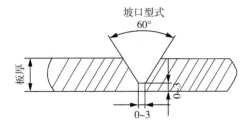

图 10-22　钢管坡口边缘加工图

安装环缝坡口形式的图样及设计标准如表 10-12 所示。

表 10-12　环缝坡口形式设计表

序号	项目	极限偏差/mm	序号	项目	极限偏差/mm
1	宽度和长度	±1	3	对应边相对差	1
2	对角线相对差	2	4	矢高(曲线部分)	±0.5

（4）标记、划线

依据钢管安装总图及业主、设计、安装单位的要求，按最终确定排管图，在每一块板上作编号、水流向、水平轴、垂直轴、灌浆孔位置标记，用钢印、油漆、样冲作标记并在周边坡口处涂刷不影响焊接的车间底漆，如图 10-23 所示。

其中标记控制要求需满足在同一管节中纵缝与水平轴、垂直轴所夹角应错开 15°以上，和相邻管节的纵缝应错开 500 mm 以上。

（5）切割

所有钢板切割均采用半自动切割机切割，确保钢板按下料划线准确切割。

（6）钢板标记及坡口刨制

钢板切割后，用油漆作明显牢固的标记，标明该张材料的所在管节编号，水流方向及上、下、左、右、中心线的位置，坡口采用刨边机刨制。

（7）压头

钢板压头在压头机上进行，每隔 50 mm 压一道，用样板检查。

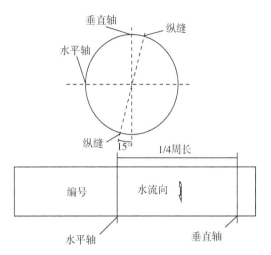

图 10-23　标记、划线示意图

（8）卷板

钢板卷板在三辊移动式卷板机上进行冷卷板，不允许采用击打方法弯曲成形和校正曲率，卷板方向与钢板压延方向一致。

（9）纵缝组对

纵缝组对在平台上进行，用样板及直尺控制错边，错口及圆度使其满足设计要求，纵缝组对合格后对钢管外坡口点焊固定。

（10）纵缝

纵缝焊接采用自动埋弧焊接，焊接顺序先焊正面坡口，焊缝背面用碳弧气刨清根后自动埋弧焊焊接。

（11）大节组对

单节钢管调圆完成后，可将 2、3 节组对成大节，大节组对在组对台车上完成，采用自动埋弧焊焊接环缝，焊缝背面用碳弧气刨清根后采用自动埋弧焊焊接。

（12）钢管除锈、防腐

钢管管段完成后进行除锈处理，表面按规范规定和设计要求进行涂装。

10.4.3.2　压力钢管卷制

（1）钢板卷制前控制要求

钢管卷制前应熟悉有关图样、标准和工艺文件，对钢板进行检查；卷之前开动卷板机进行空车运转检查，保证各电器开关动作岭门，运转正常方可进行管节卷制。且被卷钢板应放在卷板机轴辊长度方向的中间位置，钢板的对接口边缘必须与轴辊中心线平行。

（2）钢板卷制时控制要求

钢板卷制时应使钢板逐渐弯曲卷制成型，在卷制过程中，应多次调整上辊向下移动，使钢板弯曲，保持钢板两侧边缘与轴辊中心线垂直，防止因跑偏造成端面错口，保持卷板机的轴辊相互保持平行，以避免卷制出的管节出现锥形，而在每一次调整三辊卷板机上轴辊下移后卷弯时，都需要用样板检查圆弧曲率的大小，以防过量，直至符合样板与瓦片间隙要求为止,且钢板必须随着卷板机轴辊同时滚动,及时排除滑动现象。钢板卷制如图 10-24 所示。

(3)钢板卷制后控制要求

钢板卷板后,将瓦片以自由状态立于平台上,用样板检查弧度,其间隙不得大于 1.5 mm;样板弦长度不得小于 0.8 m。

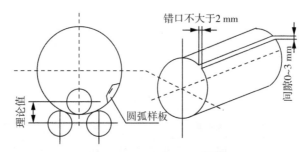

图 10-24　钢板卷制示意图

10.4.3.3　压力钢管对圆

钢管对圆应在平台上进行,其管口平面度要求应符合表 10-13 规定,钢管对圆后,其周长差应符合表 10-14 规定,纵缝处的管口轴向错边量不大于 2 mm;钢管纵缝、环缝对口径向错边量的极限偏差应符合表 10-15 规定。

表 10-13　管口平面度要求表

钢管内径 D/m	极限偏差/mm
$D \leqslant 5$	3
$D > 5$	5

表 10-14　钢管周长差表

项目	板厚/mm	极限偏差/mm
实测周长与设计周长差	任意板厚	$\pm 3D/1\,000$,且极限偏差±24
相邻管节周长差	$\delta < 10$	6
	$\delta \geqslant 10$	10

表 10-15　钢管纵缝、环缝对口径向错边量的极限偏差

焊缝类别	板厚/mm	极限偏差/mm
纵缝	任意板厚	10%δ,且不大于 2
环缝	$\delta \leqslant 30$	15%δ,且不大于 3
	$30 < \delta \leqslant 60$	10%δ
	$60 < \delta$	$\leqslant 6$
不锈钢复合钢板焊缝	任意板厚	10%δ,且不大于 1.5

其中,钢管横截面的形状偏差规定如下:

①圆形截面的钢管,圆度(指同端管口相互垂直两直径之差的最大值)的偏差不应大

于 $3D/1\,000$、最大不应大于 $30\ mm$,每端管口至少测两对直径;

②椭圆形截面的钢管,长轴 a 和短轴 b 的长度与设计尺寸的偏差不应大于 $3a$(或 $3b$)$/1\,000$、且极限偏差 $\pm6\ mm$;

③矩形截面的钢管,长边 A 和短边 B 的长度与设计尺寸的偏差不应大于 $3A$(或 $3B$)$/1\,000$、且极限偏差 $\pm6\ mm$,每对边至少测三对,对角线差不大于 $6\ mm$;

④正多边形截面的钢管,外接圆直径 D 测量的最大直径和最小直径之差不应大于 $3D/1\,000$、最大相差值不应大于 $8\ mm$,且与图样标准值之差的极限偏差 $\pm6\ mm$;

⑤非圆形截面的钢管局部平面度每米范围内不大于 $4\ mm$。

10.4.3.4　倒虹吸钢管撑圆

钢管对圆后,进行纵缝焊接前,将钢管置于手动(或电动)撑圆器上进行撑圆固定,进行定位焊,定位焊长度不小于 $50mm$,间距 $300mm$ 左右。然后再置于滚轮架上,进行钢管纵缝焊接。电动撑圆器如图 10-25 所示,其俯视图如图 10-26 所示。

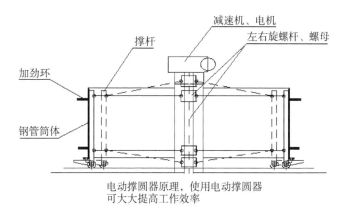

电动撑圆器原理,使用电动撑圆器
可大大提高工作效率

图 10-25　电动撑圆器示意图

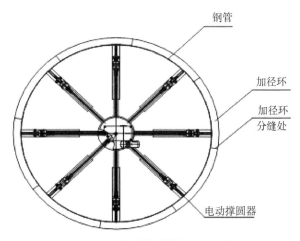

图 10-26　电动撑圆器俯视图示意图

10.4.3.5　倒虹吸钢管焊接

倒虹吸工程焊接质量控制实施焊接质控系统责任人员负责制,并接受质保工程师的监督检查。焊接质控系统责任人对焊接质控系统的建立、实施、保持和改进负责,在焊接质控系统中具有独立行使权力的职责。焊接工艺由工艺组负责,技术部及生产车间配合,工艺组对该系统的各有关环节的工作负责。

(1)焊接工艺计划

倒虹吸焊接工艺计划包括焊接位置,焊缝设计,焊接材料的型号、性能,焊接顺序、焊接层数和道数,电力特性,定位焊要求和控制变形的措施,预热、后热和焊后热处理和焊接工艺试验。以上内容应以焊接工艺评定为依据,并将评定报告单报送监理人审批。

(2)焊接工艺评定

压力钢管在制造与安装前,根据钢管材质、结构的特点及质量要求,进行对焊接施工提供指导的焊接工艺评定。根据钢管使用的不同钢板和不同焊接材料,组成以下各种焊接试板进行焊接工艺评定。

①对接焊缝试板,评定对接焊缝焊接工艺;

②角焊缝试板,评定角焊缝焊接工艺;

③组合焊缝试板,评定组合焊缝间(对接焊缝加角焊缝)的焊接工艺。

其中对接焊缝试板评定合格的焊接工艺亦适合于角焊缝。评定组合焊缝焊接工艺时,根据焊件的焊透要求确定采用组合焊缝试板或对接焊缝试板加角焊缝试板。对接焊缝试板尺寸不少于 500 mm、宽 200 mm,焊缝位于宽度中部;角焊缝试板高度不少于300 mm。试板的约束度应与实际结构相近,焊后过大变形应予校正。

10.4.3.6　生产性施焊

(1)钢管焊接工艺规程

施焊前,应根据已批准的焊接工艺评定报告,结合本工程实际,编制钢管焊接工艺规程,报送监理人。

(2)焊前清理

所有拟焊面及坡口两侧各 50～100 mm 范围内的氧化皮、铁锈、油污及其他杂物应清除干净,每一焊道焊完后也应及时清理、检查合格后再焊。

(3)定位焊

拟焊项目应采用已批准的方法进行组装和定位焊。碳素钢和低合金钢的定位焊可留在二、三类焊缝内,构成焊接构件的一部分,但不得保留在一类焊缝内,也不得保留在高强钢的任何焊缝内。

(4)装配校正

装配中的错边应采用卡具校正,不得用锤击或其他损坏钢板的器具校正。

(5)预热

对焊接工艺要求需要预热的焊件,其定位焊缝和主缝均应预热,定位焊缝预热温度较主缝预热温度提高 20～30℃,并在焊接过程中保持预热温度。层间温度不应低于预热温度,且不高于230℃。一、二类焊缝预热温度应符合焊接工艺的规定。焊口应采用固定的煤气喷灯、电加热器或远红外线加热器预热,手持煤气火焰仅限于在监理人批准的部位使用。测定宽度为焊缝两侧各 3 倍钢板厚度范围,且不小于 100 mm,在距焊缝中心线各 50 mm 处对称测量,每条焊缝测量点不应少于 3 对。

(6)焊接

倒虹吸工程建设中,当风速大于 2 m/s 或者环境温度低于−5℃,焊接应采取有效的防护措施,必要时停止焊接。

焊接前,应对主要部件的组装进行检查,及时校正偏差,按照规定烘焙和保管焊接材料。提前选定定位焊点,焊接顺序应从构建受周围约束较大往约束较小的部位推进焊接。

采用双面焊接时,在其单侧焊接后应进行清根并打磨干净,再继续焊另一面。对需预热后焊接的钢板,应在清根前预热。若采用单面焊缝双面成型,应提出相应的焊接措施,并经监理人批准。纵缝焊接应设引弧和断弧用的助焊板。严禁在母材上引弧和断弧。定位焊的引弧和断弧应在坡口内进行。多层焊的层间接头应错开,且要求每条焊缝一次性连续焊完,如因故中断焊接时,应采取防裂措施。

焊接完毕,焊工应进行自检,一、二类焊缝自检合格后应在焊缝附近用钢印打上工号,并作好记录;高强度钢不打钢印,但应进行编号和作出记录,并由焊工在记录上签字。拆除引、断弧助焊板时不应伤及母材,拆除后应将残留焊疤打磨修整至与母材表面齐平。

10.4.3.7 焊接检验

(1)外观检查

所有焊缝均应按《水电水利工程压力钢管制造安装及验收规范》(DL/T 5017—2007)第 6.4.1 条的规定进行外观检查。

(2)无损探伤

进行探伤的焊缝表面的不平整度应不影响探伤评定。焊缝无损探伤应遵守 DL/T 5017—2007 第 6.4.5 条至 6.4.7 条的规定。焊缝无损探伤的抽查率应按施工图纸规定采用。若施工图纸未规定时,可按表 10-16 确定。

抽查部位应按监理人的指示选择容易产生缺陷的部位,并应抽查到每个焊工的施焊部位。无损探伤的检验结果须在检验完毕后 48 h 内报送监理人。监理人查核检验结果后,或根据焊接工作情况,有权要求制造厂家增加检验项目和检验工作量,包括采用着色渗透和磁粉探伤等。

表 10-16 焊缝无损探伤抽查率表

办法	钢种	低碳钢和低合金钢		高强钢	
	焊缝类别	一类	二类	一类	二类
一	射线探伤抽查率(%)	25	10	40	20
二	超声波探伤抽查率(%)	100	50	100	100
	射线探伤抽查率(%)	5	(注2)	10	5

注:1. 任取上表中的一种办法即可,若用超声波探伤,还须用射线复验;
　　2. 若超声波探伤有可疑波形,不能准确判断,则用射线复验;
　　3. 高强钢指屈服点≥450 MPa,且抗拉强度≥580 MPa 的调质钢(岔管)。

10.4.3.8 焊缝缺陷处理

（1）根据检验确定的焊缝缺陷，提出缺陷返修的部位和返修措施，经监理人同意后，由进行返修。返修后的焊缝，应按照 DL/T 5017—2007 第 6.4.1 条的规定和第 6.4.5 条至 6.4.7 条的规定进行复检。

（2）应严格按 DL/T 5017—2007 第 6.5 节的规定进行缺陷部位的返修，并做好记录，直至监理人认为合格。

（3）同一部位返修次数不应超过两次。若超过两次，应找出原因，制定可靠的技术措施，报送监理人批准后实施。

10.4.4 倒虹吸压力钢管安装

钢管在加工场场地集中破口，喷砂除锈，进行防腐处理。然后用平板车运至安装位置，钢管起吊采用 25 t 汽车吊进行吊装和下管，焊接采用动力电源，最后进行伸缩节安装，防止钢管热胀冷缩，破坏管接件而造成损失。

10.4.4.1 压力钢管构件检验

（1）管道附件的检验

法兰端面上连接螺栓的支承部位应与法兰接合面平行以保证法兰连接时端面受力均匀。螺栓及螺母的螺纹应完整，无伤痕、毛刺等缺陷，螺栓与螺母应配合良好，无松动或卡涩现象。石棉橡胶垫片应质地柔韧，无老化变质或分层现象，表面不应有折损、皱纹等缺陷。弯头部分焊缝实行全探伤检验，弯管部分不圆度不得大于 7%，波浪度不得大于 4 mm，弯管外弧部分实测壁厚不得小于直管最小壁厚。管道配件补偿器按设计要求检查其质地、型号、通径、压力等级、补偿位移、使用介质。

（2）伸缩节检验

从专业厂家直接订货，仔细核对所用阀件的型号规格是否与设计相符，此外还应检查填料和压盖螺栓有无足够的调节余量。数据必须符合设计要求。公司将派人直接去制作厂家考察，亲自核对技术数据，查看产品制作质量，待这些检查合格后再进行订货，并要求对其产品逐一进行检验，取得合格证。

10.4.4.2 倒虹吸压力钢管安装

根据安装现场实际情况，钢管安装采用载重汽车运至安装点，15 t 汽车吊配合吊装。

（1）基础复核

为确保管道的平面坐标位置及高程，在管道安装前应重新复核管道的中心线及临时支墩的标高，核对无误后方可施工，同时做好检测记录。

（2）首装节安装

倒虹吸钢管安装应从最低点水平段开始安装，待水平段镇墩混凝土浇筑完成后进行爬坡段自下游段至上游段管身安装。首装节为倒虹吸最低点水平段第一节水平直管，通过全站仪测定钢管安装的中心、里程及高程，采用吊车吊装就位，利用千斤顶、倒链进行位置调整至设计要求后，进行钢管的外支撑加固。

（3）管身段安装

首装节安装完毕，将其上游侧管节吊装至临时支撑上，用千斤顶、倒链配合调整管节的各项安装尺寸，符合要求后，即可进行环缝对接。环缝的对接利用千斤、顶杠、压码进行对口，对口达到规范要求后对钢管环缝进行点焊固定，点焊长度为 $80\sim100$ mm，间距控制在 $100\sim400$ mm 之间。环缝点焊完毕后对安装中心线、高程进行复核，复核无误后进行钢管加固。管身段安装至镇墩处，应与镇墩锚栓连接加固，确保钢管在混凝土浇筑时不产生变形和位移。

（3）伸缩节安装

经与项目法人协商考察后确定，2♯倒虹吸伸缩器采用 1.6 MPa 单向轴向型波纹伸缩器。该伸缩器与管道采用焊接连接，伸缩器连接端、外护筒、导流筒材质与管道母材相一致，均采用 Q345C 型，伸缩体采用 304 不锈钢制作波纹管，波内设铠装环，以防止压缩过度造成波纹损坏。

伸缩器在安装时应考虑安装环境温度，由于管道安装历时较长，各管节安装温度不尽相同，需要考虑伸缩器进行预压缩或预拉伸。经与伸缩器制造商共同计算，伸缩器在出厂时设为"0"位，按当地气候条件，在七、八月份安装时，对伸缩器预压缩 2.5 cm，随着安装环境温度逐渐下降，不断调小预压缩量，当安装环境温度降至 $5\sim10℃$ 左右时，伸缩器按"0"位安装，环境温度在 $-5\sim0℃$ 时，伸缩器预拉伸 1 cm，环境温度低于零下 5℃ 时停止安装。在青海地区，最高温和最低温温差达 60℃ 左右，这样可以有效消除伸缩器在安装过程中因温度差造成的伸缩量差，防止伸缩器在高温或低温情况下出现伸缩量不够造成挤损或拉脱的情况。在安装过程中伸缩器限位螺栓不得松动，需待下游段镇墩混凝土浇筑完成后即刻松开限位螺栓。2♯倒虹吸伸缩器经过 4 年寒暑期运行，伸缩量均在设计范围内。

10.4.4.3 倒虹吸压力钢管施工

钢管在加工场场地集中破口，喷砂除锈，进行防腐处理。然后用平板车运至安装位置，钢管起吊采用 25 t 汽车吊进行吊装和下管，焊接采用动力电源，最后进行伸缩节安装，防止钢管热胀冷缩，破坏管接件而造成损失。

（1）施工准备

管道在基槽标高和镇支墩混凝土质量检查合格后才能铺设，雨季施工时，采用降水或者排水措施。

（2）钢管防腐

在加工厂场地集中进行钢管的喷砂除锈，除锈检查合格的钢管，当天必须进行防腐处理，经防腐处理的钢管调运码放，不能损坏防腐层。

（3）钢管运输和下管

钢管运输过程中要与运输车绑扎牢靠，运输中严禁损坏防腐层；采用可靠的吊具起吊，对现场损坏的防腐层，立即将表面清理干净，重新做防腐处理。

（4）焊口组对

焊件在组对前将坡口表面油漆、锈迹清理干净，要求表面有光泽。管内杂物要清理干净。焊口组对时做到内壁齐平,错口值不超过壁厚的16%,且不大于1 mm。焊口组对间隙要符合设计规范要求,对口间隙局部超差不得超过2 mm。对口组合好的两根钢管下部要用钢制马镫支撑牢固,用倒链将钢管固定稳,防止焊接过程中发生错位。

(5) 钢管焊接

2♯倒虹吸管道直径为DN2 400,焊接采用双面焊接施工方法,焊接材料的品种按设计要求与主材和焊接方法相适应,使用合格的焊接材料,在存放和运输过程中注意密封防潮;纵向焊缝不得设在管子的水平和垂直直径端处的应力最大点处。钢管焊缝焊接采用手工电弧焊,为保证焊接质量防止焊接变形,由两名电焊工对称施焊,并严格按规范和工艺要求操作。

(6) 钢管安装焊接质量保证措施

钢管关节在施工现场加工成型后分段运至吊装地点进行对接,其材料、规格、压力等级、加工质量均符合设计要求,管节表面应无斑疤、裂纹、严重锈蚀等缺陷,焊缝外观应符合表10-17规定;直焊缝卷管管节几何尺寸允许偏差应符合表10-18规定。

表 10-17　焊缝的外观质量表

项目	技术要求
外观	不得有熔化金属流到焊缝外未熔化的母材上,焊缝和热影响区表面不得有裂纹、气孔、弧坑和灰渣等缺陷;表面光顺、均匀,焊缝与母材应平缓过渡
宽度	应焊出坡口边缘2~3 mm
表面余高	应小于或等于1+0.2倍坡口边缘宽度,且不应大于4 mm
咬边	深度应小于或等于0.5 mm,焊缝两侧咬边总长不得超过焊缝长度的10%,且连续长不应大于100 mm
错边	应小于或等于0.2t,且不应大于2 mm
未焊满	不允许

注:t 为壁厚(mm)。

表 10-18　直焊缝卷管管节几何尺寸允许偏差表

项目	允许偏差/mm	
周长	D≤600	±2.0
	D>600	±0.003 5D
圆度	管端0.005D;其他部位0.001D	
端面垂直度	0.001D,且不大于1.5	
弧度	用弧长Ⅱ D/6的弧形板量测于管内壁或外壁纵缝处形成的间隙,其间隙为0.1t+2,且不大于4 mm;距管端200 mm纵缝处的间隙不大于2 mm	

注:1. D 为管内径(mm),t 为壁厚(mm);
　　2. 圆度为同端管口相互垂直的最大直径与最小直径之差。

10.4.4.4　倒虹吸压力钢管吊装

(1) 吊装前准备工作

吊车、拖板车等车辆和索具、道木器具材料都已准备齐全,吊装方案已经批准;各个工种的人员准备完善,对工作人员进行了技术、安全技术交底,并严格做好了图文记录;现场管槽标高及中线已经测量;在管道吊装区域内,已留出吊车的进出路线和站车位置。

(2)吊装注意事项

吊装作业要设专人指挥,吊车都应服从统一指挥,协调作业;使用的吊装带必须满足设备荷载,主线施工现场应留有吊车行走的路线;凡参加吊装及施工人员必须坚守岗位,并根据指挥者的命令进行工作,必要时刻进行预演;哨音必须准确、响亮,旗语应清楚,工作人员如对信号不明确时应立即询问,严禁凭估计、猜测进行操作。

(3)吊装顺序

按本工程施工顺序,拟将16♯、17♯支墩作为首装节。利用汽车或其他方式将该管节运输至安装位置,根据复核后的中线及高程,用型钢将钢管临时固定于预埋的锚筋,检查固定牢靠后,将第二节管段运输至安装位置,以第一节钢管为基准调节第二节钢管的中线及高程,同时用千斤顶和倒链调整相邻两管口的间隙。

将两节钢管组成大节后,重新复核中心偏差和倾斜度,将首装节的关口几何尺寸误差调整至5 mm,调整钢管中线及高程时,作业人员应协调一致并采取防止钢管滚动的措施,手脚不得伸入钢管底部或端部。

弯管安装要注意各节弯管下中心的吻合和关口的倾斜,当下弯管安装时,即将其下中心对准上节钢管中心。

(4)吊装方法

管道吊装根据现场实际情况选择吊车吊装部位。吊装前首先复测管槽标高及中线,应符合设计要求。清理沟内塌方、石块、杂物等。当到达管道吊装部位后将车尾对向下管部位,吊车距离沟槽边1.5 m个起重脚固定平稳后再进行下管工作。管道起吊下沟下管时采用分段式下管,即将管一根一根分别吊起后下入管槽内组对。

①在管道线两侧征地范围内,开挖土方位于管道线一侧,另一侧为钢管运输便道,钢管由施工便道运输至安装地,采用25 t汽车吊进行钢管下管及就位作业,然后人工精确就位调整。钢管调整就位后,对其进行支撑加固,然后对钢管进行环缝焊接,环缝焊接时,焊接速度基本保持一致,以免焊接收缩产生过大的拘束应力而发生位移。

②陡坡段钢管吊装

对于山体坡段钢管,修筑施工便道,设置临时钢管堆放点及进管点。

从进管点至需要安装钢管的管槽内,用50 t吊车吊装至钢管安装位置进行组装,然后对钢管进行环缝焊接,环缝焊接时,焊接速度基本保持一致,以免焊接收缩产生过大的拘束应力而发生位移。陡坡从下坡向上坡进行安装。

③钢管拼装就位

钢管拼装时为防止对接处错边超差,可采用分段进行的方式,先分别对两对接管口进行六等分,然后以分点为起点朝同一方向拼接,用千斤顶和倒链调整相邻管口间隙。

④钢管固定

钢管定位后,需对钢管加固牢靠,应从各个方面进行加固,避免因浇筑混凝土时混凝土给予钢管的浮力而使钢管发生位移。

（5）钢管吊装安全保证措施

①从事信号指挥的工作人员，必须责任心强、能适应高处作业，并经专业安全技术培训考试合格，取得特种作业上岗证后方可持证上岗。

②信号指挥时必须精神集中，保证挂钩人员和吊物下方人员以及起重设备的作业安全，保证所吊运的物件材料堆放整齐、稳妥及起、落吊全过程的安全。

③信号工要严格执行吊装安全操作规程，抵制违章作业的指令。

④信号工要在每天上岗前先检查起重用的吊索具，保证吊索具安全有效。

（6）吊装雨季施工措施

①起重吊装设备是雨季施工的重点控制项目，其基础要按要求高于地面以及时检查观测有无变化。

②安装避雷装置，夏季是雷电多发季节，在施工现场为避免雷电袭击造成安全事故，必须在吊车上安装有效的避雷装置，接地电阻值不得大于 10 Ω。

③管道堆放地点要平整坚实，周围要做好排水工作，严禁管道堆放区积水，防止泥土黏到预埋件上。

④雨天停止吊装工作。

⑤雨后吊装时，应首先检查吊车本身的稳定性，确认吊车本身安全未受到雨水破坏时再做试吊，将管道吊至 1 m 左右，往返上下数次，稳定后再进行吊装工作。

⑥若管道表面及吊装绳索被淋湿，导致绳索与管道之间摩擦系数降低，可能发生管道滑落等严重的质量安全事故，此时进行吊装工作应加倍注意，必要时可采取增加绳索与管道表面粗糙度等措施来保护吊装工作的安全进行。

10.4.5　倒虹吸压力钢管受力分析及水压试验

10.4.5.1　受力分析

（1）压力钢管规格及参数

$$P = \pi * D * L * T * 7.85 = 3.1416 * 2.418 * 1 * 0.018 * 7.85 = 1.073 \text{ t};$$

注：P：管道重量；π：圆周率；D：管径；L：长度；T：壁厚。

（2）吊车受力分析

压力钢管 D2400，起吊高度＜2 m，管道重量 4.292 t。

吊装载荷：$Q = K_1 * (G + \xi_2) = 1.1 * (4.292 + 0.05 + 0.4) = 4.41 \text{ t};$

注：K_1：动载系数；G：管道重；ξ_1：索具重量；ξ_2：钩头重量。

吊车选用：根据以上条件，25 t 吊车吊装时吊车回转半径 12 m，出 17.85 m，起重能力为 6.55 t＞5.216 t，可以满足吊装要求，此时吊装高度为＜2 m。

（3）钢丝绳的受力

钢丝绳的选用根据管道重量的计算，吊装方法采用绳索兜底平吊法时，吊绳与管子的夹角不宜过小，一般夹角应大于45°为宜。钢丝绳的选用应根据其有效破断拉力 P_p 来确定，若钢丝绳的有效破断拉力 P_p 小于钢丝绳破断拉力总和 P，那么钢丝绳就可以选

用。在施工现场中,钢丝绳的有效破断拉力可由下面的经验公式进行估算:$Cd=P_p$;

即:吊装 D2400 管道钢丝绳的直径为 $d_{max}=(P_p/C)\,1/2=(4/55)\,1/2=28\ mm$

注:C 取 $55\sim50$。

10.4.5.2　倒虹吸管道水压试验及焊缝无损检测

（1）水压试验

倒虹吸钢管焊接结束后对整个管道进行灌水试压。试压时先从进人孔加水,使水慢慢充满平管段,并排出气泡。平管段充满后,从出口段开始注水,注到出口管底位置完成注水。注水完成后,标记注水高度,观察水位高度,待水位稳定后,稳压 24 小时,以水位不降、无渗漏为合格。试验结束后,从放水阀处泄水,在泄水过程中注意观察,以防止形成负压。

（2）焊缝无损检测检查

水压试验完成后,按规范要求,对管道焊缝请第三方有资质单位进行超声波检验,其质量不得低于 II 级,对不合格焊缝,按规范要求进行处理。

10.4.6　倒虹吸工程施工技术小结

（1）钢管防腐处理

钢管外壁防腐做法:环氧富锌底漆,涂层厚度 $60\ \mu m$;环氧云铁防锈漆(中间层),涂层厚度 $80\ \mu m$;氟碳面漆,涂层厚度 $60\ \mu m$。钢管内壁防腐做法:超厚浆型环氧沥青防锈底漆,涂层厚度 $400\ \mu m$;超厚浆型环氧沥青防锈面漆,涂层厚度 $400\ \mu m$。防腐处理必须按《水工金属结构防腐蚀规范》(SL 105—2007)及《公路桥梁钢结构防腐涂装技术条件》(JT/T 722—2008)严格执行,喷涂操作前必须进行钢管除锈处理。

（2）伸缩节安装

2# 倒虹吸伸缩器采用 1.6 MPa 单向轴向型波纹伸缩器。该伸缩器与管道采用焊接连接,伸缩器连接端、外护筒、导流筒材质与管道母材一致,均采用 Q345C 型,伸缩体采用 304 不锈钢制作波纹管,波内设铠装环,以防止压缩过度造成波纹损坏。

在青海地区,最高温和最低温温差达 60℃左右,上述做法有效消除伸缩器在安装过程中由于温度差造成的伸缩量差,防止伸缩器在高温或低温情况下出现伸缩量不够造成挤损或拉脱情况。在安装过程中,伸缩器限位螺栓不得松动,需待下游段镇墩混凝土浇筑完成后即该松开限位螺栓。

（3）整体管节卷制

整体管节卷制技术的应用最大限度地实现大直径压力管道的自动化焊接,提高了焊接效率,压缩了单节管节制造的直线工期,使大批量钢管制造自动化操作程度得到提高,节约了设备资源,提高了安全系数,降低了工人劳动强度,真正实现了压力钢管制造从钢板组对、卷制、焊接等流水线工序的全自动化施工,提高了工效,有效降低了施工成本。

（4）钢板端头预顶弯

由于 2# 倒虹吸管径较大,钢板为 Q345C 高强钢板,屈服强度较高,钢板端头若不进行预顶弯,卷制成型后压头较为困难,会出现端头弧度不够,较为平直的现象。因此,本工程钢板端头顶弯采用加衬垫方式在卷管机上进行,衬垫为事先按设计弧度卷成的钢制专用胎模,顶弯后钢板端头弧度用样板检查达到设计要求为止,该做法有效解决了卷制成型后压头困难的问题。

（5）钢管焊接

焊接质控系统责任人对焊接质控系统的建立、实施、保持和改进负责,在焊接质控系统中具有独立行使权力的职责。焊接工艺由工艺组负责,技术部及生产车间配合,工艺组对该系统的各有关环节的工作负责。

第十一章　拉西瓦灌溉工程主要机电设备安装技术

拉西瓦灌溉工程根据提灌站设计流量、扬程和借鉴已建同类工程,为减少单机容量,在选型时我们尽量采用国内已有的并已成功应用过的泵型。本工程中永久用电负荷均按三级考虑。根据水机专业提供的设备电机功率,进行了永久用电的负荷计算,设置合适的机电设备。拉西瓦灌溉工程引水枢纽设置 1 套活塞式多功能控制阀,提灌站 8 座,每座提灌站有 1 座分水闸,设置 8 扇平板工作闸门;干渠有 6 座退水闸和 6 座退水节制闸,其中,1♯、2♯、5♯退水节制闸前分别设置 1 道拦污栅,后接 1♯、2♯、3♯倒虹吸,共设置 3 扇拦污栅和 12 扇平板工作闸门;20 条支渠设置 19 座分水闸和 19 座节制闸,其中3♯分水设置 1 套工作阀门,共设置 38 扇平板工作闸门和 1 套工作蝶阀,闸门数量(包括拦污栅)61 扇,61 扇闸门(拦污栅)及埋件总重量 83.286 t,启闭机数量 58 台。工作阀门数量 2 套。

11.1　主要机电设备安装技术

拉西瓦灌溉工程地处海拔高度在 2 400～2 500 m,普通电气设备的外绝缘已达不到设计要求,根据《导体和电器选择设计规程》(DL/T 5222—2021)和《高压配电装置设计规范》(DL/T 5352—2018)有关规定进行电气设备选择,所有电气设备都选用性能良好、可靠性高、寿命长的设备,整个工程所有电气设备均选用高原型设备。泵站电气设备外绝缘的工频和冲击试验电压应乘以修正系数 $K=1.16～1.17$。

11.1.1　电气设备安装

(1) 根据《施工现场临时用电安全技术规范》(JGJ 46—2005)中规定,在施工现场专用的中性点直接接地的电力线路中,必须采用 TN-S 接零保护系统。本工程的临时用电在总柜、开关箱末端、架空线路的中末端,将 PE 线等多处线路通过接地装置与大地进行可靠连接。为了保证电器装置的 PE 线的连接质量,接线端子的连接做到可靠牢固。为了防止施工中意外伤亡的发生,每组接地装置的接地线采用 2 根以上的导体,接地线与接地体连接时采用扁钢搭接焊接,焊接宽度为扁钢的 2 倍,施工现场每一组重复接地的电阻值不大于 4 Ω,如图 11-1 所示。

(2) 从总配电柜馈出配电线路始端 N 线,必须接在总配电柜中四极漏电开关的负荷侧,PE 线接于总配电柜的 PE 母线,N 线与 PE 线从总配电柜引出后严禁短接、混用。

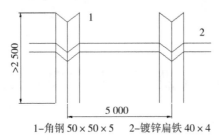

1-角钢 50×50×5   2-镀锌扁铁 40×4

图 11-1   重复接地示意图

(3) 施工现场的用电设备除必须符合 JGJ 46—2005 第 4.2.2 条所有标准以外,所有电气设备的不带电金属外壳必须与 PE 线可靠连接。

(4) PE 线上不准安装开关和熔断器,不得把大地线兼做 PE 线。

11.1.2   漏电保护器安装

(1) 施工现场的配电箱和开关箱应至少设置两级漏电保护器,而且两级漏电保护器的额定漏电动作电流和额定漏电动作时间应合理配合,使之具有分级保护的功能。

(2) 开关箱中必须设置漏电保护器,施工现场所有用电设备除作保护接零外,必须在设备负荷线的首端处安装漏电保护器。

(3) 漏电保护器的选择应符合国标《剩余电流动作保护器(RCD)的一般要求》(GB/T 6829—2017)的要求,开关箱内的漏电保护器其额定漏电动作电流应不大于 30 mA,额定漏电动作时间应小于 0.1 s。使用在潮湿和有腐蚀介质场所的漏电保护器应采用防溅型产品,其额定漏电动作电流应不大于 15 mA,额定漏电动作时间应小于 0.1 s。

(4) 本设计从分配电箱中馈出的配电回路均设置了漏电保护器,漏电动作电流 50 mA。各用电设备的负荷开关均选用漏电开关,漏电动作电流 30 mA。实现两级漏电开关分级保护的要求。开关箱内的漏电保护器符合国标 GB/T 6829—2017 的要求,漏电保护器的正确接法如图 11-2 所示。

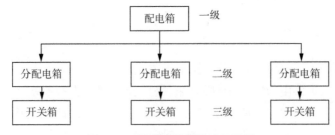

图 11-2   漏电保护器接法示意图

(5) 对下列特殊场所应使用安全电压照明器:

①室内施工的照明,电源电压应不大于 36 V。

②在潮湿和易触及带电体场所的照明电源电压不得大于 24 V。

11.1.3　施工配电箱和开关箱安装

（1）施工现场的临时用电的配电箱均采用铁板制作，且防雨防尘。

（2）总配电箱安装在变压器附近的配电室内，分配电箱安装在施工现场用电设备相对集中的地方。

（3）分配电箱设置在用电设备或负荷相对集中的地方。分配电箱与开关箱的距离不得超过 30 m。在配电箱或开关箱的周围应有两人同时工作的足够空间和通道，不要在箱体旁堆放建筑材料和杂物。

（4）现场动力配电箱与照明配箱宜分别设置，便于使用。如果用混合箱时也要把动力与照明线路分开。

（5）开关箱应由末级分配电箱配电，注意开关箱内的控制设备不可一闸多用。每台用电设备应有各自的开关，严禁用一个开关电器直接控制两台及以上的用电设备。

（6）配电箱的安装要端正、牢固。移动式配电箱安装在坚固支架上，固定式配电箱开关箱的下底与地面的垂直距离应大于 1.3 m、小于 1.5 m，移动式配电箱开关箱的下底与地面的垂直距离宜大于 0.6 m、小于 1.5 m，铁配电箱的铁皮厚度应大于 1.5 mm。

（7）必须把配电箱金属箱体、金属底座、外壳等作接地保护。

（8）配电箱内的电器应有长城认证标志，必须质量可靠，完好无损。

（9）配电箱内应有电气系统图。各回路开关电器和电缆应有标牌注明回路或用电设备名称。

（10）现场人员比较多，配电箱的箱门要上锁，要有专人负责以防止非电气工作人员误操作，而且每个月要检查和维修一次配电箱，检查和维修人员必须是专业电工，有技术岗位证书，必须按规定穿绝缘鞋、戴绝缘手套，必须使用电工专用绝缘工具。在检查和维修各种配电箱时，应把前一级相应的电源断电并悬挂停电专用标示牌。一般情况不得带电操作。

（11）各种配电箱的常规操作顺序如下：

送电操作顺序：总配电箱→分配电箱→开关箱

断电操作顺序：开关箱→分配电箱→总配电箱

注意：如果出现了紧急情况，要按实际情况决断，不一定按常规做法，规定常规操作顺序是为了避免影响其他设备以策安全。

（12）在施工现场，当停止作业一小时以上时，应将开关箱断电上锁。

11.1.4　手持电动工具安装

（1）手持电动工具的电源线必须按其容量选用无接头的多股铜线芯橡皮护套软电缆，其性能应符合国家标准《通用橡套软电缆》（GB 1169—1974）的要求。分别用黄、绿、红、黑代表 L1、L2、L3、N 线，而黄、绿双色线必须用作专用保护线（PE 线）。

（2）手持电动工具用的开关箱内应安装短路保护、过负荷保护、漏电保护器、电动工具的外壳应做好可靠的接地保护。

11.1.5 电焊机安装方案

（1）接线务必正确，焊件应和大地有良好的接触。

（2）手柄和电缆线的绝缘应良好。

（3）电焊机二次的空载电压不得超过 80 V。

（4）电焊工应经考试合格持证上岗，操作时应戴必要的防护用品，如皮手套、防护面罩等。

（5）施工现场电焊机附近不要存放易燃易爆物品。

（6）交流电焊机一次侧电源线长度不得大于 5 m，在进线处必须设置防护罩，电焊机的二次线宜采用 YHS 型橡皮护套铜芯。多股软电缆的长度不得大于 30 m，并保证双线到位。

11.2 金结工程安装技术

拉西瓦南干渠 4 条倒虹吸，每条倒虹吸进口分别设置 1 道平板工作闸门和 1 道拦污栅；提灌站 8 座分水闸和 8 座节制闸设置 16 扇平板工作闸门；干渠 6 座退水闸和 6 座节制闸设置 12 扇平板工作闸门；支渠 19 座分水闸和 19 座节制闸设置 38 扇平板工作闸门；斗渠 141 座节制闸和 217 座斗门设置 358 扇平板工作闸门。闸门数量（包括拦污栅）430 扇，430 扇闸门（拦污栅）及埋件总重量 277.5 t，启闭机数量 427 台。4 条倒虹吸，每条倒虹吸进口分别设置 1 座工作闸门和 1 道拦污栅。其中闸门型式均为铸铁闸门，动水启闭，选用螺杆式启闭机；拦污栅均为焊接式拦污栅，人工清污，采用临时启闭设备；闸门数量（包括拦污栅）6 扇，6 扇闸门（拦污栅）及埋件总重量 17.4 t，启闭机数量 3 台。

11.2.1 金结设备安装

11.2.1.1 安装准备工作

（1）机械检测

采购机械进场前进行质量和性能检测。机械设备必须有合格证、使用说明、检测报告和相关技术资料，经检测合格后能够满足设计及使用要求才能够进场。设备安装前，应逐项检查拟安装设备及其构件与零部件的缺损情况，并做好记录提交监理人。对检查中发现的缺损设备，明确相应责任，及时进行修复或补齐。

（2）准备工作

金属结构安装需根据招投标文件在闸门和启闭机等设备安装前向监理人提供有关材料。在闸门及启闭机安装前，将安装场地及主要临时建筑设施布置和说明，设备运输和吊装方案，安装方法和质量控制措施，闸门和启闭机的试验和试运转工作大纲，安装进度计划提交给监理人批准。且需按监理人批准的安装进度计划和本合同设备安装进度要求编制一份要设备交货计划，提交监理人批准。

（3）定位放线

设备安装前应对土建工作面进行清理并根据设计图纸及资料放出基准线和基准点。按隐蔽工程的验收要求进行检查和验收，确认混凝土浇筑和埋件埋设质量达到施工安装图纸要求后，才能开始安装。

11.2.1.2　施工布置

本工程自制钢结构、预埋件工程量较小，全部制作项目均在综合加工厂内制作，在综合加工厂内车间及厂区内适当空地搭设钢平台进行制作，利用综合加工厂布置的加工、起吊、焊接等设备加工。

（1）闸门及启闭机等金属结构存放场

闸门、启闭机等构件存放时分项、分部位按一定次序摆放。摆放时底部垫枕木，避免碰撞，注意保护工作面、水封面、易损部位及涂层等不受损伤。小型构件、零配件、标准件等到货后存放在库房内妥善保管。在存放场内对进厂构件进行必要的检测及部分制作缺陷的校正与处理。

（2）安装场地布置

①机械设备布置：利用 8 t 汽车起重机进行现场构件的吊装及构件二次转运时的装卸车工作。配备一辆 5 t 载重汽车用于构件的现场运输。

②施工道路布置：本标闸门、启闭机等安装时土建施工所布置的道路均可通达闸门、启闭机安装现场。

③其他布置：在安装部位附近适当部位布置电焊机、空压机等施工设备。从附近土建施工时布置的配电设施接引电缆线，用于设备安装时的供电。

（3）运输及吊装

①运输：闸门、启闭机及其他钢构件，均采用 5 t 载重汽车运输，用 8 t 汽车起重机装配合卸车。

②吊装：闸门、启闭机及其他钢构件等的现场吊装均采用 8 t 汽车起重机完成。

11.2.2　门槽埋件安装

（1）埋件安装工艺流程

埋件安装工艺流程如图 11-3 所示。

（2）埋件安装前准备工作

①进行图纸审核（包括厂家指导），制定施工方案、质量保证措施以及安全文明施工条例等技术文件，报监理工程师审批。

②清点埋件数量，检查埋件构件在运输、存放过程中是否有损伤，检查各构件的安装标记，不属于同一孔的埋件禁止装到一起。

③检查埋件的几何尺寸，如有超差应制定措施（经监理人批准）修复后进行安装。

④检查并清理门槽中的模板等杂物，一期混凝土的结合面应全部凿毛。

⑤设置控制点线，控制点线由专业测量单位测量设置，测量点线的设置应能满足埋件里程、高程及桩号偏差的控制。

⑥各种安装用工器具准备齐全,测量工具应经相关部门校验并在有效使用期内。

（3）埋件就位、调整、加固

底坎预留槽及门槽内设插筋。底坎安装时在插筋上铺设工字钢,或直接在插筋上用调整螺栓就位;门槽轨道待底坎二期混凝土回填就位后在底坎上依次向上安装,用插筋和调整螺栓固定;门楣座在轨道上或在轨道上焊接定位板就位,用插筋和调整螺栓固定。

埋件调整时挂钢琴线,利用千斤顶、调整螺栓等进行调整,调整后按设计图纸的要求进行加固。加固应牢靠,确保埋件在浇筑二期混凝土过程中不发生变形或移位。安装调整后埋件的允许偏差应符合招标文件、设计图纸及《水电水利工程钢闸门制造安装及验收规范》(DL/T 5018—2004)规范的规定。

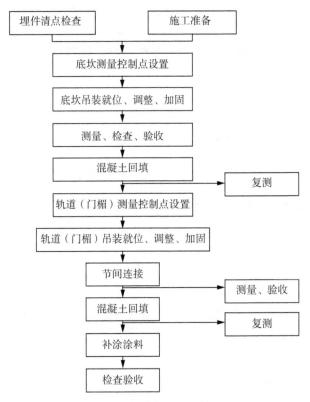

图11-3 埋件安装工艺流程图

（4）混凝土回填

埋件安装完,经检查合格,应在5～7天内浇筑二期混凝土。如过期或有碰撞,应予以复测,复测合格,方可浇筑混凝土。浇筑时,混凝土应均匀下料并采取措施振捣密实。

（5）复测及清理

埋件的二期混凝土拆模后,应对埋件进行复测,并做好记录。同时检查混凝土面尺寸,清除遗留的钢筋和杂物,以免影响闸门的启闭。

（6）节间防腐及面漆涂刷

除主轨轨面、水封座的不锈钢表面外,其余外露表面按设计图纸及《水利水电工程钢闸门制造安装及验收规范》(DL/T 5018—2004)的有关条款进行防腐。

(7) 埋件安装质量要求

闸门埋件安装完成后,其质量要求按招标文件及有关国家标准执行,主要项目满足下列误差要求:

①主轨工作面、止水座板表面节间接头处的错位允许偏差≤0.5 mm,并做缓坡处理。

②主轨、止水座板工作表面扭曲在工作范围内,允许偏差≤0.5 mm。

11.2.3　铸铁闸门安装

(1) 材料采购

闸门及埋件等制作由施工单位购买成品或由其他优秀制作厂家完成整体制作,运输至工地现场进行安装。生铁等相关材料必须有化学成分检验报告和机械性能检验报告,进行抽样检验合格后的材料方可入库并出具检验合格入库单,同时模具车间按技术部图纸进行模具制作,提前做好生产准备。

(2) 闸门铸件毛坯的铸造

开炉前,按照国家标准牌号进行炉料的配制;当炉前铁水基本达到出水温度时,进行炉前取样,经化验后化学成分符合相关国家标准牌号后,方可进行铁水的浇注;毛坯铸造完成并进行清砂处理后,检验合格的所有闸门、闸框等铸件进行相应的热处理,消除铸造内应力后进行机械加工。

(3) 铸铁闸门机械加工

金结加工车间再次对铸件表面进行进一步清砂打磨处理,便于最后的表面油漆处理,各加工工序按技术部图纸进行机械加工,特别注意铸铁闸门的止水面加工。

(4) 装配操作规程

只有本规程生产的合格零部件和采购回来的合格配套件方可进入装配。装配过程中须修整装配件的毛刺或者磕碰处,对装配件进行清洗或用洁净布擦拭干净,放于适当处。需加油脂处加润滑油脂,暂不装配时用纸盖好。试机过程中对传动等润滑点部位按照规定加注润滑油脂,能够手动试机的,先进行手动的试机,手动操作无异常并确认可通电时,方可接通电源。通电后先点动,看有无异常,如无异常空载试机,若有异常立即停机,找出原因后重新开始试机,直至合格。

(5) 外涂装过程

涂装前应除锈、打磨、清理切割边,清除毛刺、油脂等,涂漆应均匀、细致、光亮、完整,不得有粗糙不平之处,更不得有漏漆现象,漆膜应牢固,无剥落、裂纹等缺陷,漆膜厚度符合各项产品检验规范要求。非加工表面按照不同的技术要求,涂底漆,凹凸不平的用腻子找平,打磨平整后涂面漆。

11.2.4　平面闸门安装

(1) 平面闸门安装工艺流程

平面闸门安装工艺流程如图 11-4 所示。

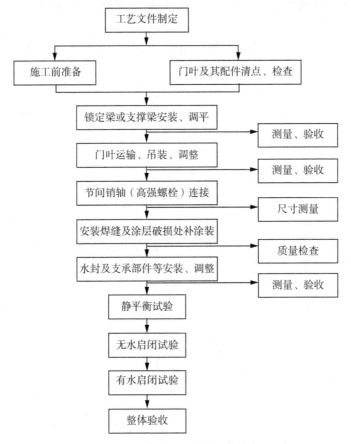

图 11-4 平面闸门安装工艺流程

（2）安装前准备工作

①进行图纸审核，制定施工组织设计、焊接工艺、质量保证措施以及安全文明施工条例等技术文件，报监理工程师审批。

②清点闸门及其配件的数量，检查闸门构件在运输、存放过程中是否有损伤，检查各构件的安装标记，确保装配准确。

③检查门体的几何尺寸，如有超差应制定措施（经监理人批准）修复后进行安装。

④各种安装用工器具齐全，测量工具经相关部门校验并在有效使用期内。

（3）门体安装

门体吊装到位后，在门体上悬挂钢线并采用水平仪等仪器进行整体调整，检查各项控制尺寸合格后，进行临时固定，穿销或进行高强螺栓连接或焊接。将门体吊装就位插入闸槽中，保持闸门两侧与闸槽的间隙基本相等。

（4）穿销、高强螺栓连接

①需要按图纸要求进行连接。

②螺栓连接时先用普通螺栓对称进行固定，然后根据高强螺栓施工工艺要求进行高强螺栓的连接，用扭力扳手或电动扳手施拧，合格后进行抽查。扭力扳手使用前需进行

校验,合格后方准使用,用以施工和检验的扭力扳手不应使用同一把扳手。

③闸门门叶结构连接完毕,经过测量校正合格后调试或安装支撑部件等,挂线调整所有主支承面,使之在同一水平面上,误差不得大于招标文件及施工图纸的规定。

（5）防腐

闸门工地损坏部位补防腐,按照设计图纸及有关标准执行。

（6）静平衡试验

闸门用启闭机自由吊离锁定梁 100 mm,通过滑道中心测量上、下游方向与左、右方向的倾斜,单吊点平面闸门的倾斜不应超过门高的 1/1 000,且不大于 8 mm。当超过时,应予以配重调整,符合标准后方可进行试槽。

（7）平面闸门试验

闸门安装完毕,对闸门进行试验和检查。试验前检查并确认吊头、抓梁等动作灵活可靠;充水装置在其行程内升降自如、封闭良好;吊杆的连接情况良好。同时还应检查门槽内影响闸门下闸的杂物等是否清理干净,方可试验。平面闸门的试验项目包括:

①无水启闭试验

在无水的状态下,闸门与相应的启闭机等配合进行全行程启闭试验。试验前在滑道支承面涂抹钙基润滑脂,闸门下降和提升过程中用清水冲淋橡胶水封与钢止水板的接触面。试验时检查滑道的运行情况、闸门升降过程中有无卡阻现象、水封橡皮有无损伤。在闸门全关位置,应对闸门水封进行漏光检查,止水处应严密。

②充水试验和静水启闭试验

本项目在无水启闭试验合格后进行,检查闸门与门槽的配合以及橡胶水封的漏水情况。试验时检测闸门在运行中有无振动,闸门全关后底水封与底坎接触是否均匀。

③在有条件时,闸门应作动水启闭试验。

（8）平面闸门安装质量要求

平面闸门安装质量要求按招标文件及有关国家规范的要求执行。

①整扇闸门的滑道承压面在同一平面内,其平面度误差≤1 mm。

②滑道承压面与止水座基准面的平行度误差≤0.5 mm。

③吊耳孔的纵横向中心线距离的允许偏差为±0.5 mm。

④吊耳孔应保持各自同心,其倾斜度应不大于 1/2 500。

11.2.5　启闭机安装

（1）安装前准备工作

①熟悉启闭机安装图纸、工作原理及使用说明书,安装前编制安装施工组织设计、质量安全保证措施报监理工程师审批。

②对照设计图纸及装箱清单,清理检查各零部件数量及外观,并检查构件编号是否正确及是否符合有关标准规定的质量要求后,方可投入安装。

③准备所需工器具,接通施工电源,测量器具经有关部门校验合格。

（2）启闭机埋件安装

①埋件安装前，对埋件的形状尺寸进行检查，发现有变形时，进行矫正，检查合格后安装。

②吊装埋件前，测量和标定轨道的安装基准线。

③保持基础布置平面水平 180°。

④机座和基础构件的混凝土，按图纸的规定浇筑，在混凝土强度未达到设计强度时，不准拆除和改变启闭机的临时支撑，更不得进行试调和试运转。

（3）启闭机安装

①启闭机平台的安装高程和水平偏差，应遵守《水利水电工程启闭机制造安装及验收规范》(SL/T 381—2021)第 6.2.2 条第 4 款的规定。启闭机底座与基础布置平面的接触面积要达到 90% 以上；轴线要垂直闸台上衡量的水平面，要与闸板吊耳孔吻合垂直，避免启闭机倾斜，造成局部受力而损坏机件。

②机座的纵、横向中心线与闸门吊耳的起吊中心线距离偏差不超过 ±1 mm，机座与基础板的局部间隙不超过 0.2 mm，非接触面不大于总接触面的 20%。

③启闭机电气设备的安装，符合图纸及说明书的规定，全部电气设备均可靠接地。

④按厂家说明书进行机械、电器的调整。

⑤启闭机安装完毕，对启闭机进行清理，修补损坏的保护油漆涂层表面，并灌注润滑油脂。

（4）启闭机调试

①启闭机在无荷载的情况下，保证三相电流不平衡不超过正负 10%，并测出电流值。

②上下限位的调节：当闸门处于全闭的状态时，将上限位置压紧上行程开关并固定。当闸门处于全开时，将下限位盘压紧下行程开关并固定。

③启闭机的主令控制器调整，必须保证闸门升降到上、下限位时的误差不超过 1 cm。

④安装后，一定要作试运行，一做无载荷试验，即作两个行程，听其有无异常声响，检测安装是否符合技术要求。二做载荷试验，在额定载荷下，作两个行程，观察启闭机与闸门的运行情况，有无异常现象。确认无误后方可正式运行。

（5）启闭机的保养

①操作人员必须掌握启闭机的结构、性能与操作方法，并有一定的机械知识，以确保机器的正常运转。

②操作前，对启闭机进行全面检查，看各部位润滑情况是否良好，有无松动。电动启闭时检查电源线路是否接通，开关是否良好。

③电动运转时，操作人员不得离开现场，发现问题立即停机。

④启闭机维修时，必须清除载荷。

⑤在使用时，需随时由注油孔注入润滑油，要经常保持足够的润滑油，要定期清除油垢，涂护新油，以防锈蚀。

⑥电动时，接通电源，保证电机转向与设计相符。

⑦在无水情况下启闭钢闸门三次，检查有无异常情况，启闭是否灵活，必要时进行

调整。

⑧在设计水压下进行启闭试验,观察启闭机能否正常工作。

11.2.6 拦污栅安装

(1)拦污栅及埋件的安装,应按设备图纸的规定进行。

(2)拦污栅栅叶为多节结构,其节间的连接,除框架边柱应对齐外,栅条也应对齐。栅条在左右和前后方向的最大错位应小于栅条厚度的 0.5 倍。

(3)拦污栅埋件安装的允许偏差,应符合 DL/T 5018—2018 第 12.2.1 条的规定。

(4)固定式拦污栅埋件与各横梁工作表面应安装在同一平面内,其工作表面最高点或最低点的差值应不大于 3.0 mm。

第五篇

拉西瓦灌溉工程管理

第十二章 拉西瓦灌溉工程进度管理

根据拉西瓦灌溉工程的规模和工程技术施工条件,确定工程总工期为 5 年。拉西瓦工程包括隧洞 16 座,渡槽 25 座,倒虹吸 4 座,施工战线长,工作面多,工程量较大。如何合理安排隧洞的掘进和混凝土衬砌施工,是控制工期的关键,保证工期如计划完成是本工程的重点。凭借完善的进度控制体系和调整措施,拉西瓦灌溉工程在建设管理局的指挥下提前半年完成了干渠工程的建设。

12.1 进度计划编制

12.1.1 编制依据

拉西瓦灌溉工程施工项目进度管理工作依据的主要是国家、各部委标准及规范:如《建设工程项目管理规范》(GB/T 50326—2017)、《中华人民共和国国家标准化指导性技术文件》(GB/Z 23693—2009)、《建设工程监理规范》(GB 50319—2019)。施工项目进度管理工作参照的有关规范及管理方法包括:《项目进度计划及进度管理方法》[分局共(2012)7 号]。除此之外,各公司、分局及项目部所编制的其他规范、标准、文件中涉及进度管理的有关条款可供参考到的还包括:拉西瓦灌溉工程各年度计划完成投资、各标段施工图纸、各参建单位施工合同、施工组织设计、各年度阶段性目标。

12.1.2 编制原则

编制拉西瓦灌溉工程施工总进度计划的原则是:对照重点、难点项目仔细安排、并充分考虑汛期水位情况和不可预见因素,为施工留有余地。根据工程施工战线长,工程技术复杂,尤其是长隧洞施工时控制工程进度的关键因素,因此在施工时应选择较先进的施工设备和施工工艺;本着先长隧洞、后短隧洞的原则,抓好长隧洞的掘进和混凝土衬砌工作,围绕长隧洞施工,分步骤进行隧洞及其他干渠建筑物的施工总进度安排;根据进度计划合理安排施工设备数量、劳动力投入;科学合理地安排各个工序及施工进度,确保按合同工期如期完成,确定控制总工期为 5 年。

12.1.3 进度计划内容

依据《水利水电工程施工组织设计规范》(SL 303—2017)的规定,拉西瓦工程建设全过程分工程筹建期、工程准备期、主体工程施工期和工程完建期四个施工时段,施工总进度工期为后三个时段工期之和。

（1）工程筹建期

拉西瓦工程筹建期为第一年1月—4月,即工程开工前4个月。由业主单位负责完成对外交通改扩建、施工供电用电线路及变电站建设、施工通讯、征地、移民以及招标、评标、签约等工作。因本工程战线较长,范围较广,各施工区开工时间不统一,其筹建期内的部分工作可按主体工程先后顺序按期进行,施工总进度表中为便于形象表示工程筹建期只在第一年体现。

（2）工程准备期

拉西瓦工程准备期为3个月,即第一年2月—4月。因全线战线长,范围广,各施工区内建筑物的开工时间不尽相同,工程的施工准备工作以主体工程的施工为主并贯穿整个施工期内。在施工进度安排时将各建筑物施工准备工作与主体工程施工进度统一考虑。施工准备期按主体工程开工次序依次进行,工程在5年内完工,施工准备期按先后顺序在5年内安排,并保证在主体工程开工前完成。第一年开工项目的施工准备工作尽量在主体工程开工前完成,主要完成进场施工道路修建(扩建)及施工临时设施,即完成工程的"三通一平",一般准备期不超过3个月,其辅助设施施工准备期也按3个月安排,为便于形象表示,施工总进度表中工程准备期只在第一年体现。

（3）主体工程施工期

拉西瓦工程主体工程施工期为54个月,即第一年的4月至第五年的9月。根据工程的施工特点及施工条件,主体工程施工按照施工区划分,第一年先重点安排对工程总进度有控制性的长隧洞和倒虹吸的施工,然后安排短洞和短渡槽、渠道等工程施工。

（4）工程完建期

拉西瓦工程工程完建期为3个月,即第五年的10月—12月。由于工程项目较多,范围较广,工程完建期无明显界限,根据开工时间的先后所有工程(1♯、3♯隧洞应在通水试水前1个月完工)应在开工第五年下半年全部完成,并有3个月时间进行施工现场清理、竣工验收等工作,以及进行干渠的通水试水等工作。

12.2　进度控制措施

12.2.1　进度计划考核管理办法

监理单位要负责审核各标段施工进度计划、主要材料用量计划、劳动力及机械设备进场计划,完成得2分,否则相应扣分;严格执行开工申报制度,督促总工期和阶段性控制目标实现,对进度计划的实施进行跟踪检查,不满足要求时进行分析和调整,并采取有效措施,得2分,否则相应扣分;对施工组织方案及施工措施计划认真审批并监督实施,得2分,否则相应扣分;及时对工程进度进行分析,解决工程建设有关问题,未造成工期延误,得2分,否则相应扣分。

根据不同围岩制定相应的进度指标:Ⅲ类围岩按每月150 m,Ⅳ类(1)围岩按每月

110 m，Ⅳ类(2)围岩按每月 90 m，Ⅴ类围岩按每月 80 m，每月按地质编录进行推算，完成规定进度计划指标，监理单位得 25 分，施工单位得 100 分，否则相应扣分。

12.2.2　进度控制奖惩措施

（1）施工单位

根据现场检查考核结果，进行通报表扬和物质奖励。月进度考核按制定的进度指标每超额完成 1 m 奖励 500 元。

季度综合考核按打分成绩评为：优良、一般、差。考核结果评分分为良好、一般和差，即：实得分≥85 分为良好；85 分＞实得分≥75 分为一般，不奖不罚；实得分＜75 分为差。考核结果奖罚，得 85 分奖励 3 000 元，每增加 1 分奖金加 300 元；得分在 85 分至 75 分之间为不奖不罚；月进度考核按制定的进度指标每欠 1 m 处罚 300 元。季度综合考核中综合评分 75 分以下，结果为差的施工单位，罚款 3 000 元；每少 3 分罚款加 300 元。凡年内受到四次处罚的施工单位，二年内不准参与拉西瓦灌溉工程投标。并以书面形式在项目区内进行通报。

年度检查考核在月度（季度）考核的基础上综合考评，采用月度和年度考核的权值各占 0.5 的方法计算，对完成年度计划任务的施工单位，年底进行一次考评。考评时设优秀项目部、优秀项目经理、安全生产先进单位等奖项，建管局予以表彰奖励。

（2）监理单位

月进度考核奖罚按施工单位奖罚的 20% 计算，即每多完成制定进度指标 1 m 奖励 100 元，每少完成制定进度指标 1 m 处罚 60 元。

季度综合考核结果评分分为良好、一般、差，即：实得分≥85 分为良好，85 分＞实得分≥75 分为一般，实得分＜75 分为差。季度综合考核结果奖罚，得 85 分奖励 1 000 元，每增加一分奖金加 100 元。75 分以下罚款 1 000 元，每少 3 分罚款加 100 元。

年度检查考核在季度考核的基础上综合考评，采用月度和季度考核的权值各占 0.5 的方法计算。对完成年度计划任务的监理单位，年底进行一次考评。考评时设优秀监理部、优秀总监、监理工程师奖，建管局予以表彰奖励。

凡年内受到五次处罚的施工单位，二年内不准参与拉西瓦灌溉工程投标。并以书面形式在项目区内进行通报。

12.2.3　进度实现保证措施

（1）组织管理保证措施

拉西瓦灌溉工程从各公司抽调有着丰富土石方开挖、混凝土浇筑经验的各类专业人员，由管理经验丰富的副局长全权负责现场各方面的工作。在整个工程中实施项目法施工，做到统一组织、统一计划协调、统一现场管理、统一物资供应、统一资金收付。建立健全项目管理机构，明确各部门、各岗位的职责范围，为该项目配备足够的适合要求的各类专业技术人员。加强现场的思想政治工作和后勤保障工作，作为搞好现场施工的重要保证，使每个参加施工的职工充满责任感、荣誉感，发挥出其最大的积极性。

（2）技术管理保证措施

各施工单位现场建立以项目部总工为核心，技术质量专职为指导，现场实验室、测量队、厂队技术员为主体的三级管理体系。负责承担与业主、监理、设计的联系沟通；组织、监督、指导和管理现场施工技术、计划的实施；建立技术管理程序，认真制定各阶段施工技术方案、措施，以及应急技术措施，做好技术交底，建立技术档案，逐级落实技术责任制；针对该工程的特点，抓好新技术、新工艺的推广应用，充分发挥近几年形成的知识技术密集的优势，组织科研攻关，及时解决施工中出现的技术问题。另设咨询专家组和技术顾问组对工程中的重大技术问题进行研究和指导。

（3）进度管理保证措施

拉西瓦灌溉施工中将采用行业标准的工程网络计划管理系统（Primavera Project Planner，简称 P3），加强对计划的跟踪、检查。建立进度控制的月、周及每天的碰头会制度，检查工程进展和计划执行情况，认真分析可能出现影响进度的问题，做好对图纸提供、材料设备进场、气候气象、地质条件、设计变更、驱控资源、人员变动等各方面的充分估计和准备，避免一切可预见的不必要的停工和延误。对于困难以及不可预见的因素导致施工进度延误时，及时研究着手安排赶工期计划。施工中通过控制日计划保证周计划，控制周计划保证月计划，以控制月计划保证里程碑及总工期的实现。

（4）施工资源保证措施

施工中根据施工进度计划安排，提前配置数量足够、性能优良、合理配套的施工机械设备。建立严格的、完善的机械设备维修保养制度，确保设备的完好率和利用率。在整个工程施工过程中，坚持编制中、长期人力、设备、材料、资金供应计划，提前落实，保证施工顺利进行。

12.3　进度管理总结

本章主要介绍了拉西瓦灌溉工程的进度计划及其管理措施。首先，进度的控制应当具备一套完善的考核管理办法，考核管理的对象包括监理单位和施工单位。对于各标段施工进度、材料用量计划、劳动力及机械设备进场计划和进度进行中的分析及调整，监理单位应及时跟进；对于施工工期要求，施工单位应在保证质量的情况下按时完成。根据上述考核结果，对监理单位和施工单位予以相应的奖励和惩罚。进度考核包括月进度考核、季度进度考核和年度进度考核，年度检查考核在月度（季度）考核的基础上综合考评，月度和年度考核的权值各占 0.5，对完成年度计划任务的监理单位和施工单位，年底进行一次考评。为了保证进度的按时执行，建管局和各单位应在各方面提供支撑措施，主要包括组织管理、技术管理、进度管理和施工资源。各方面的统筹协调是完成进度计划的重要保证。其次，拉西瓦进度计划编制需严格遵守各项国家标准及规范，同时根据投资计划和合同要求的实际情况，对于拉西瓦灌溉工程这样的重大水利工程，在安排各年度计划时，应充分考虑汛期水位等因素，以防止对土石方开挖造成的负面影响。

最后，本章对进度的计划执行情况和实际执行情况进行了比较。根据拉西瓦工程的规模和工程技术施工条件,确定工程总工期为 5 年,建设全过程分工程筹建期、工程准备期、主体工程施工期和工程完建期四个施工时段,其中主体工程施工期为主要工期管理时段。作为拉西瓦灌溉主体工程的重点技术工程,隧洞、明(暗)渠、渡槽和倒虹吸工程的施工进度显著影响了项目总工期,因此主要就这四项工程的实际执行情况进行阐述,这四项主体工程均在规定工期内完成,各标段施工进度均比预计工期提前了 2～3 个月。主体工程实际总工期也于 2019 年 5 月正式竣工通水,比预计工期提前半年完成。

拉西瓦灌溉主体工程的提前竣工,离不开广大建设者的努力,也离不开完善的进度管理制度。进度管理的重点在于,保证工期按时实现的同时保证工程质量。进度计划管理工作应贯穿于工程建设管理的各个环节,设计、招标、施工及竣工验收等工作环节均应在建设计划的宏观控制下进行。计统办公室应充分发挥项目建设管理职能,加强项目建设计划的实施管理。

第十三章　拉西瓦灌溉工程质量管理

"百年大计,质量第一",质量管理是工程项目管理的中心环节。为了加强和规范拉西瓦灌溉工程质量管理,拉西瓦灌溉工程建设管理局依据国家相关规定,建立了由项目法人负责、监理单位控制、施工单位保证和政府监督相结合的质量管理体系,从质量控制、质量监督与检查、质量验评与考核等环节严格把关,全面保证拉西瓦灌溉工程的质量水平。

13.1　质量管理体制

13.1.1　质量管理依据

工程建设过程中只有要求各项目之间在设计、施工方面进行紧密的配合与协调,才能确保工程质量,在制定工程质量总体目标时要综合各方面的因素,严格依据有关规程规范、设计图纸要求进行质量管理体系的制定,现将拉西瓦工程质量管理体系的制定依据归纳如下:

(1)《建设工程质量管理条例》(国务院令第279号)、《水利工程质量管理规定》(水利部令第7号)、《水利工程质量监督管理规定》(水建〔1997〕339号)和《青海省水利工程质量监督管理规定》(青水字〔2000〕第162号),以及国家颁布的其他有关的法律、法规、管理规定和部、省颁发的有关水利水电行业的管理规定;

(2)水利水电行业有关技术规范、规程、质量标准;

(3)经批准的设计文件;

(4)已签证与工程建设有关的合同文件。

13.1.2　质量管理职责

拉西瓦灌溉工程质量管理由拉西瓦灌溉工程建设管理局全面负责,其质量管理职责包括:

(1)贯彻执行国家有关工程建设质量管理的政策、法令和法规,建立健全建管局质量管理体系,制定建管局的质量管理方针、质量管理目标和质量管理制度,组建专门的质量管理机构,配备优秀的质量管理人员,对工程质量进行严格管理。

(2)依法对工程建设项目的勘察、设计、施工、监理以及工程重要材料、设备的采购进行招标,将其发包给具有相应资质等级的单位。在招标文件及合同文件中,明确工程质量标准以及合同双方的质量责任,建立相应的质量保证金制度。

（3）向工程勘察、设计、施工、监理等单位提供真实、准确、齐全的与工程建设有关的原始资料,建立工程质量档案,按照国家有关档案管理的规定,及时收集、整理建设项目各环节的文件资料。

（4）建管局在领取施工许可证或者开工报告前,按照国家有关规定办理工程质量监督手续,并且通过招标,确定拉西瓦灌溉工程质量检测单位,对工程质量进行全面检测。

（5）保证由建管局供应的建筑材料、建筑构配件和设备符合设计文件和合同要求,不得明示或者暗示施工单位使用不合格的建筑材料、建筑构配件和设备。

（6）督促各承包人贯彻《质量管理体系—要求》(GB/T 19001—2016)标准,检查落实各承包人的质量组织机构与保证措施,监督落实各承包人承诺投入工程的技术力量、设备、人力和有关人员的任职资格等,要求承包人撤换不称职的质量管理人员和专业技术人员。

（7）审查监理单位的监理规划,施工单位的施工组织设计和施工技术措施,签发设计文件和设计修改通知。

（8）制定工程紧急救援预案,组织或参与工程质量事故的调查处理工作,并及时对上级建设行政主管部门进行上报。

（9）全面掌握工程质量动态,定期组织开展工程的质量检查及考核评比活动,对工程质量和质量管理进行阶段性的分析、总结和评价。

（10）收到施工单位竣工验收申请报告后,应当组织设计、施工、监理等有关单位进行竣工验收,完成建设工程设计和合同约定的各项内容,备齐完整的技术档案和施工管理资料等必要文件。

（11）由质量安全办作为建管局质量管理工作的主管部门,代表建管局依据有关法律、法规和标准,对工程勘察、设计、施工质量进行全面监督管理。

13.1.3　质量管理制度

13.1.3.1　组织管理制度

（1）水利工程质量终身责任制度

水利工程质量终身责任,是指参与拉西瓦灌溉工程项目建设的责任主体相关责任人,项目法人、勘察、设计、施工、监理、质检等单位的法定代表人或主要负责人对本单位所承建项目的工程质量负领导责任;项目法人、勘察、设计、施工、监理、质检等单位的工作人员,按各自职责对其经手的工程质量负终身责任。水利工程建设项目负责人,是指承担水利工程项目建设的责任主体单位中经法定代表人授权的项目法人单位项目负责人、勘察单位项目负责人、设计单位项目负责人、施工单位项目经理、监理单位总监理工程师、质量检测(自检、平检和抽检)单位项目负责人。

拉西瓦灌溉工程建设质量终身责任实行项目法人(即建设单位)负责、政府部门监督的管理方式。项目法人负责按照要求做好建设单位、勘察单位、设计单位、施工单位、监理单位、质检单位项目负责人质量终身责任制实施工作。

拉西瓦灌溉工程建设各方对工程质量承担以下责任：

①项目法人单位项目负责人对工程质量承担全面责任，不得违法发包、肢解发包，不得以任何理由要求勘察、设计、施工、监理、质检单位违反法律法规和工程建设标准，降低工程质量，对因违法违规或不当行为造成的工程质量事故或质量问题承担责任。

②勘察、设计单位项目负责人必须保证勘察设计文件符合法律法规和工程建设强制性标准的要求，对因勘察、设计导致的工程质量事故或质量问题承担责任。

③施工单位项目经理必须按照经审查合格的工程设计文件和施工技术标准进行施工，对因施工导致的工程质量事故或质量问题承担责任。

④监理单位总监理工程师必须按照法律法规、有关技术标准、设计文件和工程承包合同进行监理，对施工质量承担监理责任。

⑤质检单位项目负责人必须按照有关法律法规、规范标准、相关规章制度和检测合同组织开展工程质量检测工作，对施工质量承担质检责任。

拉西瓦灌溉工程中，工程责任主体相关责任人因工作调动、退休等原因离开原单位，或原单位已被撤销、注销、吊销营业执照或者宣告破产的，被发现在原单位工作期间违反国家法律法规、工程建设标准及有关规定，造成所负责项目发生上述情形的，必须依法追究相应质量终身责任。

（2）施工质量管理岗位责任制度

针对拉西瓦灌溉工程特点建立各级管理岗位责任制度，特别是施工人员、工程技术人员、试验员、材料供应人员、专职质检员的施工质量责任制，明确各自的职责，权限，切实做到各司其职、各负其责，形成质量从原材料抓起、逐道工序把关、人人负责的良好局面，确保质量目标的实现。

为了从组织措施上保证拉西瓦灌溉工程项目的质量和安全目标的实现，选派具有同类工程管理和施工经验的人员担任项目经理和技术负责人，建立健全现场质量管理机构。项目部成立现场质量管理领导小组，由项目经理担任组长，为工程质量的第一责任人，对本工程内的施工质量全权负责，技术负责人和副经理任副组长，成员由质检、技术、施工等职能部门负责人和质量工程师组成。

（3）质量管理例会制度

项目部每十天召开一次质量管理例会，邀请监理人参加，例会主要听取各施工班组及质检部门的工作情况汇报，研究解决发现的质量问题，并听取和贯彻监理人对质量管理工作的意见。

（4）QC小组活动制度

QC（Quality Control）小组应围绕工程质量管理目标积极开展活动，及时反馈质量信息，使质量管理工作始终贯穿于施工的全过程，围绕提高工程质量降低消耗，以及推行新技术、新工艺和解决施工中的难点问题，有计划、有重点地对易发生质量问题的项目和施工中的薄弱环节进行科研攻关，严格按照PDCA循环工作程序开展工作，做到目标明确、现状清楚、措施合理、落实彻底，并及时检查总结，以有效控制关键工序，解决施工中的质量问题,不断充实和完善施工工艺,推动工程质量不断提高。

（5）质安值班制度

为加强工程施工质量和施工安全意识,在施工期间将实行质安值班制度,施工期间必须在有质安人员到场监督的情况下方可进行施工。现场质安人员负责现场施工质量和安全监督并对施工过程出现的问题采取紧急处理措施,并有权利、有义务将施工人员违反操作规程情况向施工负责人和主管人员反映,要求处理直至命令停止作业。值班人员必须将当班发生情况作如实记录,以备后查。

13.1.3.2　物资管理制度

（1）产品采购制度

依据工程设计文件、图纸和有关标准文件,按施工进度计划,编制物资供应计划,按合同要求,在实施各单项工程施工前 30 天将材料计划报项目部,经审核后汇总上报监理单位和建管局;对于急需供应材料的单项工程,施工单位应充分考虑供应提前期,统筹安排,确保按期供货。

物资采购实行统一采购制度,项目部采购部门负责与供货方联系主要原材料的订货,负责组织采购施工材料,采购的物资由项目部采购部门按合同采购文件进行验证并做记录。例如,由承包人采购的水泥,使用单位依据有关国家标准及行业规范与供方进行交货验收,索要材质证明及出厂合格证明书,并办理材料交接手续。使用单位及时进行工程材料的检验测试验证,并将测试结果提交项目部,因生产急需而来不及检验时,可采取紧急放行但需质检负责人批准。

项目部对入库材料应及时登账建卡,做好标识,妥善保管,进库材料的材质证明、出厂合格证、检验报告以及验收记录,作为工程竣工资料的组成部分以及履约的原始依据,必须专人负责整理,存档备查,同时上报监理工程师,出库要有记录,标明使用部位。

（2）物资保护制度

①物资搬运

设备、物资搬运前,各施工点负责备好搬运所需的安全防护用品,并对搬运人员提出安全操作要求,选择合格的搬运工具与搬运方法。在搬运过程中,因搬运不当,造成设备、物资和产品损坏的要做好记录,并向主管负责人报告处理。

②物资贮存

库管员对各类物资应分类储存,合理布局,并每月对贮存寿命期限较短的物资（如:水泥、油漆等）进行定期检查,在保管明细账和材料牌上注明出厂日期和有效期,对超过贮存寿命期限的物资要重新检查,并按产品标识和可追溯性控制程序进行标识。

对易燃、易爆的危险物资,如油料、油漆等,设置专库安全储存,符合国家相关法律法规,安排专人负责保管、发放和回收,并在保管明细账中记录。按照产品标识和可追溯性控制程序对入库物资进行标识。危险品库要配备使用有效的消防器具,并设专人管理,库管员要熟悉消防器具的操作方法。

③物资包装

在采购合同中应根据进货的性质及要求,规定包装的形式和要求,以保证物资运输和贮存的安全。

包装前确认产品的名称、性质、数量、重量、标识、质量合格证明、产品说明书、包装箱外观规定的标识和内附的包装清单,确认无误后进行包装、封箱,箱外的标识要准确,并在规定位置做好适当的防护措施。

④物资防护

根据不同的材料采用适宜的防护方式。例如,对水泥等怕潮的材料,采取搭简易棚或盖篷布的方法;对重要的机械设备,要派专人进行防护,定期维护、保养;对电气设备要定期通电检查,并采取措施防尘、防潮。

(3)测量和监测装置控制制度

对监测和测量装置进行有效控制,以确保产品和过程的检验、测量和试验结果的准确,确保工程质量满足业主单位要求,项目部负责对所使用设备建立档案和台账。

国家规定强检的设备和仪器、仪表,必须按期送检,并保存检定证书和检定记录,更换检定标志。对于国家没有规定校准或检定依据的监测和测量设备,项目部必须选择可靠的校准或检定单位,包括设备的生产厂家。

自校的设备(如样板)由使用部门自校,编制校准规程报项目部技术负责人批准后执行,校准规程内容包括:设备的校准周期、校准方法、允许误差范围及校准责任。检测设备除按规定周期检定外,设备拆卸或有损坏、高精度设备经搬迁重新使用、封存设备重新启封等情况下必须重新校准或检定。

设备使用人员必须掌握设备的性能、特点、操作方法,在对仪器设备性能检查时,若发现仪器准确度不符合要求时,立即向项目部负责人报告并贴上停用标识,送到具有检修校准资质的单位维修,重新校准、检定。在现场测试中发现设备检测结果不准确,立即停止测试并标识,重新校准检定。

(4)不合格品控制制度

对不合格品进行有效控制,防止不合格品投入生产,以确保工程质量,防止质量事故发生。不合格品包括业主单位提供的不合格品和采购产品的不合格品。其具体控制要求有:

①不合格品的标识

对于施工生产中出现的不合格品要进行标识,标识方法有:挂警示标志、填写工程质量隐患整改通知单、填写不合格品检验和试验记录、填写不合格品原因调查记录、填写不合格品返工返修记录。

②不合格品的调查

对单元工程各工序中出现的不合格品、业主单位提供的不合格品、自购产品的不合格品和质量缺陷由项目部负责组织调查和评审。一般质量事故由项目部技术负责人负责组织评审,总工程师、项目经理及相关部门人员参加评审。特大、重大、较大质量事故执行国家(行业)及地方政府法令、法规和建管局有关规定。

③不合格品的处置

质量缺陷由项目部技术部门提出处理方案,报项目技术负责人批准后,施工班

（组）组织实施,质检人员跟踪验证。实施结果填写不合格品评审、处置记录。

一般质量事故由项目部提出处理方案,经建管局总工程师核准、报监理工程师审批后,项目部组织人员实施。项目部质检人员跟踪验证。整个处理过程要填写不合格品评审处置记录,并将结果及时报建管局。

特大、重大、较大质量事故执行国家(行业)法令、法规和建管局有关规定。

对让步接受的不合格品,项目部征得业主单位和监理工程师同意、签字认可后,应做好记录。记录由项目部保存;业主单位提供的不合格品,项目部必须及时写出文字材料上报业主单位,业主单位签字同意后才可放行,否则退货更换。项目部保存好处置记录,工程竣工后归入竣工资料;项目部自购的不合格品,发现后要做好标识、保管、隔离工作,不得使用。

④不合格品的通报

特大、重大、较大质量事故发生后,项目部立即上报业主单位、监理工程师、建管局,并在24小时内报告事故概况;10天内报告事故详细情况(包括事故发生的时间、部位、经过、损失金额和事故原因初步判断等);30天内报告事故处理结果;事故处理时间超过2个月的,必须逐月报告事故处理的进展情况。

一般质量事故发生后必须立即向业主单位和监理工程师报告,事故处理完毕后将处理过程、结果报建管局备案。质量缺陷处理完毕后,随工程质量月报表上报。

⑤不合格品的纠正

针对在工程管理和施工过程中出现不合格品,或某种一般不合格、轻微不合格多次出现后,应制定和实施一系列有效控制手段,防止类似不合格情况再次发生,确保工程质量满足业主单位要求。

13.1.3.3　技术管理制度

（1）设计文件复核制度

在拉西瓦灌溉工程中,设计文件复核制度由项目部制定。施工图纸以及其他设计文件下发后,技术负责人组织各级技术人员进行设计文件会审,发现其中错误和不当之处,及时向监理人提出,并做出修改,保证施工的正确性;根据设计文件制定切实可行的施工组织设计、施工方案,用于指导施工。

（2）技术交底制度

技术交底工作分三级组织进行。对于新技术、新工艺、新材料、特殊和重要部位或工序的技术交底,由项目技术负责人负责组织;各施工部位的日常技术交底由项目部向各部位施工人员和技术人员进行技术交底;各工种的技术交底由专业技师组织进行。

技术交底必须包括保证质量和保证安全的技术措施的落实。日常技术交底必须包括施工方法、尺寸要求、注意事项(如使用材料、机具要求、应急处理、安全要求等),技术交底采用统一印刷的技术交底卡。交底人与承接人进行技术交底,并采用书面加口头方式,但均必须在交底记录上反映;技术交底后双方必须签字确认。

（3）工程试验测量制度

本制度由项目部制定,各施工单位具体实施。在工程施工中,根据施工实际情况制定具体的工程试验、测量制度。

工程试验、测量必须依据国家规范和设计要求进行，按规定程序完成，且测量精度必须满足规范标准，测量仪器必须按规定的次数、频率进行校准，以确保测量成果的精度。试验、测量成果要按规定进行签字、审核，并且上交项目部整理归档。

（4）施工组织设计控制制度

施工组织设计必须执行国家有关政策、法规；严格遵循发包人提供的合同、设计文件规定和技术规范，满足合同、设计要求，根据实际施工能力，统筹安排、协调各分部分项工程，并推广新技术、新材料、新工艺以及经济效益显著的科研成果。施工组织设计必须做到基本资料、计算公式和各种指标正确合理，技术措施先进，方案比较全面、分析论证充分，选定的方案具有良好的技术经济效益，安全保证措施。

施工组织设计主要内容是：施工程序、施工工艺、施工技术、施工进度计划、物资材料供应计划、机械设备人员配备计划、质量保证技术措施、测试手段和仪器设备。其依据是发包人提供的有关设计文件和技术规范以及满足社会需要的政府颁布的法规。

施工组织设计由技术负责人负责组织评审并审核，经理批准，最后报监理工程师审批后形成文件，在相应部门归档。

（5）工序技术控制制度

工序技术控制制度主要有以下几点要求：

①工序控制文件由技术负责人负责，项目部技术部门编制，包括施工工艺方案、施工细则、工序质量控制要求及控制措施、工序控制点及控制办法等。

②工序控制文件形成后逐级技术交底，使作业者事先明确自己的职责及技术质量要求，进行合格的作业。

③工序过程、施工现场记录，应在施工日志中恰当地描述，施工日志由施工单位指挥者负责逐日填写，质量检验日志由各施工单位项目部负责人逐日填写。

④工序控制的质量检查在质检负责人领导下由项目部会同各施工点质量负责人，按照相关文件及技术要求、按规定的次数、频率进行，其主要方面有：原材料及半成品的质量复验，现场施工质量检验，对复验、检验结果应做出记录；工序检查，从项目工序起，上道工序不合格绝不能进入下道工序，对不合格或有缺陷工序必须按照不合格控制程序进行纠正处理后，项目部检查合格并由监理工程师检查验收签字后方能进入下道工序。

⑤工序过程中的检查、试验资料、出现问题及处理结果，均应作好记录并要有责任人签字程序。由施工单位质检人员负责逐项记载。

⑥特殊工序控制，应制定严格精细的施工工序规程，必要时由技术负责人负责组织有关技术人员或发包人代表进行评审；对特殊工序的测量定位放线、原材料质检、施工工艺、设备机具、操作技术等进行重点鉴定和连续监督。

13.1.3.4 首件工程认可制

首件工程认可制立足于"预防为主，事前试点"的原则，抓住首件工程的各项质量指标进行综合评价，以指导后续工程施工，及时预防后续施工可能产生的各种质量问题。通过首件工程的示范作用，带动和推进后续工程质量，减少返工损失，缩短施工工期，为把贵德县拉西瓦灌溉工程打造成精品工程奠定坚实基础。凡未经首件工程认可的分项工程，一律不得开工建设。

（1）工程项目

①隧洞工程：隧洞洞身，取6～12 m，以不同围岩类别、断面形式的开挖支护标准及钢筋混凝土衬砌厚度，分区按单元工程划分实施。即：开挖及支护型式（洞身爆破）方法、钢筋混凝土衬砌、施工缝处理、伸缩缝施工方式、洞身回填灌浆等。

②倒虹吸：以二个支墩之间钢管的加工、安装，内外防腐涂刷过程控制标准。

③渡槽：挖孔桩、钻孔桩、墩、排架柱、槽身、大跨度拱肋现浇、预制吊装、高排架脚手架施工。

④渠道：地基处理、钢筋混凝土施工、施工缝处理、伸缩缝施工。

⑤防护工程：挡墙、边沟、抗滑桩、锚索、框架梁（各种骨架护坡，长度取20 m）。

（2）实施范围

①施工单位根据工程项目，在每一个单元工程中选择第一个施工项目作为首件工程，并将首件工程的每一道工序作为首件工序，对每一道工序拟定作业指导书和施工工艺方案。首件单元工程施工方案由总工办认可，施工单位在取得"首件工程施工许可证"后，根据实际情况确定首件工程开始施工的具体时间，通知总工办及监理单位派人参加，对施工情况进行全过程的监督，施工单位的总工等主要技术人员要全过程参与，并详细记录整个施工过程及施工过程中的各项技术数据。

②实施首件工程施工前，各项技术准备工作必须完成。人员、机械设备必须到位，且设备运行状况良好。施工必需的各种材料进场并已检验合格，具备单项工程开工的基本条件，同时单项工程开工报告获审查批复。要求除钻孔灌注桩以外绝大部分有关钢筋、混凝土工程按要求进行检验、试验；特别是隧洞、渡槽、渠道、倒虹吸工程关键部位，采用开挖及支护、二衬方式；软弱（不良）基处理方式方法进行首件工程操作工序；渠道填筑、基层采用试验段的方式进行首件工序；拟定试验段施工工序、工艺、采用新技术、新工艺试进行首件工程等。施工单位在各分项工程首件工程施工操作过程中要详细记录操作程序和有关数据，及时修正完善作业指导书和施工工艺方案。总监办各专业工程师督查操作全过程并及时纠正偏差。

（3）验收、评价及推广

在首件工程（单元工程）完成以后，承包人应对已完成项目的施工工艺进行总结，并对质量进行综合评价，提出自评意见，报总工办进行终评。

评价意见分为优良、合格和不合格三等，优良工程推广示范；合格工程予以接收，在整改完善提高后进行后续工程施工；不合格工程责令返工，重新进行首件施工。首件工程必须达到合格以上标准，力争达到优良标准，否则重新申报首件工程。

推广实行首件工程认可制，是通过首件合格工程的示范作用，带动、推进和保障后续工程的质量。终评获得优良的首件工程，对其施工工艺、技术参数及质量控制措施进行推广应用，并确保后续工程的质量不低于首件工程的标准。在工程施工中，施工单位应严格按照首件工程所形成的施工工艺、技术参数及质量控制措施去操作，确保产品质量始终保持优良,同时通过不断的琢磨、研究,完善施工工艺,提高质量管理措施,确保工程质量创优。

13.1.3.5　其他管理制度

（1）质量记录控制制度

质量记录控制是指对直接或间接的证实工程是否满足质量要求的证据进行收集、整理、签证、保管使用及质量体系运行记录的活动,由项目部负责,各施工单位配合实施。质量记录包括:与产品有关的记录,质量体系的运行记录,来自分（承）包人的有关记录,管理评审记录,合同评审记录,图纸会审记录,设计变更记录,工程验收记录,工程质量检查、评定记录,质量事故处理记录等。

质量记录填写要求如下:

①质量记录填写要字迹清晰、字体端正、笔画清楚,做到内容完整,项目齐全,真实有可追溯性。

②质量记录不允许更改。如填写记录有错误需要更改时,不要涂抹,单线划掉后重写。

③记录填写后,记录人员要签名,不得由他人代签。

④各种简图、附图,应简单、清楚、正确。

⑤合同有要求时需向顾客移交的质量记录,用碳素、蓝黑墨水填写。

⑥按规定表式填写或输入质量记录,做到记录内容准确,填写（输入）及时。

⑦质量记录填写份数根据实际需要规定,移交顾客的质量记录份数按合同要求确定。

⑧项目部不定期检查各生产单位对质量记录的控制情况。

⑨工程项目施工过程中质量记录,项目部按合同要求和工程竣工交付控制程序规定,组卷装订后移交供货方,填写和组卷装订应符合国家档案管理规定的要求。

（2）混凝土浇筑许可证制度

在拉西瓦灌溉工程中,混凝土浇筑许可证必须由各施工部位技术负责人根据工程进度提前填写"混凝土浇筑申请单"报送项目部。项目部根据模板、钢筋、预埋和清基工程质量进行检验评定,如不合格向申请人发出整改通知书,项目部在全部检验项目合格后方能签字,并将许可证连同模板、钢筋评定表送项目技术负责人。

项目技术负责人根据上述资料及混凝土配合比通知单及经本工程监理部门签发生效的工程验收记录,并在各项准备工作完成后,方可签发混凝土浇筑许可证。生产调度室凭项目技术负责人签发的许可证通知拌和站开盘。

（3）质量奖罚制度

在拉西瓦灌溉工程的施工过程中,对施工项目实行层层承包责任制,并对施工主要负责人通过收取施工质量抵押金的方式,按完成项目质量进行经济奖励或惩罚。对不能满足施工质量的,免去施工负责人和技术负责人职务,重新进行质量意识培训,仍达不到要求的,停止任用。

（4）质量隐患预防制度

项目部与各部门针对易出现质量缺陷的单元工程,过去的或在其他项目中已多次出现不合格的分部、单元工程下列情况采取预防措施，及时发现质量体系和施工中存在的隐患，制定预防措施，消除潜在的不合格因素。

预防措施体现于施工组织设计、施工方案，工程项目施工技术交底，以及有针对性的单项问题解决方案，包括事前预防性的或经检查、检验、审核后发现应预防的工程质量问题，或项目部范围内各种质量管理问题。

预防措施实施前，必须确定潜在的质量隐患原因，评价防止质量隐患发生的措施的需求，确定和实施所需的措施，记录所采取措施的结果，并且评审所采取的预防措施。

（5）内部质量审核制度

内部质量审核分为两种，一种是由项目部负责组织有关部门对质量体系的审核，一种是由建管局负责组织的审核，目的是为了审核确定的质量计划是否有效满足标准及法规的要求，包括对质量体系文件和相关部门的审核。审核的依据是《质量管理体系标准》和编制的质量计划和程序文件，相关的法规、规范、图纸和资料。

审核报告内容包括审核结果评价，由审核组长完成。纠正措施由受审核部门制定和执行，项目部监督实施，并做好记录，跟踪检查，实施质量改进。

（6）工程质量检查、评定、签证制度

施工过程中必须加强质量检查工作，一旦发现质量问题，随即研究处理，自始至终使工序质量满足规范和标准的要求，并做好质量检查记录。施工结束后，施工单位组织自检和初步验收；工程完成后，建设单位按质量评定标准和方法，对完成的分项、分部和单位工程进行质量评定，做好现场签证工作。

（7）工程回访及保修服务制度

拉西瓦灌溉工程的回访及保修服务是指合同中规定的项目缺陷责任期的服务。通过工程回访，对反映的工程质量问题及时处理，并给予答复；对已交付的工程项目出现的质量缺陷，经确认，在缺陷责任期内的一般质量问题，由责任单位或部门进行无偿保修；遇有重大质量问题，上报有关处室，进行研究解决。

（8）工程质量事故处理报告制度

工程质量事故按国家有关文件的分类标准划分，并且根据事故分级进行处理、报告，如表 13-1《水利工程质量事故划分标准》所示。

表 13-1　水利工程质量事故划分标准

事故类别	特大	重大		较大	一般
损失情况	质量事故	质量事故		质量事故	质量事故
事故处理所需的物资、器材和设备、人工等直接损失费用（人民币万元）	大体积混凝土，金结制作和机电安装工程	>3 000	>500，≤3 000	>100，≤500	>20，≤100
	土石方工程，混凝土薄壁工程	>1 000	>100，≤1 000	>30，≤100	>10，≤30
事故处理所需合理工期（月）	>6	>3，≤6		>1，≤3	≤1

续表

事故类别	特大	重大	较大	一般
事故处理后对工程功能和寿命影响	影响工程正常使用,需限制条件运行	不影响正常使用,但对工程寿命有较大影响	不影响正常使用,但对工程寿命有一定影响	不影响正常使用和工程寿命
事故报告	逐级向水利部和有关部门报告	逐级向上级行政主管部门报告并抄送水利部	逐级向上级行政主管部门报告	向项目主管部门报告

工程质量事故发生后,事故责任单位应立即报告建管局和监理单位,建管局根据事故等级大小按国家有关规定处理。设计、监理和施工单位对事故经过应做好记录,并根据需要对事故现场进行录像和进行必要的检查、检测,为事故调查、处理提供依据。当质量事故危及施工安全,或不立即采取措施将会使事故进一步扩大以致危及工程安全时,施工单位应立即停止施工并迅速上报,由建管局立即组织设计、监理、施工等单位和有关专家进行研究,提出临时处理措施,避免造成更为严重的后果。发生(发现)较大、重大和特大质量事故,事故单位要在 48 小时内向相关单位作出书面报告;发生突发性事故,事故单位要在 4 小时内电话向有关单位报告以下内容:

①事故发生的时间、地点、工程部位以及相应的参建单位名称;

②事故发生的简要经过、伤亡人数和直接经济损失的初步估计;

③事故发生原因初步估计;

④事故发生后采用的措施及事故控制情况;

⑤事故报告单位、负责人及联系方式。

事故调查应查清事故原因、主要责任单位、责任人。一般事故由监理单位负责调查,并由事故单位提出处理方案报监理单位批准后实施;较大事故由建管局组织有关专家进行调查,并由事故单位提出处理方案,报监理单位、建管局审查批准后实施;重大和特大事故由国家有关部门组织专家组进行调查,建管局委托设计单位提出处理方案,并组织专家组审查批准后实施,必要时由上级部门组织审批后实施。

工程质量事故处理结束后,由建管局组织有关单位对处理情况进行检测、检查,并提交事故调查报告。

13.2　质量保证措施

质量保证是拉西瓦灌溉工程质量管理体系的重要环节,各施工单位与建设单位、设计单位、监理单位从管理、技术、施工等角度,设置了多项质量保证措施,最大限度地保障工程建设质量。本节在明(暗)渠、渡槽、隧洞、倒虹吸四项主要的单项工程中,选择部分具有代表性的质量保证措施予以介绍。

13.2.1 明(暗)渠工程保证措施

（1）土方明挖质量保证措施

土方开挖前,应首先进行原地形测量剖面及建筑物开挖剖面测量放样成果的复核检查,并且加强测量放线工作,数据计算由专业工程师把关,现场测量有专人校核,以保证开挖边线、坡度、高程在设计允许误差范围内。做好开口线、坡脚线的测放工作,随开挖进行,及时对开挖面进行测量检查,防止偏离设计开挖线。

土方开挖按确定的施工方案和规划,自上而下分区、分层进行开挖。严禁采用自下而上或倒悬的开挖方法,施工中随时修成一定的坡度,以利排水。开挖过程中避免在边坡稳定范围形成积水。使用机械开挖土方时,边坡坡度适当留有修坡余量,再用人工修整,并满足施工图纸要求坡度和平整度。在平地或凹地进行开挖作业时,要在开挖区周围设置挡水堤和开挖周边排水沟以及采取集水坑抽水等措施,阻止场外水流进入场地,并有效排除积水。采有机械进行基坑开挖时,要保证地下水位降低至最低开挖面 0.5 m以下。

易风化崩解的土层,开挖后不能及时回填的,要保留保护层。风化岩块、坡积物、残积物和滑坡体按施工图纸要求开挖清理,并在填筑前完成,禁止填筑与开挖同时进行。清除出的废料,要全部运出坝基范围以外,堆放在监理工程师指定的场地。

作为永久建筑物土基的基础开挖面,在填筑前清除表面的松软土层或按监理工程师批准的施工方法进行压实。受积水侵蚀软化的土壤予以清除。

（2）支护工程质量保证措施

本标支护工程包括土方明挖边坡和隧洞开挖后的支护,支护形式采取小导管和喷混凝土、钢拱架等。

钻孔按施工图纸要求布设,小导管安装严格按有关规程规范和施工工艺措施执行。小导管钻孔孔位、角度、深度、孔径严格按照设计图纸进行,控制孔位偏差不大于 10 cm,孔深偏差值不大于 5 cm。小导管的注浆和安装在监理工程师在场的情况下进行,注浆前孔位经监理验收合格并冲洗干净,注浆的水泥砂浆配合比要在规范要求的范围之内。钢筋网片规格尺寸符合设计要求,焊接牢固,钢筋无咬痕,紧贴岩面。钢拱架用锁脚锚杆固定牢固,立在坚硬的新鲜岩石上。

喷射过程中及时检查混凝土的实际配合比,拌和均匀性和回弹率,每班检查两次。对喷层厚度检查,对厚度未达到图纸要求的,进行补喷。隧洞每 10 m 至少检查一个断面,每个断面应从拱顶起每隔 2 m 检验一点(拱顶不少于 3 点)。外观检查发现有空洞、松动、开裂、脱壳时,及时凿除,冲洗干净后重新喷射。

（3）混凝土工程质量保证措施

①混凝土拌制

拌制混凝土时,严格遵守试验室提供并经监理工程师批准的混凝土配料单进行配料,严禁擅自更改配料单,用拌和设备拌和,严禁人工拌和,混凝土拌和时,要按配料单添加引气剂。

混凝土拌和后采用混凝土罐车,将拌和料输送到施工现场,再采用汽车吊垂直运输至施工面进行施工。

②混凝土浇筑及振捣

将拌制好的混凝土采用混凝土罐车运输至施工现场,再采用汽车吊将混凝土垂直运输至施工面。

明渠混凝土浇筑分两次浇筑,即先浇筑底板混凝土,且施工缝不得在同一水平面上,按沉降缝逐段施作。当底板混凝土强度达到70%时,浇筑边墙及顶板混凝土,边墙及底板混凝土接缝处必须凿毛,清洗干净,在浇筑侧墙混凝土。

混凝土浇筑作业按经工程师批准的块厚、次序、方向进行。在倾斜面上浇筑混凝土时,从低处开始浇筑,保持浇筑面水平。

根据仓面面积及混凝土入仓强度采用平铺法或台阶法施工,采用 $\phi 50$ 插入式振捣器振捣,每一位置的振捣时间以混凝土不再显著下沉、不出现气泡并开始泛浆时为准,尤其在明渠底板斜角施工时,要充分振捣,同时避免振捣过度。在捣固各层混凝土时,振捣器保持直立位置操作,振捣上层时,将振捣器插入下层 50 mm 左右,以加强上下层的结合。振捣施工必须满足规范要求,以确保混凝土内实外光。

混凝土仓面铺料厚度为 30～50 cm。浇筑和振捣的温度不低于 5℃。另外在大雨天停止混凝土浇筑,小雨天采用浇筑完成后立即覆盖的措施。

③混凝土拆模及养护

混凝土浇筑完毕达到规定强度后拆模。不承重的侧面模板在混凝土强度达到 2.5 MPa 以上,并能保证其表面及棱角不因拆模而损坏时才拆除,力求在拆模作业中做到对混凝土及模板无损伤。

混凝土浇筑完毕后 12～18 小时内即开始洒水养护,使混凝土表面保持湿润状态。根据不同部位和当月气候情况,高温季节采用洒水养护。

混凝土在炎热或干燥气候情况下提前养护。早期混凝土表面采用经常保持水饱和的覆盖物进行遮盖,避免太阳暴晒。

(4)模板工程质量保证措施

模板结构型式结合混凝土结构型式进行专门设计,尽可能采用整体性大模板,减少模板接缝量,并保证模板有足够的强度和刚度。

模板安装过程中应注意以下要点:

①模板安装前,根据施工图纸进行测量放线,模板依据测量点、线进行安装及校正,再进行固定。

②模板在拼装前进行检查,清除表面污物,并在表面刷脱模剂。如果模板底部与基层有空隙,用木片垫衬垫实,垫衬间的空隙再用砂填塞,以防混凝土振捣时漏浆。

③模板安装偏差,水平尺寸控制在±10 mm,高程控制在±5 mm。板支撑稳固,接头紧密平顺,不得有离缝、左右错缝和高低不平等现象,接缝、平整度必须满足规范要求,以减少因混凝土水分散失而引起的干缩,影响混凝土表面光洁。

④墙体模板采用既拉又顶的方式支撑,在底板施工时需设置锚环。拉螺栓中部要设

有止水板,模板拆除时要将对拉螺栓两端的塑料帽取出,并回填不低于混凝土强度的水泥砂浆,回填平整。竖向模板与内倾模板设置内部撑杆或外部拉杆,以保证模板的稳定性。

⑤模板及其支撑面上严禁堆放材料及设备,混凝土浇筑脚手架不准与模板系统相连接。

⑥混凝土浇筑后强度达到 2.5 MPa,才能在其上方施工,对于非承重模板,混凝土强度达到 2.5 MPa 时,可进行模板拆除,但不得损坏混凝土棱角。

13.2.2　渡槽工程质量保证措施

（1）渡槽稳定性保证措施

青藏地区严寒环境条件下对大跨度空腹桁架拱式渡槽整体结构的稳定性分析研究以拉西瓦灌溉工程 6♯空腹桁架拱式渡槽为工程依据,结合结构力学、水工钢筋混凝土结构学、材料力学等学科的理论及研究方法,提出了下列关于渡槽稳定性保证的具体措施:

①通过数值模拟与分析,研究渡槽结构各构件在高寒地区不良因素影响下的应力分布及变形特性,确定出影响桁架拱工作的主要因素,并对各构件进行内力验算及配筋计算;

②确立不同预应力荷载值作用下桁架拱各杆件的应力特性,根据下弦杆跨中应力平衡点的出现,确定合理的预应力荷载值;

③确定随桁架拱上弦杆截面尺寸的变化,拱脚应力的变化规律,得出在青藏高寒地区随着截面尺寸的增大,拱脚的应力值由压应力转化为拉应力,达到平衡点后,拉应力值不断增大。确定在一定高寒地区不良因素影响下桁架拱竖杆应力的变化规律,对竖杆间距进行优化,使工程更加安全、经济。

（2）伸缩缝止水处理措施

水工建筑物伸缩缝的止水处理直接影响到工程运行期建筑物的安全及使用寿命,因此拉西瓦灌溉工程建设管理局高度重视渡槽伸缩缝的止水处理,特成立渡槽接缝止水技术攻关领导小组开展专题研究,提出以下处理措施:

①安装固定止水带时,要求在已清理的钢带表面和止水带背面涂刷丙乳液一遍,以保证达到较好的密封和黏接效果。

②丙乳砂浆具有良好的耐候性、耐久性、抗渗性、密实性等性能,还要有极高的黏结力以及极强的防水防腐效果。水泥采用 42.5 级普通硅酸盐水泥,少量修补时砂子为不同数目的石英砂按照 1∶1∶1 的比例混合而成,大量修补采用天然砂时,通过清洗降低天然砂的含泥量;聚合物乳液为 DOW 公司的 APR-968LO,单方用量 69.7 kg。

③拌制丙乳聚合物砂浆需将水泥和砂子按照配合比拌制均匀,再加入经试拌确定的水和聚合物乳液,充分拌和均匀,材料必须称量准确,尤其是水和聚合物,拌和过程中不能任意扩大水灰比。所有处理的基面必须用清水冲洗干净、湿润,施工前应保持混凝土表面处于干饱和状态,在确定无明显渗水的情况下,方可进行施工,否则采取导水措施,并用喷灯烘烤后,再进行施工。

④在施工过程中,首先在干净的基面涂抹丙乳砂浆,在净浆未硬化时分层抹压聚合物砂浆,每层厚度控制在 5 mm 左右,挤压时采用倒退法进行,即加压方向与砂浆流动方向相反。聚合物砂浆抹压约 4 h(表面略干)后,采用农用喷雾器进行水喷雾养护,或用薄膜覆盖,养护 1 天后再用毛刷在面层刷一次聚合物砂浆,要求涂抹均匀封闭,待净浆终凝结硬后继续喷雾养护,使砂浆面层保持湿润状态。在使用丙乳砂浆时应注意其施工温度必须保持在 5℃以上,用 42.5 以上等级的普通硅酸盐水泥,砂须过 2.5 mm 筛,丙乳砂浆一次拌和不宜过多,每次拌制的丙乳砂浆要求能在 30～45 min 内使用完,一次拌和量以控制在 10 kg 水泥为宜(人工抹压施工)。

(3) 空腹桁架梁预制质量保证措施

空腹桁架梁预制质量保证措施包括:

①4♯渡槽空腹桁架拱制作原则上在排架两侧就近制作。制作时预留安全距离 3～4 m,基本与吊装位置平行。在跨河道段,在河道上进行施工导流处理,在导流段搭设 1 跨 40 m 长度的平台,在平台上进行预制施工。

②桁架梁预制场的位置根据材料路线、作业顺序,堆放结合吊装和运输安排,避免材料或构件的不合理运输和工序间的干扰,并尽可能设立集中预制厂生产地,减少现场设施并提高质量。制作预制混凝土构件的场地平整坚实,且有必要的排水设施,保证制作构件不因混凝土浇筑和振捣引起场地沉陷从而引起预制构件变形,同时冬季施工要有必要的保温材料和保温措施。

③预制构件的预埋件按施工图纸所示安装钢板、钢筋、吊耳及其他预埋件。预制构件的吊环或扣环,一般用 3 号钢筋造,不得采用冷拉钢筋,多个吊点应充分考虑吊环拉力的不均匀性,同时保证吊环在混凝土中的锚固长度符合相关要求。

④混凝土达到设计或规范规定强度后拆除模板。拆除侧面模板时,要保证构件不变形,棱角完整,无裂缝,无蜂窝麻面;拆除构件的底模时,如跨度小于或等于 4 m 时,其混凝土强度不低于设计强度的 50%,如构件跨度大于 4 m,其混凝土强度不低于设计强度的 75%。

⑤预制构件尺寸要符合施工图纸要求,其长度允许偏差为±10 mm,横断面允许误差为±5 mm;用 2 m 直尺检查其平整度,允许误差为±5 mm;构件不连续裂缝宽度小于 0.1 mm,边角无损伤。预制构件的养护不少于 14 天,必要时养护不少于 21 天,缺陷的修补按设计规范要求进行。

(4) 钢筋安装质量保证措施

对钢筋进行制作和加工时,钢筋种类、钢号、直径等均必须符合设计要求,其材质经试验合格后方可使用,下料表由技术员编写并经项目部技术负责人审定,并于加工前将表面油污、锈皮等清除干净。钢筋安装的位置、间距、保护层及各部位钢筋尺寸的大小均必须符合施工图要求,其偏差在规范允许范围内。

在安装过程中,对钢筋的保护层、接头、排放等提出下列质量保证措施:

①基础混凝土钢筋保护层厚度为 5 cm,用 5 cm 厚垫块支撑。为保证混凝土保护层的厚度,在钢筋与模板之间设置强度不低于结构设计强度的混凝土垫块,并埋设铁丝,并

与钢筋扎紧,垫块之间相互错开,分散布置。

②钢筋接头采用焊接和绑扎连接二种形式。钢筋焊接采用电弧焊,不得烧伤主筋,焊接地线应与钢筋接触紧密。焊接过程应及时清渣,焊缝厚度不小于主筋直径 0.3 倍,宽度不小于主筋直径的 0.7 倍。钢筋接头优先采用机械接头和闪光对焊,直径小于 25 mm 的钢筋可采用绑扎接头,但轴心受拉、小偏心受拉构件和承受动荷载的构件,钢筋接头不得采用绑扎。

③扩展基础上平面、扩展基础下平面配筋根据设计图纸在混凝土垫层上逐根弹好钢筋位置线,根据位置线摆放加工好的底层主筋。检查主筋的间排距、根数等符合要求后开始绑扎底层筋中的分布筋。

13.2.3　隧洞工程质量保证措施

（1）隧洞开挖保证措施

隧洞洞口掘进前,要仔细勘察山坡岩石的稳定性,并对危险部位进行处理和支护。炮孔的装药、堵塞和引爆线路的联接,由经考核合格的炮工负责,并严格按爆破工艺进行。

在隧洞开挖过程中,要根据地质情况的变化及时改变钻孔和爆破技术,修正爆破参数,以保证爆破后获得良好的开挖面。钻孔爆破技术和参数的改变,需经监理工程师的同意。洞口边坡开挖完成后,在进行隧洞起始段开挖时采取有效的控制爆破措施,防止爆破震动造成洞顶山坡和洞口岩石发生震裂、松动和塌方。

总的来说,爆破开挖过程中应当坚持"一标准""二要求""三控制""四保证",具体如下：

①"一标准"：一个控制标准,严格按照设计图纸施工及规范要求控制。

②"二要求"：钻眼作业要求和装药联线作业要求。

③"三控制"：控制测量放线精度,控制钻孔深度、角度,控制装药量和装药结构。

④"四保证"：搞好技术保证,根据监控量测数据及时调整钻、爆设计参数;搞好施工保证,落实岗位责任制,严格落实三检制;搞好思想保证,纠正"宁超勿欠"的错误认识;搞好经济保证,落实经济责任制。

此外,混凝土喷射过程中及时检查混凝土的实际配合比,拌和均匀性和回弹率,每班检查两次。对喷层厚度检查,对厚度未达到图纸要求的,进行补喷。隧洞每 10 m 至少检查一个断面,每个断面应从拱顶起每隔 2 m 检验一点(拱顶不少于 3 点)。外观检查发现有空洞、松动、开裂、脱壳时,及时凿除,冲洗干净重喷。

（2）衬砌结构保证措施

高地温产生的温差,使衬砌结构受到的拉应力大幅度增加,高地应力使衬砌结构受到较大压应力,衬砌结构在地温影响下,沿洞轴线方向受力较大,容易产生横向裂缝。温度应力是衬砌结构产生破坏的主要原因。衬砌结构分段长度对其自身受力情况影响较大。3 m、6 m、9 m 三种衬砌段在中间位置受到的拉应力较大,即在中间位置处可能产生裂缝;12 m 衬砌段在距两端 1/3 处受到的拉应力较大,容易在两端 1/3 处产生裂缝。

拉西瓦灌溉工程 3# 隧洞的衬砌方案,从衬砌结构产生破坏的原因入手,提出以下四种措施：

①通过减少衬砌混凝土的线膨胀系数来优化衬砌结构的受力。

②减少衬砌混凝土的分段长度。数值模拟 3 m、6 m、9 m、12 m 几种工况，可以发现：3 m、6 m、9 m 三种衬砌段在中间位置受到的拉应力数值较大，即在中间位置处可能产生裂缝，12 m 衬砌段在距两端 1/3 处受到的拉应力数值较大，容易产生裂缝。可以依据此结论根据衬砌段长度对受力较大的地方加强监测及支护。

③增设隔热层。在衬砌结构和初期支护之间加一层隔热层，减少高温向衬砌结构的传递速率。数值模拟得出，增设隔热层后，衬砌结构的受力明显减少，效果显著。

④混凝土掺加防裂材料及增设钢筋。增大混凝土的抗拉强度，减少其裂缝的可能性。最终设计按照 6 m 衬砌段，增加配筋，来减少衬砌结构破坏的可能性，从施工效果来看，衬砌结构受力情况较好，有力地佐证了上述研究的正确性，较好地推广了上述措施。通过上述措施的验证，可以为以后青藏高原、黄河谷地地区类似地质条件下洞室开挖及温度处理提供相应的技术支持和依据。

（3）高地温下混凝土工程质量保证措施

在高地温软岩地区的隧洞在开挖施工过程中，洞内温度达到 28～31℃。在混凝土浇筑施工过程中，在高地温与混凝土水化热的双重影响下，洞内温度高达 45℃。而软岩在高地温作用下极易破坏。为了控制混凝土裂缝，提高隧洞混凝土浇筑质量，拉西瓦灌溉工程在混凝土施工过程中采取了特殊的质量保证措施。

①对于高地温问题，调高钢筋直径，减小钢筋间距；隧洞混凝土施工配合比中，胶凝材料中增加粉煤灰的用量，减小水泥用量；减小洞内伸缩缝距离，由原来的 12 m 一跨改为 6 m 一跨；在混凝土中掺入聚丙烯纤维。

②对于水泥水化热作用水灰比不稳定引起水化热多的问题，掺入缓凝减水剂降低单位时间内的水泥水化发热量；砂细度模数不低于 2.5，砂石含泥量控制在 3.0% 之内；试验室严格控制混凝土配合比，并根据砂石骨料的含水率及时调整施工配合比，计量要准确，加强坍落度、含气量、温度抽检工作，不能流于形式。

③对于混凝土搅拌不均匀、振捣不均匀等浇筑过程中的人为因素，对作业人员进行现场技术交底，应根据图纸设计要求和浇筑能力，进行合理的分层及分块施工；加强混凝土拌和物的质量控制，按规范要求对混凝土拌和物坍落度、确保混凝土拌和物的质量；加强振捣作业，严格按照规范要求进行振捣，保证混凝土密实；对于底板混凝土，初凝前人工及时抹面、压实。

④混凝土养护不到位，引起混凝土内部温度与表面温差过大，混凝土浇筑完成终凝后及时用水洒水养护；增长洒水养护周期。

13.2.4 倒虹吸工程质量保证措施

（1）压力钢管制作质量保证措施

①高压钢管主材料

制作压力钢管的主材料（包括焊接材料）必须根据施工图纸注明的材质要求、型号、规格进行入库验收,要求出具相应的质量证明资料,以及性能实验报告,核清材料的数量、型号、规格后才能入库使用,没有产品合格证件的不得使用,主材料还要进行抽样检验。

②划线下料

压力钢管加工前应组织所有参与加工制作的人员进行技术交底,图纸会审,并要做到每个参与划线的人员均应熟悉施工图纸,能够明确掌握施工图纸要求。然后进行划线、放样,放样采用1∶1现场放样,大样放好后,由负责生产技术的工程师和负责质量的工程师对大样进行校正。大样校正完全符合要求后,再进行划线切割,直线切割全部使用半自动切割机切割。

③V型60°坡口

压力钢管划线下料完成后,焊缝采用V型60°坡口,坡口使用刨边机刨制,刨制完成后方能进行卷管,V型坡口刨制误差应控制在±2 mm以内。

④焊接控制

压力钢管采用V型60°坡口焊接,V型坡口正面焊接完成以后,焊缝背面要进行碳弧气刨作清根处理,不作清根处理的焊缝不能进行背面焊接,压力钢管制作纵缝要100%的进行无损探伤检测,环缝50%的进行无损探伤检测,经无损探伤检测后如发现有不合格焊段要及时作出记号并进行返修,返修的焊段最多修2次,如返修2次仍达不到要求时,必须将焊缝割开重新进行焊接。

⑤钢管组对卷制控制

压力钢管卷制时取样板的1/4,卷板时使用样板随时进行圆弧较正,钢板卷制时应顺钢板压延方向卷制,严禁横向卷制。该钢管由于直径大,展开长度长,在卷制时应特别注意安全,卷制时无论是分片,或直接卷制都应在桥吊的紧密配合下进行,无桥吊配合时不能进行卷制。

⑥压力钢管的弧圆度控制

单节压力钢管卷制完成后,应放在加工平台上进行圆度校正,圆度校正时所测量的点不能少于4组,即8个点,待圆度校正完全符合规范后,钢管内壁要采用刚性米字形支撑,支撑完成后,才能进行加劲环焊接。

⑦成段管节的焊接控制

经若干次单节制作循环后,将两节或三节压力钢管组对成为一段管段,形成长度为4~6 m的管段,管段对接时在平台上进行,两管节错台不超过3 mm,环缝采用V型60°坡口焊接,坡口正面焊接完成以后背面使用碳弧气刨进行清根处理,待背缝焊渣全部清除干净后再进行背缝焊接。管段制作完成后,对纵缝、环缝处理要进行无损探伤检测,如发现有不合格焊段要及时进行补焊。待焊缝完全复合规范要求后,才能进行下道工序。

⑧管段内壁的除锈控制

管段完成后对管段内壁要进行除锈处理,无论是喷砂除锈或人工除锈,均应认真进行,要使表面光洁度符合设计要求或有关规范要求,表面除锈等级达到相应要求后才能进行涂装。

⑨管段内壁的涂装控制

管段内外壁要根据设计要求或有关规范规定进行涂装,涂装应在除锈后24小时以内进行,涂刷时要注意涂层均匀,色调一致,避免溜挂、起皱,在相应的安装环缝处两边要各预留100~150mm不涂装以便安装,预留的环缝处还要采用妥当的方法进行保护,以免预留环缝处重新生锈,影响安装。如发现重新生锈应及时处理。

⑩加工制作完成后的管段的堆放控制

管段加工制作完成后,要根据设计图纸上的位置,进行编号堆放,编号要求准确明了、醒目。然后将管段根据安装的先后顺序整齐地归类堆放以便于安装。

(2)钢管安装质量保证措施

①施工准备过程中,管道在基槽标高和镇支墩混凝土质量检查合格后才能铺设,安装前进行安全、技术交底。在雨季施工时,采用降水或排水措施。

②为了防止钢管锈蚀,在加工场地集中进行钢管的喷砂除锈。对每根经检查合格的钢管,当天必须进行防腐处理,防止夜里露水造成钢管表面生锈。经过防腐处理的钢管吊运码放,不能损坏防腐层。

③钢管运输过程中,钢筋在运输车上需绑扎牢固,防止运输中损坏防腐层。钢管装卸采用可靠的吊具起吊,不能将起吊绳直接放在处理好的管道上,以免起吊过程中损坏防腐层。有条件的地段用吊车将钢管吊入安装位置,不能随意滚动下管。对现场损坏的防腐层,立即处理将表面清理干净,重新做防腐处理。

④焊件在组对前将坡口表面油漆、锈迹清理干净,要求表面有光泽。管内杂物要清理干净。焊口组对时做到内壁齐平,错口值不超过壁厚的16%,且不大于1mm,间隙要符合设计规范要求,对口间隙局部超差不得超过2mm。对对口组合好的两根钢管下部要用钢制马镫支撑牢固,用倒链将钢管固定稳,防止焊接过程中发生错位。

⑤进行钢管焊接的焊工必须持《中华人民共和国特种作业操作证》及上岗证,方能现场施焊。焊接材料的品种按设计要求与主材和焊接方法相适应,使用合格的焊接材料,在存放和运输过程中注意密封防潮。使用前按规定要求烘焙,使用时将焊条放置在专用的保温筒内,随用随取,纵向焊缝不得设在管子的水平和垂直直径端处的应力最大点处。钢管焊缝焊接采用手工电弧焊与双面焊接施工方法,为保证焊接质量防止焊接变形,由两名电焊工对称施焊,并严格按规范和工艺要求操作,严禁在已焊接好的管道上引燃电弧,或随意焊接临时支撑物,防止破坏防腐层。焊接经检查合格的钢管,要平稳地放在垫层砂上,收工时将钢管两端堵塞,防止人为造成管内有积物而堵塞管道。

(3)土方回填质量保证措施

根据倒虹吸工程地形条件及土方回填工程施工特点,为确保回填质量,特制定以下质量保证措施:

①回填施工前进行回填施工组织设计的编制和回填碾压参数的设计,以确定合理的含水率、铺料厚度和碾压遍数等参数并报经监理工程师审查批准,具体实施过程中再通过现场碾压试验不断优化调整,使其尽量达到最优。

②建立现场试验室,配备足够的专业人员和先进的设备,严格控制各种填料的级配

并检测分层铺料厚度、含水率、碾压遍数及干容重等碾压参数,保证在回填过程中严格按照确定的碾压参数和施工程序进行施工。

③施工统一管理,保证均衡上升和施工连续性,树立"预防为主"和"质量第一"观点,控制每一道工序的操作质量,防止发生质量事故。

④碾压施工过程中严格按照规范规定或监理工程师的指示进行分组取样试验分析,做到不合格材料不回填,下面一层施工未达到技术质量要求不进行上面一层料物的施工。

⑤设置足够的排水设施,有效排除工作面的积水并防止场外水流进回填工作面内,确保干地施工;雨季时做好防雨措施,确保回填施工质量。

⑥保证回填料的质量满足设计和规范规定要求,施工过程中重点检查各回填部位的质量、回填厚度和碾压参数、碾压机械规格、重量(施工期间对碾重每季度检查一次);检查碾压情况,以判断含水量、碾重等是否适当;检查层间光面、剪切破坏、漏压或欠压层、裂缝等;检查纵横向接缝的处理与结合。

⑦压实检查项目和取样试验次数满足《碾压式土石坝施工技术规范》(SDJ 213—83),质量检查的仪器和操作方法,按《土工试验规程》(SL 237—1999)进行,取样试坑严格按回填要求回填。

13.3　质量监督检查

拉西瓦灌溉工程建设管理局作为本工程的项目法人,接受青海省质量监督中心站的质量监督。青海省质量监督中心站组织工程项目质量监督站(组),作为拉西瓦灌溉工程的质量监督机构,自受理质量监督通知书下达至竣工验收(工程保修期)为止,执行工程施工质量的巡回监督检查工作。

13.3.1　质量监督检查责任

工程项目质量监督站(组)根据《水利工程质量管理规定》(水利部令第 7 号)等有关规定,开展质量监督工作,其责任包括:

(1)对监理、设计、施工,有关产品制作单位的资质等级、经营范围进行复核,发现不符合规定要求的,项目站(组)应责成项目法人限期改正,并向水利工程质量监督(中心)站和水行政主管部门报告。

(2)调阅项目法人、监理、设计、施工单位的检测试验成果、检查记录和施工记录,要求被检查的单位提供有关工程质量的文件和资料。

(3)对项目法人的质量管理工作、监理单位的质量控制旁站监理工作、设计单位的到场及服务工作、施工单位的质量行为及产品制作安装单位的质量行为进行监督检查,进入被检查单位的施工现场,对工程有关部位进行监督检查。

(4)审核确认工程质量评定项目划分结果,对建筑物外观质量评定标准进行核备。

(5)对参建单位执行技术规程、规范和质量标准,特别是强制性标准的执行情况进行监督检查,对违反技术规程、规范和质量标准或设计文件的施工单位,应及时通知项目法人、监理单位采取纠正措施;问题严重时,可向上级主管部门提出整顿的建议。

（6）对检查中发现的使用未经检验或检验不合格的原材料、中间产品、机电产品、金结制品、机械设备等情况,应及时通知项目法人,责成采取措施纠正。

（7）提请有关部门奖励先进质量管理单位及个人,同时提请有关部门或司法机关追究造成重大质量事故的单位和个人的行政、经济、刑事责任。

（8）检查施工单位和项目法人、监理单位对工程质量检验和质量评定情况,到位监督大型枢纽工程中主要分部、单位工程、合同完工等法人验收,参与阶段验收、技术预验收、竣工验收,并提交工程质量监督报告或工质量评价意见。

（9）参与工程质量事故的调查、分析与处理。

（10）从事工程质量监督的工作人员执法不严,违法不究或者玩忽职守、滥用职权、徇私舞弊、贪污受贿,由其所在单位或上级主管部门给予行政处分;构成犯罪的,由司法部门依法追究刑事责任。

13.3.2 质量监督检查计划

工程项目质量监督站(组),对本项目的实施质量监督的计划如表 13-2 所示。

表 13-2 水利工程建设质量监督工作计划表

序号	监督项目	监督方式	时间	人员	要求
1	参建单位资质核验	发通知、核验	开工初期	项目站(组)	实际资质与合同一致
2	参建单位质量体系检查	监察机构、人员、设备、制度	建设期	项目站(组)	健全、完善
3	规程、规范、强制性条文执行情况	巡回检查	建设期	项目站(组)	严格执行
4	项目法人质量管理情况	巡回检查	建设期	项目站(组)	及时、到位
5	监理质量控制情况	定期与不定期抽查	建设期	项目站(组)	及时、到位
6	施工单位质量保证	定期与不定期	建设期	项目站(组)	落实到位,真实有效
7	原材料、中间产品、机电设备等抽查	检查施工、检测单位试验记录,必要时抽查	建设期	项目站(组)	不合格不准使用
8	分部、单位工程质量等级	分部备案、单位核定	建设期	专监员	按规范、规程执行
9	外观质量评定	核定单位工程质量等级标准确认、质量备案	建设期	专监员	按规范、规程执行
10	参加隐蔽工程、关键部位中检验收	核查验收资料,必要时到场监督	建设期	专监员	按规范、规程执行
11	列席监督法人验收	必要时列席参加会议,进行质量评定监督	建设期	专监员	按规范、规程执行
12	质量事故缺陷分析与处理	查原因、防止再现	建设期	负责人,专监员	按事故处理规定执行
13	参加与质量相关的各种会议	全面了解工程建设情况	建设期	专监员	提高参建单位质量意识

续表

序号	监督项目	监督方式	时间	人员	要求
14	参加项目安全鉴定	听取各参建单位汇报、参与讨论	建设期	负责人，专监员	了解质量状况，杜绝安全隐患
15	参加阶段验收、竣工技术	提交工程质量监督报告或质量评价意见	建设期	负责人，专监员	对项目质量合理评价
16	质量信息	编写质量简报	建设期	专监员	及时、真实反映工程质量情况

13.3.3 质量监督检查情况

工程项目质量监督站（组）在建设过程中按照质量监督检查计划，对实际建设情况展开了严格详细的监督检查工作，为拉西瓦灌溉工程质量提供了重要的保障。本小节以2017年5月26日的监督检查工作为例，陈述质量监督检查工作中质监站提出的问题与参建单位的整改情况。

（1）现有问题

2017年5月26日，质量监督站人员对隧洞、渡槽等工程建设情况进行检查，查阅了参建各方相关资料，下发了《青水质检2017（22）号检查台账》，指出拉西瓦灌溉工程存在的主要问题有以下几点：

①设计单位

未提供设计工作日志；部分技施图纸提供的细部结构设计不详实。

②监理单位

对施工单位报送的单元工程施工质量评定资料未能严格审核；未制定旁站监理计划，无正规的总监巡视记录；无本工程《工程建设标准强制性条文》（水利工程部分）执行情况检查记录及运用条款梳理记录。

③施工单位

单元工程评定表填写不规范，原始检测记录不详细；细骨料试验报告中未检测坚固性指标；无本工程《工程建设标准强制性条文》（水利工程部分）执行情况记录；中国电建建筑集团有限公司未按照投标文件安排到位项目经理。

④检测单位

无喷大板法取样的喷混凝土强度检测报告，细骨料试验报告中未检测坚固性指标。

（2）整改工作

针对上述问题，拉西瓦灌溉工程建设管理局组织各参建单位召开专题会议进行通报，并将整改通知文件下发各单位进行整改，要求各单位对存在问题高度重视，严格对照进行全面自查，举一反三、全面落实，明确各单位具体整改措施、责任人及整改期限，对各单位整改情况，建管局组织人员进行复查。整改情况具体如下：

①设计单位

设计单位按要求补充完善设计日志，技术办督促其落实变更设计文件。

②监理单位

建管局与全体监理人员进行谈话,对不称职的监理人员进行批评教育,甘肃引大建设监理有限责任公司内部进行了学习培训,并对工作纪律等进行了整顿。两个监理部对各标段单元工程评定资料进行全面复查,对填写错误、不规范等部位进行修改完善,将监理旁站计划修改完善,把巡视记录装订成册,按照《工程建设标准强制性条文》全面检查梳理,并且进行相应记录。

③施工单位

工程共12个标段对所有内业资料进行了全面自查,各标段将各种工序验收评定表报监理进行审批,报验合格后进行下道工序施工。部分测量、检测等原始检测记录不详尽的予以整改,检测报告已全部补充完。各标段对《工程建设标准强制性条文》全面进行学习检查,并进行记录。七标段中国电力建设集团有限公司未按投标文件到位持证项目经理事宜,已与中电建集团有限公司发函接洽。

④检测单位

重新进行检测,完善喷混凝土强度检测报告、细骨料试验报告。

13.4　质量检验评定

13.4.1　质量检验评定办法

质量验收评定,是对工程实体的质量情况进行全面检验、主观评估并得出相应结论的过程。

拉西瓦灌溉工程依据《水利水电工程施工质量检验与评定规程》(SL 176—2021)、《水利水电工程单元工程等级评定标准》、设计文件及施工图纸等文件,并结合贵德拉西瓦灌溉工程实际情况,按照单位工程、分部工程、单元工程三级进行评定。质量评定依次从单元到分部、从分部到单位、最后到工程项目,逐级评定、逐级验收。

(1) 单元工程质量检验评定

单元工程质量检验评定由施工单位质检部门按照《拉西瓦灌溉工程质量检验评定标准》进行评定,监理工程师根据现场检查验收情况核定其质量等级。监理单位应对单元工程质量评定情况进行不定期核查认证,并于每月月底前将评定情况统计后报送建管局质安办。

重要隐蔽和工程关键部位单元工程,由施工单位质检部门填写质量评定表,由现场项目部、监理、设代、施工四方人员组成的验收小组验收时,进行联合检查评审,共同核定其质量等级。

(2) 分部工程质量检验评定

分部工程质量评定先由施工单位进行自评,在分部工程验收时由建管局质安办、技术办、现场项目部、设计、监理、施工、主要设备制造(供应)商等单位代表组成的验收小组现场检查核定其质量等级,建管局质安办签署验评结论。

(3) 单位工程质量检验评定

单位工程质量等级由质安办组织设计、监理、施工单位共同评定,报质量监督部门审核,由建管局组织相关部门成立的单位工程验收委员会审定。

13.4.2　质量检验评定结果

贵德县拉西瓦灌溉工程干渠按标段划分为 14 个施工合同段,根据每一标段建筑物类型划分为 4 至 5 个单位工程,共计划分为 35 个单位工程,204 个分部工程,15 976 个单元工程。根据表 13-3《拉西瓦灌溉工程验收评定统计表》,评定等级为优良的单位 14 个,优良分部工程 102 个,优良单元工程 10 654 个。

表 13-3　拉西瓦灌溉工程验收评定统计表

标段名称	单位工程/个	优良单位工程/个	分部工程/个	优良分部工程/个	单元工程/个	优良单元工程/个
建前一标	1	0	34	0	1 314	386
建前二标	1	0	9	5	328	221
建前二期一标	1	0	9	5	536	384
建前二期二标	1	0	16	6	1 434	800
主体一标	4	5	17	15	792	644
主体二标	5	1	23	7	1 252	600
主体三标	3	1	14	8	861	566
主体四标	4	2	15	10	1 736	1 335
主体五标	3	1	13	9	806	568
主体六标	6	2	24	17	1 946	1 496
主体七标	3	1	14	9	1 207	796
主体八标	1	0	6	3	1 207	905
主体九标	1	1	5	5	1 162	906
主体十标	1	0	5	3	1 395	1 047
合计	35	14	204	102	15 976	10 654

在贵德县拉西瓦灌溉工程的建设过程中,拉西瓦灌溉工程建设管理局始终致力于建立健全质量管理体系,全面履行质量管理责任;完善制度建设,重视过程控制;创新管理思路,提升工程建设管理水平,取得拉西瓦灌溉工程中单元工程的优良率达到 66.69% 的成绩,充分说明拉西瓦灌溉工程的质量管理工作取得了显著的成效。

13.5　质量管理实例

13.5.1　混凝土质量管理制度

本工程除严格执行国家、部门和地方有关工程施工质量管理规章制度外,尚制定、执行以下质量保证规章制度:

(1)岗前培训和持证上岗制。开工前结合工程实际进行上岗前质量教育和技能培训,强化质量意识、提高劳动技能,特殊工种人员经过培训、考核持证上岗。

(2)完善岗位责任制。落实岗位质量责任,实行谁管理、谁负质量责任,谁施工、谁负质量责任,使全体施工人员牢固树立"质量第一"的思想。

(3)质量奖惩责任制。实行施工质量及产品质量与工资利润分配挂钩,重奖重罚,逐月兑现,并建立质量奖惩基金。

13.5.2　混凝土质量保证措施

(1)钢筋超前绑扎时,钢筋应与围岩锚杆头牢固连接,防止变形、错位,在钢筋绑扎前应测量准确,以免影响钢模车就位。

(2)钢模车就位时,要严格进行测量控制,保证车准确就位。

(3)做好原材料检验关,水泥、骨料及外加剂要经检验合格后方能使用;施工时严格按配比进行配料,各种材料和生产过程中的计量、搅拌、运输、浇筑、养护等环节,严格按规范操作,确保混凝土质量。

(4)混凝土浇筑前,模板应涂刷脱模剂,确保混凝土脱模后表面平整光滑。

(5)混凝土抗压强度、抗渗标号必须满足设计要求。

(6)保证混凝土强度措施:根据招标文件要求及有关规定,通过试验确定施工配合比以及水灰比和外加剂的用量。加强混凝土强度的质量检测,根据检测数据,及时调整影响混凝土强度的本质因素,在保证质量和坍落度的前提下,掺加减水剂,降低水灰比,提高混凝土抗压强度。

(7)保证混凝土抗渗措施:使用优质硅酸盐水泥,选择使用优质混凝土骨料,在满足混凝土和易性前提下,尽可能降低水灰比。在混凝土运输、浇筑、振捣施工中防止混凝土离析,以得到抗渗良好的质量均匀的优质混凝土、并在合适的温度、湿度条件下养护。

(8)在混凝土浇筑过程中,按照有关规范规定和监理工程师的指示,在出机口和浇筑现场进行混凝土取样试验,并向监理工程师提交以下资料:

①选用材料及其产品质量证明书;

②试件的配料、拌和试件的外形尺寸;

③试件的制作和养护说明;

④试验成果及其说明;

⑤不同水胶比与不同龄期的混凝土强度曲线及数据;

⑥不同掺和料掺量与强度关系曲线及数据;

⑦各种龄期混凝土的容重、抗压强度、抗拉强度、极限拉伸值、弹性模量、泊松比、坍落度和初凝、终凝时间等试验资料。

13.5.3　混凝土质量检查措施

(1)试验室检测试验

检测试验工作是保证质量不可缺少的重要手段,产品质量的优劣通过试验检测确定。试验室主要工作范围为:

①对工程中使用的水泥、钢筋、钢材、等所有原材料,在使用前,及时按照本合同技术条款以及相应的规程规定进行取样检验,经检验合格方可使用。

②测定砂、骨料的含水率,进行混凝土、砂浆的配合比设计。

③本工程涉及的其他项目的质量检测。

（2）检测和测量设备维护及检测

①质量监察部负责检查检测设备的检测能力、精确度及校准状态是否满足规定要求,并负责将检测设备定时送交有关检定单位进行检定,保存检测设备清单及检测设备的检定合格证书。

②本工程使用的测量设备,应放置于干燥通风、光线充足、温度、湿度符合要求的房间内。所有操作人员在使用设备前,必须经过专门培训、考核、持证上岗,确保操作人员了解并掌握设备的基本性能和使用方法。

③测量过程中如发现仪器偏离校准状态,立即停止使用,并对测量设备进行评定,同时需对已测量工程部位或项目进行重新测量,并以新的测量结果为准,且作好记录。

④工作完后,按保养和维护细则对检测设备进行认真的保养和维护,使其随时处于完好状态。质量保证部负责对检测设备的维护保养进行检查、督促,并做好记录。

13.5.4 混凝土质量改进措施

项目部对隧洞混凝土衬砌完成后,对隧洞混凝土质量进行检查,混凝土缺陷检查主要包括缺陷部位、类型、程度和规模,为缺陷分类、修补处理提供基本资料。

13.5.4.1 缺陷分类

（1）隧洞混凝土衬砌主要出现的质量缺陷

①Ⅰ类质量缺陷:

定义:未达到设计或合同技术要求,但对结构安全、运行无影响,仅对外观有较小影响的混凝土结构质量缺陷。

处理程序:将检查结果（详细记录、绘制缺陷位置图、影像资料）及拟采用的处理方案报送监理批准后,进行处理。

验收:由监理单位会同施工单位对处理结果进行检查验收。

②Ⅱ类外观质量缺陷:

定义:未达到设计或合同技术要求,对结构安全、运行、外观有一定影响,经常规处理后,不影响结构正常使用和寿命的混凝土结构质量缺陷。

处理程序:将检查结果（详细记录、绘制缺陷位置图、影像资料）及原因分析和拟采用处理方案报送监理单位,修补前经建设、监理、设计、施工四方联合检查验收,处理修补方案经监理批准后实施修补。

验收:由监理单位组织建设、设计、施工单位,对处理结果进行检查及验收。处理及验收结果上报建设单位备案。

③Ⅲ类质量缺陷:

定义:对结构安全、运行、外观有影响,需进行加固、补强等特殊处理,处理后,不影响结构正常使用和寿命的混凝土结构质量缺陷。

缺陷处理和验收程序与Ⅱ类相同,必要时,需委托有资质的设计单位,对有缺陷结构和处理后结构的安全性进行复核。

13.5.4.2 混凝土质量缺陷分类及产生原因

（1）混凝土的麻面

麻面是结构构件表面上呈现无数的小凹点,而无钢筋暴露的现象。它是由于模板表面粗糙、未清理干净、润湿不足、漏浆、振捣不实、气泡未排出以及养护不好所致。

（2）混凝土的露筋

露筋即钢筋没有被混凝土包裹而外露。主要是由于未放垫块或垫块位移、钢筋位移、结构断面较小、钢筋过密等使钢筋紧贴模板,以致混凝土保护层厚度不够所造成的。有时也因缺边、掉角而露筋。

（3）混凝土的蜂窝

蜂窝是混凝土表面无水泥砂浆,露出石子的深度大于 5 mm 但小于保护层的蜂窝状缺陷。它主要是由配合比不准确、浆少石子多,或搅拌不匀、浇筑方法不当、振捣不合理,造成砂浆与石子分离、模板严重漏浆等原因产生。

（4）混凝土的孔洞

孔洞指混凝土结构内存在的孔隙,局部或全部无混凝土。它是由于骨料粒径过大、或钢筋配置过密造成混凝土下料过程中被钢筋挡住,或混凝土流动性差,或混凝土分层离析,振捣不实,混凝土受冻,混入泥块杂物等所致。

（5）混凝土的缝隙及夹层

缝隙及夹层是施工缝处有缝隙或夹有杂物。产生原因是施工缝处理不当以及混凝土中含有垃圾杂物所致。

（6）混凝土的缺棱、掉角

缺棱、掉角是指梁、柱、板、墙以及洞口的直角边上的混凝土局部残损掉落。产生的主要原因是混凝土浇筑前模板未充分润湿,棱角处混凝土中水分被模板吸去,水化不充分使强度降低,以及拆模时棱角损坏或拆模过早,拆模后保护不到位也会造成棱角损坏。

（7）混凝土的裂缝

裂缝有温度裂缝、干缩裂缝和外力引起的裂缝。原因主要是温差过大、养护不良、水分蒸发过快以及结构和构件下地基产生不均匀沉陷,模板、支撑没有固定牢固,拆模时受到剧烈振动等。

（8）混凝土的挂帘

挂帘是指新老混凝土接合处沿缝面黏附于老混凝土表面的水泥砂浆。原因主要是上下层模板结合不紧密,有缝隙。

（9）混凝土的错台

错台是指混凝土分缝处上下层错开一定的距离,形成台阶。原因主要是上下层模板结合不紧密,有较大间隙;混凝土浇筑过程中发生跑模现象。

对出现质量缺陷不影响隧洞整体质量及运行安全的前提下我项目采用丙乳砂浆进

行处理,丙乳砂浆配合比在缺陷处理前委托第三方质量检测公司进行试验并出具配合比,经监理工程师审核同意后方可使用。

13.5.4.3 缺陷处理措施

（1）麻面的处理措施

先将麻面处凿除到密实处,用清水清理干净,再用喷壶向混凝土表面喷水直至吸水饱和,按照配合比将配置好的丙乳砂浆均匀涂抹在表面,此过程应反复进行,直至有缺陷的地方全部被丙乳砂浆覆盖。待 24 h 凝固后用镘刀将凸出于衬砌面的水泥灰清除,然后按照涂抹水泥灰方法进行细部的修复,保证混凝土表面平顺、密实。

（2）蜂窝的处理措施

①对于小蜂窝:用镘刀将调好的丙乳砂浆压入蜂窝面,同时刮掉多余的砂浆;注意养护,待修补的丙乳砂浆达到一定强度后,使用角磨机打磨一遍;对于要求较高的地方可用砂纸进行打磨。

②对于大一点的蜂窝:先凿去蜂窝处薄弱松散的混凝土和突出的颗粒,用钢丝刷洗刷干净后支模,再用丙乳砂浆填充抹压,并认真养护。对较深的蜂窝,影响质量而又难于清除时,可埋压浆管、排气管,表面抹丙乳砂浆把蜂窝的石子包裹起来,填满缝隙结成整体。

③露筋的处理措施

避免表面露筋的有效措施是使用具有高度责任感的操作工人,提高操作人员的质量意识,加强监控力度,保证钢筋布位准确、绑扎牢靠,保护层垫块安置稳固,在混凝土振捣中操作细致。如果出现表面露筋,首先应分析露筋的原因和严重程度,再考虑修补所需要达到的目的,修补后不得影响混凝土结构的强度和正常使用。

露筋的修补一般都是先用锯切槽,划定需要处理的范围,形成整齐而规则的边缘,再用冲击工具对处理范围内的疏松混凝土进行清除。

A. 对表面露筋,刷洗干净后,用 1∶2 或 1∶2.5 丙乳砂浆将露筋部位抹压平整,并认真养护。

B. 如露筋较深,应将薄弱混凝土和突出的颗粒凿去,洗刷干净后,用比原来高一强度等级的丙乳砂浆填塞压实,并认真养护。

④孔洞的处理措施

孔洞修补办法:

A. 先将孔洞凿去松散部分,使其形成规则形状;

B. 用钢丝刷将破损处的尘土、碎屑清除;

C. 用压缩空气吹干净修补面;

D. 用水冲洗修补面,使修补面周边混凝土充分湿润;

E. 填上所选择的丙乳砂浆材料,振捣、压实、抹平。

F. 按所用材料的要求进行养护。

⑤混凝土表面裂缝

混凝土表面的裂缝大都是因为收缩而产生的,主要有两大类,一类是刚刚浇筑完成的混凝土表面水分蒸发变干而引起,另一类是因为混凝土硬化时水化热使混凝土产生内外温差而引起。

刚刚浇筑完成的混凝土,往往因为外界气温较高,空气中相对湿度较小,表面蒸发变干,而其内部仍是塑性体,因塑性收缩产生裂缝。这类裂缝通常不连续,且很少发展到边缘,一般呈对角斜线状,长度不超过 30 cm,但较严重时,裂缝之间也会相互贯通。对这类裂缝最有效的预防措施是在混凝土浇筑时保护好混凝土浇筑面,避免风吹日晒,混凝土浇筑完毕后要立即将表面加以覆盖,并及时洒水。另外,在混凝土中掺加适量的引气剂也有助于减少收缩裂缝。

对于较深层的混凝土,在上层混凝土浇筑的过程中,会在自重作用下不断沉降。当混凝土开始初凝但未终凝前,如果遇到钢筋或者模板的连接螺栓等东西时,这种沉降受到阻挠会立即产生裂缝。特别是当模板表面不平整,或脱模剂涂刷不均匀时,模板的摩擦力阻止这种沉降,会在混凝土的垂直表面产生裂缝。在混凝土初凝前进行第二次振捣是避免出现这种缺陷的最好方法。

混凝土在硬化过程中,会释放大量的水化热,使混凝土内部温度不断上升,在混凝土表面与内部之间形成温度差。表层混凝土收缩时受到阻碍,混凝土将受拉,一旦超过混凝土的应变能力,将产生裂缝。为了尽可能减少收缩约束以使混凝土能有足够强度抵抗所引起的应力,就必须有效控制混凝土内部升温速率。在混凝土中掺加适量的矿粉煤灰,能使水化热释放速度减缓,控制原材料的温度。

值得特别一提的是不同品牌水泥的混用也会使混凝土产生裂缝。不同品牌的水泥,其细度、强度、初终凝时间、安定性、化学成分等不尽相同,且还存在相容性问题。在混凝土施工时,应该严禁不同品牌、不同标号的水泥混在一起使用。

碱骨料反应也会使混凝土产生开裂。由于硅酸盐水泥中含有碱性金属成分(钠和钾),因此,混凝土内孔隙的液体中氢氧根离子的含量较高,这种高碱溶液能和某些骨料中的活性二氧化硅发生反应,生成碱硅胶,碱硅胶吸水水分膨胀后产生的膨胀力使混凝土开裂。

对于浅层裂缝的修补,通常是涂刷丙乳砂浆封堵,以防止水分侵入;对于较深或较宽的裂缝,凿除周围的松散的混凝土,并处理至规则形状,在采用丙乳砂浆进行填充、抹面至施工规范要求。

⑥混凝土表面颜色不均匀处理措施

所浇筑混凝土拆模后表面颜色不均匀,可以通过人工抹面使其颜色变得均匀。

13.6 质量管理总结

拉西瓦灌溉工程项目认真贯彻落实"百年大计、质量第一"的方针,按照州政府下达的责任目标,不断完善项目法人管理机制,改善监督管理模式,强化工程质量意识,合力推进项目建设,保证各项工作取得了显著成效。

(1)建立健全质量管控体系

为加强和规范拉西瓦灌溉工程建设质量管理,建管局建立了由项目法人负责、监理单位控制、施工单位保证和政府监督相结合的质量管理体系。从源头抓起,认真组织招投标,在招标文件中明确质量要求和责任,将单位资质、质量保证体系以及以往工程质量信誉作为重要内容进行评审,并在合同文件中明确图纸、资料、工程、材料、设备等的质量标准。建管局内部实行全面质量管理制度,明确各部室质量责任。

（2）完善制度建设,重在过程控制

建管局不断完善管理制度,从组织、物资、技术等方面建立完善相关管理制度。施工过程中结合管理制度,每季度对各单位进行一次全面检查考评,每半年进行质量、安全、进度考核奖罚,做到奖罚分明。

（3）健全质量保证措施

为最大限度地保障工程建设质量,拉西瓦灌溉工程从管理、技术、施工等角度,设置了多项质量保证措施。本节提供了明（暗）渠、渡槽、隧洞、倒虹吸四项主要的单项工程中部分具有代表性的质量保证措施方案。

（4）全面履行质量监管责任。

建管局制定全面的质量监督计划和质量检验评定方法。现场项目部按质量监督计划进行监督检查,并做好统计汇报工作;建管局质安办、技术办定期开展有针对性的质量检查活动,不定期地开展专项检查、检测活动,建立工程质量台账,掌握质量动态和发展趋势,汇总上报总工及领导层,以便采取有效的措施,解决质量中存在的问题,提高工程质量。同时定期组织各参建相关技术人员进行教育学习,学习规程、规范、新技术、新标准,并编制完成《拉西瓦灌溉工程施工质量验收评定表及填表说明》,进一步规范了单元工程施工质量验收评定工作。

拉西瓦灌溉工程是国家"十二五"支持藏区经济发展建设的重点项目,也是省委、省政府确定的"四区两带一线"总体发展布局黄河沿岸经济发展带中的重点水利建设项目之一,在工程建设中建管局圆满完成了历年建设任务,先后荣获水利部"全国水利安全监督先进集体"、青海省"水利系统先进单位"、海南州"全州水利工作先进集体"等荣誉称号,在青海藏区水利建设史上书写了精彩的篇章。

第十四章　拉西瓦灌溉工程安全管理

安全施工是拉西瓦灌溉工程建设有序开展的必要保证,因此安全管理体系是拉西瓦灌溉工程管理工作的重点内容。安全管理体系的有效运行,要求各个参建方各司其职、相互配合,在工程建设的各个环节做好安全保证措施,同时强化安全检查与考核,才能确保拉西瓦灌溉工程平稳有序展开。

14.1　安全管理体制

14.1.1　安全管理职责

在拉西瓦灌溉工程中,为了最大限度地保障工程建设安全进行,拉西瓦灌溉工程建设管理局承担着下列安全管理职责:

(1)拉西瓦灌溉工程建设管理局负责组织、协调、监督、支持各参建单位的安全生产工作,监督其他各参建单位对有关安全生产法律、法规的遵守情况和安全工作计划与措施的制定及执行情况。

(2)督促其余各参建单位制定工程可能发生重大事故的应急救援方案,协助有关部门对承包单位发生的重大人身伤亡事故和重大机械设备事故进行调查处理。

(3)制定拉西瓦灌溉工程建设管理局安全生产管理办法和工作计划,落实管理局安全生产责任制,丰富安全保证措施。

(4)掌握工程建设安全生产动态,建立安全生产档案,定期研究解决安全生产中的问题,对安全生产情况进行分析和总结,推广安全生产先进经验,对施工过程中出现的施工安全干扰和矛盾进行协调。

(5)落实拉西瓦灌溉工程建设管理局安全生产管理的相关费用,审查施工单位的安全生产措施计划并督促执行,组织拉西瓦灌溉工程建设管理局安全生产宣传、教育和培训工作。

(6)不得对勘察、设计、施工、工程监理等单位提出不符合建设工程安全生产法律、法规和强制性标准规定的要求,不得随意压缩合同约定的工期,不得明示或者暗示施工单位购买、租赁、使用不符合安全施工要求的安全防护用具、机械设备、施工机具及配件、消防设施和器材。

(7)编制工程标底时计入建设工程安全作业环境及安全施工措施所需费用,在合同条款中要明确安全生产相关费用已包列在合同单价中。

（8）在申请领取施工许可证时提供建设工程有关安全施工措施的资料，自开工报告批准之日起 15 日内，将保证安全施工的措施报送建设工程所在地的政府建设行政主管部门或者其他有关部门备案。

（9）组织或会同有关部门进行定期或不定期的安全生产大检查、评比，对施工中的重大安全隐患提出整改意见，并进行监督整改。

14.1.2 安全管理制度

（1）安全生产责任制

拉西瓦灌溉工程建立安全生产责任制，落实各级管理人员和操作人员的安全职责，做到"纵向到底，横向到边"，各自做好本岗位的安全工作。其中，项目经理对所领导施工项目的安全生产负有全面责任，在安全生产工作中具有领导决策权，是安全生产的第一责任人；项目副经理直接对安全生产负责，督促、安排各项安全工作，是安全生产的直接责任人；其他各类管理人员必须在自己的职责范围内，对实现安全生产负责；操作工人等自觉遵守各项安全管理规章制度，杜绝进行违章作业。

（2）安全生产三级管理制度

项目现场实行安全生产三级管理，即：一级管理由项目经理负责，二级管理由专职安全员负责，三级管理由班组长负责，并且于作业点设安全监督岗。

项目经理负责贯彻、落实国家的安全生产方针、政策、法规和各项规章制度，严格落实施工组织设计中的安全技术措施，定期组织安全生产检查，建立健全安全管理体系；安全员积极贯彻各项安全规章制度，监督检查安全生产开展情况，协助项目经理组织安全活动，时刻掌控安全动态；班组长严格执行各项安全规定，认真开展安全交底，积极组织班组安全活动。

（3）安全教育培训制度

在拉西瓦灌溉工程中，所有参建工作人员都经常接受安全培训教育，坚持每周不少于 2 h 的安全学习，其中安全技术员定期上安全技术课，以强化安全意识，掌握相关技能。特殊工种工人，必须经考试合格，获得安全合格证后方可上岗操作。新工人贯彻队、班组各级安全教育，以师带徒，边教边学。

（4）安全管理文件控制制度

在工程施工过程中，必须对执行和验证安全管理体系所需的各种文件的制定、发布和管理进行控制，做到一切安全保证活动均有记录，并由项目部安全管理部门监督实施，各施工单位制定的安全管理文件由施工单位备案实施。班组安全活动记录由各班组每月上报施工单位，并且由施工单位对班组安全活动记录进行检查。

（5）现场消防保卫制度

拉西瓦灌溉工程重视消防责任的逐级落实，各参建单位与当地治安消防部门建立密切联系，认真开展现场消防保卫工作。施工现场及生活区临设搭建符合消防要求，水源配置合理，不得乱拉线、乱用电热器具，同时建立门卫和巡逻护场制度，门卫佩带执勤标志,人员出入现场凭证,外部人员不得随意出入,并且加强对施工队伍的日常管理,掌握人员底数,制定治安消防协议。对职工经常进行治安、防火教育,培训消防人员,设置现场消防通道,消防器材按有关规定配备齐全,在易燃物口处要有专门消防措施。

(6)安全技术交底制度

在拉西瓦灌溉工程中,对于分部、分项工程,根据施工组织设计中的安全技术措施,进行全面、有针对性的安全技术交底。安全技术交底中,参与人员履行签字手续,保存资料。

(7)机械安全管理及安装验收制度

使用的施工机械、机具和电气设备,在安装前,严格按照规定的安全技术标准进行检测,经检测合格后安装;并在投入使用前,按规定进行验收,办好验收登记手续。所有机械操作人员都必须经过培训合格后,持证上岗。

(8)安全用电制度

开工前,单独编制临时用电施工组织设计,健全安全用电管理制度和安全技术档案。确保临时用电有安全技术交底及验收表、有变更记录,并认真落实以下三类技术措施:防止误触带电体措施,防止漏电措施和实行安全电压措施。

(9)专项安全技术措施制度

针对工程特点、施工现场环境、施工方法、劳动组织、作业方法、使用的机械、动力设备、变配电设施、架设工具及各项安全防护设施等,项目部编制附有专项安全技术措施的施工方案,经建设单位、监理单位等联合会审并同意后实施。

14.2 安全保证措施

拉西瓦灌溉工程采取了全面的安全保证措施,妥善保护参建人员的人身安全。本节选择明(暗)渠、渡槽、隧洞、倒虹吸等四项单项工程中部分具有代表性的安全保证措施予以介绍。

14.2.1 明(暗)渠工程安全保证措施

(1)渠道开挖安全保证措施

开挖施工前,根据设计文件复查地下构造物(电缆、管道等)的埋设位置和走向,并采取防护或避让措施。施工中如发现危险物品及其他可疑物品时,立即停止开挖,报请有关部门处理。

进入施工现场人员必须正确戴好合格的安全帽,系好下颚带,锁好戴扣。作业时必须按规定正确使用个人防护用品,着装要整齐,严禁赤脚和穿拖鞋、高跟鞋进入施工现场,在没有可靠安全防护设施的高处(距离坠落高度基准面2m以上,含2m)和陡坡施工时,必须系好合格的安全带,安全带要系挂牢固,高挂低用,同时高处作业不得穿硬底和带钉易滑的鞋,须穿防滑胶鞋。新进场的作业人员,必须首先参加入场安全教育培训,经考试合格后方可上岗,未经教育培训或考试不合格者,不得上岗作业。从事特种作业的人员,必须持证上岗,严禁无证操作,禁止操作与自己无关的机械设备。

开挖过程中充分重视地质条件的变化,遇到不良地质构造和存在事故隐患的部位及时采取防范措施,设置必要的安全围栏和警示标志,并采取有效的截水、排水措施,防止地表水和地下水影响开挖作业和施工安全。开挖程序遵循自上而下的原则,并采取有效的安全措施。施工现场禁止吸烟,禁止追逐打闹,禁止酒后作业。施工现场的各种安全防护设施、安全标志等,未经安全员批准严禁随意拆除和挪动。

(2) 混凝土施工安全措施

①模板

支、拆模板时避免上下在同一垂直面操作,若必须上下同时作业,在设置隔离措施后方可作业。对于较复杂结构模板的支立与拆除,事先制定切实可行的安全措施,并结合图纸进行施工。支模采用钢模板时,对拉螺栓将螺帽拧到足够长度丝扣内,对拉螺栓孔要相对平直。穿插螺栓时,不准斜拉硬顶。钢模板周边也保持平直,在找正时禁止用铁锤,钢筋等物猛力敲打或用撬棍硬撬。

对于使用各种类型的大模板,放置时下面不准压有电线,若放置时间较长,用拉杆连接牢固。大模板存放时,须将地角螺栓带上,使模板自稳成 $70°\sim80°$ 角,下部用通长木方垫稳。未加支撑的大模板,不准竖靠在其他模板构件上,必须采取平放方式。

②钢筋运输绑扎及焊接

从低处向高处传送钢筋时,每次只准传送一根钢筋,并且钢筋传送时下方不准站人;施工现场的行车道口不准堆放钢筋;在脚手架或平台上存放钢筋时,不准堆放过多。绑扎钢筋前,必须仔细检查作业面上有无照明、动力用线和电气设备,如发现,通知电工来处理,以防止电线漏电造成触电事故。

焊接人员在操作时,必须按规定穿戴防护用品,焊接时禁止将电缆线搭在身上,必须站在所焊物件两侧,防止火花飞溅伤人。焊接前必须做好防火准备工作,清理周围易燃物,必要时要进行遮挡。所用的焊机必须是一机一个开关,禁止一个开关压多条线。配合焊工作业人员,必须戴防护镜和防护手套。施焊时不准用手直接接触钢筋。

③混凝土运输浇筑

用混凝土罐车运送混凝土时,驾驶员必须严格遵守交通规则和现场运输各项规定,听从现场指挥人员的指挥。运送混凝土时,通往作业现场的道路必须平整、无积水,道路要经常维护和清理。

混凝土仓内支撑、拉筋预埋件等不准随意拆割,如需移动时,要经施工负责人同意后方可移动。平台上所留下料孔不用时加封盖,出入口四周设护栏。平仓振捣过程中,要经常观察模板、支撑、拉筋是否有变形现象,如发现变形严重有倒塌危险时,立即停止作业,并及时报告领导。使用大型振捣器和平仓时,禁止触及和碰撞模板、拉筋、预埋件,同时禁止运行中的振捣器放在模板上口使用。

14.2.2　渡槽工程安全保证措施

(1) 脚手架搭设安全保证措施

脚手架搭设人员必须是经国家现行标准《特种作业人员安全技术培训考核管理规定》考核合格的专业架子工,上岗人员定期体检,体检合格后才发上岗证,在搭设脚手架时必须佩戴安全帽、系安全带、穿防滑鞋。由项目部技术负责人组织架子工长、安全员对使用架子的有关工种、班组长、工人骨干进行使用标准安全防护、日常检查维护的技术交底，保证所有脚手架搭设人员时刻注意遵守安全规则。

脚手架搭设过程中的安全保证措施如下：

①架子上的施工人数，堆放材料要求按设计要求控制，不得将结构施工荷载传递到架子上，不得将短小模板、钢筋、扣件放在架子上，不准在架子上另设悬挂物体，严禁向架子或架外抛掷物品。

②架子在主体施工时脚手板要扎牢，不准随意拆动，如需拆动必须经技术负责人批准，由架子工负责处理。

③架子及架子上操作人员，每天上下班前要检查架子的支撑锚固点是否牢固，发现问题立即处理或报技术负责人解决。架子施工荷载要均匀布置，不得集中一边，单向偏受力，并不得超过设计荷载。特别防止突然下落的物的冲击力，如需落在架子上，必须采取缓冲措施。

④钢管架设置避雷针，分置于四角立杆之上，并联通大横杆，形成避雷网络，并检测接地电阻不大于 30 Ω。

⑤外脚手架不得搭设在距离外电架空线路的安全距离内，并做好可靠的安全接地处理。定期检查脚手架，发现问题和隐患，在施工作业前及时维修加固，以达到坚固稳定，确保施工安全。外脚手架严禁钢竹、钢木混搭，禁止扣件、绳索、铁丝、竹篾、塑料篾混用。

⑥严禁脚手板存在探头板，铺设脚手板以及多层作业时，尽量使施工荷载内、外传递平衡。

⑦结构施工时不允许多层同时作业，各作业层之间设置可靠的防护栅栏，防止坠落物体伤人。

⑧结构外脚手架每支搭一层，支搭完毕后，经项目部安全员验收合格后方可使用。任何班组长和个人，未经同意不得任意拆除脚手架部件。

⑨脚手架立杆基础外侧挖排水沟，以防雨水浸泡基础。

（2）脚手架拆除安全保证措施

脚手架拆除过程中遵循以下安全保证措施：

①拆架前，全面检查拟拆脚手架，根据检查结果，拟订出作业计划，报请批准，进行技术交底后才准工作。作业计划一般包括：拆架的步骤和方法、安全措施、材料堆放地点、劳动组织安排等。

②拆架时划分作业区，周围设绳绑围栏或竖立警戒标志，地面设专人指挥，禁止非作业人员进入。拆架的高处作业人员戴安全帽、系安全带、扎裹腿、穿软底防滑鞋。

③拆架程序遵守由上而下，先搭后拆的原则，即先拆拉杆、脚手板、剪刀撑、斜撑，而后拆小横杆、大横杆、立杆等，并按一步一清原则依次进行，严禁上下同时进行拆架作业。

④拆立杆时，要先抱住立杆再拆开最后两个扣，拆除大横杆、斜撑、剪刀撑时，先拆中间扣件，然后托住中间，再解端头扣。随拆除进度逐层拆除，拆抛撑时，应用临时撑支住，然后才能拆除。

⑤拆除时要统一指挥,上下呼应,动作协调,当解开与另一人有关的结扣时,先通知对方,以防坠落。在拆架时,不得中途换人,如必须换人时,将拆除情况交代清楚后方可离开,严禁碰撞脚手架附近电源线,以防触电事故。

⑥拆下的材料要徐徐下运,严禁抛掷。运至地面的材料按指定地点随拆随运,分类堆放,当天拆当天清,拆下的扣件和铁丝要集中回收处理。输送至地面的杆件,及时按类堆放,整理保养。

⑦当天离岗时,及时加固尚未拆除部分,防止存留隐患造成复岗后的人为事故。

⑧如遇强风、雨、雪等特殊气候,不进行脚手架的拆除;严禁夜间拆除。

（3）高处作业安全措施

在坠落高度基准面 2 m 和 2 m 以上有可能坠落的高处进行作业,称为高处作业。高度在 2 m 至 5 m 时,称为一级高处作业;在 5 m 至 15 m 时,称为二级高处作业;在 15 m 至 30 m 时,称为三级高处作业;在 30 m 以上时,称为特级高处作业。

在施工现场,为了把高处坠落事故减少到最低限度,项目部将采取以下预防高处坠落的基本措施:

①对从事高处作业人员进行严格的身体检查,经医生诊断有妨碍登高作业疾病和不适宜高处作业的病症,一经发现一律不安排从事高处作业工作。

②加强对从事登高作业人员的教育和专业培训使其提高操作技能,增强安全意识,加强对高处作业现场的安全检查、督促,强令作业人员按规定配戴安全帽,系好安全带、穿软底鞋,临面必须设置安全网。

③高处作业面或附近有烟尘及其他有害气体,必须设置隔离措施,否则不得进行施工作业。

④在带电体附近进行高处作业时,距离带电体必须保持足够的安全距离。遇有特殊情况,必须采取可靠的安全措施。

⑤高处作业人员使用的工具、材料等,装在工具袋或工具箱内吊放,严禁使用抛掷方法传送。高处作业下方,设数人进行警戒,严禁其他人员通行或作业,以免掉物伤人。

⑥特级高处作业,与地面设联系信号或通信装置,并有专人负责。

⑦在电线杆上或 3 m 以下高度使用梯子登高作业时,佩戴脚扣,系紧合格的安全带,严禁用麻绳代替安全带登杆作业,保持地面监护与联络。

⑧遇有六级以上风力的天气,需进行作业时,必须有特别可靠的安全措施,否则,禁止从事高处作业。

14.2.3　隧洞工程安全保证措施

（1）隧道工程预制构件安全保证措施

在钢拱架制作和搬运过程中,钢拱架构件需绑扎牢固,防止发生整体构件或连接铁件碰撞伤人、车辆倾覆、构件坠落等事故。在架设钢架前,采用垫板等将钢拱架的基础面垫平。架设时,采用纵向联结杆件将相邻的钢拱联结牢固,防止钢拱架倾覆或扭转及变位等质量事故。

隧洞施工所用各种的机械设备和劳动保护用品经常接受检查并进行定期检验,保证它们处于良好状态。施工中,施工员对洞内围岩及地面位移变形情况进行观测,检查支护、顶板是否处于安全状态,出现异常情况立即停工处理。

(2)隧洞爆破安全保证措施

起爆前,必须同时发出音响和视觉信号,使危险区内的人员都能清楚地听到或看到。视线不清楚或收到的信号不明确,严禁爆破作业。起爆前5分钟,所有与爆破无关人员立即撤到危险区以外或指定的安全地点。由当班现场负责人向危险区边界派出警戒人员,警戒地点包括所有可能进入爆破威胁的路口。爆破警戒,必须设在危险区的边界外、设有醒目、清晰的标志并设专人看管。爆破的警戒标志,采用明哨、警示牌、警示灯、岗哨、路障、警报器等视觉及音响信号。

确认人员、设备全部撤离危险区,具备安全起爆条件时,方准发出起爆信号。该信号由指挥长或当班现场负责人(根据具体情况明确一个人指挥)发出,放炮员听到可靠信号方可起爆,否则严禁起爆。爆破作业必须由经过安全培训、取得考试合格爆破证的爆破员进行。

未发出解除警报信号前,岗哨坚守岗位,除指挥长或当班现场负责人(根据具体情况明确一个人指挥)批准的检查人员以外,不准任何人进入危险区。经检查确认安全后,方可由指挥长或当班现场负责人(根据具体情况明确指挥)发出解除警戒信号,撤回警戒人员。

装药前检查由专人负责,记录装入各药室的炸药品种和数量,并与设计数量核对无误后,再填卡、签字或盖章,交爆破负责人,检查炮眼间距、垂直度、是否堵塞等,爆破后检查有无危石,如有进行找顶处理。

炸药一律由民爆公司派人派车专送,领取炸药人员必须由取得爆破证的专人负责。当班未用完的火工材料必及时退库,领用炸药的人员必须分开。当两相对隧道施工至30 m时,将停止一方施工改成单向施工,每一次爆破将通知对方施工单位,确保安全之后方可放炮。施工中加强对洞内瓦斯、硫化氢、粉尘等有毒、有害气体的监测工作,发现超标时必须采取特殊措施以确保施工安全。施工中加强洞内顶板、水灾等灾害的预防及管理,严防顶板及透水等事故的发生。

(3)衬砌施工安全保证措施

钢筋作业拼装严格按拼装规程进行,做到连接牢固,支撑稳固;移动作业台架做好锁定程序,确保施工时台车溜车事故的发生。

在台车走行前移过程中,要有专人指挥、专人操作,遇障碍必须提前停止,防止冲撞,排除障碍后再走行,并且设专人掌握刹车器,另设专人指挥,防止台车溜放和冲撞。

此外,需确保堵头板安装质量和模板立模质量,并由专人负责遇险情立即通知停止灌注,并使人员撤离至安全地段。在灌注封顶时,注意封顶程序,确保安全和封顶密实。

14.2.4 倒虹吸工程安全保证措施

(1)钢管吊装安全保证措施

吊装地面平整、硬实,对回垫土进行压实处理,如地面耐压力不足,重新铺设碎石路面,以利吊车进出场。对于大型和特大型吊车,在其支腿部位铺垫厚钢板,以确保吊车在工作状态时仍保持水平状态。吊装站位后根据吊装条件将吊臂回转一周,以确认吊臂与配重不与附近物体相碰。绳扣、卡环与吊耳、耳板连接时,提前检查其配合尺寸,即卡环轴能否放入耳板孔内后,是否还有绳扣放置的空间,在吊装过程中卡环与吊耳的相对运动是否有障碍的地方。对吊装过程因吊装工艺需要,设备需临时支承或吊车需换钩等情况,吊车将引起受力的变化时,需要校核设备支承的强度,同时也要核对该支承点构筑物的强度。

吊装作业要设专人指挥,吊车服从统一指挥,协调作业。吊装使用的吊装带必须满足设备荷载,主线施工现场留有吊车行走的路线。如在吊装过程中出现边坡滑坡、塌陷等情况,立即停止吊装作业,将人员第一时间撤离现场,待滑坡、塌陷等情况停止后,视现场情况再进行处理。

凡参加吊装及施工人员必须坚守岗位,并根据指挥者的命令进行工作,必要时刻进行预演。哨音必须准确、响亮,旗语清楚,工作人员如对信号不明确时应立即询问,严禁凭估计、猜测进行操作。指挥者站在能看到吊装全过程并被所有施工人员全能看到的位置上,以利于直接指挥各个工作岗位,否则通过助手及时传递信号。

（2）土方明挖安全保证措施

基坑（槽）开挖中如遇地下水涌出,先排水、后开挖;开挖影响交通安全时,设置警示标志,严禁通行,并派专人进行交通疏导;在不良气象条件下,不进行边坡开挖作业。

开挖基坑（槽）时,根据土壤性质、含水量、土的抗剪强度、挖深等要素,设计安全边坡及马道。在土壤正常含水量下所挖掘的基坑（槽）,如系垂直边坡,其最大挖深,在松软土质中不超过 1.2 m、在密实土质中不超过 1.5 m,否则设固壁支撑。操作人员上下基坑（槽）时,不攀登固壁支撑,人员通行设通行斜道或搭设梯子。

人工挖土、配合机械吊运土方时,机械操作人员遵守《水利水电工程施工作业人员安全操作规程》（SL 401—2007）的规定,并配备有施工经验的人员统一指挥。采用大型机械挖土时,对机械停放地点、行走路线、运土方式、挖土分层、电源架设等进行实地勘察,并制定相应的安全措施。大型设备通过的道路、桥梁或工作地点的地面基础,须确保有足够的承载力,否则采取加固措施。在对铲斗内积存料物进行清除时,切断机械动力,清除作业时有专人监护,机械操作人员不离开操作岗位。

（3）预制构件张拉、运输、吊装安全措施

在预制构件张拉、运输、吊装的过程中,采取以下安全措施:

①机械操作人员严格做到持证上岗,严格按安全规程作业。对各种机械设备及施工安全设施进行定期检查,消除安全隐患。

②预制混凝土构件在预应力张拉时,非施工人员严禁进入现场,施工人员必须佩戴安全护具,防止钢绞线断裂弹出伤人。在运输时,构件要固定牢靠,以防倾倒。并由专业人员进行押车。

③吊装人员戴安全帽、系安全带等,在吊装工作开始前对设备、工具等进行仔细检查,吊装时由专人负责指挥。

④高空吊装构件时,在构件上系绑溜绳,以控制构件的悬空位置。在起吊构件时,吊索要保持垂直、操作平衡,尽量避免紧急制动。

⑤不准起重机超载吊装,吊运时,禁止人站在被吊重物下及在重物上指挥。

14.3　安全检查管理

安全检查是发现施工过程中不安全行为和不安全状态的重要途径,是消除事故隐患,落实整改措施,防止事故伤害,改善劳动条件的重要方法。工程建设过程中,各参建单位要高度重视安全检查工作,按照各自的安全职责对安全生产工作进行严格检查;上级行政主管部门工程建设情况进行不定期监督检查,也是安全检查管理的重要组成部分。

14.3.1　安全检查机构

施工单位、监理单位、建设单位是安全检查工作的实施机构,共同致力于实现安全检查的全面覆盖、责任到人。

（1）施工单位

施工单位要认真落实安全检查工作,作业班组实行每班班前、班中、班后三检制,施工现场安全管理中对"危险点、危害点、事故多发点"要采取挂牌管理,落实责任到人的要求,严格做到思想认识到位、管理组织到位、规章制度到位、安全措施到位、监督检查到位。对事故隐患做到及时检查、及时发现、及时汇报、及时整改。

（2）监理单位

监理单位要成立总监领导下的专职安全监理和兼职安全监理相结合的安全监理组织预案,全面实施安全监督检查。

（3）建设单位

拉西瓦灌溉工程建设管理局每半年质安办组与各现场项目部要组织定期安全检查和不定期安全检查。定期安全检查要以查思想认识、查规章制度、查管理落实、查事故隐患、查安全设施为主要内容开展全面安全检查;不定期安全检查是对容易发生安全问题的施工阶段、施工作业面和寒冷季节、炎热季节、汛期等不良气象时段,适时开展防坍塌、防高处坠落、防洪、防雷电、防煤气中毒等针对性的安全检查。

组织一次施工安全专项大检查或"安全生产月"活动,全面检查在建工程施工安全生产管理情况。检查活动事先确定检查的项目、标准、指标,并且做到定性与定量相结合,在评比记分后列入本单位考核内容。

14.3.2　安全检查内容

在拉西瓦灌溉工程中,安全检查的主要内容有:

（1）日常安全检查

日常安全检查是指各班组、岗位员工的交接班检查和班中巡回检查,以及项目部安全员的日常性检查。日常检查要加强对关键装置、要害部位、关键环节、重大危险源的检查和巡查。包括现场安全规程执行情况;安全措施执行情况;安全工器具是否合格;作业人员是否符合要求,有无违章、违规作业;检查现场安全情况,作业现场安全设施是否正确完备,作业环境是否符合有关规定要求。

（2）综合性安全检查

综合性安全检查是指以保障安全生产为目的,以安全生产目标、安全责任制、各项专业管理制度和安全生产管理制度落实情况为重点,各有关部门共同参与的按照特定周期（时间）组织开展的全面安全检查。主要查安全监督组织、安全思想、安全活动、安全规程、制度的执行等。

（3）专项安全检查

专项安全检查主要是压力容器、电气设备、安全装备、监测仪器、危险品、消防安全、高边坡施工、隧洞爆破作业、运输车辆等分别进行的专业检查,以及在装置开机、停机前,新装置竣工及试运转时期进行的专项安全检查。

（4）季节性安全检查

季节性安全检查是指根据各季节特点开展的安全检查。季节性安全检查有较强的针对性。根据不同的季节,由各级安全管理部门负责组织进行以防火、防爆、防雷击、防触电、防汛、防暑、防冻等为重点的安全检查。季节性检查根据实时天气的情况酌情进行调整安排。

（5）重大活动及节假日前安全检查

重大活动及节假日前安全检查是指在重大活动或节假日（元旦、五一、十一、中秋、春节等）前进行的有针对性的安全检查。它主要对生产性装置是否存在异常状况和隐患、备用设备状态、备品备件、生产及应急物资储备、现场保卫、应急工作等进行检查,特别是要对节日期间值班及紧急抢修力量安排、备件及各类物资储备和应急工作进行重点检查。

14.3.3　安全监督检查

除各参建单位的安全检查外,上级行政主管部门对拉西瓦灌溉工程的建设情况进行不定期监督检查。各参建单位的自我安全检查是完善安全管理体系的内部动力,上级行政主管部门的安全监督检查是强化安全管理工作的外部保障,二者相辅相成,极大地提高了拉西瓦灌溉工程建设的安全水平。

例如,青海省水利厅安监处于2016年6月16日对拉西瓦灌溉工程建设管理局进行了安全监督检查,主要检查内容为防汛应急救援预案及演练情况。经检查,五标段施工单位未及时开展防汛演练。青海省水利厅安监处要求其在7月25日前完成防汛应急演练,整改后将处理情况报送至水利厅安监处,同时做好安全生产检查资料的存档工作。

在拉西瓦灌溉工程建设管理局的督促下,五标段施工单位接到通知后拟定于7月23日进行演练,随后建管局将整改情况及时回复至青海省水利厅。该次检查切实增强了工程参建单位的洪灾应对能力,在汛期来临前,防汛安全水平得到有效的提升。

14.4 应急安全管理

拉西瓦灌溉工程建设管理局根据相关法律法规与工程实际情况,制定了《突发事故应急预案》、《安全生产事故应急预案》、《防汛应急预案》和《防控疫情应急预案》,下面对各项预案进行简要介绍。

14.4.1 安全生产事故应急预案

依据相关法律法规和管理规定,《贵德县拉西瓦灌溉工程安全生产事故应急预案》将安全生产事故分为一般事故、重大事故和特大事故。一般事故,是指造成 3 人以下死亡,或者 10 人以下重伤,或者 1 000 万元以下直接经济损失的事故。重大事故,指一次死亡 3 至 9 人或直接经济损失 1 000 万至 5 000 万元的事故;需对事发地周边人员进行大疏散的可燃气体、可燃液体、毒气、放射性物质大量溢散、泄漏事故;性质严重、影响重大的其他事故。特大事故,指一次死亡 10 人及以上或直接经济损失 5 000 万元以上各类事故;其他性质特别严重,产生重大影响的事故。

(1)应急救援机构及职能

拉西瓦灌溉工程建设管理局设置重特大事故应急救援指挥部,指挥部办公室由职能科室负责人和工作人员组成,负责处理日常工作。

应急救援指挥部职能包括:

①向安全生产监督管理部门、建设行政主管部门或者其他有关部门报告事态发展情况,执行上级有关指示和命令;

②发布应急救援命令、信号;

③及时向现场派出指挥班子,并确定现场指挥最高负责人;

④掌握汇总有关情报信息,及时做出处置决断;

⑤负责对事故救援工作的指挥调度,调动有关力量进行抢险救护工作;

⑥组织做好善后工作,配合上级开展事故调查。

(2)事故报告与现场保护

凡发生事故后,事故发生现场人员立即报告项目负责人,项目部必须立即向建管局项目办负责人报告。建管局接到事故报告后应迅速调集力量赶赴事故现场组织抢险救护,同时应将事故信息立即报告当地负责安全生产监督管理的部门、建设行政主管部门或者其他有关部门。在进一步了解事故情况后,事故发生单位必须配合建管局现场办在24 小时内写出书面报告,按上述所列程序和部门逐级上报;若为施工分包建设工程,事故发生分包单位主动配合施工总承包单位做好事故报告工作。

事故报告包括以下内容:

①事故发生时间、地点、工程项目、企业名称;

②事故简要经过,伤亡人数,直接经济损失的初步估计;

③事故发生原因初步判断;

④事故发生后采取的措施及事故控制情况；

⑤事故报告单位。

事故发生后，建管局协助事故发生单位迅速组织抢险救护工作，立即组织力量对事故现场实行严密保护，防止随意挪动或丢失与事故有关的残骸、物品、文件资料等，因抢救人员、防止事故扩大以及疏导交通需要移动现场物件的，应作出标识，绘制现场简图，写出书面记录，采用拍照或录像手段妥善保存现场重要痕迹和物证。

（3）事故处置程序

发生事故后，建管局总工办、现场办、技术办、质安办负责人，工程监理单位负责人，施工单位工程负责人要及时赶赴事故现场，加强指挥工作，协调有关力量，对重大问题及时作出决策。建管局相关部门工作人员要迅速到达现场开展工作。

处置程序具体包括：

①由总指挥委派现场指挥长组织现场指挥机构；

②根据部门职责及灾情，迅速调集力量，建立现场抢险救护工作组织；

③迅速开展抢险救治和善后处理工作；

④做好情况通报；

⑤开展事故调查。

（4）现场分工和职责

事故发生后，按照指挥部指示，各相关部室和救援单位应召集足够人员，调集抢险救援装备物资迅速赶赴现场，在现场指挥部统一指挥下，按各自职责分工开展抢险救护工作，并由现场指挥长指定各组长单位。

①专业抢险组：主要任务是查明事故现场基本情况，制定现场抢险方案，明确分工，迅速组织挖掘坍塌建筑物土石方、灭火、工程拆除、隧洞打道、关闭危险泄漏源、安全转移各类危险品等抢险行动，抢救受伤人员和财产，防止事故扩大，减少伤亡损失。

②事故调查组：负责查清事故发生时间、经过、原因、人员伤亡及财产损失情况，分清事故责任，并提出对事故责任者处理意见及防范措施。

③善后处理组：负责做好死难、受伤家属的安抚、慰问以及思想稳定工作。

④预备机动组：由指挥长临时确定，机动组力量由指挥长调动、使用。

在开展抢险救治过程中，应注意组织协调各种救援力量，落实各项安全防范措施，防止在抢险救援过程中发生其他意外事故。

（5）事故情况通报及调查处理

①事故情况通报

事故发生后，指挥部要及时做好上情下达、下情上报工作，迅速将事故灾情及抢险救治、事故控制、善后处理等情况按分类管理程序向安全生产监督管理部门、建设行政主管部门或者其他有关部门上报，并根据上级领导的指示，逐级传达到现场指挥领导和参与事故处理的人员。

②事故调查处理

事故现场调查组要抓紧时间做好重特大事故的现场勘查和调查取证工作。上级事故调查组到达现场后,如实汇报事故调查初步情况,提供相关调查取证资料,并根据上级调查组要求,按照行业对口关系,专职负责分工,抽调力量,协助进行深入调查取证工作。

③事故结案工作

事故结案应遵循实事求是、公平、公正、公开原则。根据事故调查组提出的事故报告中的处理意见和防范措施建议。按照规定格式施工单位填写《企业职工伤亡事故调查报告书》和结案报告,报县级人民政府批复结案。事故处理结案后,向全体参建单位人员进行宣布,认真执行对事故责任人的处罚决定。

14.4.2　突发事件应急预案

突发事件,是指突然发生、造成或者可能造成严重工程危害、重大人员伤亡、重大财产损失,需要立即处置的危险事件,包括自然灾害、事故灾难、公共卫生事件、社会安全事件以及其他各种类型重大突发公共事件。《贵德县拉西瓦灌溉工程突发事件应急预案》根据突发事件的性质、危害程度、影响范围及造成的损失大小等因素,将突发事件分为一般严重(Ⅳ级)、比较严重(Ⅲ级)、相当严重(Ⅱ级)和特别严重(Ⅰ级)四个等级:一般性(包括一般严重、比较严重)突发事件是指对人身安全、社会财产及社会秩序影响相对较小的突发事件;相当严重突发事件是指对人身安全、社会财产及社会秩序造成重大损害的突发事件;特别严重突发事件是指对人身安全、社会财产及社会秩序造成严重损害的突发事件。

(1) 组织机构与职责

贵德县拉西瓦灌溉工程建设管理局设立突发事件应急指挥部,作为管理局应对突发事件的议事、决策、协调机构,主要职责是:

①定期召开会议,听取贵德县拉西瓦灌溉工程建设管理局有关部室和工程参建单位有关突发事件预防、应急准备、应急处置和事后恢复与重建工作的汇报,分析有关突发事件的重要信息、发展趋势;

②审议、决定突发事件应对工作中的重大事项,统一领导和协调各类突发事件的应急处置;

③决定启动突发事件应急预案;

④组织力量处置严重的突发事件;

⑤检查、督促各参建单位贯彻执行国家有关维护社会稳定、保障人身及社会财产安全的法律和政策,及时协调应急工作中出现的重大问题。

贵德县拉西瓦灌溉工程建设管理局各部室及工程各参建单位之间建立应急联动制度,各部室及工程各参建单位有参加拉西瓦灌溉工程突发紧急事件处置的义务。当贵德县拉西瓦灌溉工程建设中发生突发紧急事件或出现突发公共紧急事件后,建管局突发事件应急指挥部有权调动管理局各部室及所有工程参建单位参加抢险,有权采取一切必要的紧急处置措施,确保突发事件所造成的损失最小化。

（2）信息报告

拉西瓦灌溉工程建设管理局各部室、各现场项目部、各参建单位应定期准确收集与工程建设和管理中有可能出现的工程质量、安全生产、自然灾害以及公共卫生及治安事件等突发事件相关的信息资料，及时掌握政府发布的相关信息，各部室、各参建单位应确保信息的接收和报告渠道畅通。

拉西瓦灌溉工程建设管理局各部室、工程参建单位和人员，发现突发事件可能发生、即将发生或已经发生的，应当在第一时间通过最快捷的联络方式向管理局突发事件应急指挥部办公室或现场项目部报告，对于突发公共紧急事件应同时向贵德县政府主管部门报告。各现场项目部在接到突发事件可能发生、即将发生或已经发生的报告后，应立即对报告内容进行核实并向突发事件应急指挥部办公室报告，同时做好相关记录。突发事件应急指挥部办公室接到报告后，必须迅速报告突发事件应急指挥部总指挥，并立即确定处理意见。对于报告的内容、来源、接到报告的时间、处理结果、应对措施和各个处理环节的时间和人员情况均应详细记录。

紧急突发事件信息的报送和处理，应当坚持第一时间原则、允许越级原则、限定时间原则和及时核查的原则。拉西瓦灌溉工程建设管理局突发事件应急指挥部办公室收集各类基础信息和动态信息后，应迅速进行信息处理，并通报各联动单位。死亡、受伤和失踪人员的数量、姓名等信息，由事件单位提供，拉西瓦灌溉工程建设管理局突发事件应急指挥部核实并上报相关部门。

（3）应急响应

相当严重、特别严重突发事件发生后，事发单位应全力进行处置，及时控制事态，同时向拉西瓦灌溉工程建设管理局突发事件应急指挥部办公室报告先期处理情况。事发单位领导应现场指挥应急救援工作，进行先期处置，控制事态发展，努力减少损失。同时组织力量对事件的性质、类别、危害程度、影响范围等进行评估，并与建管局突发事件应急指挥部办公室，根据突发事件的性质、危害程度、影响范围和可控性，采取合理的应对措施。

当突发事件有扩大、发展趋势并难以控制时，由事发单位报请拉西瓦灌溉工程建设管理局突发事件应急指挥部决定扩大应急；扩大应急决定作出后，由管理局突发事件应急指挥部报请贵德县政府突发公共事件应急办公室，并纳入贵德县突发事件应急预案处理系统。

突发事件发生后，由贵德县拉西瓦灌溉工程建设管理局突发事件应急指挥部对接报的信息进行综合分析、评估与判定，1小时内作出启动预案或者不响应的决定。启动预案后，成立现场指挥部，开展应急处置工作。

（4）现场指挥

按照突发事件的性质和程度，现场指挥部指挥、副指挥由拉西瓦灌溉工程建设管理局突发事件应急指挥部授权的有关负责人担任；指挥部成员由管理局有关部室主要负责人和事发单位主要负责人组成。现场指挥部的具体名称和设置地点，根据处置工作需要，由管理局突发事件应急指挥部确定。

现场指挥部的职责包括：

①执行拉西瓦灌溉工程建设管理局突发事件应急指挥部的决策和命令；

②组织协调治安、交通、物资等保障；

③迅速了解突发事件相关情况及已采取的先期处理情况，及时掌握事件发展趋势，研究制定处置方案并组织指挥实施；

④及时将现场的各种重要情况向拉西瓦灌溉工程建设管理局突发事件应急指挥部报告；

⑤迅速控制事态，稳定职工和周边地区群众；

⑥做好善后处理工作，防止事件出现"放大效应"和次生、衍生、耦合事件；

⑦尽快恢复正常生产施工秩序。

现场指挥部确认突发事件得到有效控制、危害已经消除后，应向拉西瓦灌溉工程建设管理局突发事件应急指挥部提出结束应急的报告。管理局突发事件应急指挥部在综合各方面意见后，宣布应急结束。应急结束后，突发事件事发单位应当在2周内向管理局突发事件应急指挥部提交突发事件处置情况专题报告，报告内容包括：事件发生概况、人员伤亡或财产损失情况、事件处置情况、引发事件的原因初步分析、善后处理情况及拟采取的防范措施等。

（5）责任追究

为了在拉西瓦灌溉工程中建立健全突发事件的领导责任制度和责任追究制度，有下列情形之一的人员，应追究其相应的责任：

①不按规定做好突发事件预防工作、应急准备工作，而导致发生重大突发事件的；

②不服从突发事件应急处置工作统一领导和协调的；

③不按规定报送和公布有关突发事件信息或者瞒报、谎报、缓报的；

④不按规定及时发布突发事件警报，采取预警措施，导致发生本可以避免的损害的；

⑤不及时采取措施处置突发事件，或者处置不力导致事态扩大的；

⑥不按规定公布有关应对突发事件决定和命令的；

⑦不及时进行人员安置、开展生产自救、恢复生产、生活和工作秩序的；

⑧截留、挪用、私分或者贪污应急资金或者物资的。

对在处置突发事件中表现突出的单位和个人，将按照有关规定给予表彰和奖励；对在应急抢险过程中受伤、致残、遇难的救援人员，按照有关规定落实各种待遇。

14.4.3 防控疫情应急预案

为积极应对可能发生的集体食物中毒、鼠疫、禽流感、痢疾、甲肝、伤寒、麻疹等疫情，最大限度地减少人员伤亡和财产损失，维护正常的社会秩序和工作秩序，根据贵德县政府《贵德县防控疫情工作方案》的要求，结合工程建设的实际，特制定《贵德县拉西瓦灌溉工程建设工地防控疫情应急预案》。

（1）疫情应急处理领导机构与职责

疫情应急处理工作由县政府统一领导下的各级医疗机构负责，拉西瓦灌溉工程建设管理局负责与各部门协调合作,成立贵德县拉西瓦灌溉工程建设工地防控疫情应急处理领导小组,密切配合,迅速、高效、有序地开展应急处理工作。疫情应急处理领导小组负有以下职责:

①按照"密切跟踪、积极应对、联防联控、科学处置"的要求,提高警惕,加强监测,采取一切有效措施,预防和控制各种疫情的发生。

②督促在建施工企业积极采取预防措施,消除疾病发生与传播的隐患。做好传染病疫情监控与报告工作,做到早发现、早报告、早隔离、早治疗。

③严格依据《中华人民共和国传染病防治法》《中华人民共和国食品安全法》《中华人民共和国职业病防治法》的相关规定,对工地卫生环境、食物的采购加工等环节进行监督检查,严禁食用过期食品,严禁食用旱獭等不明野生动植物。

④据疫情发生状态,组织有关部门按照应急预案迅速开展救护工作,防止疫情的进一步扩大,力争把疫情损失降到最低程度;积极配合卫生、疾控和动物检疫等有关部门,统一布置应急预案的实施工作,并对应急处理工作中发生的争议采取紧急处理措施。

⑤根据预案实施过程中发生的变化和问题,及时对预案进行修改和完善。

⑥紧急调用各类物资、人员、设备和占用场地,疫情处理工作结束后应及时归还或给予补偿。

⑦当疫情有危及周边单位和人员可能时,经卫生、疾控专业人员同意后组织人员疏散工作。

⑧做好稳定秩序和伤亡人员的善后及安抚工作。

(2)疫情报告

疑似疫情发生后,发生疑似疫情单位必须以最快捷的方法,立即将所发生的疑似疫情的情况报应急处理办公室,由应急领导小组组长报县应急指挥部办公室,同时向卫生、疾控部门报告,并在24小时内写出书面报告提交县应急上级部门。疑似疫情报告应包括以下内容:

①发生疑似疫情的单位名称、企业规模;

②疑似疫情发生的时间、地点、已发现疑似感染人数及人员详细情况;

③疑似疫情抢救处理的情况和已采取的措施;

④需要有关部门和单位协助疑似疫情抢救和处理的有关部门事宜;

⑤疑似疫情的报告单位、签发人和时间。

(3)应急处理响应

日常工作中,各施工、监理单位应按照本预案的要求,结合本单位实际情况,制定出本单位防控疫情应急处理预案,报建管局管理质量安全办备案,并根据条件和环境的变化及时修改和完善预案的内容,并组织有关部门人员认真学习,掌握预案的内容和相关措施。定期组织演练,确保在紧急情况下按照预案的要求,有条不紊地开展事故应急处理工作。

应急领导小组接到疑似疫情报告后30分钟内必须完成以下工作:

①立即报告建管局主要领导,并迅速上报县政府。

②同时向卫生、疾控部门报告,要求派员处理。

③派人迅速赶赴现场,进行疑似疫情现场的保护和控制工作。

疑似疫情发生后,各施工、监理及有关部门负责人在接到疫情发生信息后必须在最短时间内进入各自岗位。疑似疫情发生地的有关部门、单位必须严格保护现场,迅速采取必要措施隔离疑似感染人员,防止疫情的扩散,必要时可将疫情情况通报给县公安局或武警部队,请求给予支援,对现场进行隔离。

14.4.4 防汛应急预案

为有效防御灾害性洪水,规范防汛抗洪程序,切实保障人民生命财产安全,最大限度地减轻灾害损失,根据《中华人民共和国防洪法》和《中华人民共和国防汛条例》规定,结合工程项目防汛实际情况,特制定《贵德县拉西瓦灌溉工程防汛应急预案》。

（1）防汛应急组织机构及职责

贵德县拉西瓦灌溉工程防汛领导小组由建管局局长担任组长,并且全面组织开展防汛工作,其职责包括:

①总体安排部署防汛抗洪工作,并监督落实有关单位和人员相关工作。

②制定突发事件应急预案,并且组织成员开展汛前安全大检查活动,全面排查各类安全隐患,发现不安全问题及时督促参建单位整改。

③全面协调拉西瓦灌溉工程现场安全工作,掌握工程范围内的雨情、水情和险情,及时传达至各参建单位,安排现场防汛值班,实行 24 小时值班制度并做好记录,确保信息及时、准确上报。

④审查安全措施方案,对工程建设中存在的重大安全问题提出技术方案,负责防汛工作技术指导工作。

⑤负责资源配置、保险理赔及员工的教育培训工作,并且与当地相关部门进行协调沟通。

⑥审查施工单位的防汛安全技术措施,并监督其实施,监督、检查监理工作,督促监理单位认真履行监理职责,防止安全事故发生。

⑦办理工程进度款的审结,确保安全生产资金到位,并督促施工单位做到安全生产资金的专款专用。

⑧对安全生产工作进行全面管理,每日组织监理人员进行监督和检查,及时排除安全隐患,出现险情及时向建管局现场负责人通报。

⑨各施工单位项目经理应认真履行项目经理职责,完善应急预案,组织开展演练活动,落实本标段各防汛区的检查、清障、维修、抢险物资储备、抢险队伍组建、度汛措施等工作,确保隧洞工程、渡槽工程和临建工程的施工安全。

（2）应急响应

当发生严重意外汛情时,防汛总指挥应立即向建管局局长报告,并寻求政府有关部门援助和指导,同时应组织全体人员根据灾害情况的特点,实施有效的应急措施,争取在短时间内努力将损失、不利因素降至最低程度或消除。

当发生一般汛情时,各施工单位按应急措施进行处置,及时撤离人员和重要物资,控制和预防事故扩大,努力使损失、不利因素降至最低程度或消除。

当确认发生防汛事故时,由现场负责人下令报告值班室,组织所有施工人员将施工机械加以安置保护,现场施工人员由班组长带队全部撤退。施工人员来不及撤离的,应选择地势较高地方躲避洪水,进行自我保护,等待组织救援。

（3）组织抢救

①接到紧急汛情后,项目部上报防汛领导小组,防汛领导小组立即召开会议,并组织监理单位、各施工单位做好抗灾准备工作,督促做好应急措施,各施工区加强巡逻检查,配备好抢险器材和物资。

②防汛现场总指挥由建管局副局长担任,项目一、二部主任担任副指挥,有序组织伤员抢救、抢险物资供应、人员保卫疏导、临时医疗服务等工作。

③项目部督促施工单位及时清点人员,确认有无被困人员,并集结待命,不得私自外出,并组织由各施工班组抽调工人组成的抢险突击队,负责安装堆砌沙袋,规整水流方向等工作,防止发生毁坏群众财产安全的事故。

④在发生水灾时,如设备不能撤离到安全位置,应使设备处于动力关闭,加固和适当防护状态,防止造成不必要的损失。

⑤在洪水可能危及现场变配电设施时,应果断断电,防止个别线路漏电发生意外,险情排除后,经检查确认安全后可恢复供电。

（4）安全防护

①各施工单位防汛区域做好应急措施,使施工现场的排水系统畅通,保证自备发电机和照明专线在保持良好的工作状态,以及通信工具时刻保持畅通。

②在现场显眼位置配备适当的救生器具,预备沙袋等物资,利于堵水和引导水流方向。

③项目部办公室负责做好天气预报信息的收集、跟踪和传递工作,督促各施工单位落实汛期 24 小时人员值班制度,并做好值班记录。

④在发生水灾时,保安应加强巡视,隔离安全地带,加强现场看护,未经现场负责人同意,禁止一切人员进入危险区域。

⑤在对各施工区周边情况进行详细摸查的基础上,应确立现场外影响区域的疏散路线和方向,形成行之有效的疏散通道网络。应急状态时,保卫疏导组引领受影响区域的居民从疏散通道疏散、撤退。

14.5　安全管理总结

在工程建设过程中,贵德县拉西瓦灌溉工程建设管理局始终保持对安全管理工作的高度重视,要求其余各个参建单位切实担负起安全生产的责任,强化全体参与人员的安全生产意识,从安全保证管理、安全监督检查、应急安全管理等多个方面全力防范安全生产责任事故的发生,有力保障了工程建设的稳定开展。

安全管理体制是整个安全管理体系运行的基础，一切项目建设工作均在安全管理体制的框架内运行。其中，建管局依据安全管理职责，全局把控拉西瓦灌溉工程的安全管理工作。安全管理制度则是安全管理工作过程中的基本运行机制，所有参建单位均致力于妥善落实各项安全管理制度。安全保证措施与安全检查管理是安全管理体系的两道重要防线，前者在明（暗）渠工程、渡槽工程、隧洞工程、倒虹吸工程中分别依据实际情况设置多项具体措施，后者则把内部检查与外部监督相结合，最大限度地保障工程参与人员的生命安全。应急安全管理是面临安全生产事件、突发事件、公共卫生事件、洪水等特殊问题的额外保障，是特殊时期各个参建单位的行动指南。贵德县拉西瓦灌溉工程建设过程中，所有参建方与相关人员携手做好以上四个方面的工作，切实实现了工程建设的安全运行。

卓有成效的安全管理体系在维护了工程建设的顺利运行的同时，也收到了上级建设主管单位的关注。2019 年 1 月，青海省水利厅为贵德县拉西瓦灌溉工程建设管理局颁发"青海省水利建设质量安全管理工作先进集体"荣誉证书，对本工程的安全管理工作予以高度肯定。

第十五章　拉西瓦灌溉工程资金管理

拉西瓦灌溉工程依照国家与行业的相关规定进行资金管理工作，为工程建设顺利开展奠定了重要的基础。本章从资金的计划管理、使用管理、监督管理等几个方面来介绍拉西瓦灌溉工程的资金管理工作情况。

15.1　资金计划管理

15.1.1　投资估算

在项目建议书阶段和可行性研究阶段，贵德县拉西瓦灌溉工程总投资经估算分别为129 277万元、131 676万元。与项目建议书阶段相比，可行性研究阶段的工程投资估算做出了部分调整，总投资增加了2 399万元。这是因为随着时间的推移和工程项目的准备进展，部分工程主要材料价格和主要工程量有所变化。投资估算情况如表15-1所示。

表 15-1　拉西瓦灌溉工程投资估算

序号	工程或费用名称	投资额/万元	
		项目建议书阶段	可行性研究阶段
1	骨干工程费用		
1-1	永久建筑工程	71 279	75 280
1-2	机电设备及安装工程	845	3 824
1-3	金属结构设备及安装	4 406	4 697
1-4	临时工程	6 675	7 026
2	独立费用	10 929	11 720
3	预备费	14 120	10 255
4	移民环境投资	3 774	6 202
4-1	征地及移民补偿投资	1 574	2 911
4-2	水土保持工程	1 313	2 146
4-3	环境保护工程	887	1 145
	骨干工程总投资	112 028	119 004
2	田间配套工程费用	17 249	12 672
	建设总投资	129 277	131 676

15.1.2 设计概算

2016 年 3 月 17 日,青海省发展和改革委员会对青海省贵德县拉西瓦灌溉工程初步设计投资概算予以批复,最终确定工程概算总投资为 143 945.3 万元,其中中央预算内投资(藏区专项)安排资金 7.44 亿元。经审查核定后的拉西瓦灌溉工程设计概算情况如表 15-2 所示。

表 15-2 拉西瓦灌溉工程设计概算

序号	工程或费用名称	投资额/万元
1	骨干工程费用	105 105.9
1-1	建筑工程	88 138.7
1-1-1	渠道工程	13 876.3
1-1-2	渠系建筑物工程	69 315.6
1-1-3	交通工程	2 405.8
1-1-4	房屋建筑工程	757.2
1-1-5	供电设施工程	1 068.8
1-1-6	其他建筑工程	715.0
1-2	机电设备及安装工程	3 780.6
1-3	金属结构设备及安装	4 263.1
1-4	临时工程	8 923.5
1-4-1	施工导流工程	253.7
1-4-2	施工交通	2 719.4
1-4-3	施工用电	1 161.8
1-4-4	临时房屋建筑	2 400.0
1-4-5	其他临时工程	2 388.6
2	独立费用	14 782.4
2-1	建设管理费	3 641.0
2-2	建设监理费	1 710.9
2-3	生产准备费	925.8
2-4	联合试运转费	8.8
2-5	科研勘测设计费	8 022.9
2-6	其他费	473.0
3	预备费	5 994.4
3-1	基本预备费	5 994.4
4	移民征地补偿、环境保护、水土保持等工程	6 680.4
4-1	移民、征地补偿费	3 126.4
4-2	水土保持工程	2 149.0
4-3	环境保护工程	1 405.0

序号	工程或费用名称	投资额/万元
	骨干工程总投资	132 563.1
5	田间配套工程费用	11 382.2
5-1	典型地块	10 139.5
5-2	建设其他费用	700.7
5-3	预备费	542.0
	建设总投资	143 945.3

15.1.3　资金计划编报管理

拉西瓦灌溉工程建设管理局按照国家关于项目建设的法律法规、批准的初步设计方案及概算、项目建设的总体工期计划及建设实际情况,编制年度投资建议计划,根据省水利厅下达的项目资金安排计划,编制年度工程实施计划。在计划编制过程中,坚持按照批准的建设方案和投资规模编制建设计划,严格控制工程概(预)算,坚持初设总概算、施工图预算、合同价款逐级控制,并且根据工程建设目标和工程实际情况,充分利用建设资源,积极创造建设条件,保证工程总体建设目标的实现。

建设计划编制的内容包括:项目名称、地点、建设性质、建设规模、建设起止年限、投资来源,总投资、设计批复文件;设计工程量、合同单价;已完成投资和实物工程量、形象进度等建设内容;本年度施工内容、计划工程量、工程形象进度、计划投资等,并附有详细的文字说明、图表等。

年度计划包括年度投资建议计划、年度工程实施计划、年度调整计划,其编制条件各不相同,具体如下:

(1)年度投资建议计划

按照计划编制分工,各施工单位于当年10月上旬,依据前三个季度计划及合同执行情况,分析预测第四季度工程建设预期进度、投资,提出下年度新建及续建项目建设任务和投资计划;计统办根据总体计划、工期要求、投资安排、初设进度、概算执行等情况,进行综合平衡后于10月中旬提出拉西瓦灌溉工程下一年度投资建议计划,经建管局分管计划统计的副局长审查后提交建管局局长办公会议审议通过,于10月下旬上报上级主管部门。

(2)年度工程实施计划

年度投资建议计划经上级主管部门批准,计统办根据下达的拉西瓦灌溉工程本年度投资计划额度,结合上年度计划执行情况,在投资建议计划的基础上,进行工程建设实施计划的编制工作。年度工程实施计划通过建管局局长办公会议审议后执行。

(3)年度调整计划

计统办根据年度计划执行情况,对确需调整的项目、工程量及资金,于第四季度提出年度计划调整意见,经分管工程建设的副局长审查同意后,提交建管局局长办公会议审议,涉及建设方案、概算变化较大的重大调整报原审批部门批准。

计划编制流程如图 15-1 所示。

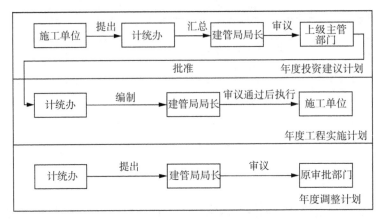

图 15-1　计划编制流程图

另外,在年度计划编制时,应对上一年度的计划执行情况进行总结,并随建议计划一同上报。主要阐述的内容包括投资完成情况、资金到位情况、完成实物工程量、形象进度、存在的问题及建议。年度工程实施计划及调整计划通过上级部门审批后,作为建管局安排工程施工的依据,进入项目具体实施阶段。

计统办按照批准的实施计划,编制年、季、月资金筹措计划和资金使用计划,分管计划统计的副局长审查,局长审批,同时负责建设计划的报批衔接工作,争取上级主管部门尽快安排审查汇报,促请及时下达批复。年度计划争取第一季度批复执行,调整计划争取第四季度批复执行。财务办依据批准的年、季、月资金筹措计划和资金使用计划,将相应资金落实到位。

15.1.4　资金计划执行管理

经过政府主管部门批准的工程建设计划,是国家管理工程项目建设的指令性文件。是国家基本建设程序和有关法规制度在项目建设过程中的具体体现,具有严格的程序性和严肃性,不允许任何随意性的变更或调整。工程建设过程中,严格按照初步设计和年度工程计划批准的施工内容组织工程建设。项目建设实施过程中严格按照批准的建设标准、内容、规模实施,未经上级主管部门同意,不得随意变更建设内容和项目,不得擅自扩大建设规模、变更设计标准,不得提高或不合理压低工程单价,不得越权调整计划,更不能将建投资金挪作他用。建设计划需要调整的,按照程序由原审批部门批准后调整执行。

计划管理必须坚持总体规划、初步设计概算、建设计划、施工合同、财务支付逐级控制的程序,进行工程建设投资管理。建设费用的财务支出必须以施工合同为依据。计划管理工作贯穿于工程建设管理的各个环节,设计、招标、施工及竣工验收等工作环节均在建设计划的宏观控制下进行。计统部门充分发挥项目建设管理职能,加强项目建设计划的实施管理。

工程建设过程中,建管局严格按照工程建设计划履行计划管理职能,加强建设计划实施过程中的检查监督工作。根据年初下达的施工计划及审批的进度计划,按月控制进度、投资,对进度、投资目标值进行动态管理。检查监督工作的主要内容有:

(1) 各施工单位工程建设计划的执行实施情况;

(2) 工程投资使用情况;

(3) 工程量完成情况和工程建设形象进度;

(4) 工程质量情况;

(5) 其他计划、建设、施工、管理等情况。

15.1.5　历年投资计划

拉西瓦灌溉工程 2013—2019 年投资计划如表 15-3 所示。

表 15-3　拉西瓦灌溉工程历年投资计划

项目	历年各项目投资额/万元						
	2013 年	2014 年	2015 年	2016 年	2017 年	2018 年	2019 年
建前一期	2 567	1 906					
建前二期	7 433	3 742	4 000	2 924	1 500		
干渠一标段				2 620	2 900	700	
干渠二标段				3 442	2 420	700	
干渠三标段				2 429	1 500	1 500	
干渠四标段				3 774	3 400	2 000	
干渠五标段				2 367	2 200	400	
干渠六标段		13 177	160 000	4 584	3 800	1 500	1 000
干渠七标段				3 382	2 670	2 000	
干渠八标段				1 600	1 800		
干渠九标段				1 500	900		
干渠十标段				1 500	1 000		
支渠					5 448	4 980	700
其他项目							8 380
合计	10 000	18 825	20 000	25 522	30 438	17 480	10 080

(1) 2013 年投资计划

建前一期工程完成投资 2 567.53 万元,建前二期工程完成投资 7 432.63 万元,合计 10 000.16 万元。

(2) 2014 年投资计划

建前一期计划完成投资 1 906 万元,建前二期预计完成投资 3 742 万元,拟定完成投资 10 331 万元,建设费用 2 846 万元,合计 18 825 万元。

(3) 2015 年投资计划

2015 年投资以大项目开工建设为主,计划完成投资 2 亿元。其中拉西瓦灌溉工程建前二期工程预计完成投资 4 000 万元,新开工项目完成投资 13 000 万元,移民安置搬迁、征地等前期费用 3 500 万元。

（4）2016 年投资计划

2016 年计划完成投资金额 25 522 万元。2016 年,拉西瓦灌溉工程建前二期工程完成 2 924 万元。其中:建前二期一标段完成 1 248 万元;建前二期二标段完成 1 676 万元。

施工一至七标段完成 22 598 万元。其中:一标段完成 2 620 万元;二标段完成 3 442 万元;三标段完成 2 429 万元;四标段完成 3 774 万元;五标段完成 2 367 万元;六标段完成 4 584 万元;七标段完成 3 382 万元。

（5）2017 年投资计划

2017 年计划完成投资金额 30 438 万元。其中:干渠一标段 2 900 万元;干渠二标段 2 420 万元;干渠三标段 1 500 万元;干渠四标段 3 400 万元;干渠五标段 2 200 万元;干渠六标段 3 800 万元;干渠七标段 2 670 万元;干渠八标段 1 600 万元;干渠九标段 1 500 万元;干渠十标段 1 500 万元;支渠一至六标段 5 048 万元。

（6）2018 年投资计划

2018 年计划完成投资金额 17 480 万元。其中:干渠一标段 700 万元;干渠二标段 700 万元;干渠三标段 1 500 万元;干渠四标段 2 000 万元;干渠五标段 400 万元;干渠六标段 1 500 万元;干渠七标段 2 000 万元;干渠八标段 1 800 万元;干渠九标段 900 万元;干渠十标段 1 000 万元;支渠一至五标段 4 980 万元。

（7）2019 年投资计划

2019 年计划完成投资金额 10 080 万元。其中:拉西瓦灌溉工程干渠一至十标段 1 000 万元;支渠一至五标段 700 万元;环境保护工程 200 万元;新开工项目 6 000 万元;自动化工程 2 000 万元。

15.2 资金使用管理

15.2.1 工程结算支付管理

拉西瓦灌溉工程中的工程结算支付工作根据国家水利工程基本建设程序,按照合同文件、设计文件、变更资料、已完工程量、工程质量评定资料,客观、公正、合理地进行。监理单位和建设管理局各部门致力于加强工程结算工作的审核,力求资料齐全、数据准确、结算及时。

结算项目必须在合同实际完成、质量验收合格且相关资料齐全,具备合同约定的结算条件时,依据合同文件、设计文件、项目年度计划、工程变更资料、工程量测量计算资料、工程质量评定资料以及与结算有关的其他资料,按照规定格式填报。

（1）工程预付款的结算支付

施工单位依据合同规定提出预付申请,监理部、现场项目部和工程技术办根据合同要求审查施工单位人员及设备到场情况,签署意见后报计划统计办,计划统计办根据合同规定开具"预付款结算凭据",经局各办关领导审核批准后由财务办支付工程预付款。

（2）工程进度款的结算支付

工程进度款的结算支付程序如下：

①根据工程项目的实际情况，每月 20 日至 25 日，由建设管理局计划统计办和现场项目部组织，监理单位、施工单位、设计单位参加，在各标段施工现场对已完工程量进行联合计量。为提高后续审核效率，由建设管理局工程技术办、计划统计办、设计单位、监理单位对隧洞、渡槽、倒虹吸等建筑物的延米工程量进行预先确认，各参建单位按经确认的延米工程量计算实际完成工程量。

②施工单位按照计量结果填写工程统计月报表，并根据确认的工程统计月报表填报工程进度付款申请单及其相关附表，附工程变更签证等相关资料，提交监理单位进行审核。工程统计报表填报的主要内容包括实际完成的主要工程量、主要材料，机电及金属结构设备购置安装工程量以及完成的投资和工程进度、财务报表、工程质量报表。月进度结算工程量统计截止日期为每月 25 日，结算申请于当月 28 日前提交监理单位进行审核，逾期提交的结算申请将不予以受理。

③监理单位收到结算申请后进行结算审核时，首先将实际完成且结算依据充分的项目列入结算项目之中，形成附计算图表的结算工程量审核计算资料，然后按合同单价、确认的变更价格进行结算款计算，确定结算款额，接下来填写工程进度付款证书及其附表。监理单位在每月的 5 日前完成审核工作，将结算审核资料提交建设管理局计划统计办。

④建设管理局计划统计办组织现场项目办、质量安全办、工程技术办、总工办、财务办，同时进行审核。各部门完成结算申请报表审核工作后，提交建设管理局副局长审查，局长审定。

⑤财务办按照建设管理局最终审定的结算付款审批款额向承包单位进行资金支付，同时扣除各种应扣款项。当月的工程进度款在次月第一周内支付，遇节假日或特殊情况顺延。同时，从支付进度款的第一个月开始，质保金在给施工单位的每月进度款中按合同规定的百分比扣留（不包括预付款），直至扣留的保留金总额达到合同规定的数额为止。

⑥施工单位将付款申请单、付款证书、各种审核表及相关资料作为项目结算原始资料完整妥善保存，并向监理单位及建设管理局各相关部室提供审定后的结算资料。

（3）完工结算与最终结清

工程完工后，施工单位根据合同有关规定编制工程完工结算报表，经监理部、现场项目部和工程技术办、质安办审核后报计划统计办，财务办审核最终结算投资，经局务会审议、法人批准后作为完工结算。

保修期满且保修责任终止后，施工单位根据合同有关规定提出结清申请，报计划统计办、财务办审查后最终结清。

在合同履行过程中不允许施工单位借款，由于客观原因建管局不能及时结算进度款，而施工单位又确实发生资金困难时，根据工程建设的需要，施工单位可提出预借工程款申请，经监理部、现场项目部、工程技术办、计划统计办审查，局务会审议，法人批准后办理预借手续，该预借工程款在次月的工程进度款中扣还。除经局领导和局务会研究批准的特殊需要支出的费用外，一律不允许超合同和超进度支付工程款。

有下列情形之一的，可停止或暂缓向承包单位办理结算手续：

①工程建设资金未按照要求实行专款专用的；

②恶意拖欠职工工资或农民工工资的；

③未按规定要求报送月进度报告及信息报表的；

④有重大工程质量、安全问题的；

⑤未按批准的施工组织设计组织施工的；

⑥其他需要停止或暂缓办理结算手续的。

15.2.2　现场计量结算管理

各现场项目部全面负责督导施工单位、监理单位严格按照合同文件及建管局有关工程结算、计量、支付管理制度规定的方法和程序实施现场结算计量管理工作。

各现场项目部负责组织施工单位、现场监理单位建立现场合同工程量台账和满足支付条件的月实际完成工程量台账，以合同工程量台账为目标，实施总量控制，以月实际完成工程量台账为依据，实施月进度支付；重视平时现场计量管理工作，将每月结算日集中计量审核工作有计划地分配到日常性工作中，减轻结算日集中计量审核工作量，提高审核质量。

由施工单位提出计日工支付需经监理单位批复的，或监理单位指示的动用合同规定的计日工方式实施某项目工作时，必须事先征得各现场项目部的同意，计日工结算支付必须有各现场项目部审批意见。合同规定的总价支付项目结算，要严格按照实际完成情况实施进度控制。

现场工程量台账的建立遵循以下要求：

（1）各现场项目部负责组织施工单位、监理单位以相关技术人员及本单位人员共同研究，统一工程量计算方法、统计格式，明确计算、校核、审核责任，限定时间，分别计算，互相校核，统一建账。

（2）合同工程量和变更工程量分别计量支付。

（3）对土石方工程及其他因施工进程而导致事后无法准确核算总量的工程项目，其总工程量的计量工作必须在该项工程开工前实施。各现场项目部负责组织施工和监理单位人员，三方共同研究确定统一的现场测绘方案和计算方法，测量记录等原始资料、计算书、计算结果在开工前由三方签字确认。加强施工过程中土石方分界线的测量确定，做好土石方工程量划分和月实际完成工程量计算工作。

（4）月实际完成工程量台账由施工单位按照合同工程报价单规定的项目、编号填报，注明所报工程量的具体部位及项目划分编号，并附有每个项目工程量计算书及简图，然后由现场监理单位结合合同工程量台账进行审核，各现场项目部最终审定月实际完成工程量，施工单位以现场项目部最终审定的月实际完成工程量办理月进度支付手续。

（5）加强变更工程量计量管理，做好返工、变更前的量测记录工作。

15.3　资金监督管理

在拉西瓦灌溉工程中,青海省审计厅和各上级主管部门作为资金监督管理机构,对拉西瓦灌溉工程的资金管理情况展开稽查工作,依法监督拉西瓦灌溉工程建设管理局缴纳各项税费、及时上报财务报表、强化内部控制管理,督促建管局及时整改在检查中发现的问题。

15.3.1　资金监督管理机构

拉西瓦灌溉工程的资金监督管理机构包括上级行政主管部门和青海省审计厅。上级行政主管部门对资金管理工作进行不定期检查,青海省审计厅对其进行审计,使得资金管理工作更加标准、完善。

（1）上级行政主管部门

上级行政主管部门对工程资金管理情况进行不定期检查,检查重点包括：

①各级配套资金到位情况;

②资金的使用明细,检查是否存在截留、挤占和挪用专项资金的现象;

③施工、监理、设计、征迁等过程中与工程相关的财务收支活动是否符合合同约定及财务管理要求;采购、招投标涉及资金使用的各项活动的规范性。防止出现大额现金支付、材料采购无发票、公款私存、资金流向与用途不符等情况;

④各项目部执行财务制定及纪律情况;

⑤对审计部门的审计检查意见的整改情况。

（2）青海省审计厅

《中华人民共和国审计法》第二十二条规定"审计机关应当对国家建设项目总预算或者概算的执行情况、年度预算的执行情况和年度决算、项目竣工决算,依法进行审计监督",故青海省审计厅自 2017 年 8 月 1 日起,派出审计组,对贵德县拉西瓦灌溉工程建设管理局负责实施的贵德县拉西瓦灌溉工程建设项目进行审计,并且在必要时将审计范围追溯到相关年度或者延伸审计有关单位。

15.3.2　资金监督管理内容

拉西瓦灌溉工程的资金监督管理针对资金的计划、使用管理和与之相关的招投标管理、合同管理、内控管理等外延内容展开,全面覆盖资金管理工作的各个方面。拉西瓦灌溉工程建设管理局依照工程实际情况,确立了资金使用过程中的监督管理办法,主要包括财务责任、内外审计制度、建设资金筹措与管理、财务制度建设和加强资金管理五方面。

（1）财务责任

拉西瓦工程建管局工程根据《中华人民共和国会计法》《基本建设财务规则》《水利基本建设资金管理办法》及国家有关政策法规的规定,结合建管局工程建设、管理要求,制定财务管理办法,建立并完善了会计核算、稽查、内控、报审体系,明确了各岗位职责、权限和行为规范。

（2）内外审计制度

在内部审计方面,拉西瓦工程建管局依据国家法律法规实行内部控制制度,确定专岗专人负责,对单位内部的预算管理、收支管理、政府采购管理、资产管理、建设项目管理、合同管理及其他领域进行检查监督,以明确管理权限、经济责任,及时发现问题,纠正违规行为。

在外部审计方面,建管局先后邀请和接受审计署、水利部、省发改委、省水利厅、省审计厅、州财政局、州审计局等主管部门对工程建设的全范围进行专项检查、监督、审计。对审计过程中发现的问题及时进行整改,对可能发生的问题,提前予以防范。

（3）建设资金筹措与管理

拉西瓦灌溉工程建设资金经由省发改委青发改投资〔2016〕22号文件审定并批复,总概算投资为143 945.3万元,截至2021年12月31日,已到位资金125 349万元,到位率87.08％、其中中央基建投资到位82 766万元,省级专项资金到位42 583万元。

拉西瓦工程建管局依据省财政部门下达的年度投资计划文件逐年拨入,并严格按照资金使用管理办法,按建设工程实际进度及时支出管理。

（4）财务制度建设

拉西瓦工程建管局以国家财经法律法规为依据,制定出切合实际的工程进度款支付制度,每一笔工程款项的支付都必须经过由施工单位提出书面结算申请,经监理部门审核、项目部、质安办、技术办审核、计统办、财务办审核、主管领导审核,法定代表人批准,最终形成款项支付体系,明确岗位职责,对不相容职责分离、制约、部门间协调配合,办理时限效率都做出准确界定。在实际工作中,不断丰富管理经验,完善管理办法,保障工程建设资金安全、合理、及时、高效运行。

（5）加强资金管理

所有工程建设资金,从拨入到支付、核算,都严格做到专户储存、专人管理、单独核算,在核算过程中,设立五级明细账户对工程项目、管理费用、债权债务、资金运转等详细记录。截至2021年12月15日,累计完成固定投资113 210万元(财务支出),占到位资金的90.32％,并多次通过审计署和省、州审计部门的专项审查。

下面以青海省审计厅对工程建设项目的审计工作为例进行介绍。

2017年,根据《中华人民共和国审计法》的规定,青海省审计厅对贵德县拉西瓦灌溉工程建设项目进行审计,审计结果表明:拉西瓦工程建管局和相关参建单位结合建设资金实际到位情况,采用分阶段实施方式,加强项目管理,积极组织项目建设,取得较好成效,会计核算基本符合相关规定,会计资料基本真实地反映了项目财务收支情况。此外,在资金管理使用、招投标管理、合同管理、参建单位履职、内控管理等方面,贵德县拉西瓦灌溉工程建设管理局做了严密的整改工作,力求资金管理工作妥善到位。

15.4　资金管理总结

　　贵德县拉西瓦灌溉工程节省了大量的资金,这一成效主要归功于拉西瓦灌溉工程建设管理局卓越的管理水平。一方面,拉西瓦灌溉工程建设管理局重视改进工艺工法和优化施工方案,鼓励施工单位采用新材料、新技术、新工艺、新设备进行施工,及时更新投资对比台账,用大数据分析投资变化情况,控制好工程投资,在有限的投资额度内提升工程质量、提高生产效率、加快工程进度;另一方面,持续落实、强化资金动态管理工作,将资金的计划管理、使用管理与监督管理紧密结合,促使工程管理工作趋向科学化、标准化。在完善的资金管理体系下,拉西瓦灌溉工程实现了降低成本、节省投资、提高效益的资金管理目标。

　　在贵德县拉西瓦灌溉工程的资金管理体系中,资金计划管理是资金管理体系运行的第一步,行之有效的计划为一切资金管理工作指明了方向。资金使用管理则明确规范资金支付、结算等工作的流程与步骤,有效减少在资金使用过程中出现的违规行为。资金监督管理则依靠外部力量强化监管力度,上级行政主管部门和青海省审计厅高频率的监督检查使得工程资金管理工作不断趋向高标准、严要求。在严格、缜密的资金监督管理工作下,拉西瓦灌溉工程的资金管理工作不断改进、优化,为工程建设工作的顺利展开提供了重要的支持。总而言之,资金的计划管理、使用管理、监督管理三者相互紧密结合在一起,在资金管理工作的各个环节持续发力,共同构筑了拉西瓦灌溉工程标准、完善、高效的资金管理体系,为工程项目的顺利竣工保驾护航。

第六篇

拉西瓦灌溉工程
综合效益

第十六章　拉西瓦灌溉工程经济效益

拉西瓦灌溉工程是青海省贵德县境内的黄河干流上拉西瓦水库的配套灌区,也是青海省黄河谷地四大灌区之一,本章从经济效益的角度展开,分别介绍项目的增产效益、节水效益和旅游效益。从第一产业农业看,拉西瓦灌溉工程建设完成并投入使用后,可实现该地区水资源的统一配置和管理,为农业、林业等提供可靠的灌溉水源保证,促进当地农业发展与作物增产,实现农业节水;从第三产业看,工程建设可充分发挥地区优势,带动区域旅游业发展从而促进经济发展。因此,拉西瓦灌溉工程的经济效益分析将主要从以上三个方面进行。

16.1　增产效益

拉西瓦灌溉工程为青海省东部黄河谷地百万亩土地开发整理重大项目中拉西瓦片区的配套水源工程。该工程从黄河引水并通过建设干、支渠等骨干输配水工程,为拉西瓦灌区农业生产供水,以促进农业发展。

16.1.1　理论基础与计算方法

（1）增产效益内涵

灌溉工程的增产效益是指灌溉和未灌溉相比所增加的农、林、牧等产品的产值。若自然条件和农业技术条件基本相同,则可根据灌溉和不灌溉的调查试验资料对比确定农业产值（产量）,其增加的产值（或产量）即为增产效益。若自然条件和农业技术条件灌溉前后发生了变化,则应该选用适当的方法确定增产效益水利分摊系数,以确定灌溉工程带来的增产效益。

（2）增产效益水利分摊系数

灌溉农业增产是由水、肥、土、种、管等农业技术措施综合作用的结果。灌溉是促进农业增产的重要措施之一,在农业增产上只起到其应有的一部分作用。因此,在计算农业增产效益时,不能全归功于灌溉。灌溉增产效益只能是在相同的农业技术措施条件下,由增加灌溉措施而增加的农业产量部分。

我国常用的方法为分摊系数法,即按有无灌溉项目对比灌溉和农技措施可获得的总产值乘以灌溉工程建成后的灌溉效益分摊系数。分摊系数法认为,农田增产值是作物栽培、施肥、品种改良、植保、机耕等农业技术措施和灌溉技术措施综合作用的结果,因此可从增产值中分摊一部分作为灌溉效益,其分摊的百分数即为灌溉效益分摊系数。分摊系数有以下两种确定方法。

①试验法

选择土壤、水文地质条件均一致的试验区,分成若干小区,安排一定的农业措施,对实行灌溉和不实行灌溉的多种试验小区进行对比试验,从而分析其灌溉效益分摊系数。我国各地按上述分析,灌溉效益水利分摊系数一般为 0.2～0.6,平均约为 0.4。

②统计法

这种方法是在与设计灌区条件相似的灌区进行,采用已有灌区历年农业技术措施情况、灌溉工程配套情况、灌溉条件和水量满足程度、降雨量、作物产量以及农业措施的投资等大量资料。该方法认为,一般灌区工程建成投产后,都经历了三个阶段:第一阶段是灌区运用初期,灌溉技术水平一般,农业技术措施水平一般;第二阶段是灌区运用一个阶段后,灌溉技术发展到较高水平,农业技术措施水平和第一阶段水平相同;第三阶段是灌区经过较长时间运用以后,灌溉技术和农业技术措施都发展到较高水平。随作物种类、降雨量和分布情况、农业生产水平高低等条件不同而有差别,一般对于耐旱作物、降雨量丰富、农业生产水平高的地区取较低值,反之取较高值,常可根据地区试验和调查资料确定。

(3)增产效益计算方法

农业增产效益是水利和农业技术措施共同作用的结果。水利和农业对作物增产起着互相影响、共同促进的作用,这是一个生物学的过程,而不是一个简单的叠加关系,水利或农业的单独作用难以达到高产高效目的。因此在计算农业增产效益时,需对比灌溉前后农作物的经济效益差异,并将水利与农业技术带来的效益进行合理分摊。

$$B = \varepsilon \sum_{i=1}^{n} A_i (Y_i - Y_0) D_i \tag{16-1}$$

式(16-1)中,B 代表农业增产效益;ε 代表灌溉效益分摊系数;A_i 代表第 i 种农作物的种植面积;Y_0、Y_i 分别代表灌溉工程前后第 i 种农作物的产量;D_i 代表第 i 种农作物当前的市场价格。

16.1.2 灌区灌溉面积

贵德县区域面积为 3 504 km²(525.6 万亩),土地利用现状由耕地、林地、草地、建设用地等构成。拉西瓦灌区包含 2 镇(河西镇、河阴镇)1 乡(河东乡),总面积为 50.12 万亩。灌区土地利用现状主要是耕地与林地,灌溉面积 12 万亩。

贵德县黄河南岸区是贵德县水土资源条件较好的地区,除现有的灌区外,还有较大面积可开发为灌溉面积的荒地,是今后农业发展的重点区域。根据青海省、海南州和贵德县相关规划,该区域是今后青海省三江源生态移民安置区之一,也是龙羊峡以下黄河水电开发移民安置区之一,同时也是贵德县主要的游牧民定居安置区。经现场调查,在干渠线高程以上 100 m 范围内分布有哇厉等 6 个村庄,耕地面积 1.21 万亩,人均耕地面积 1.3 亩,以旱作为主,耕地产量低而不稳,平均亩产不足 300 斤[①],是本地区扶贫的重点。灌区发展的思路是:充分利用拉西瓦水库抬高水位的有利条件,在干渠线控制范围内尽量增加灌溉面积,提高土地资源利用效率,为三江源生态移民安置、黄河水电开发移民安置和贵德县游牧民定居安置提供条件。同时,规划从拉西瓦灌溉工程干渠线以上 100 m 范围内实施提灌,使原有的旱作耕地成为水浇地,为当地农民脱贫创造条件。

拉西瓦灌溉工程新增灌溉面积 8.35 万亩,分布于贵德县河西镇、河阴镇和河东乡,三乡镇新增灌溉面积分别为 2.58 万亩、0.34 万亩、5.43 万亩。新增灌溉面积中,撂荒地复垦 1.8 万亩,新开垦地 6.01 万亩,旱变水(原有旱作耕地变为水浇地)0.54 万亩。

新增灌溉面积中,自流灌溉面积 6.72 万亩,提灌灌溉面积 1.63 万亩,分别占 75%、25%。自流灌溉面积分布于河西镇山坪堂、水车滩热水沟,河东乡麻巴滩、边都滩、查达滩和沙巫滩。提灌面积分布于河东乡哇厉、吉伟、边都滩。

灌区规划按土地坡度将土地分成两大块,其中坡度小于 15° 的地区发展川水和浅山耕地,坡度在 15°～25° 之间的土地发展浅山林果业。

灌区规划总灌溉面积 20.35 万亩,其中改善现状灌溉面积 12 万亩,扩大灌溉面积 8.35 万亩。干渠渠线以下自流灌溉面积 18.72 万亩,其中改善灌溉面积 12 万亩(耕地 6.2 万亩,经济林 1.79 万亩,生态林 4.01 万亩),扩大灌溉面积 6.72 万亩(耕地 4.18 万亩,经济林 1.8 万亩,生态林 0.74 万亩)。渠线以上新增提灌灌溉面积 1.63 万亩,其中耕地 0.83 万亩,经济林 0.47 万亩,生态林 0.33 万亩。

16.1.3　灌区种植结构

经调查,拉西瓦灌区粮食作物有小麦,经济作物有油菜、马铃薯、玉米、蔬菜,林业有乔木、灌木等生态林与经济林。拉西瓦灌区是青海省的重点农业区、土壤条件与光照条件都较好,农作物产量高,灌溉工程建成后,水利设施配套完善,因此农作物产量有了明显提高,同时灌区具有发展蔬菜与经济林的成熟条件,可加大蔬菜和经济林的种植比例并提高复种比例。

本研究将各农作物按照改善灌溉面积和新增灌溉面积两个部分统计种植面积如下:

表 16-1　农作物种植面积表

作物种类	小麦	油菜	马铃薯	玉米	蔬菜	果树	林业	合计	复种作物
种植比例/%	20	8	5	7	15	20	25	100	20
改善面积/万亩	2.40	0.96	0.60	0.84	1.80	2.40	3.00	12.0	2.4
新增面积/万亩	1.67	0.67	0.42	0.58	1.25	1.67	2.09	8.35	1.56

---

① 1 斤＝0.5 千克(kg)。

作物种类	小麦	油菜	马铃薯	玉米	蔬菜	果树	林业	合计	复种作物
新增面积中旱变水面积/万亩	0.27	0.16	0.11	0	0	0	0	0.54	0.11

16.1.4　增产效益计算

本研究计算灌溉工程农业增产效益按照有、无项目时的农、林业产值效益乘以分摊系数后得出水利灌溉效益。根据调查和试验资料分析确定灌溉效益分摊系数为0.55(蔬菜灌溉效益分摊系数为0.3)。

按照相关历史资料统计的各种农作物的产量如表16-2所示:

表16-2　农作物产量表

作物种类	项目	小麦	油菜	马铃薯	复种作物	玉米	蔬菜
改善面积	有项目/(kg/亩)	500	250	2 200	2 400	800	—
	无项目/(kg/亩)	300	150	1 100	2 300	450	—
	增产量/(kg/亩)	200	100	1 100	100	350	—
	面积/万亩	2.40	0.96	0.60	2.40	0.84	1.80
	增产产量/万 kg	480	96	660	240	294	—
旱地变水地面积	有项目/(kg/亩)	500	250	2 200	2 500	—	—
	无项目/(kg/亩)	140	80	500	2 000	—	—
	增产量/(kg/亩)	360	170	1 700	500	—	—
	面积/万亩	0.27	0.16	0.11	0.11	—	—
	增产产量/万 kg	97.2	27.2	187.0	54	—	—
新增面积	有项目/(kg/每亩)	500	250	2 200	2 400	—	—
	增产量/(kg/每亩)	500	250	2 200	2 400	—	—
	面积/万亩	1.40	0.50	0.31	1.56	0.58	1.25
	增产产量/万 kg	700	125	682	3 748.8	—	—

另外,拉西瓦灌区的特色农业作物主要有玉米和蔬菜。因其独特的地理位置,玉米口味香甜、品质优良,可作为经济作物计算效益。目前,改善面积种植0.84万亩玉米,玉米单产按450 kg每亩、玉米单价按1元每kg计算,项目实施后,玉米单产按800 kg每亩计算,乘以效益分摊系数0.55后可增加经济效益161.7万元。灌区新增面积0.58万亩,项目实施后玉米产量按4 400株每亩、平均每株玉米按结1棵玉米棒、每棵玉米棒按0.5元计算,乘以效益分摊系数0.55后,灌区新增面积种植玉米每年可增加经济效益约700万元。以上两项合计种植玉米每年可增加经济效益861.7万元。

蔬菜现改善灌区面积的种植部分每亩单价按 1 195 元/亩计算,项目实施水利配套后蔬菜产量增加,每亩单价按 7 000 元/亩计算,乘以效益分摊系数 0.3 后蔬菜每年可增加经济效益 3 135 万元。新增灌区面积 1.25 万亩,蔬菜可按 7 000 元/亩计算,乘以效益分摊系数 0.3 后可新增经济效益 2 625 万元。以上合计每年种植蔬菜效益为 6 780 万元。

综上,农业粮食作物和经济作物的增产效益情况如表 16-3 所示。

表 16-3　拉西瓦灌区粮食作物和经济作物增产效益汇总表

项目	小麦	油菜	马铃薯	复种作物	玉米	蔬菜	合计
总产量(万 kg)	1 277.20	248.20	1 529.00	4 042.80			
价格(元/kg)	1.80	3.60	1.00	0.70			
效益分摊系数	0.55	0.55	0.55	0.55	0.55	0.30	
农业灌溉效益(万元)	1 264.43	491.44	840.95	1 556.48	861.70	6 780.00	10 776.70

灌区经济林业包括生态林经济林和果树林,其中,生态林经济林包括乔木、灌木等,可种植 300 万株;灌区内的果树林 4.07 万亩,主要以种植苹果、黄梨、葡萄、核桃等为主。生态林经济林主要效益体现在水土保持和环境效益,因此只作定性分析。果树林包含诸多经济产品,其中苹果、黄梨等因营养丰富、风味浓厚、含糖量高、耐贮、耐运等优点有一定的市场,薄皮核桃因营养丰富、品质优秀,近年来价格不断上涨。

本研究只针对灌区内梨树和核桃树两项果树林经济产业进行分析。为方便分析,按照灌区种植 2.07 万亩梨树和 2 万亩核桃树计算经济林业效益。梨树每亩植 50 株,核桃树每亩植约 4 株,项目区植梨树约 100 万株、核桃树 80 万株。梨树一般第三年进入结果期,产量约 30 kg/株,进盛果期后可产 50 kg/株,按单价 2 元/kg、效益分摊系数 0.3 计算,那么盛果期后每年可产生效益 3 105 万元;核桃树按十年后可产干核桃 9 kg/株计算,目前干核桃市场价为 15 元/kg,效益分摊系数按 0.3 取值,达产后核桃树每年产生 324 万元经济林业效益。以上两项达产后每年经济林业效益 3 429 万元。本项目部分果树林项目经济林业效益如下表 16-4 所示。

表 16-4　灌区部分果树林经济效益表

种类	计划亩数/万亩	每亩可种植数/株	项目总种植数/万株	达产产量/kg/株	市场单价/(元/kg)	效益分摊系数	达产每年效益/万元
梨	2.07	50	103.5	50	2	0.3	3 105
核桃	2.00	4	8.0	9	15	0.3	324
总计							3 429

因此,增产效益汇总情况如表 16-5 所示:

表 16-5　增产效益汇总表

农业效益/万元	林业效益/万元	合计/万元
10 778.28	6 240	17 018.28

16.2　节水效益

拉西瓦灌溉工程项目所处区域深居内陆,属于高原大陆性气候,具有日照时间长、平均气温低、降水量小而蒸发强烈、气温日年变幅大等特点,多年平均降水量在 244.1～428.3 mm 之间,蒸发量在 782.0～1 454.0 mm 之间。多年平均水资源总量 155.2 亿 m³,其中地表水资源量 154.9 亿 m³,地下水资源量 65.9 亿 m³。按照《青海省黄河取水许可总量控制指标细化方案》,分配该区域耗水总量 4.94 亿 m³。

16.2.1　理论基础与计算方法

灌溉工程的基本功能是服务农业生产。灌区农业节水量是通过采取节水工程和非工程措施后,农业用水过程中减少的水量,即节水后灌区渠首(井口)的取水量与节水前取水量之差值。灌溉工程节水采取的主要措施是提升灌溉水利用系数,使灌溉定额降低。节水效益是节水量的价值体现,是节水量与当前水价的积值。

在农业生产中,从引水口引出的水源主要有三个去向:一部分成为农作物生长所需水量;一部分由于管道渗漏等成为地表或地下回流水或者成为其他无效损失量;一部分在田间或渠系蒸发成为无效耗水量。无效损失量与灌溉水利用系数相关,提高渠道衬砌率,可有效提高灌溉水利用系数,减少无效损失量。无效耗水量则与作物灌溉定额息息相关,采取一定的农业技术可以降低灌溉定额,增加节水量。

因此,农业节水量为:

$$Q = A_0(I_{综毛}^{(t)} - I_{综毛}^{(0)}) = A_0\left(\frac{I_{综净}^{(t)}}{\eta_t} - \frac{I_{综净}^{(0)}}{\eta_t}\right) \tag{16-2}$$

式(16-2)中,Q 表示农业节水量,单位 m³;A_0 表示农作物灌溉总面积,单位亩;$I_{综毛}^{(0)}$、$I_{综毛}^{(t)}$ 分别表示初始条件和采取节水措施后的农作物综合灌溉毛定额,单位 m³;$I_{综净}^{(0)}$、$I_{综净}^{(t)}$ 分别表示初始条件和采取节水措施后的农作物综合灌溉净定额,单位 m³;η_0、η_t 分别表示初始条件和节水后的灌溉水利用系数。

依据《灌溉与排水工程设计标准》(GB 50288—2018)采用以下公式计算灌溉水利用系数:

$$\eta = \eta_干 + \eta_支 + \eta_斗 + \eta_农 + \eta_田 \tag{16-3}$$

式(16-3)中,η 表示渠道至田间的综合灌溉水利用系数;$\eta_干$、$\eta_支$、$\eta_斗$、$\eta_农$ 分别表示干、支、斗、农渠的渠道水利用系数;$\eta_田$ 表示田间灌溉水利用系数。

16.2.2　项目水资源状况

拉西瓦灌区水利灌溉历史悠久,自古以来当地农民就在黄河两岸屯田垦荒,开渠引水。受引水条件的限制,项目区内仍以小型自流引水灌渠为主,近年来虽然加大了水利配套设施建设,但渠道的衬砌率仍不高,与节水灌溉的要求差距较大。

经调查,2011 年灌区内渠道配套简陋,只有部分干渠和支渠衬砌,斗、农渠基本为土渠。拉西瓦灌区中的支渠衬砌率仅占支渠总长的 26.2%,沿黄提灌的各灌区,只有最近修建或改建的少部分提灌灌区有衬砌渠道,衬砌率也仅为 28.11%。由于运行、管理、维护等原因,渠道损坏部分约 20%,淤积问题严重,分水口繁杂;提灌灌区大部分泵站建成较早、老化、失修、带病运行,运行费用较高;田面平整度约 75%。综合分析现状各灌区的渠系水利用系数和田间水利用系数后,确定综合灌溉水利用系数约为 0.35,其中:干渠的渠道水利用系数约为 0.86;支渠、斗渠、农渠的渠道水利用数约为 0.8;按计算公式得出综合渠系水利用系数约为 0.44;田间灌溉水利用系数约为 0.8。具体情况如表 16-6 所示。

表 16-6　拉西瓦灌溉工程项目区 2011 年综合灌溉水利用系数

渠系水利用系数					田间水利用系数	综合灌溉水利用系数
渠道				综合		
干渠	支渠	斗渠	农渠			
0.86	0.8	0.8	0.8	0.44	0.8	0.35

16.2.3　项目节水措施与效果

（1）节水措施

拉西瓦灌区坚持节水思路,统一配置与管理水资源,灌溉渠系工程采用干、支、斗、农四级渠道全部衬砌与部分管灌等多种工程措施,配套农业措施与管理措施等非工程措施,以提高综合灌溉水利用系数。

工程措施有:

①渠灌:渠灌施工、运行均不受气候、地形等条件影响,施工简单易行、投资小、运行方便、管理费用小、节水效果明显,特别是老项目区,田间渠道已形成,只将斗、农渠衬砌即可,易被群众接受。因项目区现已基本形成田间渠、林、路、村庄交错的格局,渠灌防渗是项目区的主要节水灌溉模式。

②管灌:斗渠或斗、农渠利用低压管道输水,田间施行小畦灌,渠道田间水利用系数可达到 0.9 以上。项目区内针对不宜平整的小块地,适当布置一些管灌工程。

③微灌:微灌包括微喷、滴灌、渗灌、涌流灌等。目前滴灌适应性较强,是蔬菜、瓜果等经济作物区中应用较多的一种节水灌溉方式,规划年项目区农业种植结构调整后,果树、蔬菜等经济作物种植面积大幅度提高,可示范布置。

④其他节水灌溉技术:近年来农业部门试验并大力推广地膜覆盖技术、膜上灌、膜旁灌、春播注水灌溉技术等,具有较好的节水效果,而且地膜覆盖又能增加作物产量,在项目区通过示范试验后,积极进行推广。

⑤田间节水灌溉:项目区田间节水以常规渠灌节水为主,大力发展田间小灌及地膜覆盖技术,果树、蔬菜等积极推广微灌技术。

非工程措施有:

在搞好节水工程措施的同时,必须采取配套的农业措施和管理措施等非工程节水措施,充分发挥出节水灌溉工程的节水效益。

农业措施主要有:土地平整、大畦改小畦、膜上灌、蓄水保温保墒、采用优良抗旱品种、调整作物种植结构、大力推广旱作农业等。

管理措施主要有:加强宣传和引导,提高全民的节水意识;尽快制定和完善节水政策、法规;抓好用水管理,实行计划用水、限额供水、按方收费、超额加价等措施,大力推广经济、节水灌溉制度,优化配水;建立健全县、乡、村三级节水管理组织和节水技术推广服务体系,加强节水工程的维护管理,确保节水灌溉工程安全、高效运行,提高使用效率,延长使用寿命。

(2)节水效果

在采取多种节水措施后,拉西瓦灌区综合灌溉水利用系数有了较大提高,经综合测定,如表 16-7 所示。

表 16-7　2020 年拉西瓦灌区综合灌溉水利用系数

渠系水利用系数					田间水利用系数	综合灌溉水利用系数
渠道				综合		
干渠	支渠	斗渠	农渠			
0.94	0.9	0.9	0.89	0.68	0.86	0.585

同时,该灌区农林灌溉综合净定额与综合毛定额都有一定的变化,具体如表 16-8。

表 16-8　2011—2020 年拉西瓦灌区农林灌溉变化情况

时间	灌溉面积/万亩	综合灌溉净定额/(m³/亩)	灌溉综合毛定额/(m³/亩)	综合灌溉水利用系数
2011 年	12.00	322.85	845.57	0.350
2020 年	20.35	295.95	551.88	0.586
变化量	+8.35	−26.90	−293.69	+0.235

说明:"+""−"分别表示从 2011 年到 2020 年表中各项目的增加或减少量。

由表 16-8 可知,拉西瓦灌区在采取多种节水措施后,亩均综合毛定额由 845.57m³ 每亩,减少到 551.88 m³ 每亩,降幅达 34.7%;综合灌溉水利用系数由 0.35,增长到 0.586,增幅达 67.4%。拉西瓦灌区光热条件好,具有发展蔬菜与经济林的条件。近年来,灌区水资源更加充沛,并加大了蔬菜与经济林种植比例并提高了复种比例,因此 2020 年亩均综合净定额比 2011 年降低了 26.9 m³ 每亩。

16.2.4　节水效益计算

(1)直接效益

为了计算方便,假定灌溉面积为 12 万亩不变时,利用式(16−2)及表 16-8 数据计算可得,拉西瓦灌溉工程的节水量为 3 524.28 万 m³。由于该项目新增灌溉面积 8.35 万亩,新增灌溉面积理论上可节约用水量 2 452.31 万 m³,因此,理论上 2011—2020 年,拉西瓦灌溉工程可带来年节水量 5 976.69 万 m³。按当前农业水价 2.5 元/m³ 计算,年节水效益可达 14 941.73 万元。

（2）间接效益

灌溉工程的节约水量，直接支援了城市生活和工业用水，缓解了生态与环境用水的紧张形势。将节水量用于生态环境建设，对改善项目区局部小气候，提高水土资源的利用率发挥了重大作用。因此节约用水量在具有经济效益的同时，还有显著的社会效益和生态与环境效益。

16.3　旅游效益

工程建设后可充分发挥地区区位优势，促进地区经济发展。贵德县距西宁 114 km，随着拉鸡山隧道的开通，路程还会大大缩短，并进一步加快以西宁为中心的东部城市群建设，按照"一核一带一圈"空间布局，强化西宁"核心"城市的聚集辐射带动作用，着力提升 1 小时"圈"的城市功能。在青海省旅游"四区两带一线"区域发展新格局中，贵德县既是环湖地区的重要一员，又是黄河经济开发带的重要节点。同时，在青海省"一圈三线"旅游发展布局中，贵德既是环青海夏都旅游圈的重要成员，又是三江源生态旅游线的重要组成部分和过境节点，具有独特的区位优势。

16.3.1　贵德县旅游开发规划

2008 年中国国际工程咨询公司和青海省工程咨询中心编制完成了《青海省黄河沿岸综合开发规划（2009—2020 年）》并通过青海省发改委组织审查，该规划建议将青海省黄河沿岸地区纳入国家重点支持的开发地区。黄河沿岸水利综合开发利用工程主要包括拉西瓦灌区、李家峡灌区、公伯峡灌区和积石峡灌区建设，以发展特色种植业、休闲旅游业、冷水养殖业和高效畜牧业为主。

2011 年，青海省发展和改革委员会牵头编制完成了青海省国民经济发展的第十二个五年规划纲要（以下简称"十二五"规划），通过了青海省第十一届人民代表大会第四次会议审议。省"十二五"规划纲要的水利工程建设部署中，拉西瓦灌溉工程作为重点工程列入。工程的实施将改善和扩大灌溉面积，促进灌区内冬小麦良种制种、脱毒马铃薯种薯、蔬菜制种、果蔬苗木繁育、菊芋制种等种植基地的建设，同时将延伸农业生产产业链条，发展水果深加工项目、高原花卉的规模化生产、郊区农家乐的标准化建设、旅游业的特色发展等，大大提高当地居民的人均收入，逐步减小与东部湟水流域的经济差距。

灌区规划充分与青海省"十二五"规划、海南州"十二五"规划及贵德县"十二五"规划相衔接，与黄河谷地综合开发规划一致，结合拉西瓦灌区现状，研究拉西瓦灌区规模和建设条件。以经济效益、生态效益、社会效益相统一为中心，以经济、生态、社会协调为目标，因地制宜开发水土资源、合理配置水资源、充分挖掘旅游资源。

16.3.2　工程建设前贵德县旅游效益分析

拉西瓦灌溉工程项目于 2015 年开始建设，项目开工前贵德县区域原有旅游区有：贵德县黄河清国家湿地公园、贵德黄河省级风景名胜区等。贵德黄河省级风景名胜区的性质以清黄河资源为特色,集观光、休闲、保健、游憩等功能为一体,是综合型风景名胜区。

根据贵德县历年国民经济和社会发展统计公报可知:2015年贵德县全年接待国内外旅游人数285.9万人(次),同比增长20.5%,实现旅游收入8.48亿元,同比增长25.2%;2016年全年接待国内外旅游人数343.04万人(次),同比增长20.0%,实现旅游收入10.40亿元,同比增长22.4%;2017年全年接待国内外旅游人数431.99万人(次),同比增长26.0%,实现旅游收入13.0亿元,同比增长25.4%;2018年全年接待国内外旅游人数506.6万人(次),同比增长17.2%,实现旅游收入16.1亿元,同比增长23.6%。

再由贵德县历年国民经济和社会发展统计公报可知:2015年全县完成地区生产总值(GDP)29.36亿元,比上年增长3.2%,其中第三产业完成增加值7.04亿元,增长5.6%,拉动经济增长1.4个百分点;2016年全县完成地区生产总值(GDP)28.44亿元,比上年增长2.2%,其中第三产业完成增加值7.75亿元,增长8.5%,拉动经济增长2.1个百分点;2018年全县完成地区生产总值(GDP)31.54亿元,比上年增长7.1%,其中第三产业完成增加值8.29亿元,增长2.3%,拉动经济增长0.6个百分点,贡献经济总量增长8.1%。

对统计数据进行分析可知,贵德县旅游产业带来的旅游收入占全县地区生产总值的比例较高,2015—2018年贵德县旅游业与全县地区生产总值对比见图16-1。

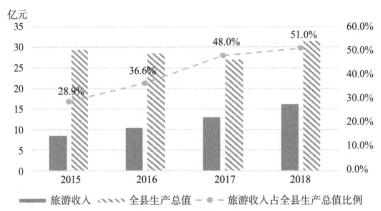

图 16-1　2015—2018 年贵德县旅游收入与全县生产总值对比图

16.3.3　工程建设后贵德县旅游效益分析

贵德黄河省级风景名胜区、青海贵德黄河清国家湿地公园处在黄河干流贵德段沿岸,由于黄河河道内水量略有减少,拉西瓦灌溉工程运行对其有间接影响。贵德黄河省级风景名胜区、青海黄河清国家湿地公园均位于黄河河道两侧的滩地上,地表、地下水交换频繁,其土壤水分补给来自黄河干流的地表水对河滩地地下水的侧向补给,以及汛期高流量时漫滩的直接补给。工程运行后,青海黄河清国家湿地公园、贵德黄河省级风景名胜区所处的黄河贵德站、西河汇入口、东河汇入口断面各月水宽度仅比建前减小0.010~1.406 m,各月水深比建前减小0.001~0.027 m,各月水位比建前减小0.002~

0.008 m,工程运行对青海黄河清国家湿地公园、贵德黄河省级风景名胜区所处河段水文情势影响很小。因此,就水文情势而言,工程运行对青海黄河清国家湿地公园、贵德黄河省级风景名胜区影响微弱,基本不影响旅游区的正常运行。

工程建设完成后还会推进贵德县的旅游项目开发。

根据青海省《关于加快全域旅游发展的实施意见》要求,要推进国家全域旅游示范区创建,加快生态旅游示范区建设,推动"旅游＋"融合发展,拓展旅游新领域。拉西瓦灌溉工程的建设,在推动区域原有旅游区发展的同时,也增设了一批新的旅游区,主要包括工程旅游和灌区农业生态旅游,助力青海省全域旅游发展。

①工程旅游

拉西瓦灌溉工程在建设过程中,采用了一些新工艺、新技术,如大跨度空腹桁架拱式渡槽、倒虹吸等,这些技术呈现效果显著,引人注目。工程结束后,设立工程技术效果科普区与观赏区,科普区向游客们讲解技术的大致情况及应用,观赏区让游客们实地感受工程的震撼。

工程建设过程中的配套工程也具有一定观赏价值,如拉西瓦水电站,通过"参观＋讲解"的方式,让游客们明白水电站的运作情况,对水利建设工程有更深一步的了解。

工程旅游区不仅能够对项目工程起到一定的宣传推介作用,更能够起到一定的水利灌溉工程科普宣传作用,在吸引游客、增加旅游业务的同时,宣传了水利灌溉工程,可吸引人才投身于水利灌溉工程建设。

②灌区农业生态旅游

拉西瓦灌溉工程的建设,促进了当地农业的发展,为发展农业生态旅游提供了条件,集休闲、度假、观光为一体,设立农业游览区与生态休闲度假区。农业游览区提供区域农业特色种植的解说与观光服务,生态休闲度假区以娱乐为主,包含游乐设施、采摘、农家乐等,让游客们了解和体验乡村民俗生活。

此外,从其他方面来看,工程建成后,项目区的环境状况可得到很大的改善,气候湿润,可以大力发展旅游业带动经济发展,这些效益无法直接计算,但根据经济计算方法按照旅行费用法估算,按每年有 0.6 万人前来旅游,平均每人消费 100 元,每年可有间接效益 60 万元。

第十七章　拉西瓦灌溉工程社会效益

　　拉西瓦灌溉工程的建设不仅能带来很强的经济效益,还能促进社会发展、保障社会稳定。从目标角度看,工程的建设能有效节约能源,并通过可再生清洁能源的使用减少污染排放,建立环境友好型社会;从功能角度看,拉西瓦灌溉工程能用作防洪工程,贵德县抵御洪涝灾害能力进一步提高。因此,本章从工程的节能效益和防洪效益两个方面进行社会效益的分析。

17.1　节能效益

　　水电是我国目前可大规模开发的可再生清洁能源。在我国经济发展现阶段,受技术和成本因素的制约,成本低廉的水电是目前经济条件下实现节能减排首选的替代能源。纵观国内水电建设发展的过程,水资源的流域开发大致遵循"先低后高""先易后难"的发展顺序。"先低后高"是指流域开发一般是先建下游电站,然后逐渐向上游推进;"先易后难"是指先开发的电站大多位于地质条件较好、交通和施工较为便利的地方。本节针对拉西瓦灌溉工程建设过程采取的节能措施进行节能效益分析,主要包括工程布置节能、工程设计节能、工程建设节能和工程运行节能四个方面。

17.1.1　工程布置节能效益

　　拉西瓦灌溉工程自拉西瓦电站水库取水,渠首接在拉西瓦水源工程预留的农灌口上。干渠由西向东,途经贵德县河西镇、新街乡、河阴镇和河东乡,通过明(暗)渠、隧洞、渡槽、倒虹吸等各类建筑物将水输送至干渠末端河东乡业浪尖巴,总长 52.72 km,从业浪尖巴向东由 20♯ 支渠延伸 3.85 km 至河东乡沙巫滩。

　　干渠总长 52.72 km,流量分段为八段,设计纵坡具体为:明(暗)渠和隧洞为 $i=1/1\,500$,渡槽为 $i=1/1\,000$。其中明(暗)渠段长 13.19 km,占干渠总长度的 24.99%;隧洞 14 座,总长 30.76 km,占干渠总长度的 58.30%;渡槽 27 座,总长 7.43 km,占总长度线的 14.08%,倒虹吸 3 座,总长 1.39 km,占干渠总长度的 2.63%,干渠其他建筑物 108 座。整个灌区内,由南向北沿等高线或山脊布置 19 条支渠,由西向东布置 1 条支渠,共布置 20 条自流支渠;由北向南共布置提灌站 8 座,提灌支渠 8 条。

　　灌区流量设计时考虑了节水灌溉的设计要求,制定合理的灌溉制度,提高了渠道的利用效率,降低了水量和水头损失,提高了灌溉水利用系数,节约了工程量和能耗。

在对干渠线路方案进行比较时,建设单位分析了长线和短线两方案的优缺点,两方案的不同点在干渠跨东西、河的建筑物型式,其余部分干渠线路完全相同。推荐干渠线路在跨东西河时采用渡槽型式,比较方案采用倒虹吸型式。

两方案线路主体均为隧洞,短线方案虽然较长线方案缩短线路长度 10 km 左右,但线路位置相对较低,干渠穿村时移民户数多,需集中安置,占用耕地、林地面积大,增加了移民安置投资,且反向布置支渠需要有泵站提水;长线方案线路相对位置较高,干渠牵扯移民占地量小,采用后靠安置方式即可,且在比降选择时尽量考虑了经济断面的要求,做到经济挖填,优化断面型式,降低水头损失,节约了主体工程量,缩短了施工工期,又效降低了耗能总量。

支渠布置尽量利用地形特点,合理布置支渠,根据地形坡度,渠道总体布置经实地勘测,结合实际地形、地质条件确定,根据总体布置。灌区内共布置自流支渠 20 条,其中 9 条支渠(4♯~11♯和 20♯)采用混凝土衬砌明渠形式,总长 48.21 km;其余 11 条支渠采用压力管形式输水,总场 30.75 km;共布置提灌站 8 座,提灌支渠 8 条,总长 10.6 km。1♯~3♯和 12♯~19♯支渠,由于地形较陡,如采用明渠,则跌水、陡坡等建筑物很多,分水难度大,工程量大,投资高,能耗大;采用压力管渠道后,既提高了节水效益,又降低了工程量,节约了投资和能耗,且便于后续管理,也降低了运行期能耗。

17.1.2　工程设计节能效益

(1) 主要建筑物节能设计

灌区建筑物主要有隧洞、渡槽和倒虹吸和桥、涵等建筑物,设计时在满足水头要求的前提下,选择合适比降,选用了经济纵、横断面,有效降低了总工程量,节省了投资,体现节能理念。

①隧洞设计

灌区总布置隧洞 14 座,总长度 30.75 km,均为无压隧洞,其中单个隧洞最长为 6 117.5 m(3♯隧洞),最短的隧洞长为 203.02 m(13♯隧洞)。

隧洞设计在选线时尽量选择较短线路,通过线路总体布局分析,比降采用 1/1 500。在断面与衬砌型式的选择中,借鉴甘肃省引大入秦工程和青海省湟水北干渠隧洞设计与施工的成功经验,考虑了地质条件、安全运行、便利施工、节约三材、降低能耗、经济合理诸因素,采用了喷混凝土、锚杆支护、钢拱架、钢筋混凝土衬砌联合应用等技术。隧洞过水断面均为现浇混凝土衬砌,糙率采用 0.014,隧洞余幅在加大流量以上不少于 0.4 m,净空面积不小于隧洞全面积的 15%,断面的高宽比在 1.0~1.5。

考虑长隧洞为工程工期制约性建筑物,故布置了施工支洞,增加了施工掌子面,有效缩短了工程总工期,从而降低了能耗。

②渡槽

干渠共设有渡槽 27 座,总长度 7.43 km。槽身断面均采用 C20 钢筋混凝土矩形断面,设计纵坡为 1/1 000,与各段渠道或其他建筑物相连接时,在渡槽进、出口均设有渐变段,渐变段长度为 10 m。槽身横断面尺寸按设计流量设计,加大流量校核,取渡槽满槽时的槽内水深与水面宽度的比值为 0.6～0.8,过水断面平均流速控制在 1.0～2.0 m/s 之间。每隔 2 m 在槽口设一拉杆,渡槽底部支撑采用两种形式,即 C25 钢筋混凝土单双排架拱形支撑,设计排架最大高度 28 m,最高中墩 25 m。排架基础和中墩至少埋入冲刷线下 2 m,采用整体式钢筋混凝土基础。

渡槽设计考虑了运行安全、施工方便、节约工程量、降低能耗的原则,跨沟道时槽轴线基本上垂直于沟道布置,使得渡槽槽身段最短,排架尽量避开主沟槽布置,节约了工程量,方便施工,降低了能耗。

③倒虹吸

干渠共布置倒虹吸 3 座,总长 1.39 km。倒虹吸管由进口段、管道段及出口段三部分组成。根据地形条件、沟道洪水流量大小、水头高低和支承形式等情况,3 座倒虹吸采用地面式布置,为满足洪水要求将 1♯、2♯ 倒虹吸最低部跨主河槽段埋入冲刷线以下 0.7 m。3♯ 倒虹吸最低部跨主河槽段采用 C20 混凝土排架架空式布置,架空高度以满足沟道洪水要求为标准。

倒虹吸进出口均采用 C20 钢筋混凝土衬砌;管身段均采用钢管;为维持倒虹吸管稳定,除在倒虹吸拐弯处设立 C20 钢筋混凝土镇墩外,每长 100 m 增设一座镇墩,并沿管道每 2 m 设一加劲环,每 6 m 设一支承环,支乘环坐落在滑动支座上。镇墩均埋设在冻土深 1.5 m 以下,并力求设置在沙砾石层上,遇黄土地基采用厚 150 cm 砂砾石换基处理。为了满足检修要求,放空管内积水,在倒虹吸最低部位设置放空管,在放水管下游附近设置闸阀以便开启,放水管弃水泄入下游河床。为适应温度变化的需要,在镇墩下游设单向伸缩节。

倒虹吸管径设计时考虑了经济流速的要求,管径较为经济,水头损失较为合理,降低了工程量,节约了能耗。

干渠其他建筑物设计时也考虑了断面比选,基本做到挖、填平衡,节约工程量,降低能耗的总体要求。

(2)机电金属结构节能设计

①泵站机组设备的选择及设计

根据泵站设计流量、扬程,借鉴已建同类工程,减少单机容量,在选型时尽量采用国内已有的、并已成功应用过的、性能先进的高效节能泵型。由于所修泵站属于大流量、高、低扬程泵站,泵站从灌溉干渠引水。各泵站采用高、低扬程两种型式水泵,各水泵备用一台,两台或者多台相同型号的水泵并联工作的方式来保证所需流量,采用一条总输水管路供水,此时两台泵并联工作时的扬程与一台水泵工作时的扬程一致,皆为水泵选型点的设计扬程。水泵选型设计,考虑满足设计流量、设计扬程及不同时期供水要求,在平均扬程时水泵在高效区运行。水泵安装高程满足在进水池最低水位运行时,必须满足在不同工况下水泵的允许吸上真空高度或气蚀余量要求的原则下进行水泵选型。最终选定机型台数见表 17-1。

表 17-1　泵站机组设备最终选定机型

提灌站		可选泵型	流量/(m³/h)	扬程/m	配用功率/kW	(NPSH)r/m	台数
1♯	低扬程	SN200-M6/237	141～282	74～60	75	5.2	2
	高扬程	SN200-M4/328	142～284	146～132	160	4	3
2♯	低扬程	SN200-M6/258	154～307	87～71	90	5.5	2
3♯	低扬程	W150/460-75/4	140～24	85～75	75	4	2
	高扬程	DW150-20x7	108～180	157.5～114.8	75	2.8	2
4♯	低扬程	SN150-M6/245	96～198	91～71	55	4	2
	高扬程	DW150-20x7-Ⅱ	108～180	157.5～114.8	75	2.8	2
5♯	低扬程	W100/250-37/2	70～120	87～68	37	4	2
	高扬程	W100/300-55/2	66～114	117～106	75	4	2
6♯	低扬程	DW150-20x4	108～180	90～68	45	2.8	2
	高扬程	DW100-20x7	72～126	157.5～119	55	2.8	2
7♯	低扬程	DW150-20x4-Ⅱ	108～180	90～68	45	2.8	2
	高扬程	DW100X-20(P)x8-Ⅱ	50～90	180～144	55	3.5	2
8♯	低扬程	DW150-20x4-Ⅱ	108～180	90～68	45	3.7	2
	高扬程	DW150-20x6-Ⅱ	108～180	135～102	75	2.8	2

②主要节能降耗措施

为更好地节能降耗,提高泵站的经济效率,在泵站设备选型方面考虑如下措施:根据泵站动能特性、水泵设计制造条件要求,尽可能采用容量大的水泵,减少台数,节省设备用电量,减小能耗;根据泵站的运行扬程和流量,选用效率高,稳定运行的水泵。离心泵站抽取清水时,符合《清水离心泵能效限定值及节能评价值》(GB 19762—2007)的规定;水泵优先选用了国家推荐的系列产品和经过鉴定的高效节能产品;泵站各系统设备选用标准的、国家推荐的高效节能产品,满足行业对设备能耗限定值和节能指标评价的规定;泵站各系统选用的阀门结构合理、水力性能好、阻力系数小,关闭状态漏水量小。

17.1.3　工程建设节能效益

(1) 主要施工设备选型及配套

①土石方施工设备

石方开挖钻孔设备尽量选生产效率高、耗能小的钻爆设备。

针对选用的施工设备所采取的节能降耗措施有:选择适应该地层岩性的掘进机及技术参数,尽可能降低能耗;洞内运输机车选用节能环保型的直交变频机车,以提高运输系统的可靠性,并能降低系统的使用成本,达到节能降耗的效果;施工时加强通风管与空压机连接处的密封措施并定时检查,避免漏风,并做好协调计划工作,从而降低损耗;合理选择自卸汽车的数量与洞内矿车运输能力相适应,避免出现车辆过多产生空车等待,从而减少可以避免的能源消耗。

②混凝土施工设备

混凝土生产系统拌和站、空压机是混凝土生产系统的主要耗能设备。在空压机选型上,选择效率高、能耗相对较低的活塞式空压机。拌和站的耗能主要是搅拌机,选择传输效率好的齿轮转动,可以减少能量的损失。

在胶凝材料的输送工艺选择上,由于机械输送工艺能量损失大,因此采用气力输送工艺,能有效地降低能耗。在工艺布置上充分利用高差,物料由高到低输送,充分利用势能,减少物料提升。

(2)辅助生产系统及其施工工厂

①砂石加工系统

根据系统生产成品的级配,细颗粒量大,粗颗粒量小,在工艺上设为三段生产。一段生产粒径 40~80 mm 部分,该部分采用干式筛分,可省用水,改善二段破碎料含水率,提高破碎率,以提高生产率来到达节能的目的。二段生产 5~10、10~20、20~40 mm 部分,因该部分料含细颗粒较多,采用水筛,可冲洗干净,分离粗细颗粒,并将小于 5 mm 部分直接上成品料堆或半成品料堆,工艺灵活,能在一定程度上节省用水和能耗。三段生产粒径小于 5 mm 部分,设半成品料堆,破碎富余粗颗粒,采用湿筛法,闭路循环生产,该部分工序能独立生产,相比系统联动生产既灵活又节能。

②混凝土加工系统

在胶凝材料的输送工艺选择上,采用气力输送工艺比机械输送工艺能有效地降低能耗;混凝土生产系统的主要能耗设备为拌和机、空压机。在设备选型上,选择效率高、能耗相对较低的设备。

③给水、排水

辅助生产系统的给水、排水主要有混凝土系统施工工厂用水。施工过程中应对废水进行循环回收利用。废水循环回收利用节省水量,即减少了从源水点至生产水用户间的抽水、加压等能耗;水泵等耗能"大户"的效率符合国家有关规划纲要提出的能耗指标;合理的水泵运行工况设计,使水泵在高效段运行;对输水管道采用低摩阻系数管材,减小水泵运行能耗;使用先进的自动化控制系统,使设备能在高效状态下运行。

(3)施工营地、建设管理营地建筑

按照建筑用途和所处气候、区域的不同,做好建筑、采暖、通风、空调及采光照明系统的节能设计。所有大型公共建筑内,除特殊用途外,夏季室内空调温度设置不低于 26℃,冬季室内空调温度设置不高于 20℃。

①建筑

建筑物结合地形布置,房间尽可能采用自然采光、通风;

②电气

采用节能型照明灯具,公共楼梯、走道等部位照明灯具采用声光控制;

③给排水

采用节水型洁具,公用卫生采用感应式出水洁具。

（4）施工通讯

施工点部分有移动网络覆盖，电话可接收到无线讯号，为方便对外联系，在设立的10个工区设置固定电话，这10个工区均设立在附近村庄中，施工单位可自行与当地通讯部门联系安装，而场内通讯联络则可采用无线对讲机等方式。个别施工点可配置电台，远离村落的施工区需架设部分通信线路。

本次能耗分析按统一的热值标准进行计算，工程施工期临时电源均从10 kV线路就近引接，分散式变电站容量应能满足此工程施工期最大日负荷4 048 kW的要求，工程施工期为5年，消耗的二次能源电力约为1 505.86万kW·h，折算成标准煤为0.61万t。

综上所述，拉西瓦灌溉工程施工期用电项能耗指标相对较低，当地能源供应容量和供应总量满足施工要求，且对当地能源供应不构成大的影响。

（5）建设管理节能措施

根据工程的施工特点，工程在施工期的建设管理过程中采取如下节能措施：

①定期对施工机械设备进行维修和保养，减少设备故障的发生率，保证设备安全连续运行。

②加强工作面开挖渣料管理，严格区分可用渣料和弃料，并按渣场规划和渣料利用的不同要求，分别堆存在指定港（料）场，减少中间环节，方便物料利用。

③根据设计推荐的施工设备型号，配备合适的设备台数，以保证设备的连续运转，减少设备空转时间，最大限度发挥设备的功效。

④砂石加工厂的生产设施持续运转，破碎设备、转料运输胶带机均持续运转，不随进料的变化而调整工况，而进料采用汽车运输，间歇性进料，工况不连续。为衔接进料与生产设施，需考虑设置合适的受料仓，保证给料均匀，保护砂石生产设备，并维持砂石的连续生产。避免因给料不均匀或不连续引起生产的中断，而造成能源浪费。

⑤生产设施应尽量选用新设备，避免旧设备带来的出力不足、工况不稳定、检修频繁等对系统的影响而带来的能源消耗。

⑥合理安排施工任务，做好资源平衡，避免施工强度峰谷差过大，充分发挥施工设备的能力。

⑦混凝土浇筑应合理安排，相同标号的混凝土尽可能安排在同时施工，避免混凝土拌和系统频繁更换拌和不同标号的混凝土。

⑧场内交通加强组织管理及道路维护，确保道路畅通，使车辆能按设计时速行驶，减少堵车、停车、刹车，从而节约燃油。

⑨施工用电电气设计节能应坚持的原则：满足施工期的功能；考虑实际经济效益；节省无谓消耗的能量。

⑩加强现场施工、管理及服务人员的节能教育；成立节能管理领导小组，实时检查监督节能降耗执行情况，根据不同施工时期，明确相应节能降耗工作重点。

（6）建设期能耗指标分析

灌区流量设计时考虑了节水灌溉的设计要求，制定合理的灌溉制度，提高了渠道的利用效率，合理降低了水量和水头损失，提高了灌溉水利用系数，节约了工程量和能耗。

支渠布置尽量利用地形特点,合理布置支渠,根据地形坡度,渠道总体布置经实地勘测,结合实际地形、地质条件确定。根据总体布置,灌区内共布置自流支渠 20 条,总长81.78 km,在比降选择时考虑了经济断面的要求,做到经济挖填,优化断面型式,降低水头损失,节约了主体工程量,缩短了施工工期,有效降低了耗能总量。

项目施工期主要消耗的能源为柴油、汽油和电力等,在运行期主要消耗的是电力等,项目建设期总耗能折合标准煤 1.185 万 t。拉西瓦灌溉工程施工期各类能源与标准煤折算成果见表 17-2。

表 17-2 拉西瓦灌溉工程各类能源与标准煤折算成果表

能源种类	数量/t	能源折算标准煤系数	标准煤数量/万 t
柴油	3 387	1.457 1 kg 标准煤每 kg	0.49
汽油	579	1.471 4 kg 标准煤每 kg	0.085
电力	1 505.86(万 kW·h)	0.404 0 kg 标准煤每 kW·h	0.61
合计			1.185

根据本工程经济寿命期内的能源消耗总量和产生的经济效益分析计算,本项目万元GDP 能耗约为 0.24 t,远低于青海省"十二五"万元国内生产总值能耗下降到 1.519 t 标准煤的节能目标要求,因此从能源消耗和产出分析,拉西瓦工程是一个符合国家能源开发政策的节能型工程。

拉西瓦灌溉工程本着合理利用能源、提高能源利用效率的原则,遵循节能设计规范,从设计理念、工程布置、设备选择、施工组织设计等方面已采用节能技术,选用符合国家政策的节能机电设备和施工设备,合理安排施工总进度,符合国家固定资产投资项目节能设计要求。

17.1.4 工程运行节能效益

(1) 运行期用电设计

拉西瓦灌溉工程永久用电有提灌站用电、自动化综合用电、管理房用电、干渠和支渠闸门用电。

①提灌站共有 8 座,每座提灌站内设 2~4 台水泵电机,其永久电源均从附近已有电源点接入。每座提灌站均设型号为 SC(B)10 kV 干式节能型变压器一台。1#提灌站变压器容量为 500 kVA,2#、5#提灌站变压器容量为 125 kVA,3#提灌站变压器容量为250 kVA,4#、7#提灌站变压器容量为 200 kVA,6#、8# 提灌站变压器容量为160 kVA,提灌站总变压器容量为 1 720 kVA,用电总负荷为 1 376 kW。

②自动化用电总负荷为 400 kW。

③管理房用电包括办公用房建筑面积为 954 m²、仓库其他用房建筑面积为 700 m²,综合用电指标按 50 W/m² 考虑,管理房用电总负荷为 82.7 kW。

④干渠和支渠闸门用电共计用电负荷为 54.6 kW。

工程运行期为 40 年,经初步估算,高峰期永久用电总负荷为 1 913.3 kW,考虑同时率后运行期耗电量约为 1 653.09 万 kW·h。

（2）节能效益分析

所有配电装置布置均结合工程布置特点，并根据电气设备电压等级合理确定设备的布置距离和连接方式，宜使电气设备布置有一定的规律性；优化选择配电室的位置，缩短配电线路长度，减少迂回送电；变压器选用国家推荐的高效低损耗型产品，合理地选择冷却方式和布置型式。照明灯具选用节能型灯具，合理选择导线的种类、截面，以降低电气设备、导体损耗及生活生产用电消耗。

变压器的电能损耗由空载损耗和负载损耗两部分组成。

提灌站站配电设备（如高、低压开关柜等）的电能损耗主要为设备发热损耗提灌站的其他电气能耗为照明灯具的发热消耗。

提灌站的 10 kV 架空线路还存在因线材电阻引起的电能损耗。

本工程运行期为 40 年，根据工程运行期各系统及设备的能耗统计计算，运行期主要电气及照明设备能耗为 1 653.09 万 kW·h，折合标准煤为 0.67 万 t。

17.2　防洪效益

拉西瓦水库是深山峡谷型水库，仅具有日调节性能，设计洪水位、正常蓄水、汛限水位都为 2 452 m，死水位 2 440 m，正常蓄水位以下库容 10.06 亿 m^3，其中死库容 8.56 亿 m^3，调节库容 1.5 亿 m^3，本灌区引水建筑物进水口布置于大右侧 2 号坝段，进水口底板高程 2 442 m。拉西瓦水库上游龙羊峡水电站与拉西瓦水电站首位相邻，两坝址间河段长度 32.8 km。龙羊峡水库为黄河上游龙头水库，最大坝高 178 m，面积 383 km^2，库容 247 亿 m^3，是以发电为主，兼有防洪、灌溉、防汛、渔业、旅游等综合功能的大型水利枢纽。龙羊峡水库于 1986 年下闸蓄水，2006 年蓄至历史最高水位 2 585 m。龙羊峡水库为温度分层型水库，下泄水是比正常高水位高程低 60 m 的深层水，年内 4—9 月存在低温水下泄影响。2005 年以前龙羊峡水库未蓄至最高水位，2006 年蓄至最高水位，随着水库蓄水位的提高，下泄低温水的影响在逐渐加剧。2005 年以前龙羊峡水库未蓄至最高水位时，4—8 月龙羊峡水库下泄水温低于天然情况，8 月最大降低 7.4℃。2006 年龙羊峡水库蓄至最高水位，下泄低温水与天然河道水温的最大差距为 9.7℃，出现在 7 月。

在拉西瓦灌溉工程的安全目标中明确提出：拉西瓦灌溉工程建设和新开工项目不发生人身死亡事故；不发生人身重伤事故；不发生责任停电事故；不发生负主要责任的重大及以上交通事故；不发生重大火灾事故；不发生重大工程质量事故；不发生重大防洪事故；不发生恶性误操作事故；不发生火工材料丢失事故；不发生环境污染事故；创造良好的生活、工作与施工环境；安全生产工作实现从防范伤亡事故向全面做好职业健康安全转变。由此可见，拉西瓦灌溉工程在保障不发生重大防洪事故中有十分重要的作用。

17.2.1 工程所在河道或行(蓄)洪区情况

(1) 东、西河段

从 2002 年以来,水务部门大力投资,先后完成了东、西河防洪治理工程,修建了西河防洪堤 9.5 km,东河防洪堤 8.7 km,两河道防洪能力逐年得到加强,抵御洪涝灾害的能力进一步提高。

东、西河防洪堤设计防洪标准为 20 年一遇,泄洪能力分别为 182 m³/s、201 m³/s,经过这几年的运行,基本能达到设计防洪标准。

(2) 黄河段

工程区涉及黄河干流拉西瓦电站-李家峡电站水库尾水段,该段实施的水库电站依次为拉西瓦电站、尼那电站和李家峡电站。

目前拉西瓦电站建设接近尾声,电站装机 4 200 MW,坝高 250 m,总库容 10.59 亿 m³,具有日调节能力,正常调节库容 3 000 万 m³。

尼那电站位于拉西瓦电站的下游,已建成发电,为河床式电站,装机容量为 160 MW;水库坝高 45.8 m,长 200 m,库容量 3 600 万 m³。

李家峡电站装机 2 000 MW,水库尾水位于贵德县境内,水电站大坝型为混凝土三圆心双曲拱坝,最大坝高 155 m,水库库容 16.5 亿 m³。

"十五"期间贵德县水务部门坚持以"兴利除害结合,开源节流并重,防汛抗旱并举"的方针,自尼那电站下游约 6 km 至李家峡水库尾水之间的黄河段,除险加固了黄河大堤 16 km,"十一五"期间又筹资新建黄河防洪堤 3.1 km 左右。

(3) 其他季节性沟道

项目区季节性沟道主要有阿垄沟、拉果沟、深沟和温泉沟等 13 条沟道,目前深沟防洪堤长度约 2.6 km,温泉沟西久公路防洪堤 5.8 km,其他沟道基本无防洪堤工程。

17.2.2 工程防洪规划与指标

(1) 青海省十二五规划

2011 年,青海省发展和改革委员会牵头编制完成了青海省国民经济发展的第十二个五年规划纲要(以下简称"十二五"规划),通过了青海省第十一届人民代表大会第四次会议审议。省"十二五"规划纲要对水利基础设施建设的具体要求为:统筹推进引大济湟、黄河沿岸水利综合开发、重点水源、东部城市群综合供水网络四大骨干工程,实施饮水安全、灌区节水改造、小型农田水利、草原水利、农村小水电、中小河流治理、重点城镇防洪等水利工程建设,基本解决工程性缺水问题,有效缓解城镇和工农业用水紧张局面,全面解决农牧区人畜饮水安全问题,显著提高水资源保障和防洪抗灾能力。

(2) 黄河流域防洪规划概要

黄河发源于青藏高原巴颜喀拉山北麓海拔 4 500 m 的约古宗列盆地,流经海拔 3 000 m 以上的青藏高原,海拔 1 000~2000 m 之间的世界上最大、水土流失最严重的黄土高原,海拔 100 m 以下的黄淮海平原,在山东省东营市垦利区注入渤海,干流河道全长

5 464 km,流域面积 75.3 万 km²。内蒙古托克托县河口镇以上为黄河上游,干流河道长 3 472 km,流域面积 39.6 万 km²。

本工程位于黄河上游流域,在该河段具有三个特点:一是上部的兰州以上黄河水量的主要来源区、沙量相对较少;二是中部的龙羊峡至青铜峡河段水力资源丰富;三是下部的河套平原是黄河流域最富饶的地区之一,存在一定的防洪防凌问题。

因此,目前黄河流域防洪减淤目标如下。

①近期目标

黄河流域防洪规划的近期目标是指,自规划起始至 2015 年,河口村水库投入运行,开工建设古贤水利枢纽,进一步完善初步形成的下游水沙调控体系,结合水土保持措施,利用小浪底水库拦沙和调水调沙,实现下游河道不淤积和 4 000 m³/s 左右中水河槽的塑造,逐步恢复主槽行洪排沙能力;采取综合措施,控制潼关高程不超过 328 m;基本完成下游标准化堤防建设,强化河道整治,初步控制游荡性河段河势;实施东平湖滞洪区工程加固和安全建设,保证分洪运用安全;利用初步建成的黄河防洪减淤体系基本控制洪水,加上沿河军民的严密防守,确保防御花园口洪峰流量 22 000 m³/s 堤防不决口。

②远期目标

远期到 2025 年,建成古贤水利枢纽,基本形成黄河下游的水沙调控体系,利用古贤水库拦沙和以小浪底、古贤水库为主的联合调水调沙,2020 年以后 60 年,下游河道由剧烈淤积变为微淤状态,基本维持中水河槽过洪流量;潼关高程降低 1.5~2 m;开展挖河固堤,局部河段初步形成"相对地下河"雏形;根据河道淤积情况,适时加高加固堤防,维持下游中水河槽稳定,基本控制下游游荡性河段河势。

继续开展水土流失区的治理,按照先粗后细的原则,粗泥沙集中来源区以外的多沙粗沙区 5.98 万 km² 基本得到治理,平均每年减少入黄泥沙达到 6 亿 t;开展小北干流有坝放淤,尽量延长古贤水库和小浪底水库拦沙库容使用年限,减轻下游河道淤积;完善现有政策补偿机制,为滩区群众建设小康社会奠定基础。

(3)拉西瓦水电站主要技术指标

拉西瓦水电站位于青海省贵德县与贵南县交界处黄河干流上,是黄河上游龙羊峡—青铜峡坝址河段的第二座大型梯级电站,也是整个黄河流域之中装机规模最大、年发电量最多的巨型水电站。在西电东送工程中,拉西瓦水电站将成为北部通道的重要电源点。

拉西瓦水电站的技术指标对该段黄河上游防洪有十分重要的影响。通过将近二十年的努力,拉西瓦工程完成前期勘测设计工作及大量的科研攻关,同时推荐枢纽布置由双曲拱坝、坝身底孔、表孔及右岸引水发电系统的地下洞群等水工建筑物组成。其中,坝顶设计高程 2 460 m(最大坝高 250 m),顶宽 10 m,最大底宽 45 m,坝顶全长 502 m,拦蓄总库容 10.56 亿 m³。右岸引水发电系统由岸坡式进水口,引水洞,主厂房,主变室,尾闸室,尾调室,尾水洞等地下洞室组成。一期共装 6 台单机容量为 700 MW 的混流式机组,二期预留两台同等容量的机组。年平均发电量 102.23 亿度。拉西瓦水电站的主体工程量为:土石方明挖 590.86 万 m³,石方洞挖 225.01 万 m³,混凝土 379.27 万 m³,固结灌浆

65.73万m,帷幕灌浆20.608万m,钢筋11.628万t,金属结构安装14 769 t,设计总概算175.98亿元。最终设计的拉西瓦水电站主要技术指标见表17-3。

表17-3 拉西瓦水电站主要技术指标表

序号	名称	单位	数量	备注
1	控制流域面积	km²	132 160	坝址以上
2	多年平均流量	m³/s	659	
3	设计洪水流量	m³/s	4 250	$P=0.1\%$
4	校核洪水流量	m³/s	6 310	$P=0.02\%$
5	汛期施工导流量	m³/s	2 200	坝区 $P=5\%$
6	多年平均含沙量	kg/m³	0.05	
7	设计洪水位	m	2 452.0	
8	校核洪水位	m	2 457.0	
9	正常蓄水位	m	2 452.0	
10	死水位	m	2 440.0	
11	水库面积	km²	13	正常蓄水位时
12	回水长度	km	32.8	
13	总库容	亿 m³	10.56	校准洪水位下
14	调洪库容	亿 m³	0.73	校准洪水位至汛限水位
15	多年平均入库沙量	万 t	102	
16	最大坝高	m	250	
17	坝顶长度	m	481.9	
18	总装机容量	MW	4 200	
19	保证出力	MW	990	
20	多年平均发电量	亿 kW·h	102.23	

17.2.3 工程防洪需求与设计

（1）隧洞工程

变质岩隧洞进出口工程主要分布在干渠前段贵德盆地边缘中—低山区,地质为构造剥蚀、侵蚀—堆积地形地貌;沟谷深切,两岸谷坡陡峻,沟谷开阔,多呈近对称的U字形。变质岩隧洞进、出口共有5个,分别为1♯、2♯隧洞进出口,3♯隧洞进口,位于山腰或钻入沟底,一般自然坡度20°～40°,最陡边坡直立,山体边坡稳定。

其中,变质岩隧洞2♯洞山-3♯洞进位于索盖沟沟底,其中山口表层有崩坡积含碎块石粘十层,厚3～8 m。3♯隧洞进口基岩出露,顶端黏土岩边坡直立,高60余m,进口围岩为下三叠系砂质板岩,厚1～3 m,与上伏黏土岩呈不整合接触,岩体呈薄层状,岩层产状为NW317°SW∠84°,其围岩节理裂隙发育,结构而相互切割,岩体较为破碎,呈碎裂及块状结构,洞口为不稳定的Ⅳ类围岩。

沟底狭窄呈V字形,沟道宽3～5 m,沟道平时仅有少量流水或无水,但汛期有洪水,洞线埋入沟底 2.0～4.0 m 深,进出口受地下水及洪水危害严重,必须采取防洪及排水措施。

(2) 渡槽工程

4♯渡槽全长(21+526.53～24+129.53)共 2 603 m,进口渐变段为长 3 m,出口渐变段长 4 m。渡槽槽身为矩形断面,成型断面为 2.6 m×2.0 m(宽×高)。其中,跨公路段 3 跨(22+617.53～22+737.53)120 m、防洪堤段 1 跨(24+073.53～24+113.53)40 m,采用现浇排架、空腹桁架及槽身。对河床段 16 跨(23+433.53～24+073.53)640 m 采用空腹桁架整体(站立式)预制,预制完成达到设计强度值后,进行预应力张拉,空腹桁架内预制槽身,达到设计强度后,再采用 2 台 200 t 的龙门吊整体起吊的施工方案。渡槽基础和排架跨河段在枯水期或经过河道导流完成。基础、排架、槽身采用平行流水式作业。完工时基础开挖处均回填恢复原貌。

4♯渡槽(23+913.53～24+113.53)处于西河河床段,西河 10 年一遇的洪水流量为 88.8 m³/s,20 年一遇的洪水流量为 108 m³/s;为了完成空腹桁架梁及渡槽槽身预制、张拉,需要干地作业,因为线路较长,且由于工程所在地施工期大部分处于汛期,因此在工程施工中必须考虑沟道的防洪问题,采取一定的防洪措施。施工导流按分期导流方案实施,导流措施采用做土石围堰的方法进行,一期利用沟道的一侧进行导流,二期利用已建排架的一侧沟道进行导流。因工程所在地地下水较丰富,扩大基础的施工期又处于汛期,故基础施工中须加强基坑抽排水进。

根据现场实际地形情况,本工程拟采用分期分段施工方式进行施工,施工导流分期导流,导流围堰分横向围堰与纵向围堰。导流时段:2018 年 4 月—2018 年 10 月,河道中部河滩地宽广位置布局纵向围堰进行导流施工。河道左岸为已建西河铅丝石笼河堤,可用做纵向围岩,河道河岸为 8♯隧洞进口段防洪堤,防洪堤脚已用混凝土挡土墙、钢筋石笼防护,可用做右岸纵向围岩,如遇到紧急情况可实现对现有防洪设施进行加固,确保施工期间安全。

17.2.4　防洪效益概念与计算

(1) 防洪效益概念

防洪效益是指在发生同等规模、同等流量洪水的情况下,无防洪工程时防洪地区所产生的洪水损失与有防洪工程时仍可能造成的洪水损失之间的差值。对于普通一般的年份,防洪效益较小甚至没有,但遭遇到大洪水或特大洪水时,防洪效益则会十分巨大。

自 1949 年新中国成立,我国便积极投身于防洪工程建设,并在此方面取得了巨大成就,但随着我国人口增加和经济增长,防洪工程也需进一步改进和提升,我国防洪形式仍旧严峻,防洪仍是我国的持久战。

洪灾对各行各业都会造成损失,主要影响农业、林业、渔业、牧业、工业、商业、旅游业等领域,还会造成通信、电力、基础交通设施的非正常运行和危险。一般,洪灾损失有以下五类:

①人员伤亡；

②城镇和乡村房屋、基础设施、物资的损失；

③工矿企业停产，商业停业，交通、电力、通信中断的损失；

④农业、林业、渔业、牧业及各类副业减产的损失；

⑤救灾抢险、防汛等费用支出的损失。

洪灾一旦爆发将直接影响广大人民群众的财产安全和生命安全，直接危害工矿企业正常生产生活，鉴于洪灾影响的多方面性，防洪便显得尤为重要。

（2）防洪效益计算步骤

洪水灾害是指上游洪水流经下游平原区时，洪水超过河道下泄能力而引发的水灾，防洪效益的计算可以按照以下几个步骤：

①洪灾淹没面积的计算

确定决口位置：决口是指堤岸被洪水冲出缺口，根据河道中不同频率洪水由上而下，依照河道地形、河道地理、河道防洪能力来确定是否会决口及决口的先后顺序；计算决口起止流量：起止流量的确定包括决口起始流量和消退流量，河道来水流量若超出行洪能力，则决口流量为超标准洪水量与河道下游安全下泄流量之间的差值，其中，止点流量为河道的平槽流量；计算超标准洪水总量：超标准洪水总量是超出部分的量，即造成洪水的量，此量可通过洪水过程线上使用近似方法切割出计算，起点为行洪能力，止点为河道平槽流量；洪灾淹没面积和深度计算：利用计算的超标准洪水总量，根据工程地形图和决口处的地形及高程，合理确定洪灾淹没面积及淹没深度。

②洪灾综合财产损失率的计算

洪灾财产损失率是描述洪灾直接经济损失的相对指标。通常，洪灾财产损失率指洪水造成的各类财产损失的价值与灾前原有各类财产价值的比值，简称洪灾损失率。不同类型区，各淹没等级，洪灾综合财产损失率，需根据典型调查分析确定的各类财产洪灾损失率与各类财产所占比重，加以综合求得。

（3）防洪效益分析公式

①计算多年平均防洪效益

多年平均防洪效益需根据项目可减免的洪灾损失和可增加的土地开发利用价值进行计算和表示。使用系列法进行此量计算时应保证系列有较好的代表性，遇到缺少大洪水年的系列可对系列进行适当处理再计算。

计算已发生的洪水频率可采取数理统计的方法对系统运行期其他年份洪水频率进行模拟，然后计算效益。实际年平均防洪效益的应采用算术平均计算法进行系统实际年平均损失的计算，即可按下式（17-1）进行计算。

$$\bar{B} = \frac{1}{n} \sum_{i=1}^{n} (B_{直i} + B_{间i}) \tag{17-1}$$

式中，$\bar{B}$ 为系统运行的 n 年内年平均防洪效益；$B_{直i}$ 为系统在第 i 年的防洪直接效益；$B_{间i}$ 为系统在第 i 年的防洪间接效益。

②计算多年平均除涝效益

多年平均除涝效益应根据项目可减免的涝灾损失进行计算和表示。使用频率法计算此量时应根据涝区历年资料情况和特点,可选取涝灾频率法、内涝积水量法、雨量涝灾相关法等进行计算。

③频率法计算多年平均防洪效益

对多个水利工程效益进行对比时需要较多历年资料对每项水利工程的多年平均防洪效益进行计算,因此资料的准确性和系统性要求较高。使用多年平均除涝效益计算的频率法可避免资料不达标而引起的及计算结果缺乏科学性与准确定的情况。

使用频率法计算多年平均防洪效益的计算原理如下:首先,对洪区历年洪水资料进行统计,根据洪水统计资料拟定集中洪水频率;其次,分别计算不同频率下有无该工程的洪灾损失情况,并据此绘出有无该工程的情况下洪灾"损失-频率"关系图,防洪工程的多年平均防洪效益即为两曲线和坐标轴之间的面积。计算公式如下式(17-2)所示。

$$S_0 = \sum_{P=0}^{1} (P_{i-1} - P_i)(S_{i-1} + S_i)/2 = \sum_{P=0}^{1} \Delta P \overline{S} \qquad (17-2)$$

式中,S_0 为多年平均防洪效益;P_{i-1}、P_i 为相邻两次洪水频率;S_{i-1}、S_i 为频率 P_{i-1}、P_i 相应的洪水损失。

17.2.5　工程防洪影响总体评价

(1)工程对防洪的影响

本工程在渠道跨洪水沟时采取了渡槽、倒虹吸、排洪涵、排洪桥的跨沟型式,设计时尽量不缩小河道的主泄洪通道,并预留通道,且疏通了与建筑物相近段的沟道地形,以保证常规洪水的顺利宣泄。对于洪、水频发的长流水沟道东、西沟,干渠设计时采用渡槽输水的型式。

因此本工程的建设能使防洪顺利进行。

(2)洪水对工程的影响

依据设计标准,本工程设计时排洪涵、排洪桥均设八字墙导流措施,建筑物基础均埋于防冲深度 1.5 m 以下,尤其是渡槽排架基础、倒虹吸镇、支墩,局部埋深在 2 m 左右,冲刷部位外包浆砌石保护层。本工程干渠布置于黄河高位阶地上,黄河河床下切较深,且岸坡有黄河大堤的保护,黄河洪水几乎不可能影响到支渠及田间工程。

故洪水对工程的影响甚微。

(3)防洪总体评价

工程设计时尽量不缩小河道的主泄洪通道,并预留通道,且疏通了与建筑物相近段的沟道地形,以保证顺利宣泄。对于洪、水频发的长流水沟道东、西沟,干渠设计时采用渡槽输水的型式。跨沟建筑物基础均采取了相应的保护设计。

总之,工程能保证防洪工作的顺利进行,且洪水对工程的影响较小。

第十八章　拉西瓦灌溉工程生态效益

随着"绿水青山就是金山银山"等新时代生态文明理念的提出,生态建设成为时代发展的需要。拉西瓦灌溉工程是一项集经济、社会、生态建设于一体的民生工程,其所带来的生态效益对区域环境的可持续发展起到了推动作用。本章将从水生生态、陆生生态及农业生态三个方面分析拉西瓦灌溉工程对区域环境演变带来的影响及其对应的生态效益。

18.1　灌区水环境及水生生态

18.1.1　水文情势变化

（1）河道流量增加

分别选取东河典型变化断面——王屯村断面及西河典型变化断面——岗拉湾断面进行工程运行前后的水文情势变化状况分析,如图 18-1 所示。

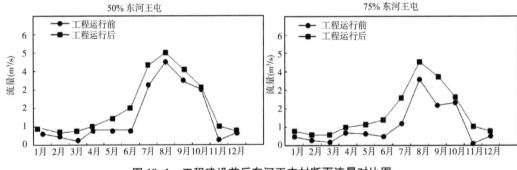

图 18-1　工程建设前后东河王屯村断面流量对比图

拉西瓦灌溉工程建成前东河、西河年径流量很小,东河为 0.9 亿 m^3、西河为 0.71 亿 m^3。建成后,东河、西河供水区域减小,不再为拉西瓦灌区供水,仅为拉西瓦灌区以上灌区供水,东河平水年、枯水年灌溉供水量较建前分别减小了 1 832 万 m^3、2 007 万 m^3,西河平水年、枯水年灌溉供水量较建前分别减小了 2 336 万 m^3、2 460 万 m^3。

灌溉供水量减小使得东河、西河河道流量增加,河内流量过程与自然流量过程也更加贴近,基本恢复为自然水文节律。东河平水年和枯水年径流量比现状分别增加 39％、66％;西河平水年和枯水年径流量比现状分别增加 88％、160％。如图 18-2 所示。

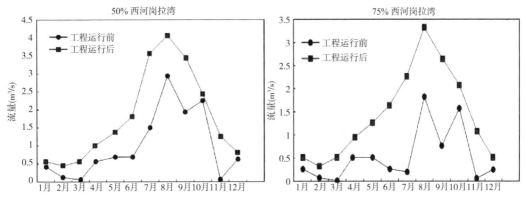

图 18-2 工程建设前后西河岗拉湾断面流量对比图

东河王屯村断面,平水年年均流量由建前的 1.51 m³/s 增加到建成后的 2.12 m³/s,增加幅度达到 40.1%,其中 11 月增幅最大,达到 347.8%;枯水年年均流量由建前 1.00 m³/s 增加到 1.66 m³/s,增加幅度达到 66.0%,11 月增幅达到最大,为 1 910.3%。西河岗拉湾断面,平水年年均流量由建前 0.92 m³/s 增加到 1.71 m³/s,增加幅度达到 86.0%,其中 11 月增幅最大,达到 838%;枯水年年均流量由建前 0.54 m³/s 增加到 1.37 m³/s,增加幅度达到 151.7%,11 月增幅达到最大,为 3 226.7%。

（2）水流流速加快

由于东、西河河道内流量增加,水流流速也有所增加。东河平水年和枯水年流速比现状分别增加 0.02~0.19 m/s 和 0.01~0.34 m/s,西河平水年和枯水年流速比现状增加 0.2~0.14 m/s 和 0.03~0.8 m/s。东河王屯村断面,平水年年均流速由建前 0.67 m/s 增加到 0.73 m/s,增加幅度达到 9.0%,其中 11 月增幅最大,达到 37.3%;枯水年年均流速由建前 0.60 m/s 增加到 0.70 m/s,增幅为 16.7%。西河岗拉湾断面,平水年年均流速由建前 0.45 m/s 增加到 0.52 m/s,增加幅度为 15.6%;其中 11 月增幅最大,达到 46.2%;枯水年年均流速由建前 0.41 m/s 增加到 0.51 m/s,增加幅度达到 24.4%,11 月增幅达到最大,为 88.9%。

（3）水位抬升及水深增加

工程建成后,东河、西河径流量增加,引起东河平水年和枯水年水位比建设前分别增加 0.02~0.34 m 和 0.04~0.28 m,西河平水年和枯水年水位比建设前增加 0.02~0.31 m 和 0.03~0.38 m。东河王屯村断面,平水年年均水位较建设前增加了 0.13 m,其中 11 月份涨幅最大,较建设前增加了 0.34 m;枯水年年均水位较建设前增加了 0.18 m,其中 11 月份上涨最多,达到 0.58 m。西河岗拉湾断面,平水年年均水位较建设前增加了 0.14 m,其中 11 月份水位增加的最大,为 0.31 m;枯水年年均水位较建设前增加 0.19 m,11 月份水位增加了 0.3 m。

由于东、西河河道内流量和水位增加,相应的水深也随之增加。东河王屯村断面,平水年年均水深增加了 0.13 m,较建前增加了 2.9%;枯水年年均水深增加了 0.2 m,增幅达到 38.9%。西河岗拉湾断面,平水年年均水深增加了 0.14 m,较建前增加了 32.4%;

枯水年年均水深增加了 0.19 m，较建前增加了 57.1%。如表 18-1 所示。

表 18-1　工程建设前后东西河水位及水深变化

研究指标		东河王屯村断面	西河岗拉湾断面
年均水位变化/m	平水年	+0.13	+0.14
	枯水年	+0.18	+0.19
年均水深变化/m	平水年	+0.13	+0.14
	枯水年	+0.20	+0.19

（4）水面拓宽

由于东、西河河道内流量、水位、水深增加，相应的水面宽度也随之增加。东河平水年和枯水年水面宽度比现状增加 0.33～3.56 m 和 0.48～4.46 m，西河平水年和枯水年水面宽度比现状增加 0.25～3.83 m 和 0.62～5.59 m。

东河王屯村断面，平水年年均水面宽由建前 4.73 m 增加到 6.10 m，较建前增加 29.0%，其中 11 月份水面宽增加幅度比例最大，达到 161.3%；枯水年年均水面宽由建前 3.71 m 增加到 5.48 m，较建前增加 47.7%，11 月份增幅最大，为 392.7%。西河岗拉湾断面，平水年年均水面宽度由建前 5.07 m 增加到 7.07 m，较建前增加 39.4%，11 月份水面宽度增加了 196.3%；枯水年年均水面宽度由建前 3.83 m 增加到 6.45 m，较建前增加 68.4%，其中 11 月份水面宽度增加比例最大，为 392.7%。

（5）满足生态基流

黄河流域综合规划、青海省水资源综合规划等成果中，提出了黄河贵德站河省内最小生态环境需水量为 53.40 亿 m³，年内过程按照汛期和非汛期划分。东河、西河生态基流依照水利部水利水电规划设计总院下发的《水工程规划设计生态指标体系与应用指导意见》（水总环移〔2010〕248 号）："北方地区河流非汛期生态基流不低于多年平均天然径流量的 10%；汛期生态基流按多年平均天然径流量的 20%～30%。"考虑到东、西河生态状况，非汛期 11—3 月生态基流取多年平均天然径流量的 10%，汛期 4—10 月取 30%。黄河、东河、西河各控制断面逐月生态流量过程表 18-2。

表 18-2　黄河、东河、西河生态基流量过程

	黄河/(m³/s)	东河周屯/(m³/s)	西河灌区引水口/(m³/s)
1 月	84.5	0.233	0.16
2 月	84.5	0.233	0.16
3 月	84.5	0.233	0.16
4 月	253.5	0.699	0.48
5 月	253.5	0.699	0.48
6 月	253.5	0.699	0.48
7 月	253.5	0.699	0.48
8 月	253.5	0.699	0.48

	黄河/(m³/s)	东河周屯/(m³/s)	西河灌区引水口/(m³/s)
9 月	253.5	0.699	0.48
10 月	253.5	0.699	0.48
11 月	84.5	0.233	0.16
12 月	84.5	0.233	0.16
年均	169	0.47	0.32

　　工程建成前后的东、西河流量过程分别见图 18-3、图 18-4。工程修建前,东河枯水年 2、3、11 月流量较小,不满足生态基流;平水年流量满足生态基流。西河枯水年的 2、3、11 月都流量较小,不满足生态基流。工程建成后,东、西河各月流量都比建前增加 0.18~2.03 m³/s,均能满足生态基流。工程建成后黄河各月流量比建前减小 2.08~8.95 m³/s,黄河各月流量在 400~900 m³/s 之间,都要大于 169 m³/s,工程建设前后黄河的生态基流都能够满足。

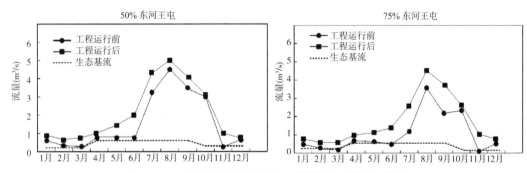

图 18-3　工程运行前后东河王屯村断面生态流量对比图

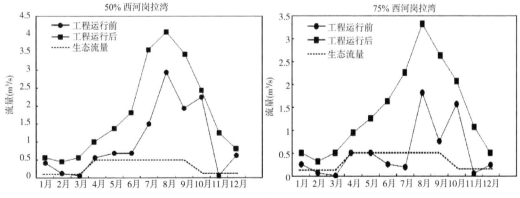

图 18-4　工程运行前后西河岗拉湾断面生态流量对比图

　　黄河、东河、西河的河谷林及湿地生态需水主要依靠河水提供,鱼类以裂腹鱼类和高原鳅为主,产沉性卵。黄河的充沛水量能够满足沿岸植被和鱼类生态需水,拉西瓦水库为日调节,单台机组过流最小流量为 380 m³/s,拉西瓦水电站每天都要发电,其下游黄河河道流量不会低于 380 m³/s。黄河贵德段主槽宽 50～100 m,拉西瓦发电泄水基本实现了河道满槽运行,能够满足河流、湿地等生态基流需求。东、西河为小河,主槽河宽 3～5 m 左右,滩地面积较大,仅汛期 6—9 月期间才会出现平滩流量。东、西河谷为黄河川水区,地下水径流快,地表水和地下水交换频繁,为河道内鱼处和滩地上植被提供了有效的水源补给,能够满足东、西河生态基流需求。

综上,灌区取水仅使得拉西瓦坝下贵德河段黄河干流径流量有轻微降低,在 3—6 月的鱼类繁殖期内,流量减小幅度低于 1%,相应的水文情势变化也很小。工程运行后,不再从东、西河河道取水灌溉,河水量有所增加,工程运行对恢复东、西河生态有利,对东、西河河谷林及流域内鱼类的生长繁衍有利。

18.1.2 水质变化

根据 2011 年国务院批复的《全国重要江河湖泊水功能区划》(国函〔2011〕167 号),黄河龙羊峡大坝—清水河入口段为黄河青海开发利用区,其中龙羊峡大坝—李家峡大坝段为黄河李家峡农业用水区,水质目标为Ⅱ类。拉西瓦灌溉工程的建设对东西河地表水质有较大影响,选取工程建设前后 COD、氨氮等水质指标含量变化作为评价指标。

(1)东河水质变化

以典型断面——东河王屯村断面为研究对象,对工程建设前后 COD、氨氮等水质指标的变化情况进行分析。如图 18-5 所示。

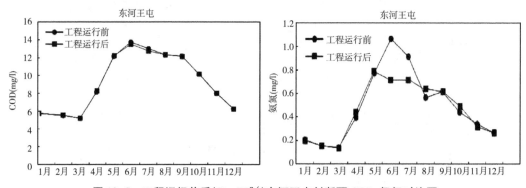

图 18-5　工程运行前后(P=75%)东河王屯村断面 COD、氨氮对比图

COD 年均浓度:工程建设前后 75%枯水年 COD 年均浓度由 10.706 mg/L 降低到 10.031 mg/L,降低了 0.675 mg/L,降幅为 6.3%。建前年,东河 5—7 月份 COD 浓度超过Ⅱ类水质标准,分别达到 15.43 mg/L、18.75 mg/L 和 17.11 mg/L,其余月份水质达标;工程建设后 COD 浓度降低,除 6 月份 COD 浓度超过Ⅱ类水质标准,为 15.5 mg/L,其余月份均满足Ⅱ类水质的要求。同时,4—10 月 COD 浓度较建前年降低,其余月份没有变化。

氨氮年均浓度:工程建设前后 75%枯水年氨氮年均浓度由 0.72 mg/L 降低到 0.55 mg/L,降低了 0.17 mg/L,降幅为 23.2%。建前年,东河 4—9 月份氨氮浓度超过Ⅱ类水质标准,分别达到 0.64 mg/L、1.36 mg/L、1.95 mg/L、1.65 mg/L、0.79 mg/L、

0.8 mg/L,其他月份水质满足Ⅱ类水质标准;工程建设后氨氮浓度降低,4—9月份氨氮浓度虽仍未达标,但均有所下降,分别为0.61 mg/L、1.14 mg/L、1.0 mg/L、0.99 mg/L、0.76 mg/L、0.68 mg/L。

(2)西河水质变化

以典型断面——西河岗拉湾断面为研究对象,对工程建设前后COD、氨氮等水质指标的变化情况进行分析。如图18-6所示。

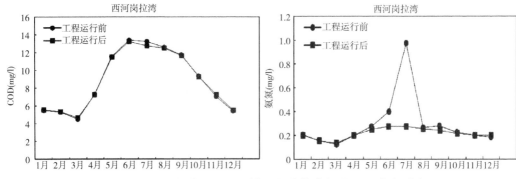

图 18-6　工程运行前后(P＝75%)西河岗拉湾断面COD、氨氮对比图

COD年均浓度:工程建设前后75%枯水年COD年均浓度由9.595 mg/L降低到9.178 mg/L,降低了0.417 mg/L,降幅为4.3%。建前年,西河7月份COD浓度超过Ⅱ类水质标准为17.26 mg/L,其余月份水质达标;工程建设后COD浓度降低,水质达标。

氨氮年均浓度:工程建设前后75%枯水年氨氮年均浓度由0.413 mg/L降低到0.258 mg/L,降低了0.155 mg/L,降幅为37.5%。建前年,西河9、10月份氨氮浓度超过Ⅱ类水质标准,分别达到0.63 mg/L、1.79 mg/L,其他月份水质满足标准;工程建设后氨氮浓度降低,水质达标。

综上,拉西瓦灌溉工程建设对东、西河水质有所改善,总体达到Ⅱ类水质要求。

18.1.3　水资源利用

(1)对区域水资源量的影响

项目区取水水源为黄河干流拉西瓦水库,最上游拉西瓦水库坝址处多年平均来水量为659 m³/s,而项目区的拉西瓦引水工程设计引水流量为12 m³/s,即使在特枯水年,年引水量1.123 1亿 m³ 也仅占引水口处年来水量208亿 m³ 的0.5%。另从干流引水,置换下游支流东、西河引水,支沟下泄水量大,对区域水资源量的影响小,且对区域水资源量的分配有利。

(2)对水资源供需平衡的影响

原状基准年2011年,在原有工程条件下,75%频率下贵德县黄河南岸区水资源供需分析表见表18-3。原状年在保证各断面河道生态需水的情况下,贵德县黄河南岸区75%缺水量为5 229万 m³;其中拉西瓦灌区范围内75%缺水量为4 228万 m³,缺水主要集中在西河灌区引水口以下和东河周屯以下区。

表 18-3　贵德县黄河南岸区原始工程条件下基准年供需平衡分析成果表(75%)

分区		需水量	可供水量	供需分析	
				余水量	缺水量
西河	西河灌区引水口以上	881	302	680	580
	西河灌区引水口以下	3 756	1 142	763	2 614
	西河提黄区	559	559		
	小计	5 196	2 002		3 194
东河	东干引水口以上	425	227	492	198
	西干引水口以上	444	367	988	77
	东干引水口至周屯	295	285	1 328	10
	西干引水口至周屯	244	108	955	136
	周屯以下	2 549	936	1 413	1 613
	东河提黄区	2 175	2 175		
	小计	6 134	4 098		2 035
提黄台地		2 199	2 199		
合计		13 529	8 300		5 229

拉西瓦灌溉工程建成后,75%频率下贵德县黄河南岸区水资源供需分析见表18-4。2020年在保证各断面河道生态需水的情况下,贵德县黄河南岸区75%缺水量为492万m³,缺水主要集中在东、西河上游区。拉西瓦灌区范围内水资源供需平衡。

表 18-4　2020年拉西瓦灌溉工程建成后供需平衡分析成果表(75%)

分区		需水量	可供水量		供需分析	
			本沟道及城镇供水工程	拉西瓦灌溉工程	余水量	缺水量
西河	西河灌区引水口以上	587	287		695	301
	西河灌区引水口以下	2 704	359	2 346		
	西河提黄区	469	11	458		
	小计	3 761	657	2 804		301
东河	东干引水口以上	356	220		499	136
	西干引水口以上	269	261		1 095	9
	东干引水口至周屯	158	158		1 462	
	西干引水口至周屯	165	118		1 051	47
	周屯以下	2 026	465	1 562		
	东河提黄区	1 708	13	1 694		
	小计	4 682	1 235	3 256		191
提黄台地		5 236	64	5 171		
合计		13 679	1 956	11 231		492

拉西瓦灌溉工程建成后,拉西瓦灌区范围内农业用水全部由黄河供给,不再使用现有的东、西河,灌区灌溉水量得到保证。本工程建设的实质是对拉西瓦灌区的供水水源进行置换,由使用东、西河本地水资源,改为使用黄河干流过境水资源。黄河充沛的水资源保证了灌区农业用水,解决了现状存在的农业灌溉在2、3月份的春旱现象。

（3）对生态用水的影响

根据由青海省水利水电勘测设计研究院于2013年11月编制完成的《青海省东部黄河谷地百万亩土地开发整理项目水资源论证报告》,本引水工程从拉西瓦水库引水,受上游龙羊峡水库的调蓄作用,水库的来水和放水过程比天然河道的来水过程稳定,引水流量为 12 m³/s,仅占坝址处多年平均来水量 659 m³/s 的 1.8%,不存在占用下游生态基流和发电用水,完全可以保证水库下泄最小流量的要求,因此对下游干流河段生态影响很小。对于下游东、西河支流,由于本工程从干流引水,置换下游支流东、西河引水,支沟下泄水量反而增大,因此也不影响下游东、西河支流河段生态用水。

18.1.4　水生生态变化

（1）对黄河干流贵德段水生生态的影响

灌区建成后,从黄河干流的引水量从建前 2 842.61 万 m³ 增加到 11 687 万 m³,拉西瓦灌区不再从东、西河引水灌溉。工程运行后,黄河贵德站径流量比建前减少 0.56%;黄河出贵德县境断面径流量比建前减小 2 675.52 万 m³,占黄河径流量的 0.1%。从引水时段看,拉西瓦坝址以下黄河干流河段各月流量相比多年平均当月流量减小比例在 0～0.95%,其中在 3—6 月份水量相对减少稍大,为 0.74%～0.95%。因此,从径流量及年内流量过程看,灌区运行后从拉西瓦电站引水仅使坝下下泄流量略有减小。

灌区运行后,灌区退水量有所增加,进入黄河干流的非点源污染负荷有所增加,但由于污染负荷增加幅度有限,与建前相比,黄河干流水质浓度略有增加仍然保持建前Ⅱ类水质。

因此,从水量及水质两方面看,灌区建成后对黄河干流贵德段的浮游生物及底栖生物的影响微弱,种类未发生较大变化,浮游生物和底栖生物仍以适于清洁水体和贫营养状态的物种为主体,对浮游生物的组成结构影响不大,在数量上,因入河污染负荷略有增加,浮游生物和底栖生物的数量有微量增加。

灌溉工程将原由东河、西河引水,改为全部由拉西瓦水库引水,不会对鱼类形成新的阻隔。灌区取水口高程为 2 440 m,拉西瓦水库正常蓄水位 2 452 m,坝顶高程 2 460 m,坝高 250 m,拉西瓦水库鱼类为中下层鱼类,通过在引水口设置拦鱼栅避免了库区鱼类从隧洞进入灌区。

工程运行后,从黄河干流拉西瓦水库坝前取水,引起拉西瓦水库下泄流量的减小以及坝下黄河段流量的减小,主要减水河段在黄河拉西瓦水库坝下至西河汇入口以上,其中黄河贵德站径流量比现状减少 0.56%,随着东、西河支流水量的汇入,黄河流量不断增加,水量减少程度逐渐减弱,至黄河出贵德县境断面径流量减少仅为 0.1%。从年内流量过程看,灌区引水对下游河道内流量过程影响也很小,贵德水文站断面在引水量较大的

3—6月份也仅减小0.74%～0.95%,由于拉西瓦坝下黄河干流径流量仅有略微降低,加之坝下不远处的尼那电站的反调节作用,工程运行坝下黄河干流河段的水位、流速、水深、水面宽度等生境因子的影响也很小。

总体而言,因灌区取水仅使得拉西瓦坝下贵德河段黄河干流径流量较建前有轻微降低,年内流量过程与建前基本相同,即使在3—6月的鱼类繁殖期内,其流量减小幅度也低于1%,相应的水文情势变化也很小,进而对拉西瓦坝下至李家峡水库库尾之间黄河干流内的鱼类生境因子影响也很小。因此,工程运行对拉西瓦坝下至李家峡水库库尾之间黄河干流河段的鱼类影响很小,灌区引水对坝下黄河干流河段内的仔鱼、幼鱼的栖息环境的影响很小,对李家峡水库库尾的鱼类产卵场基本不产生影响。

(2)对东、西河水生生态的影响

工程运行后,灌区回归水通过地下水流入黄河干流,但由于灌溉面积和农田面积的增加,进入东、西河的非点源污染负荷略有增加;由于与建前相比,从东西河引水量减少,径流量有较多增加,东河、西河径流量较建前分别增加30%和40%;东、西河径流量增加,引起东西河水位、流速、水深均略有增加,其中东河水位增加0.04～0.15 m、流速增加0.1～0.31 m/s、水深增加0.04～0.15 m;西河水位增加0.02～0.21 m、流速增加0.06～0.5 m/s、水深增加0.02～0.21 m,东西河水质基本不发生变化,仍然维持建前Ⅱ类水质。另外,灌区将6.01万亩大部分位于浅山区的干旱草原开垦为农田,浅山区的干旱草原植被稀疏,水土保持功能较弱,开垦为农田后,灌区的耕作活动及灌区"四旁"防护林的种植,水土流失程度将有所降低,灌区建成后东、西河含沙量将有所降低,由于水温、河道底质等重要生境要素仍与现状保持不变,水质方面也基本不发生变化,泥沙含量略有降低。

总体而言,工程对浮游动、植物及底栖生物的影响轻微,浮游生物及底栖生物的群落结构基本维持现状。

工程建设前东西河水量的补给以降水、融冰雪水及泉水为主,受季节变化影响较大,水面宽度和水深不大,东河平水年年均水面宽度一般在6 m左右,枯水年年均水面宽度一般在5 m左右,平水年年均水深一般在30 cm左右,枯水年年均水深一般在20 cm,河道底质为细沙石和砂砾石,6—8月丰水季节适宜鱼类产卵繁殖。

拉西瓦灌区引水工程运行后,经引水水源的置换,使得东河、西河的年径流量较建前分别增加30%、40%,各月均流量增加量分别为0.18～1.27 m³/s和0.16～2.03 m³/s,鱼类繁殖5—8月流量增加量分别在0.64～1.27 m³/s和0.82～2.03 m³/s,增加倍数分别在16.8%～142.7%和40.8%～218.4%。由于从东、西河引水量大幅减少,尤其是鱼类繁殖期间引水量大幅减少,使得鱼类繁殖期内河道内流量明显增加,使得水体的自净能力较建前得到加强,水域环境得到改善;而且,东西河内流量过程更接近自然流量过程,其水文节律也基本恢复为自然水文节律,对水生生物的生存和繁殖将会十分有利;流速的略有增加有利于花斑裸鲤等适宜在一定流速的水体中栖息和繁殖的裂腹鱼类;水域宽度增加也会增大河道内浅滩的面积,有利于饵料生物的生长,进而有利于鳅科鱼类寻找到更多的适宜产卵繁殖的场所;水文节律的恢复有利于土著鱼类生活史的完成,同时抑制外来鱼类的繁殖。总体而言,灌区运行后不再从东、西河大量引水,为东、西河仍具有的鱼类"三场"栖息地功能的改善和恢复提供了重要基础,进而有利于流域内土著鱼类的生长繁衍和鱼类资源的恢复。

（3）对黄河贵德段特有鱼类国家级水产种质资源保护区的影响

黄河贵德段特有鱼类国家级水产种质资源保护区地处黄河上游龙羊峡与李家峡之间,核心区黄河干流从龙羊峡至松巴峡出境处止,长78.8 km,主要保护对象为扁咽齿鱼、花斑裸鲤、厚唇裸重唇鱼、骨唇黄河鱼、黄河裸裂尻鱼、拟鲶高原鳅等鱼类及其生境,特别保护期为全年。本工程从黄河干流拉西瓦水库取水,取水点为保护区的核心区。根据由青海省渔业环境监测站于2013年9月编制完成的《青海省贵德县拉西瓦灌溉工程对黄河贵德段特有鱼类国家级水产种质资源保护区影响专题报告》,对水生生物影响分析如下:

①对浮游植物的影响

引水工程水源为拉西瓦水库,灌溉引水为阶段性取水,改变水库水文情势影响较小,水库中适应缓流或静水环境的浮游植物种类和数量不会明显变化,原有的藻类将会继续保留,硅藻门为主的总体格局不会有大的变化。

②对浮游动物的影响

拉西瓦引水工程运行后,通过拉西瓦引水,水库水文情势影响较小,但是水库水量将有所减少,浮游动物种类和数量不会有太大变化,但总量会减少;原生动物、轮虫、枝角类、桡足类等原有种类会继续存在,并依然是浮游动物的优势种。

③对鱼类资源的影响

拉西瓦引水工程由拉西瓦灌区取水,取水口高程为2 440 m,拉西瓦水库正常蓄水位2 452 m,坝顶高程2 460 m,坝高250 m,拉西瓦水库鱼类为中下层鱼类,通过在引水口设置拦鱼栅可避免库区鱼类从隧洞进入灌区。

④对水库"越冬场"的影响

拉西瓦水库建成后,形成了13.91 km² 的水库,库区将成为黄河拉西瓦段鱼类的越冬场。灌溉引水为阶段性取水,基本不对鱼类越冬场造成影响。

综上,本引水工程运行基本不对黄河贵德段特有鱼类国家级水产种质资源保护区产生影响,可保证该保护区生态环境和功能完整性。

（4）对青海贵德黄河清国家湿地公园的影响

青海贵德黄河清国家湿地公园湿地类型多样,在自然因素下形成了河流、湖泊及沼泽湿地,具有提供饮用水、农业用水和工业用水、提供野生动植物栖息地、改善生态环境、调节区域小气候、蓄洪抗旱、控制土壤侵蚀等功能。各类湿地面积为2 612 hm²,其中河流湿地1 857 hm²,占湿地总面积的71.1%,为黄河主河道及洪泛平原;沼泽湿地595 hm²,占湿地总面积的22.8%;湖泊湿地160 hm²,占6.1%,位于公园东北部的千姿湖贵德黄河清国家湿地公园及周边地区湿地物种多样性丰富。

本引水工程从黄河干流拉西瓦水库取水,下游为青海贵德黄河清国家湿地公园。本工程隧洞出口距青海贵德黄河清国家湿地公园最近的西边界约5 km位置。由于拉西瓦坝址与下游的尼那水库库尾相连,引水工程对黄河干流的水量的少量减小,对黄河干流水面及两岸的湿地、河滩地面积影响微弱,引水对区域内水鸟影响很小。

总之,引水对该湿地公园所处河段生态流量影响不大,对该段黄河干流水质影响轻微,综合判断该引水工程运行对贵德黄河清国家湿地公园的影响轻微。

18.2 灌区土壤环境及陆生生态

18.2.1 土地利用情况变化

利用遥感卫星图像研究大范围土地利用是最有效、快速、经济的方法,利用遥感图像处理软件对图像进行处理,获取土地利用信息。评价区土地利用方式以山地荒漠草场类和荒漠草场类面积最大,占评价植被区总面积的 57.76%,其次为农田 19.70%(水浇地面积占总面积的 12.12%,旱地占总面积的 7.58%),还有疏林草丛草场类、灌木草丛草场类等,另外河谷青杨林地占总面积的 8.26%,城镇用地占评价区总面积的 6.70%。

工程实施后,由于灌溉区水分条件具有较高的提升,部分干河床、河滩地会变成农田、林地及草场,所以农田、河谷林地、灌木林及草场面积都有一定的增加。2020 年农田面积增加 362.17 hm²,增长率达到 5.02%,灌木草场增加 276.62 hm²,砂砾草场增加 38.23 hm²,使评价区的生态质量有大幅度提升。工程实施后,由于灌溉区水分条件具有较高的提升,部分干河床、河滩地会变成农灌区。

18.2.2 对土壤肥力的影响

灌区主要土壤为栗钙土,灌面平均土层厚小于 0.5 m,土壤肥力相对较低。根据土壤肥力现状监测,评价区土壤有机质的含量在 0.96%~2.17%,土壤有效氮含量介于 18.6~78.8 mg/kg 之间,土壤的有效磷含量介于 12.0~30.0 mg/kg 之间,整体处于中等偏下水平。相对来说,农田有机质、有效氮及有效磷含量高于天然植被。同时,根据土壤环境质量现状监测,耕作区土壤环境质量良好,各项指标均满足《土壤环境质量标准(GB 15618—1995)》的二级标准,耕作行为没有造成土壤环境质量下降。

此外,灌区年施用化肥总量(折纯量)1 597 t,年施用农药 70.60 t,总体上本灌区化肥、农药使用量相对较低。根据土壤质量现状监测看,经现状灌区多年运行,农田土壤质量仍维持在区域正常水平,灌区运行增加化肥农药施用对土壤环境影响较小。

灌区建成后,合理灌溉将有效调节土壤的水肥气热状况,改善土壤环境条件,利用灌溉水的调温效应可使土体保持作物所需最佳气热状态;随着灌溉对土壤湿度的增加,硝化过程增强、各类微生物迅速生长在水分的参与及各种因素综合作用下,部分迟效性养分将转化为速效性养分,利于作物吸收。这些均有助于增加土壤肥力,使农田利用向良性方向发展。

18.2.3 陆生生态变化

(1) 对植被的影响

拉西瓦灌溉工程对植被的影响主要在于工程永久占地及新开发土地对植被的直接

影响,以及水资源利用格局的变化对河谷杨树林的间接影响。

①接影响

灌区新增耕地面积 5 506.8 亩(表 18-5),主要分布在河西镇、河阴镇和河东乡的 11 个村庄,其中面积较大的 4 块地分别位于河西镇水车滩、河东乡的麻巴滩、边都滩、查达滩和沙巫滩,其余的地块面积较小。

对天然植被生物量影响:根据灌溉渠系的设置,拉西瓦灌溉工程占用的植被总面积为 2 034.5 亩,其中占用干旱草原的面积最大,达 1 274.1 亩,占被用植被面积的 62.62%;其次为河漫滩灌木林,面积达 576.63 亩,占用植被面积的 28.34%;占用耕地 177.12 亩;占用杨树林地 6.65 亩(表 18-6)。

表 18-5　拉西瓦水库南干渠灌区新开发土地分布

乡镇	收复撂荒地/亩	新增地/亩	旱改水/亩	小计/亩
河西镇	76	285	154	515
河阴镇	7	121	0	128
河东乡	32	341	221	594
合计	115	747	375	1 237

表 18-6　拉西瓦水库南干渠灌区工程永久占植被面积

地类名称	耕地/亩	杨树林地/亩	干旱草原/亩	河漫滩灌木林/亩	合计/亩
干梁渠道	46.60	4.80	128.20	10.97	190.57
支渠渠道	0.02	0.05	312.10	20.06	332.23
管理局占地	0.00	0.00	8.00	2.00	10.00
干支渠道路	0.00	0.00	110.00	287.00	397.00
田间道路	130.50	1.80	607.80	256.60	996.70
弃渣场	0.00	0.00	108.00	0.00	108.00
合计	177.12	6.65	1 274.10	576.63	2 034.50

工程新开发土地及永久占地损失天然植被生物量 3 826.13 t/hm^2,见表 18-7。新开垦土地 3 705 亩,造成天然植被生物量损失计 1 923.20 t/hm^2;永久占地造成天然植被生物量损失 1 902.93 t/hm^2,河漫滩灌木林生物量损失量为 1 530.0 t/hm^2,占永久占地损失生物量的 80.44%。

表 18-7　工程新开发土地及永久占地造成天然植被生物量损失量

损失生物量/t	杨树林地/(t/hm^2)	干旱草原/(t/hm^2)	河漫滩灌木林/(t/hm^2)	小计/(t/hm^2)
新开发土地	0.00	1 923.20	0.00	1 923.20
永久占地	332.16	40.77	1 530.00	1 902.93
合计	332.16	1 963.97	1 530.00	3 826.13

对区域植被的影响:拉西瓦灌溉工程建成后,上游有龙羊峡、拉西瓦和尼那电站的调节,黄河主河道的水量在灌溉季节减小量最不明显,河两岸的湿地、河夹滩面积不会发生

变化;灌溉工程建成后黄河南岸的河滩、沙地将被开垦为农田,所以水浇地的面积会有所增加,而河滩、沙地面积相应地有所减少,但它们仍是该区的主导景观类型,区域的生境仍为自然生态体系,具有一定的生产能力和对内外抗干扰能力。

根据规划,工程实施后灌区种植结构要调整,将在灌区内合适地区大力植树造林,增加区内的森林覆盖面积,对荒滩地水、土、林进行综合治理,以增加荒地土层厚度和植被覆盖度,减少黄河谷地上游地区的入黄泥沙量,逐步形成一个集农田防护与产出效益相结合的经济林网体系。工程实施后还将大力发展林果业,林果业比例从建前的42%提高到45%,不仅可增加坡地植被覆盖度,减少水土流失面积,而且同时也增加了绿色植被覆盖率,改善地区生态环境。灌溉工程建成后,渠系覆盖区域内水不再是限制因子,所以,渠系建设遭到破坏的非永久占地的人工植被地段,短时间内植被可以恢复,或变为农田,或变为人工林,涉及区域的环境将逐渐改善、生态效益逐步提高。

在宏观尺度上,工程破坏的主要植被为以猪毛菜、骆驼蓬、芨芨草、阿尔泰狗娃花、青海固沙草、拂子茅等为优势种的山地荒漠草场,大面积分布在河—湟谷地及两侧山地,工程损失干旱草原面积仅占贵德盆地干旱草原总面积的3.86%,因此从资源角度,灌溉工程对区域植物物种及资源影响很小。山地荒漠草场的生物多样性较低,植被稀疏,灌溉工程对区域生物多样性影响不大。

②间接影响

本工程运行对河谷林的影响主要由于灌区引水导致河道内流量减少,对河谷林的生态需水产生了一定程度的影响,进而影响了河谷林的生长。

对黄河干流河谷林来说,$P=50\%$来水保证率条件下,黄河贵德站年均流量646 m^3/s,灌溉工程引水后贵德站年均流量仍可达642 m^3/s,减少量只相当于年均流量的0.6%。且更为重要的是,拉西瓦坝址与下游的尼那水库库尾相连,因此水量减少对拉西瓦与尼那水库之间黄河两岸的湿地及河谷林的生态需水影响不大,不会对湿地及河谷林产生较大影响。

对于东西河下游及河口地区的河谷林来说,本工程运行后区域水资源格局发生了变化,灌区水源发生了置换,$P=50\%$来水保证率条件下,东河汇入黄河年均流量值增加了0.92 m^3/s,西河汇入黄河年均流量值增加了0.51 m^3/s。因此,灌区建设对东西河下游及河口地区的河谷林生长有利,灌区运行对黄河干流及东西河河谷林影响轻微。

(2)对鸟类的影响

由于拉西瓦坝址与下游的尼那水库相连,灌溉季节黄河干流的水量的少量减小,对黄河干流水面,及两岸的湿地、河滩地面积影响微弱,灌溉工程建成引水对区域内水鸟影响很小。除水鸟外的其他鸟类活动范围广泛,所栖息的环境多种多样像山地、森林、草地、农田、村庄等都是它们的活动和栖息场所,它们的食物也丰富多彩,动物尸体、小动物、昆虫、植物枝叶、种子、果实等都是它们的食物。工程区域只占其活动和栖息场所的很小部分,对其他大多数鸟类的栖息环境和食物数量不会产生明显的影响。总体来说,拉西瓦灌溉工程建成后对区域内黄河两岸及其支流各重点鸟类的影响较小(表18-8)。

表 18-8　工程对受保护鸟类的影响评价

种名	保护等级	影响类型	影响评价
黑鹳	Ⅰ		无影响
大天鹅	Ⅱ		无影响
灰鹤	Ⅱ		无影响
蓑羽鹤	Ⅱ		无影响
黑颈鹤	Ⅰ		无影响
鸢	Ⅱ	繁殖	微弱不利影响
雀鹰	Ⅱ	栖息地、繁殖	微弱不利影响
燕隼	Ⅱ	栖息地、繁殖	微弱不利影响
雉鹑	Ⅰ	栖息地、繁殖	微弱不利影响
蓝马鸡	Ⅱ	栖息地、繁殖	微弱不利影响
纵纹腹小鸮	Ⅱ	栖息地、繁殖	微弱不利影响
长耳鸮	Ⅱ		无影响
短耳鸮	Ⅱ		无影响

（3）对两栖、爬行类动物的影响

灌溉工程及其周边地区有 4 种两栖动物分布，这些两栖动物，特别是其幼体的生存有赖于足够的水源。灌溉工程主要布局于南部干旱草原、荒漠地带和农田，远离黄河主河道，虽穿越温泉沟河、西河和东河，但均以倒虹吸和渡槽方式通过，对分布于这几条河边的两栖动物，只有微弱不利影响。

灌溉工程区及其周边有 5 种爬行动物，但均未被列入国家野生动物保护名录。从栖息地来看，这 5 种爬行动物主要生活在荒漠、半荒漠、干草原和林缘灌丛等地区。一般于 4 月上旬出蛰，5—9 月为繁殖期。工程结束后，干支渠系可能对这些动物的迁徙、觅食活动有一定的限制，但影响微弱。

（4）对哺乳类动物的影响

评价区域有 22 种野生哺乳动物，有国家保护野生动物 4 种，这 4 种哺乳动物主要生活在荒漠、半荒漠、干草原和林缘灌丛等地区。由于工程区内人类活动密集，哺乳类动物主要分布在干渠线以上的高海拔地区，灌区的农业生产活动对哺乳动物的觅食和繁殖不会产生明显的影响。拉西瓦灌区生态如图 18-7 所示。

综上，拉西瓦灌溉工程对植物资源及生物多样性的影响较小，灌区的生产活动对鸟类、两栖、爬行及哺乳类动物影响轻微。灌区建成使黄河干流水量减少，但对黄河两岸的湿地及河谷林的生态需水影响不大，不会对湿地及河谷林产生较大影响。工程实施后，渠线以下的干旱草原转变为农田，其恢复稳定性和阻抗稳定性有所增强，对渠线以上景观恢复稳定性和阻抗稳定性植被基本不受工程影响。

图 18-7　拉西瓦灌区生态图

18.3　灌区水土保持及农业生态

18.3.1　水土保持情况

（1）水土流失防治效果

在《青海省国民经济和社会发展十二五规划纲要》和《海南州国民经济和社会发展十二五规划纲要》中，本工程被列为"十二五"期间水利建设重点项目，工程的建设符合国民经济和社会发展的总体要求。

工程选线和布局基本符合水土保持相关要求，对于工程选线确实无法避让滑坡、崩塌、泥石流等不良地质作用区域，主体工程采取了开挖清除、削坡、排水和渠系建筑物加固措施，消除了不良地质对工程造成的不良影响，工程位于水土流失重点治理区，但本工程是重要的基础设施建设和民生工程，工程选线时确实无法避免，因此在措施设计时提高防护标准，严格控制扰动地表和植被损坏范围、减少工程占地、加强工程管理、优化施工工艺，严格实施各项水土保持治理措施，有效地防治因工程建设造成的水土流失。通过本方案的实施，扰动土地整治率达到 96.7％，水土流失总治理度达到 95.6％，土壤流失控制比达到 1.0，拦渣率达到 94％。方案水土保持措施面积为 149.23 hm²，可实施林草措施的面积 134.66 hm²，林草植被恢复率 92.8％。林草覆盖率达到 61.3％，各项防治目标均达到设计值，水土流失治理效果显著。

（2）生态效益分析

水土保持方案实施后，将使工程区的生态环境得到一定程度的改善，对于保护原生地表植被和珍贵的表土资源，降低滑坡、泥石流危害、减少入河泥沙，促进当地农牧业发展和资源开发，实现可持续发展具有重要作用。其主要表现为：

①通过各项水保措施的综合治理，项目区治理程度明显提高，林草覆盖面积增大，林

草覆盖率也相应提高,使土壤有机质含量显著增加,土地生产力、林草产出率逐步提高;

②林草植被措施形成了坡面林草防护带,减弱了土壤侵蚀,同时对洪涝灾害、遏制土地退化等方面起了重要作用;

③通过场地平整等土地整治措施使部分未利用和难利用土地得到充分利用,即宜林宜草地实施造林种草,提高了土地利用率;

④由于项目区林草覆盖率的提高,使工程区的生态环境得到改善,生态安全有了保障,从而为实现人与自然的和谐发展奠定了基础。

18.3.2 农业生态变化

(1)对农业产量的影响

本工程将改善 12 万亩耕地的灌溉条件,并新增 8.35 万亩耕地面积。灌区建成后,改善灌溉条件田块粮食单产由原状小麦亩产量 250 kg 每亩,油菜亩产量 150 kg 每亩,马铃薯亩产量 1 000 kg 每亩,提高到小麦 550 kg 每亩,油菜 250 kg 每亩,马铃薯亩产量 2 200 kg 每亩,可实现生产粮食 1 536 万 kg,其中小麦 720 万 kg、油菜 96 万 kg、马铃薯 720 万 kg。如图 18-8 所示。

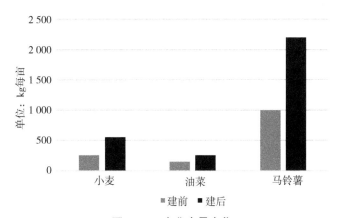

图 18-8　农业产量变化

旱改水田块粮食单产由原状小麦亩产量 140 kg 每亩,油菜亩产量 80 kg 亩,马铃薯亩产量 1 000 kg 每亩,提高到小麦 550 kg 每亩,油菜 250 kg 每亩,马铃薯亩产量 2 200 kg 每亩,可实现生产粮食 311.4 万 kg,其中小麦 97.2 万 kg、油菜 27.2 万 kg、马铃薯 187 万 kg。新增灌溉块粮食单产可达到小麦 550 kg 每亩,油菜 250 kg 每亩,马铃薯亩产量 2 200 kg 每亩,可实现生产粮食 1 577 万 kg,其中小麦 770 万 kg、油菜 125 万 kg、马铃薯 682 万 kg。

三项合计总增产粮食产量 3 424.4 万 kg,其中小麦 1 587.2 万 kg、油菜 248.2 万 kg、马铃薯 1 589 万 kg,见表 18-9。

(2)对耕地资源的影响

本工程为灌区改、扩建工程,尽管工程占用了部分耕地,但灌区建成后,贵德县南岸耕地面积将增加 7.79 万亩,达到 18.49 万亩,其中水浇地增加 4.45 万亩,果树林地增加 3.34 万亩。行政区内耕地大部分成为有灌溉保障的高产田。因此灌区建设运行增加了耕地总面积,同时大幅增加了高产田面积,区域内耕地资源质量得到了较大幅度的提高。

表 18-9　工程建成后农业生产力及变化情况

面积分类项目	项目	小麦	油菜	马铃薯
改善面积	有项目/kg 每亩	550	250	2 200
	无项目/kg 每亩	250	150	1 000
	增产量/kg 每亩	300	100	1 200
	面积/万亩	2.4	0.96	0.6
	增产产量/万 kg	720	96	720
旱改水	有项目/kg 每亩	500	250	2 200
	无项目/kg 每亩	140	80	500
	增产量/kg 每亩	360	170	1 700
	面积/万亩	0.27	0.16	0.11
	增产产量/万 kg	97.2	27.2	187
新增面积	有项目/kg 每亩	550	250	2 200
	增产量/kg 每亩	550	250	2 200
	面积/万亩	1.4	0.5	0.31
	增产产量/万 kg	770	125	682
增产合计/万 kg		1 587.2	248.2	1 589

附件一

拉西瓦灌溉工程批复文件

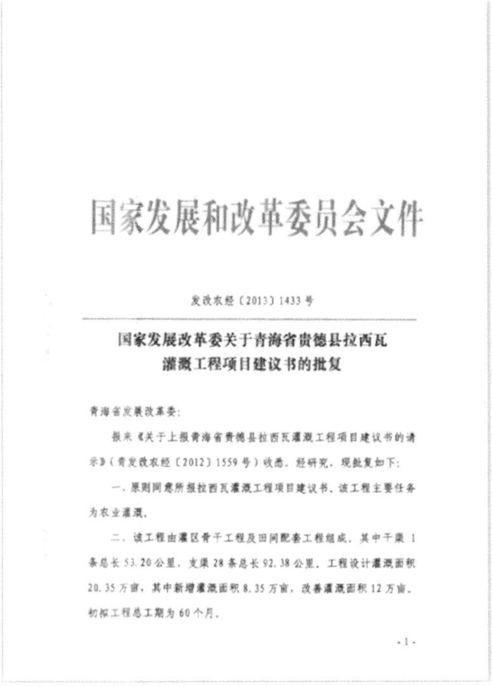

国家发展和改革委员会文件

发改农经〔2013〕1433号

国家发展改革委关于青海省贵德县拉西瓦灌溉工程项目建议书的批复

青海省发展改革委：

报来《关于上报青海省贵德县拉西瓦灌溉工程项目建议书的请示》（青发改农经〔2012〕1559号）收悉。经研究，现批复如下：

一、原则同意所报拉西瓦灌溉工程项目建议书。该工程主要任务为农业灌溉。

二、该工程由灌区骨干工程及田间配套工程组成。其中干渠1条总长53.20公里、支渠28条总长92.38公里。工程设计灌溉面积20.35万亩，其中新增灌溉面积8.35万亩，改善灌溉面积12万亩。初拟工程总工期为60个月。

·1·

附图1–1 项目建议书批复文件

附图1–2 可行性研究报告批复文件

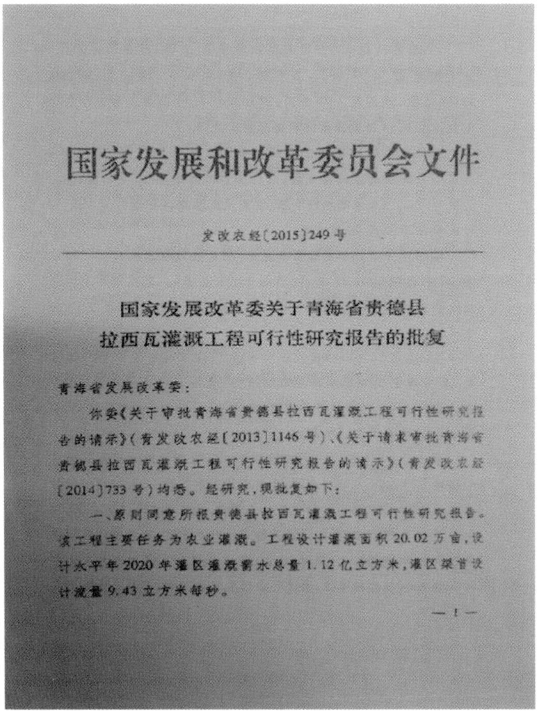

国家发展和改革委员会文件

发改农经〔2015〕249号

国家发展改革委关于青海省贵德县拉西瓦灌溉工程可行性研究报告的批复

青海省发展改革委：

你委《关于审批青海省贵德县拉西瓦灌溉工程可行性研究报告的请示》（青发改农经〔2013〕1146号）、《关于请求审批青海省贵德县拉西瓦灌溉工程可行性研究报告的请示》（青发改农经〔2014〕733号）均悉。经研究，现批复如下：

一、原则同意所报贵德县拉西瓦灌溉工程可行性研究报告。该工程主要任务为农业灌溉。工程设计灌溉面积20.02万亩，设计水平年2020年灌区灌溉需水总量1.12亿立方米，灌区渠首设计流量9.43立方米每秒。

—1—

（1）成果证书

附图2-1 青海省科学技术成果证书

附图2-2 水利工程优秀质量管理小组I类成果证书

（2）所获奖项

▲
附图2-3 全国水利安全监督先进集体

▲
附图2-4 2015年度水利系统先进单位

附图2-5 2015~2016年度文明单位

附图2-6 海南州安全生产监督管理先进单位

2016 年度全省水利建设质量工作先进单位

荣誉证书

贵德县拉西瓦灌溉工程建设管理局：

荣获"2016 年度全省水利建设质量工作先进单位"称号。特发此证，以资鼓励。

青海省水利厅
2017 年 4 月 7 日

2017 年度州直水利系统民族团结进步创建先进单位

贵德县拉西瓦灌溉工程建设管理局：

荣获 2017 年度州直水利系统民族团结进步创建

先进单位

海南州水利局
二〇一八年一月

荣誉证书

为表彰在促进水利科学技术进步工作中做出的重大贡献，特颁发此证书，以资鼓励。

证书号：2018—J1—31—D1

获奖项目：大吨位、大跨度预应力双桁架渡槽整体预制吊装施工工艺试验研究

获奖单位：甘肃省水利水电工程局有限责任公司

奖励等级：一等奖

甘肃省水利科技进步奖
评审委员会
（代章）

二〇一八年六月五日

荣誉证书

为表彰在促进水利科学技术进步工作中做出的重大贡献，特颁发此证书，以资鼓励。

证书号：2018—J1—10—D1

获奖项目：高地温软岩条件下隧洞施工工艺试验研究

获奖单位：甘肃省水利水电工程局有限责任公司

奖励等级：一等奖

甘肃省水利科技进步奖
评审委员会
（代章）

二〇一八年六月五日

▲

附图2-9 甘肃省水利科技进步奖